한권으로 정리한

중학수학 개념노트

유보형 지음

중학교 1,2,3학년 전과정 중요한 필수개념 완벽 정리!
왜? 라는 의문에 대한 충실한 해설서
원리를 이해하고 문제풀이에 적용할 수 있는 방법 제시

들어가며

20년 가까이 학교 현장에서 수업을 진행해오며 늘 마음 한 켠에 아쉬움이 남는 것이 있었습니다. 우선 학생들이 수학 공부를 문제 풀이에 급급한 나머지 많은 양의 문제 풀이 활동을 하지만 정작 중요한 수학 개념과 원리를 이해하는데 소홀하다는 것입니다. 단순히 수학 문제집을 풀고 답을 맞추며 몇 점을 맞았는지에 관심이 있을 뿐입니다. 개념과 원리를 이해하지 않고 공식을 외우며 문제 풀이 기술을 기르는 기능적 측면만을 키웁니다. 그러면서 자연스럽게 수학에 대한 관심과 흥미가 떨어지며 수학 과목이 어렵고 재미없는 결과를 초래하게 됩니다. 노력은 노력대로 하지만 그 노력의 결실을 제대로 얻지 못하는 것입니다. 그리고 또 한가지 아쉬운 점은 요즘 아이들이 노트 필기를 잘 하지 않는다는 것입니다. 노트 필기를 통해서 수업 시간에 배운 내용을 요약 정리하며 스스로 수학 개념과 원리를 이해하는 기회를 가지지 못한다는 점입니다. 교과서나 참고서의 방대한 내용을 자신만의 것으로 소화할 수 있는 방법이 체계적으로 정리한 노트 필기라고 생각합니다. 그런데 요즘 학생들은 이런 노트 필기를 어떻게 해야할 지를 잘 모릅니다. 그래서 '직접 수학 개념노트를 만들어 주면 어떨까?' 라는 생각을 하기 시작했습니다. 그렇게 수업 현장에서 실제로 활용하고 학생들에게 주제별 개념 노트를 나눠주며 긍정적 효과를 직접 체험했습니다. 이에 조금씩 준비해온 자료들을 한데 모아 이 책을 만들게 되었습니다.

수학을 공부하면서 문제 풀이도 중요하지만 개념과 원리를 깊이 이해하고 이를 스스로 정리해 문제 풀이 과정에 적용하는 것은 매우 중요합니다. 단 한 문제를 풀더라도 남이 해결한 방법을 따라하는 것이 아니라 스스로 고민하고 해결하는 과정을 거치면 수학적 힘이 늘어납니다. 그리고 자연스럽게 수학에 대한 관심과 흥미가 높아지며 자신감이 향상됩니다. 이런 측면에 중점을 두고 만든 이 책은 다음과 같은 특징이 있습니다.

첫째, 이 책은 문제집이 아닙니다. 수학 개념 이해에 초점을 둔 일종의 해설서입니다. 그러나 단순히 개념만 정리해놓은 것은 아닙니다. 평소 제가 학교 현장에서 수업하면서 학생들이 학습 내용을 쉽게 이해하도록 설명한 내용을 독자들 역시 들을 수 있도록 함께 담았습니다. 이 책을 읽는 것이 곧 수업을 듣는 것과 같은 효과를 낼 수 있도록 구성했습니다. 항상 곁에 두고 수시로 찾아본다면 언제 어디서든 수업을 듣고 공부하는 것과 같은 효과가 있을 것입니다.

둘째, 이 책은 중학교 1, 2, 3학년 내용을 한 권으로 묶어 정리했습니다. 수학이라는 과목은 어떤 과목보다 위계적 성격이 강해 학년별 학습 내용들이 계속 이어집니다. 각 단원마다 유사 개념이 그 깊이를 더해 지속적으로 반복해 이어지는 점에서 각 학년들을 구분하지 않고 함께 학습할 필요가 있기 때문입니다.

셋째, 이 책은 중학생이 학습해야 할 수학 개념을 모두 담았습니다. 교과서와 다르게 교육과정에 얽매이지 않아도 되기 때문에 학생들에게 필요한 수학 개념을 보다 다양하게 수록하여 설명하고 있습니다. 나아가 필요한 경우 고교과정의 개념을 추가해 중학교 학습 내용과 연계해 이해할 수 있도록 함께 담았습니다.

모쪼록 이 '중학수학 개념노트'를 통해 평소 어렵게 느꼈던 수학에 대해 개념과 원리를 이해하고 수학에 대한 자신감과 흥미를 갖기를 바랍니다.

유보형 드림

이 책의 구성 및 활용법

이 책은 기본적으로 **(개념정리)** ⇨ **(이해하기!)** ⇨ **(깊이보기!)**의 3단계로 구성되어 있습니다.

그리고 때때로 문제를 통해 학습 내용을 점검하는 것이 필요한 경우 **(확인하기!)** 단계를 추가했습니다. 각 단계에서 중점을 둔 부분은 다음과 같습니다.

---

[1] 제곱근의 성질

$a > 0$일 때

1. $a > 0$일 때

  (1) $(\sqrt{a})^2 = a$, $(-\sqrt{a})^2 = a$

  (2) $\sqrt{a^2} = a$, $\sqrt{(-a)^2} = a$

2. $\sqrt{a^2} = |a| = \begin{cases} a\,(a \geq 0) \\ -a\,(a < 0) \end{cases}$

(이해하기!)

1. $a > 0$일 때

  (1) $(\sqrt{a})^2 = a$, $(-\sqrt{a})^2 = a$

    ⇨ $x^2 = a\,(a > 0)$일 때, $x = \pm\sqrt{a}$라는 제곱근의 정의에 의해 당연하다.

  (2) $\sqrt{a^2} = a$, $\sqrt{(-a)^2} = a$

    ⇨ 양수 a에 대해 제곱해서 a^2이 되는 수는 a이고 a^2의 양의 제곱근은 $\sqrt{a^2}$이므로 $\sqrt{a^2} = a$

    ⇨ $\sqrt{(-a)^2} = \sqrt{a^2} = a$

2. $\sqrt{a^2} = |a| = \begin{cases} a\,(a \geq 0) \\ -a\,(a < 0) \end{cases}$

  ⇨ $\sqrt{a^2}$은 제곱해서 a^2이 되는 양수이므로 $\sqrt{a^2} = |a|$이다.

  ⇨ '$a > 0$' 라는 조건이 없을 경우 a값의 부호가 $a \geq 0$ 또는 $a < 0$에 따라 값이 달라진다.

    ① $a \geq 0$인 경우 : $\sqrt{5^2} = 5$

    ② $a < 0$인 경우 : $\sqrt{(-5)^2} = \sqrt{5^2} = 5$인데 $5 = -(-5)$이므로 a에 $-$부호를 붙인 결과와 같다.

(깊이보기!)

1. $a = -5$일 때, $\sqrt{(-5)^2} = 5 \neq -5$, $\sqrt{\{-(-5)\}^2} = \sqrt{(-5)^2} = 5 \neq -5$ 이므로 음수 a에 대해 위 성질 1-(2)는 성립하지 않는다. '$a > 0$일 때' 라는 조건을 기억하자.

(확인하기!)

1. $0 < a < 2$일 때, $\sqrt{a^2} + \sqrt{(a-2)^2}$ 를 계산하시오.

  (풀이) $0 < a < 2$일 때, $a > 0, a-2 < 0$이므로 $\sqrt{a^2} + \sqrt{(a-2)^2} = a - (a-2) = 2$ 이다.

1 개념정리

반드시 익혀야 하는 핵심 개념을 정리해 담았습니다.

2 이해하기!

이 책의 핵심입니다. (개념정리)에서 제시한 핵심 개념을 이해하기 쉽게 해설한 부분입니다. 최대한 학생들이 알기 쉽게 풀어 쓴 만큼 차분하게 학습하면 누구나 충분히 이해할 수 있습니다. 교과서나 참고서에서 확인할 수 없었던 부분들도 하나도 빠짐없이 해설을 담으려 노력했습니다. 충분한 시간을 두고 천천히 학습할 것을 권유합니다.

3 깊이보기!

학년에 구애받지 않고 필요한 경우 선행학습 내용이 포함되기도 하며 (이해하기!)에서 충분히 설명하지 못한 내용을 추가로 제시합니다. 모든 학생들이 익히면 좋은 내용이지만 때로는 수학 학습 능력이 우수한 학생들을 위해 제시한 내용인 경우도 있어 경우에 따라 꼭 익혀야 할 필요는 없습니다. 편한 마음으로 필요한 부분만 학습할 것을 권유합니다.

4 확인하기!

이 책은 문제집이 아니므로 대부분의 개념들에 대한 문제를 제시하고 있지는 않습니다. 그러나 교육과정 밖의 개념을 제시한 경우 개념 이해를 위해 문제를 추가로 제시하고 있습니다. 기본적인 문제를 제시한 만큼 꼭 문제를 풀어 개념을 이해하는 데 도움이 되도록 활용하면 좋습니다.

목차

2학년

1학년
개념노트

1.1 소수와 합성수

---

[1] 수학이란?

1. 수학(數: 수 수, 學: 배울 학) : 수를 배우는 학문, 수를 활용해 다양한 지식을 배우는 학문
2. 학년별 배우는 수의 범위
   (1) 중학교 1학년 : 자연수, 정수, 유리수(기약분수, 유한소수)
   (2) 중학교 2학년 : 유리수(순환소수)
   (3) 중학교 3학년 : 무리수, 실수

(이해하기!)

1. 수학 과목을 본격적으로 배우기에 앞서 '수학이란 무엇인가?'에 대한 의문을 잠시 생각해보면 좋을 것 같다. 여러 의견이 있겠지만 누군가 수학의 의미를 묻는다면 '수학(數:수 수, 學: 배울 학)' 을 한자 그대로 해석하여 설명하면 될 것 같다. 의미 그대로 해석하면 '수를 배우는 학문(좁은 의미)', '수를 활용해 다양한 지식을 배우는 학문(넓은 의미)'으로 해석할 수 있고 어느 정도 수긍이 가는 해석이라고 생각한다. 그러면 이런 수학에서 가장 중요하고 기본이 되는 것은 무엇일까? 해석한 내용을 가만히 살펴보면 '수(數)'라는 것을 알 수 있을 것이다. 중요하고 기본이 되는 것은 일반적으로 가장 앞에 배워 기초를 쌓고 그 뒤에 배울 다양한 내용들의 준비를 돕는다고 할 수 있다. 이런 이유로 중학교 교육과정에서는 각 학년 1단원에서 위에서 말한 학년별 배우는 수의 범위에 해당하는 수에 관한 내용을 학습하는 것이다.

2. 수의 학습 과정은 학년이 올라감에 따라 그 범위를 점차 확장하여 중학교 3학년 과정을 마치면 우리가 일상생활에서 사용하는 모든 수의 범위를 배우게 된다. 이를 실제 존재하는 수라 하여 실수라고 한다. 그리고 고등학교 1학년 과정에서 복소수를 배움으로써 허수의 범위까지 학습하면 비로소 수학에서 말하는 수(數)를 모두 배우게 된다. 중학교 과정에서 배우는 실수 체계를 간단히 도표로 나타내면 아래와 같다.

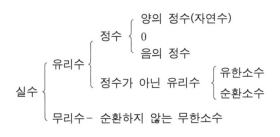 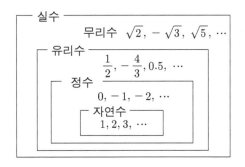

(1) 실수는 유리수와 무리수로 나뉘고 유리수는 정수와 정수가 아닌 유리수로 나뉜다. 이때 정수가 아닌 유리수는 유한소수와 순환소수로 나뉜다. 그리고 정수는 다시 양의 정수(자연수), 0, 음의 정수로 나뉜다.

(2) 오른쪽 그림은 벤다이어그램이라고 한다. 대상들 사이의 포함관계를 시각적으로 이해하기 쉽게 표현하는 그림인데 자연수는 정수에 포함되고 정수는 유리수에 포함된다. 유리수는 유리수가 아닌 무리수와 함께 실수에 포함됨을 알 수 있다.

---

3. 중학교 1학년 과정 1단원명에 자연수라는 말은 없지만 우리는 수 중에서 그 범위가 가장 작은 자연수를 가장 먼저 배우게 된다. 왜냐하면 중학교 1학년 과정에서 가장 먼저 배우는 수는 소수(prime number)인데 소수는 1보다 큰 '자연수' 중에서 1과 자기 자신만을 약수로 갖는 수 이기 때문이다. 즉, 소수를 배움으로써 자연수를 학습하는 것이다.

4. 중학교 1학년 과정에서 유리수를 배움에도 불구하고 2학년 과정에서 다시 유리수를 배우는 이유는 아직 배우지 않은 유리수인 순환소수를 추가로 배우기 때문이다.

[2] 약수와 배수

1. **약수와 배수** : 자연수 a가 자연수 b로 나누어떨어질 때, b를 a의 약수, a를 b의 배수라고 한다.
   $\Rightarrow a = b \times q$(몫) 일 때, b를 a의 약수, a를 b의 배수라고 한다.

(이해하기!)

1. 초등학교 시절 약수를 구하는 과정을 생각해보자. 예를 들어 12의 약수를 구하려면 아래와 같이 곱해서 12가 되는 두 수를 양 끝에서부터 찾아 구했다. 위 내용에서 곱해서 a가 되는 두 수 b, q를 찾는 것과 같은 의미이다.

한편, 12는 1, 2, 3, 4, 6, 12의 배수이다. 위의 약수와 배수의 정의에 의하면 $a = 12$이고 $b = 1, 2, 3, 4, 6, 12$인 것이다. 위 약수와 배수의 정의는 초등학교에서 배운 약수와 배수의 뜻을 문자를 사용해 나타냈을 뿐 새로운 내용은 아니다. 앞으로 약수와 배수의 의미를 위 정의로 기억하는 것이 좋다.

2. $a = b \times q$에서 b를 몫으로 생각하면 q는 a의 약수, a는 q의 배수라고 할 수 있다. 따라서, b, q는 a의 약수, a는 b, q의 배수이다.

(깊이보기!)

1. 약수와 배수의 정의에서 $a = b \times q$(몫) 일 때, b를 a의 약수, a를 b의 배수라 하고, a, b, q의 범위는 자연수라고 했는데 이는 중학교 교육과정에 해당할 뿐 사실 a, b, q의 범위는 정수이다. 즉, 음의 정수도 약수와 배수가 될 수 있다.

[3] 소수 (prime number)

1. **소수** : 1보다 큰 자연수 중에서 1과 자기 자신만을 약수로 가지는 수
2. 소수는 약수의 개수가 2개인 자연수이다.
3. 2를 제외한 모든 소수는 **홀수**이다.

소수	약수(2개)
2	1, 2
3	1, 3
5	1, 5
7	1, 7

(이해하기!)

1. 2는 약수가 1, 2이고 3은 약수가 1, 3이므로 2와 3은 소수이다. 반면에 4는 약수가 1, 2, 4이므로 1과 자기 자신 4외에 다른 약수 2를 가지므로 소수가 아니다.

2. 2를 제외한 모든 짝수는 2의 배수 이므로 1과 자기 자신 외에 최소한 2를 약수로 갖는다. 즉, 약수의 개수가 3개 이상이므로 소수가 아니다. 따라서 2는 소수 중 가장 작은 수인 동시에 유일한 짝수인 소수이다.

(깊이보기!)

1. 소수(小數)와 소수(素數)의 차이

: 소수(小數)에서 소(小)는 작다는 의미로 0.2, 2.57, … 과 같이 일의 자리보다 작은 자릿값을 가진 수를 말한다. 한편, 소수(素數)에서 소(素)는 본질, 성질의 의미로 위에서 말하는 2, 3, 5, 7, … 과 같은 수를 말한다. 소수(素數)가 수의 성질(본질) 이라는 것인데 소인수분해를 통해 자연수의 특징을 파악하는 과정을 생각하면 어느 정도 수긍이 가는 의미이다. 음은 같지만 의미가 다른 소수(小數)와 소수(素數)의 차이를 기억하자.

---

[4] 합성수

1. **합성수** : 1보다 큰 자연수 중에서 소수가 아닌 수
2. 합성수는 약수의 개수가 3개 이상인 자연수이다.
3. 합성수는 1과 자기 자신이 아닌 자연수의 곱으로 나타낼 수 있는 수 이다.

합성수	약수(3개 이상)
4	1, 2, 4
6	1, 2, 3, 6
8	1, 2, 4, 8
9	1, 3, 9

(이해하기!)

1. 자연수는 1, 소수, 합성수로 이루어져 있다. 이때, 1은 소수도 아니고 합성수도 아니다.

2. 자연수를 약수의 개수에 따라 1, 소수, 합성수로 구분할 수 있다.

⇨ 자연수 $\begin{cases} 1 & \text{(약수의 개수가 1개)} \\ 소수 & \text{(약수의 개수가 2개)} \\ 합성수 & \text{(약수의 개수가 3개 이상)} \end{cases}$

3. 합성수 4는 1×4외에 2×2, 6은 1×6외에 2×3으로도 나타낼 수 있다. 이와 같이 합성수는 1과 자기 자신 외에 약수를 가지므로 1과 자기 자신이 아닌 자연수의 곱으로 나타낼 수 있다.

4. 어떤 자연수가 합성수임을 보이기 위해서는 반례로 약수 중 1과 자기 자신 외에 1개 이상의 약수를 제시하면 된다.

(깊이보기)

1. 닭이 먼저인가? 아니면, 달걀이 먼저인가?

: 이 문제에 대해 논의해보자. 닭이 먼저라고 주장하는 편에게 반대편은 그 닭은 달걀이 먼저 있어야 알이 부하하고 성장해 닭이 되므로 달걀이 먼저라고 주장할 수 있다. 반대로 달걀이 먼저라고 주장하는 편에게 반대편은 그 달걀이 생기려면 닭이 알을 낳아야 하므로 닭이 먼저라고 주장할 수 있다. 이렇게 되면 이 문제는 끝없는 논쟁만 있을 뿐 결론이 나지 않는다. 이 끝없는 논쟁을 끝낼 수 있는 좋은 방법이 있다. 바로 시작을 정해주는 것이다. 예를 들어, '최초의 닭이 먼저 존재했다' 라고 시작을 정해주면 그 다음부터는 닭이 달걀을 낳고 달걀이 부화하고 커서 닭이 되고 이 과정이 계속 반복되는 것이다. 이와 같이 모든 수의 기본이자 시작으로 1을 정할 수 있다. 1이 무슨 수인지 논쟁하는 것이 아니라 그저 수의 시작으로 약속하여 정하는 것이다. 그러면 1은 모든 수의 기원이 되며 모든 자연수는 이런 1로부터 만들어지고 이어서 정수, 유리수, 실수로 수는 확장되어 진다. 즉, 1은 소수도 합성수도 아닌 그냥 1이다.

2. 소수의 뜻을 생각해보면 1의 약수는 1인 자기 자신뿐이므로 1은 소수라고도 할 수 있을 것 같다. 그러나 1을 소수라고 하지 않는 이유는 1을 소수라고 할 때 뒤에서 배울 내용인 '소인수분해의 유일성(唯一性: 오직 하나인 성질)'(⇒ 소인수분해는 단 하나의 꼴로 나타내어진다.)에 어긋나기 때문이다. 예를 들어 12를 소인수분해하면 $12 = 2^2 \times 3$ 으로 유일하게 나타낼 수 있지만 1을 소수라고 하면 $12 = 1 \times 2^2 \times 3 = 1 \times 1 \times 2^2 \times 3 = 1 \times 1 \times 1 \times 2^2 \times 3 = \cdots$ 과 같이 여러 가지 방법으로 소인수분해 할 수 있다. 수학에서 무수히 많은 해가 존재하는 문제의 해를 구하는 것은 의미 없는 활동으로 1을 소수라고 할 경우 자연수를 소인수분해 하는 것은 의미 없는 활동이 된다. 따라서 1은 소수가 아니라고 정한다. 이 외에 1을 소수라고 하면 에라토스테네스의 체를 통해 소수를 찾는 경우 모든 수는 1의 배수가 되어 모두 지워지므로 1외에 소수는 없게 되는 오류가 발생한다. 이런 이유들로 인해 1은 소수도 합성수도 아니라고 하는 것이 합리적이다.

---

[5] 소수 찾기 - 에라토스테네스의 체

1. **소수 찾기 방법**

(1) 1은 소수가 아니므로 지운다.

(2) 남은 수 중 가장 작은 수인 2는 남기고, 그 뒤의 2의 배수는 모두 지운다.

   (왜냐하면, 그 뒤의 2의 배수는 모두 2를 약수로 가지므로 소수가 아니다.)

(3) 남은 수 중 2보다 큰 최초의 수 3은 남기고, 그 뒤의 3의 배수는 모두 지운다.

   (왜냐하면, 그 뒤의 3의 배수는 모두 3을 약수로 가지므로 소수가 아니다.)

(4) 남은 수 중 3보다 큰 최초의 수 5는 남기고, 그 뒤의 5의 배수는 모두 지운다.

   (왜냐하면, 그 뒤의 5의 배수는 모두 5를 약수로 가지므로 소수가 아니다.)

(5) 남은 수 중 5보다 큰 최초의 수 7은 남기고, 그 뒤의 7의 배수는 모두 지운다.

   (왜냐하면, 그 뒤의 7의 배수는 모두 7을 약수로 가지므로 소수가 아니다.)

(6) 이와 같은 방법으로 남은 수 중 이전 수보다 큰 최초의 수는 남기고, 그 뒤의 그 수의 배수는 모두 지우는 작업을 반복한다.

1̸	②	③	4̸	⑤	6̸	⑦	8̸	9̸	10
⑪	12	⑬	14	15	16	⑰	18	⑲	20
21	22	㉓	24	25	26	27	28	㉙	30
㉛	32	33	34	35	36	㊲	38	39	40
㊶	42	㊸	44	45	46	㊼	48	49	50

이때 남은 수 2, 3, 5, 7, 11, 13, 17, 19, 23, 29, 31, 37, 41, 43, 47은 모두 소수이다.

(이해하기!)

1. 소수 찾기 방법인 '에라토스테네스의 체'는 고대 그리스 천문학자 에라토스테네스(B.C. 273 ~ B.C. 192)가 마치 고운 가루를 걸러내는 '체'라는 도구로 소수를 걸러내는 방법과 같이 자연수에서 소수가 아닌 수(1과 합성수)를 걸러내 소수를 찾았다고 해서 붙여진 이름이다.

2. 소수의 개수는 무수히 많으며 20이하의 소수 2, 3, 5, 7, 11, 13, 17, 19는 평소 자주 쓰이므로 기억해 두는 것이 좋다.

3. 소수 찾기 방법에서 소수를 제외한 그 소수의 배수를 지우는 이유는 그 배수들이 소수를 약수로 가지므로 1과 자기 자신 외의 약수를 갖는 합성수가 되기 때문이다.

(깊이보기!)

1. 2를 제외한 모든 소수는 홀수이다.

(1) 에라토스테네스의 체에 의해 소수를 구할 때 최초의 소수 2를 남기고 나머지 2의 배수들을 지워나가는데 이 수들은 곧 2를 약수로 갖기 때문에 1과 자기 자신 외에 적어도 1개의 약수가 존재해 합성수가 된다. 따라서 2를 제외한 모든 짝수는 소수가 아니다.

(2) 위 내용을 잘못 이해해 자칫 모든 홀수는 소수라고 생각하면 안 된다. 단지, 2를 제외한 모든 소수가 홀수일 뿐이다.

2. 소수 찾기와 소수 판별법

(1) 약수의 성질

: 에라토스테네스의 체를 활용해 소수를 찾거나 특정한 수가 소수인지 판별하기 위해서 우선 약수의 성질을 알 필요가 있다. 예를 들어 12의 약수를 구해보자. 12의 약수는 곱해서 12가 되는 두 수이다. 그러므로 1부터 시작해 12를 나누어 떨어지게 하는 수를 구하는데 이 수가 곧 12의 약수가 된다. 즉 $12 = 1 \times 12 = 2 \times 6 = 3 \times 4$이므로 12의 약수는 $1, 2, 3, 4, 6, 12$이다. 이때 곱셈은 교환법칙을 만족하므로 3×4에서 3으로 12를 나누면 몫이 4가 되는데 이는 4로 12를 나누면 몫이 3이 되기도 하므로 4부터는 다음에 어떤 수가 12를 나눌 수 있는지 찾을 필요가 없다. 이와 같이 제곱수를 제외한 모든 자연수는 약수가 짝을 이뤄 구해지므로 짝수개 임을 알 수 있다. 그런데 $1, 4, 9, 16, \cdots$과 같은 제곱수는 약수 중 자기 자신을 곱해 나오는 수가 있으므로 약수가 홀수개 임을 알 수 있다. 예를 들어 $16 = 1 \times 16 = 2 \times 8 = 4 \times 4$이므로 16의 약수는 $1, 2, 4, 8, 16$이다. 이와 같이 어떤 자연수는 제곱해서 그 수가 되는 수(가운데 위치한 수)를 기준으로 그보다 작은 수와 큰 수가 항상 짝을 이루어 존재한다.

(2) 소수 찾기

에라토스테네스의 체로 소수를 찾을 때에는 어떤 소수의 배수까지 확인해야 하는지 알면 편리하다. 1부터 n까지의 자연수 중에서 소수를 찾으려면 제곱해서 n보다 작거나 같은 소수 중에서 가장 큰 소수를 찾아 그 소수의 배수까지 확인하면 된다. 아래 그림을 주목해보자.

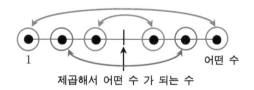

어떤 수는 '제곱해서 어떤 수가 되는 수'를 기준으로 그 보다 작은 수와 큰 수로 분류할 수 있다. 이때 약수의 성질에 의해 곱해서 어떤 수가 되는 두 약수 중 하나는 '제곱해서 어떤 수가 되는 수' 보다 작은 부분에 있고 나머지 하나는 큰 부분에 있다. 그리고 곱셈의 교환법칙에 의해 우리는 작은 부분에 있는 약수만 구하면 나머지 큰 부분에 있는 약수는 함께 알 수 있다. 따라서 어떤 수까지 소수를 구하기 위해서는 '제곱해서 어떤 수가 되는 수' 보다 작은 부분에 있는 소수의 배수를 지우고 난 나머지를 구하면 된다. 예를 들어 100까지의 자연수 중에서 소수를 찾을 때에는 $100 = 10^2$이므로 10보다 작거나 같은 소수 중에서 가장 큰 소수는 7이므로 7 보다 작거나 같은 소수, 즉 $2, 3, 5, 7$의 배수만 확인해 지우고 남은 수들이 소수가 된다.

(3) 소수 판별법

에라토스테네스의 체를 활용하면 어떤 수가 소수인지를 판별할 때 그 수가 큰 경우 쉽지 않다. 이럴 경우 약수의 성질을 이용하면 좋다. 179가 소수인지 판별해보자. 앞에서 설명했듯이 제곱수를 제외한 모든 자연수의 약수는 항상 짝으로 존재하고 곱셈의 교환법칙에 따라 곱하는 두 수를 서로 바꾸어 곱해도 결과가 같으므로 제곱해서 179보다 작거나 같은 수까지만 조사하면 된다. $13^2 = 169$이고 $14^2 = 196$이므로 제곱해서 179가 되는 수는 $13.\times\times$라고 생각할 수 있다. 따라서 $13.\times\times$ 이하의 소수인 $2, 3, 5, 7, 11, 13$으로만 179를 나눠보면 된다. 곱셈의 교환법칙에 의해 $13.\times\times$ 보다 큰 수로는 179를 나눠볼 필요가 없다. 실제로 179는 $2, 3, 5, 7, 11, 13$중 어떤 소수로도 나눠지지 않으므로 소수이다.

3. 소수의 개수는 무한개이다.

(1) 소수의 개수는 유한개라고 가정하고 n개의 서로 다른 소수를 $p_1, p_2, \cdots, p_n$ 이라고 하자. 이때, $N = p_1 p_2 \cdots p_n + 1$ 이라고 놓으면 N은 1보다 큰 합성수 이므로 모든 소수 $p_1, p_2, \cdots, p_n$ 중 나누어 떨어지는 소인수가 존재 한다. 그러나 $p_1, p_2, \cdots, p_n$ 중 어떤 소수로 나누어도 나머지가 1 이므로 나누어 떨어지지 않는다. 그러므로 N은 합성수가 아니므로 가정에 모순이 된다. 따라서 소수는 무한개이다.

(2) 위 증명을 조금 더 구체적인 사례를 통해 쉽게 살펴보자. 이 세상의 소수가 $2, 3, 5, 7$ 이렇게 4개만 존재한다고 하자. 이때, $2\times3\times5\times7+1$은 1보다 큰 합성수 이므로 모든 소수 $2, 3, 5, 7$ 중 나누어 떨어지는 소인수가 존재한다. (에라토스테네스의 체를 통해 소수를 구하는 과정을 생각해보면 합성수라고 지워지는 수는 모두 소수의 배수들이었다.) 그러나 $2, 3, 5, 7$ 중 어떤 소수로 나누어도 나머지가 1이므로 나누어 떨어지지 않는다. 그러므로 $2\times3\times5\times7+1$은 합성수가 아니므로 소수이다. 이는 이 세상의 소수가 $2, 3, 5, 7$ 이렇게 4개만 존재한다는 가정에 모순이 된다. 실제로 $2\times3\times5\times7+1 = 211$은 소수이다. 이런 방법을 확장해 소수의 개수가 유한개라고 하더라도 가정에 모순이 됨을 알 수 있다. 따라서 소수의 개수가 무한개임을 논리적 증명을 통해 알 수 있다.

1.2 소인수분해

[1] 거듭제곱

1. **거듭제곱** : 같은 수나 문자를 반복하여 곱한 것
2. **거듭제곱의 표현**
   : 같은 수나 문자를 반복하여 곱한 것을 밑과 지수를 써서 간단히 나타낸다.
3. **밑** : 거듭제곱에서 곱하는 수나 문자
4. **지수** : 거듭제곱에서 밑을 곱한 횟수

(이해하기!)

1. 거듭제곱의 '거듭' 은 반복을 의미하고 제곱의 '제' 는 자기 자신으로 같음을 의미하는 것으로 거듭제곱이란 같은 수나 문자를 반복하여 곱하는 것을 말한다.

2. 거듭제곱의 표현을 읽을 때 '(밑)의 (지수)제곱' 이라고 읽는다. 단, 이제곱은 그냥 제곱이라고 한다.
   ⇨ $2\times 2 = 2^2$ (⇒2의 제곱), $2\times 2\times 2 = 2^3$ (⇒2의 세제곱), $2\times 2\times 2\times 2 = 2^4$ (⇒2의 네제곱)

3. $a^1 = a$와 같이 지수 1은 생략한다.

4. 거듭제곱을 밑과 지수를 활용하여 $2\times 2\times 2\times 2\times 2 = 2^5$, $3\times 3\times 3\times 5\times 5 = 3^3\times 5^2$ 과 같이 나타낼 수 있다. 이때, 밑이 다를 경우 각각의 거듭제곱의 곱으로 표현하며, 거듭제곱의 밑이 더 작은 수를 앞에 써서 나타낸다.

5. $2\times 2\times 2 = 2^3$, $2+2+2 = 3\times 2$의 차이!
   ⇨ 같은 수를 반복해서 곱하는 것은 거듭제곱으로 나타내지만, 같은 수를 반복해서 더하는 것은 그 수에 더한 횟수를 곱한다. 둘 사이의 표현의 차이를 구분하여 알아야 한다.

(깊이보기!)

1. 문자를 곱하는 횟수는 차수라고도 한다.
   ⇨ $a\times a\times a = a^3$ 이고 a를 곱한 횟수 3을 차수라고도 한다. 그래서 a에 대한 3차라고 한다.

2. 거듭제곱의 표현법을 배우는 목적은 큰 수를 표현하는데 **편리함**과 **효율성** 때문이다. 예를 들어 어떤 세포 1개는 하루가 지나면 2개로 나누어지고 2일, 3일, 4일, … 후에는 각각 4개, 8개, 16개, … 로 나누어진다. 이와 같이 매일 2배씩 세포의 개수가 늘어나는 규칙에 의하면 이 세포 1개가 30일 후에는 1,073,741,824개가 된다. 1,073,741,824이라는 수가 어떤가? 너무 커서 바로 얼마인지 읽기도 어렵고 더욱이 다른 값과 계산이라도 해야 하는 문제 상황이라면 계산이 너무 복잡해 계산할 엄두가 나지 않을 것이다. 이때, 거듭제곱의 표현법을 활용하면 $1,073,741,824 = 2^{30}$이다. $1,073,741,824$보다 2^{30}으로 보다 간단하게 나타내면 편리하고 효율적으로 계산하여 문제를 해결할 수 있다.

날수	1일	2일	3일	4일	…	30일
세포의 개수	2개	4개	8개	16개	…	?개

---

[2] 소인수분해

1. **약수** : 정수 a, b, c에 대하여 $a \div b = c$이면 b를 a의 약수라고 한다. (나눗셈의 개념)
2. **인수** : 정수 a, b, c에 대하여 $a = b \times c$일 때, b와 c를 a의 인수라고 한다. (곱셈의 개념)
3. **소인수** : 자연수의 인수(약수) 중에서 소수인 수
4. **소인수분해** : 1보다 큰 자연수를 그 수의 소인수만의 곱으로 나타낸 것.
   ⇨ 이때, 같은 소인수의 곱은 거듭제곱을 이용하여 나타낸다.

(이해하기!)

1. 약수는 나누어떨어진다는 뜻을 가지고 있으며 인수는 어떤 수를 곱하여 그 수가 된다는 뜻을 가지고 있다. 즉, 약수는 나눗셈의 개념이고 인수는 곱셈의 개념이다. 예를 들어 보자.
   (1) $12 \div 3 = 4$, $12 \div 4 = 3$ ⇨ $3, 4$는 12의 약수이다.
   (2) $3 \times 4 = 12$ ⇨ $3, 4$는 12의 인수이다.
   (3) 위 결과를 보면 결국 인수와 약수는 개념적 의미가 약간 다를 뿐 같은 의미이다.

2. 소인수는 인수 중 소수인 인수를 의미한다. 예를 들어, 12의 인수는 $1, 2, 3, 4, 6, 12$이고 이 중 소수는 $2, 3$ 이므로 12의 소인수는 $2, 3$이다.

3. '분해'의 의미는 기존 것보다 작은 것으로 나누어 쪼갠다는 의미를 갖는다. 소인수분해란 기존 합성수를 그 보다 작은 소수들만의 곱으로 나누어 쪼갠다고 생각하면 좋을 것 같다.

(깊이보기!)

1. 약수와 인수는 정수 범위에서 정의되지만 중학교 과정에서는 자연수 범위에서만 다룬다.

2. 인수의 개념은 식에서도 사용한다. 중학교 3학년 과정에서 다항식의 인수분해를 배우게 된다.

3. **소인수분해의 유일성(唯一性: 오직 하나인 성질)**
   ⇨ 합성수는 곱으로 나타나는 소인수들의 순서를 무시한다면, 단 한 가지 방법으로 소인수분해 된다. 합성수의 인수분해는 그 경우가 많다. 예를 들어, $12 = 1 \times 12$, $12 = 2 \times 6$, $12 = 3 \times 4$와 같이 여러 방법으로 인수분해를 할 수 있다. 수학에서는 대부분 해가 유일한 경우가 의미 있는 문제가 되는데 이런 관점에서 보면 합성수의 인수분해는 다양한 방법으로 할 수 있기 때문에 해가 여러 개로 의미 없는 문제가 된다. 해가 너무 많은 문제에서 해를 구한다고 생각해보면 의미 없다는 말을 이해할 수 있을 것이다. 반면에 12를 소인수들의 곱으로 나타내면 소인수들의 순서를 무시할 때 $12 = 2 \times 2 \times 3$과 같이 한 가지 방법으로 나타낼 수 있고 이는 문제로서 의미가 있다. 이것을 **'소인수분해의 유일성'** 이라고 한다. 이것이 우리가 자연수의 소인수분해는 배우지만 자연수의 인수분해는 배우지 않는 이유다. 그렇다고 인수분해를 전혀 배우지 않는 것은 아니다. 다항식의 인수분해는 유일한 성질을 가지고 있으므로 중학교 3학년 과정에서 배우게 된다.

4. **소인수분해의 필요성**
   : '소인수분해의 유일성'에 의해 소인수분해가 수학적으로 의미 있는 문제가 되기도 하지만 소인수분해를 활용하면 '약수, 약수의 개수 구하기', '최대공약수', '최소공배수', '약수와 배수의 관계 판단', '제곱수 만들기' 등 다양한 문제를 해결할 수 있으며 수를 최소 단위로 분해하기 때문에 수의 구조를 파악해 여러 문제 상황을 해결할 수 있게 된다. 이렇게 여러 면에서 활용된다는 점에서 소인수분해는 매우 중요한 개념이다.

[3] 소인수분해 방법

1. 소인수분해 하기
   (1) 나누어떨어지는 소수로 나눈다.
   (2) 몫이 소수가 될 때까지 나눈다.
   (3) 나눈 소수들과 마지막 몫을 곱셈 기호 ×로 나타낸다. 이때, 크기가 작은 소인수부터 순서대로
   쓰고, 같은 소인수의 곱은 거듭제곱으로 나타낸다.

   [예제] 60을 소인수분해하기!

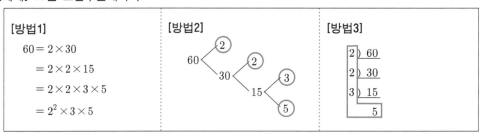

   $\Rightarrow$ 따라서, $60 = 2 \times 2 \times 3 \times 5 = 2^2 \times 3 \times 5$ 이다.

(이해하기!)

1. 60을 소인수분해 할 경우 $2 \times 2 \times 3 \times 5$, $2 \times 3 \times 2 \times 5$, $3 \times 2 \times 2 \times 5$, $3 \times 2 \times 5 \times 2$ 등 다양하게 표현할
   수 있기 때문에 혼란스러울 수 있다. 이때, 같은 소인수의 곱은 거듭제곱으로 나타내고 크기가 작
   은 소인수부터 순서대로 나타낸다고 약속하면 $60 = 2^2 \times 3 \times 5$ 와 같이 한 가지 방법으로 표현할
   수 있어 표현이 분명해진다.

2. [방법1]과 [방법2]는 표현법의 차이만 있을 뿐 합성수를 두 수의 곱으로 나타내는 점에서 같은 방법
   이다. [방법2]의 그림을 수형도라고 하는데 가지 끝의 수가 소수가 될 때까지 합성수를 두 수의 곱
   으로 나타내는 방법을 반복하고 난 후 가지 끝의 모든 소수의 곱으로 나타낸다.

3. [방법3]은 위에서 설명한 소수로 나눗셈을 하는 방법이다. 소인수분해를 할 때 위 3가지 방법 중
   어느 방법을 사용해도 무방하나 일반적으로 [방법3]을 많이 사용한다.

[4] 소인수분해를 이용하여 약수 구하기

1. **자연수 N이 $N = a^m \times b^n$ (a, b는 서로 다른 소수, m, n은 자연수)로 소인수분해 될 때,**
   (1) **자연수 N의 약수 : (a^m의 약수들 중의 하나)×(b^n의 약수들 중의 하나)**
   (2) **자연수 N의 약수의 개수 : $(m+1) \times (n+1)$**

(이해하기!)

1. 소인수분해를 이용하여 약수를 구하는 방법은 두 가지 방법을 활용할 수 있다. 하나는 '수형도'
   를 활용하는 방법이고 나머지 하나는 '표'를 활용하는 방법이다. 예를 들어, 12의 약수와 약수의
   개수를 구해보자. 12를 소인수분해하면 $12 = 2^2 \times 3$이다. 이때, 12의 약수는 (2^2의 약수들 중의 하
   나)×(3의 약수들 중의 하나) 이므로 $1, 2, 3, 4, 6, 12$ 이다.

(1) 수형도를 활용하면 아래와 같이 구할 수 있다.

2^2의 약수	3의 약수	12의 약수
1	1	$1 \times 1 = 1$
	3	$1 \times 3 = 3$
2	1	$2 \times 1 = 2$
	3	$2 \times 3 = 6$
2^2	1	$2^2 \times 1 = 4$
	3	$2^2 \times 3 = 12$

(2) 표를 활용하면 아래와 같이 구할 수 있다.

3의 약수 2^2의 약수	$1 = (3^0)$	3
$1(= 2^0)$	$1 \times 1 = 1$	$1 \times 3 = 3$
2	$2 \times 1 = 2$	$2 \times 3 = 6$
2^2	$2^2 \times 1 = 4$	$2^2 \times 3 = 12$

2. 12의 약수의 개수는 $12 = 2^2 \times 3$이므로 $(2+1) \times (1+1) = 6$(개) 이다.

3. 자연수 N이 $N = a^m \times b^n (a, b$는 서로 다른 소수)의 꼴로 소인수분해 될 때, a^m의 약수는 $1, a, a^2, \cdots, a^m$으로 $(m+1)$개이고, b^n의 약수는 $1, b, b^2, \cdots, b^n$으로 $(n+1)$개이므로 자연수 N의 약수의 개수는 $(m+1) \times (n+1)$개 이다. 이때, 약수의 개수를 구하는 경우 각 소인수의 지수에 $+1$을 하는 이유는 각 소인수의 지수가 0인 경우 즉, 1을 약수로 갖는 경우 때문이다. 약수의 개수를 구하는 방법을 알면 약수의 개수가 많은 경우 약수를 구하기 전에 개수를 미리 알 수 있어 실수로 약수를 빼먹는 경우를 방지할 수 있는 장점이 있다.

(깊이보기!)

1. 자연수를 소인수분해 했을 때, 소인수가 3개 이상인 경우에도 위 방법을 활용할 수 있다. 단, 표를 활용하려면 소인수가 3개 이상인 경우 어려움이 있으므로 수형도를 활용하는 방법이 효과적이다.

(1) 자연수 N이 $N = a^l \times b^m \times c^n (a, b, c$는 서로 다른 소수, l, m, n은 자연수)로 소인수분해 될 때,
① 자연수 N의 약수 : (a^l의 약수들 중의 하나)×(b^m의 약수들 중의 하나)×(c^n의 약수들 중의 하나)
② 자연수 N의 약수의 개수 : $(l+1) \times (m+1) \times (n+1)$

(2) 60의 약수와 약수의 개수를 소인수분해를 이용하여 구해보자. $60 = 2^2 \times 3 \times 5$이므로 60의 소인수는 $2, 3, 5$로 3개 이다. 이때, 2^2의 약수는 $1, 2, 2^2$ 이고 3의 약수는 $1, 3$ 이며 5의 약수는 $1, 5$ 이므로 60의 약수는 (2^2의 약수들 중의 하나)×(3의 약수들 중의 하나)×(5의 약수들 중의 하나) 이다. 이를 수형도를 활용해 구해보자.

2^2의 약수	3의 약수	5의 약수	60의 약수
		1	$1 \times 1 \times 1 = 1$
	1	5	$1 \times 1 \times 5 = 5$
1		1	$1 \times 3 \times 1 = 3$
	3	5	$1 \times 3 \times 5 = 15$
		1	$2 \times 1 \times 1 = 2$
	1	5	$2 \times 1 \times 5 = 10$
2		1	$2 \times 3 \times 1 = 6$
	3	5	$2 \times 3 \times 5 = 30$
		1	$2^2 \times 1 \times 1 = 4$
	1	5	$2^2 \times 1 \times 5 = 20$
2^2		1	$2^2 \times 3 \times 1 = 12$
	3	5	$2^2 \times 3 \times 5 = 60$

따라서, 60의 약수는 $1, 2, 3, 4, 5, 6, 10, 12, 15, 20, 30, 60$ 이다.

한편, 60의 약수의 개수는 $60 = 2^2 \times 3 \times 5$ 이므로 $(2+1) \times (1+1) \times (1+1) = 12$(개) 이다.

2. 소인수분해를 이용하여 약수의 총합 구하기

(1) 자연수 N이 $N = a^m \times b^n$ (a, b는 서로 다른 소수, m, n은 자연수)로 소인수분해 될 때, N의 약수의 총합 $= (1 + a + a^2 + \cdots + a^m) \times (1 + b + b^2 + \cdots + b^n)$ 이다.

즉, 자연수 N의 약수의 총합은 (a^m의 약수들의 합)×(b^n의 약수들의 합) 이다.

(2) 다항식의 곱셈에 의해 위 공식을 전개하면 모든 약수들의 합이 된다. 이 내용은 고교 과정에서 학습하므로 참고 정도로 알아두면 될 것 같다.

⇨ 예를 들어, $18 = 2 \times 3^2$이므로 18의 약수의 총합은 $(1+2) \times (1+3+3^2) = 39$이다. 이것은 18의 약수 $1, 2, 3, 6, 9, 18$의 합 $1 + 2 + 3 + 6 + 9 + 18 = 39$와 같다.

3. 소인수분해를 이용하면 약수와 배수의 관계를 판단할 수 있다. $2^4 \times 3^3 \times 5$와 $2^2 \times 3^2$의 약수와 배수의 관계를 알아보자. $2^4 \times 3^3 \times 5 = 2160$, $2^2 \times 3^2 = 36$이고 $2160 \div 36 = 60$이므로 $2^4 \times 3^3 \times 5$는 $2^2 \times 3^2$의 배수이고 $2^2 \times 3^2$는 $2^4 \times 3^3 \times 5$의 약수이다. 그러나 이렇게 약수와 배수의 관계를 판단하려면 소인수분해 된 결과를 계산해서 나누어지는지 파악하는 불편함이 있다. 이때, 약수와 배수의 뜻을 생각하면 소인수분해 된 상태에서 약수와 배수의 관계를 파악할 수 있다.

$2^4 \times 3^3 \times 5 = (2^2 \times 3^2) \times (2^2 \times 3 \times 5)$ 이므로 $2^4 \times 3^3 \times 5$는 두 수 $2^2 \times 3^2$, $2^2 \times 3 \times 5$의 곱으로 나타낼 수 있다. 따라서, $2^4 \times 3^3 \times 5$는 $2^2 \times 3^2$의 배수이고 $2^2 \times 3^2$는 $2^4 \times 3^3 \times 5$의 약수이다.

[5] 제곱수

1. **제곱수** : $1, 4, 9, 16, \cdots$ 과 같이 어떤 자연수의 제곱인 수

2. **제곱수의 성질**
   (1) 제곱수를 소인수분해하면 소인수의 지수가 모두 짝수이다.
   (2) 약수의 개수는 홀수이다.

3. **제곱수 만드는 방법**
   (1) 주어진 수를 소인수분해 한다.
   (2) 모든 소인수의 지수가 짝수가 되도록 적당한 수를 곱하거나 적당한 수로 나눈다.

(이해하기!)

1. $4 = 2^2$, $36 = 2^2 \times 3^2$, $144 = 2^4 \times 3^2$과 같이 제곱수를 소인수분해하면 각 소인수의 지수가 모두 짝수이다.

2. 제곱수를 소인수분해하면 각 소인수의 지수가 모두 짝수이므로 약수의 개수는 홀수들의 곱이 되어 홀수가 된다. 예를 들어, 제곱수 $144 = 2^4 \times 3^2$이므로 약수의 개수는 $(4+1) \times (2+1) = 5 \times 3 = 15$ (개)로 약수의 개수는 홀수이다. 실제로 144의 약수는 $1, 2, 3, 4, 6, 8, 9, 12, 16, 18, 24, 36, 48, 72, 144$ 로 15개다.

3. 제곱수 만들기
   (1) 80에 자연수를 곱하여 어떤 자연수의 제곱이 되도록 할 때, 곱할 수 있는 가장 작은 자연수를 구해보자. $80 = 2^4 \times 5$이므로 모든 소인수의 지수가 짝수가 되도록 곱할 수 있는 가장 작은 자연수는 5이다. 실제로 $80 \times 5 = 400 = 20^2$ 이 됨을 알 수 있다.

   (2) 360을 자연수로 나누어 어떤 자연수의 제곱이 되도록 할 때, 나눌 수 있는 가장 작은 자연수를 구해보자. $360 = 2^3 \times 3^2 \times 5$이므로 모든 소인수의 지수가 짝수가 되도록 나눌 수 있는 가장 작은 자연수는 2×5이다. 실제로 $\dfrac{2^3 \times 3^2 \times 5}{2 \times 5} = 2^2 \times 3^2 = 36$이고 $36 = 6^2$이 됨을 알 수 있다.

1.3 최대공약수

[1] 공약수와 최대공약수

1. **공약수** : 두 개 이상의 자연수의 공통인 약수
2. **최대공약수** : 공약수 중에서 가장 큰 수 (Greatest Common Divisor = GCD)
3. **최대공약수의 성질** : 두 개 이상의 자연수의 공약수는 그들의 최대공약수의 약수이다.
4. **서로소** : 최대공약수가 1인 두 자연수 (=공약수가 1뿐인 두 자연수)
5. 최소공약수는 무조건 1이므로 다루지 않는다.

(이해하기!)

1. 최대공약수는 Greatest Common Divisor의 첫 글자를 따서 간단히 GCD로 나타내기도 한다.

2. 두 개 이상의 자연수의 공약수는 최대공약수의 약수이다. 예를 들어 8과 12의 공약수 $1, 2, 4$는 최대공약수인 4의 약수이다.
   ⇨ 8의 약수 : $1, 2, 4, 8$
   12의 약수 : $1, 2, 3, 4, 6, 12$

3. 최대공약수가 1인 두 자연수를 서로소라고 한다. 예를 들어 3과 4, 5와 8, 12와 15, … 등은 최대공약수가 1이므로 서로소 이다.

4. 서로 다른 두 소수는 항상 서로소이다. 소수는 약수가 1과 자기 자신뿐이므로 서로 다른 두 소수의 공약수는 1뿐이기 때문이다.

5. 최소공약수는 무조건 1이 되므로 최소공약수는 존재하지만 당연해서 다루지는 않는다.

[2] 최대공약수 구하기

1. **소인수분해를 이용하여 구하기 (방법1)**
   (1) 각 자연수를 소인수분해 한다.
   (2) 공통인 소인수를 모두 곱한다. 이때, 공통인 소인수 중에서 거듭제곱의 지수가 같으면 그대로, 다르면 작은 것을 택하여 모두 곱한다.

2. **공약수로 나누어 구하기 (방법2)**
   (1) 1이 아닌 공약수로 각 수를 나눈다.
   (2) 몫이 서로소가 될 때까지 (1)을 반복한다.
   (3) 나누어 준 공약수를 모두 곱한다.

(이해하기)

1. 36과 90의 최대공약수를 소인수분해를 이용하여 구해보자.
   ⇨ $36 = 2^2 \times 3^2$, $90 = 2 \times 3^2 \times 5$이므로 공통인 소인수는 $2, 3$이다. 이때, 공통인 소인수 중에서 거듭제곱의 지수가 같거나 작은 것을 택하면 최대공약수는 $2 \times 3^2 = 18$ 이다.

2. 소인수분해를 이용하여 최대공약수를 구할 경우 공통인 소인수의 지수가 같거나 최소인 것을 택하는 이유는 각각의 인수가 약수인데 지수가 최소인 것을 택해야 공통인 약수가 되기 때문이다.

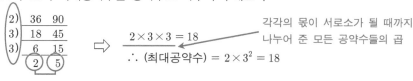

$$\Rightarrow 36 = 2^2 \times 3^2 = 2 \times 2 \times 3 \times 3$$
$$90 = 2 \times 3^2 \times 5 = 2 \times 3 \times 3 \times 5$$

3. 36과 90의 최대공약수를 공약수로 나누어 구해보자

$$\begin{array}{c|cc} 2) & 36 & 90 \\ 3) & 18 & 45 \\ 3) & 6 & 15 \\ \hline & 2 & 5 \end{array}$$

서로소

$\Rightarrow$ $2 \times 3 \times 3 = 18$ ← 각각의 몫이 서로소가 될 때까지 나누어 준 모든 공약수들의 곱

$\therefore$ (최대공약수) $= 2 \times 3^2 = 18$

4. 세 수의 최대공약수를 구하는 경우도 같은 방법으로 구할 수 있다.

(1) $20, 36, 48$의 최대공약수를 소인수분해를 이용하여 구해보자.

$20 = 2^2 \times 5$, $36 = 2^2 \times 3^2$, $48 = 2^4 \times 3$ 이므로 세 수의 공통인 소인수는 2이다. 이때, 공통인 소인수의 거듭제곱의 지수들 중 최소인 것을 택하면 최대공약수는 $2^2 = 4$이다.

(2) $20, 36, 48$의 최대공약수를 공약수로 나누어 구해보자. (단, 세 수가 서로소 이려면 세 수의 최대공약수가 1이어야 한다.)

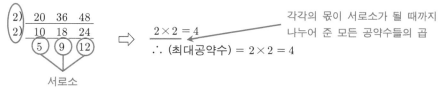

$$\begin{array}{c|ccc} 2) & 20 & 36 & 48 \\ 2) & 10 & 18 & 24 \\ \hline & 5 & 9 & 12 \end{array}$$

서로소

$\Rightarrow$ $2 \times 2 = 4$ ← 각각의 몫이 서로소가 될 때까지 나누어 준 모든 공약수들의 곱

$\therefore$ (최대공약수) $= 2 \times 2 = 4$

5. 공약수로 나누어 최대공약수를 구하는 방법이 소인수분해하는 방법과 유사해 간혹 소수로만 나누려는 경향이 있는데 소수가 아닌 공약수로 나누어도 됨을 주의하자.

(깊이보기)

1. 큰 수의 최대공약수를 찾을 경우 배수 판별법을 활용하면 어떤 수가 약수인지 알 수 있어 두 수의 공약수를 쉽게 찾을 수 있다. 그 외에 분자와 분모가 큰 분수의 약분에서도 배수 판별법을 활용하면 효과적이므로 알아두는 것이 좋다. 배수 판별법은 아래와 같다.

2. 배수 판별법

(1) 2의 배수 : 일의 자리의 숫자가 0또는 2의 배수인 수

$\Rightarrow$ $64, 150, 1368$은 일의 자리 숫자가 0 또는 2의 배수이므로 2의 배수이다.

(2) 3의 배수 : 각 자리의 숫자의 합이 3의 배수인 수

$\Rightarrow$ $24, 315, 1833, 85311$은 각 자리의 숫자의 합이 3의 배수이므로 3의 배수이다.

(3) 4의 배수 : 끝의 두 자리의 수가 00또는 4의 배수인 수

$\Rightarrow$ $200, 1516, 30564$는 끝의 두 자리의 수가 00 또는 4의 배수이므로 4의 배수이다.

(4) 5의 배수 : 일의 자리의 숫자가 0또는 5인 수

$\Rightarrow$ $130, 2215, 13780$은 일의 자리 숫자가 0 또는 5의 배수이므로 5의 배수이다.

(5) 9의 배수 : 각 자리의 숫자의 합이 9의 배수인 수

$\Rightarrow$ $81, 441, 1377, 25452$는 각 자리의 숫자의 합이 9의 배수이므로 9의 배수이다.

---

[3] 최대공약수의 활용

1. 최대공약수의 활용

  (1) '되도록 많이', '가장 큰', '최대한', '가능한 한 많은' 등의 표현이 있는 문제는 대부분
     최대공약수를 이용하여 문제를 해결한다.

  (2) 최대공약수를 활용하는 문제의 예
     ① 일정한 양을 되도록 많은 사람들에게 똑같이 나누어 주는 문제
     ② 직사각형을 가장 큰 정사각형 또는 최대한 적은 수의 정사각형으로 빈틈없이 채우는 문제
     ③ 두 개 이상의 자연수를 모두 나누어떨어지게 하는 가장 큰 자연수를 구하는 문제

(확인하기!)

1. 사과 32개, 배 48개를 가능한 한 많은 **학생들에게 남는 것 없이 똑같이 나누어 주려고 할 때, 나누어 줄 수 있는 학생 수를 구하시오.**

   (풀이) 학생들에게 사과와 배를 똑같이 나누어 주려면 학생 수는 $32, 48$의 공약수 이어야 한다. 이
   때, 가능한 한 많은 학생들에게 나누어 주려면 구하는 학생 수는 $32, 48$의 최대공약수 이어
   야 한다. $32 = 2^5, 48 = 2^4 \times 3$ 이므로 두 수의 최대공약수는 $2^4 = 16$이다. 따라서 구하는 학생
   수는 16(명)이다.

2. 가로의 길이가 12cm, 세로의 길이가 20cm인 직사각형 모양의 도화지 위에 빈틈없이 정사각형 모양의 색종이를 붙이려고 한다. 색종이를 가능한 한 큰 것을 사용하려고 할 때, 이 색종이의 한 변의 길이를 구하시오.

   (풀이) 가능한 한 큰 정사각형 모양의 색종이를 사용하려면 색종이의 한 변의 길이는 12와 20의 최
   대공약수이어야 한다. $12 = 2^2 \times 3$, $20 = 2^2 \times 5$ 이므로 두 수의 최대공약수는 $2^2 = 4$이다. 따
   라서 구하는 색종이의 한 변의 길이는 4cm이다.

3. 어떤 수로 38을 나누면 2가 남고, 108을 나누면 나누어 떨어진다. 이러한 수 중에서 가장 큰 수를 구하시오.

   (풀이) 구하는 수를 a라 하면 a로 36과 108을 나누면 나누어 떨어지므로 a는 36과 108의 공약수
   이고 이 수 중에서 가장 큰 수는 최대공약수이다. $36 = 2^2 \times 3^2$, $108 = 2^2 \times 3^3$이므로 두 수의
   최대공약수는 $2^2 \times 3^2 = 36$이다. 따라서 $a = 36$ 이다.

1.4 최소공배수

[1] 공배수와 최소공배수

1. **공배수** : 두 개 이상의 자연수의 공통인 배수
2. **최소공배수** : 공배수 중에서 가장 작은 수 (Least Common Multiple = LCM)
3. **최소공배수의 성질**
   (1) 두 개 이상의 자연수의 공배수는 그들의 최소공배수의 배수이다.
   (2) 서로소인 두 자연수의 최소공배수는 두 자연수의 곱과 같다.
4. **최대공배수는 존재하지 않으므로 다루지 않는다.**

(이해하기!)

1. 최소공배수는 Least Common Multiple의 첫 글자를 따서 간단히 LCM으로 나타내기도 한다.

2. 두 개 이상의 자연수의 공배수는 최소공배수의 배수이다. 예를 들어, 4와 6의 공배수 $12, 24, 36, \cdots$ 은 최소공배수인 12의 배수이다.
   $\Rightarrow$ 4의 배수 : 4, 8, 12, 16, 20, 24, 28, 32, 36 $\cdots$
   　　6의 배수 : 6, 12, 18, 24, 30, 36 $\cdots$

3. 서로소인 두 자연수의 최소공배수는 두 자연수의 곱과 같다. 예를 들어, 서로소인 두 자연수 3과 5 의 최소공배수는 $3 \times 5 = 15$ 이다.

4. 어떤 자연수의 배수의 개수는 무한개 이므로 공배수 중 가장 큰 최대공배수는 존재할 수 없다. 즉, 두 자연수의 공약수는 유한개이지만 공배수는 무수히 많다.

[2] 최소공배수 구하기

1. **소인수분해를 이용하여 구하기 (방법1)**
   (1) 각 자연수를 소인수분해 한다.
   (2) 공통인 소인수와 공통이 아닌 소인수 모두를 곱한다. 이때, 공통인 소인수 중에서 지수가 같으면 그대로, 지수가 다르면 큰 것을 택하고 공통이 아닌 소인수는 모두 택하여 곱한다.

2. **공약수로 나누어 구하기 (방법2)**
   (1) 1이 아닌 공약수로 각 수를 나눈다.
   (2) 세 수의 공약수가 없을 때에는 두 수의 공약수로 나눈다. 이때, 공약수가 없는 수는 그대로 아래로 내린다.
   (3) 나누어 준 공약수와 몫을 모두 곱한다.

(이해하기)

1. 12와 30의 최소공배수를 소인수분해를 이용하여 구해보자.
   $\Rightarrow$ $12 = 2^2 \times 3$, $30 = 2 \times 3 \times 5$이므로 공통인 소인수는 $2, 3$이다. 이때, 공통인 소인수 중에서 거듭제 곱의 지수가 같거나 큰 것을 택하고 공통이 아닌 소인수를 모두 곱하면
   (최소공배수) $= 2^2 \times 3 \times 5 = 60$ 이다.

2. 소인수분해를 이용하여 (최소공배수)를 구할 경우 공통인 소인수와 공통이 아닌 소인수를 모두 곱한다. 공배수는 각각 소인수분해 한 결과를 모두 포함하고 있어야 하기 때문이다. 그러려면, 공통인 소인수의 지수가 같거나 (최대)인 것을 택한다.

3. 12과 30의 최소공배수를 공약수로 나누어 구해보자.

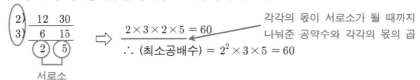

$2 \times 3 \times 2 \times 5 = 60$

$\therefore$ (최소공배수) $= 2^2 \times 3 \times 5 = 60$

각각의 몫이 서로소가 될 때까지 나눠준 공약수와 각각의 몫의 곱

4. 세 수의 최소공배수를 구하는 경우도 같은 방법으로 구할 수 있다.

   (1) $36, 48, 54$의 최소공배수를 소인수분해를 이용하여 구해보자.

   $36 = 2^2 \times 3^2$, $48 = 2^4 \times 3$, $54 = 2 \times 3^3$ 이므로 세 수의 공통인 소인수는 $2, 3$이다. 이때, 공통인 소인수의 거듭제곱의 지수들 중 최대인 것을 택하면 최소공배수는 $2^4 \times 3^3 = 432$이다.

   (2) $36, 48, 54$의 최소공배수를 공약수로 나누어 구해보자. (단, 세 수가 서로소 이려면 세 수의 최대공약수가 1이어야 한다.)

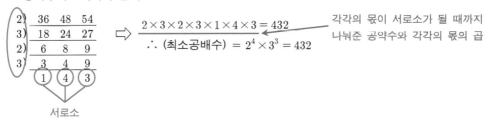

$2 \times 3 \times 2 \times 3 \times 1 \times 4 \times 3 = 432$

$\therefore$ (최소공배수) $= 2^4 \times 3^3 = 432$

각각의 몫이 서로소가 될 때까지 나눠준 공약수와 각각의 몫의 곱

---

[3] 최소공배수의 활용

1. **최소공배수의 활용**

   (1) '되도록 적은', '가장 작은', '최소한', '처음으로 다시 만나는' 등의 표현이 있는 문제는 대부분 최소공배수를 이용하여 문제를 해결한다.

   (2) 최소공배수를 활용하는 문제의 예

   ① 속력이 다른 두 물체가 동시에 출발하여 처음으로 다시 만나는 시점을 구하는 문제

   ② 일정한 크기의 직육면체를 쌓아서 가장 작은 정육면체를 만드는 문제

   ③ 두 개 이상의 자연수로 나눌 때 모두 나누어떨어지는 가장 작은 자연수를 구하는 문제

   ④ 톱니의 수가 다른 두 톱니바퀴가 처음으로 다시 같은 톱니에서 맞물릴 때까지의 회전수를 구하는 문제

(확인하기!)

1. 어떤 버스 종점에서 일반버스는 8분마다, 좌석버스는 16분마다, 직행버스는 20분마다 출발한다. 오전 6시에 세 버스가 동시에 출발하였다. 다음에 세 버스가 동시에 출발하는 시각을 구하시오.

   (풀이) $8, 16, 20$의 최소공배수를 구하면 된다.

$$
\begin{array}{r|rrr}
2 & 8 & 16 & 20 \\
2 & 4 & 8 & 10 \\
2 & 2 & 4 & 5 \\
\hline
 & 1 & 2 & 5
\end{array}
$$

(최소공배수) $= 2 \times 2 \times 2 \times 2 \times 5 = 80$

80분은 1시간 20분이므로 다음에 동시에 출발하는 시각은

오전 6시 + 1시간 20분이다. 따라서 오전 7시 20분 이다.

2. 가로, 세로, 높이가 각각 10cm, 8cm, 6cm인 직육면체 모양의 벽돌을 모두 같은 방향으로 쌓아서 가장 작은 정육면체 모양의 받침대를 만들려고 한다. 이 받침대를 만드는 데 벽돌은 모두 몇 장이나 필요한지 구하시오.

(풀이) 가장 작은 정육면체의 한 모서리의 길이는 $10, 8, 6$의 최소공배수이므로 120cm이다.

따라서 필요한 벽돌의 수는 $12 \times 15 \times 20 = 3600$(장)이다.

3. 자연수 A를 $2, 3, 5$로 나누면 모두 1이 남는 자연수 중 가장 작은 수를 구하시오.

(풀이) $A-1$은 $2, 3, 5$의 공배수이고 $2, 3, 5$의 최소공배수는 30이므로 가장 작은 수는 $A - 1 = 30$ 이다. 따라서 $A = 31$ 이다.

4. 서로 맞물려 도는 두 톱니바퀴의 톱니의 수가 각각 $18, 21$일 때, 두 톱니바퀴가 회전하기 시작하여 처음으로 같은 톱니에서 다시 맞물릴 때까지 돌아간 톱니의 수를 구하시오.

(풀이) 같은 톱니에서 처음으로 다시 맞물릴 때까지 돌아간 톱니의 개수는 $18, 21$의 최소공배수이어야 한다. $18 = 2 \times 3^2$, $21 = 3 \times 7$ 이므로 구하는 톱니의 수는 $2 \times 3^2 \times 7 = 126$(개) 이다.

---

[4] 최대공약수와 최소공배수의 관계

1. 두 자연수 A, B의 최대공약수가 G이고, 최소공배수가 L일 때,

(1) $A = a \times G$, $B = b \times G$ (a, b는 서로소)

(2) $L = a \times b \times G$

(3) $A \times B = L \times G$

(이해하기!)

1. 두 자연수 A, B의 최대공약수가 G이고, 최소공배수가 L일 때, 공약수로 나누어 구하는 방법을 생각하면 (1), (2)는 당연하다.

$\Rightarrow$ 이므로 $A = a \times G$, $B = b \times G$, $L = a \times b \times G$ 이다.

2. 구체적인 사례를 통해 이해하는 것도 좋다. 예를 들어, 두 수 12와 18의 최대공약수와 최소공배수를 구하기 위해 공약수로 나누어 구하는 방법을 활용하면 아래와 같다.

$$
\begin{array}{r|rr}
6 & 12 & 18 \\
\hline
 & \textcircled{2} & \textcircled{3}
\end{array}
$$

서로소

이때, $12 = 6 \times 2$, $18 = 6 \times 3$, 최소공배수(L) = $6 \times 2 \times 3$ 이다.

3. (3)에서 $A \times B = (a \times G) \times (b \times G) = (a \times b \times G) \times G = L \times G$ 이다.

즉, (두 자연수의 곱) = (최대공약수) $\times$ (최소공배수) 이다.

4. $L = a \times b \times G$ 이므로 최소공배수는 최대공약수의 배수이고, 최대공약수는 최소공배수의 약수이다.

(확인하기!)

1. 두 자연수 A와 72의 최대공약수가 24이고, 최소공배수가 144일 때, A의 값을 구하시오.

   (풀이) $72 \times A = (최대공약수) \times (최소공배수) = 24 \times 144 = (24 \times 2) \times 72$ 이므로 정리하면 $A = 48$이다.

2. 두 자연수의 곱이 768이고 최대공약수가 8일 때, 두 수의 최소공배수를 구하시오.

   (풀이) 두 자연수 A, B에 대하여 $A \times B = L \times G$ 이므로 $L \times 8 = 768$이다.

   따라서 최소공배수 $L = 96$이다.

3. 두 자리의 자연수 A, B의 최대공약수는 9, 최소공배수는 54이다. 이때, A, B의 값을 구하시오.

   (풀이) $A = 9 \times a, B = 9 \times b (a, b$는 서로소)라 하자. $A \times B = L \times G$ 이므로 $9 \times a \times 9 \times b = 9 \times 54$이고

   $a \times b = 6$이다. a, b는 서로소이므로 $(a, b) = (1, 6), (6, 1), (2, 3), (3, 2)$로 4가지 경우가 있다.

   이때, A, B는 두 자리의 자연수라고 했으므로 $A = 9 \times 2 = 18, B = 9 \times 3 = 27$ 또는

   $A = 9 \times 3 = 27, B = 9 \times 2 = 18$ 이다.

---

[5] 분수를 자연수로 만들기

1. 두 분수 $\dfrac{A}{B}, \dfrac{C}{D}$ 중 어느 것을 택하여 곱하여도 자연수가 되는 가장 작은 분수

   $\Rightarrow \dfrac{(B, D의\ 최소공배수)}{(A, C의\ 최대공약수)}$

(이해하기!)

1. 두 분수 $\dfrac{A}{B}, \dfrac{C}{D}$ 중 어느 것을 택하여 곱하여도 그 결과가 자연수가 되는 기약분수를 $\dfrac{\triangle}{\square}$라 하자.

   $\dfrac{A}{B} \times \dfrac{\triangle}{\square}, \dfrac{C}{D} \times \dfrac{\triangle}{\square}$가 모두 자연수가 되려면 두 분수 $\dfrac{A}{B}, \dfrac{C}{D}$의 분모인 B, D가 모두 약분되어 1이

   되어야 하므로 $\triangle$는 B, D의 공배수이어야 한다. 또한, 두 분수 $\dfrac{A}{B}, \dfrac{C}{D}$의 분자인 A, C 와 곱하여

   1이 되어야 하므로 $\square$는 A, C 의 공약수이어야 한다. 즉, $\dfrac{\triangle}{\square} = \dfrac{(B, D의\ 공배수)}{(A, C의\ 공약수)}$ 이다.

   이때, $\dfrac{\triangle}{\square}$가 가장 작은 수가 되려면 분모는 최대이고, 분자는 최소이어야 하므로 구하는 수는

   $\dfrac{(B, D의\ 최소공배수)}{(A, C의\ 최대공약수)}$ 이어야 한다.

(확인하기!)

1. 두 분수 $\dfrac{7}{15}, \dfrac{35}{48}$ 중 어느 것에 곱해도 그 결과가 자연수가 되는 기약분수 중에서 가장 작은 수를

   구하시오.

   (풀이) 곱하는 기약분수를 $\dfrac{a}{b}$라고 할 때, $\dfrac{a}{b}$가 가장 작은 수가 되려면 $a = (15와\ 48의\ 최소공배수)$

   $= 240$ 이고 $b = (7과\ 35의\ 최대공약수) = 7$이다. 따라서 구하는 기약분수는 $\dfrac{240}{7}$이다.

2.1 정수와 유리수

[1] 양수와 음수

1. 양의 부호와 음의 부호
: 서로 반대되는 성질을 가진 수량에 대하여 그 기준점을 0으로 정하고 한쪽을 양의 부호 '+'를 사용하여 나타내면 반대쪽은 음의 부호 '−'를 사용하여 나타낸다.

2. 양수 : 0보다 큰 수 ⇨ 양의 부호 '+(플러스)'를 붙인 수
3. 음수 : 0보다 작은 수 ⇨ 음의 부호 '−(마이너스)'를 붙인 수

+	영상	증가	이익	수입
−	영하	감소	손해	지출

(이해하기!)

1. 위 표에서 소개된 것과 같이 서로 반대되는 성분이나 양을 표현할 때 부호 +, −를 사용하여 나타낸다. 양의 부호와 음의 부호를 붙일 때에는 반드시 기준을 정하여 0으로 놓고 이보다 크거나 많은 값에는 양의 부호 +, 작거나 적은 값에는 음의 부호 −를 붙여 나타낸다.

2. $+2, +\dfrac{2}{3}$ 등과 같이 +를 붙인 수를 양수, $-3, -0.7$ 등과 같이 −를 붙인 수를 음수라고 한다. 이때, 양의 부호 +는 생략할 수 있다.

3. 지금까지 0은 '없다'의 뜻으로 주로 사용되었으나, 앞으로 양수와 음수를 구분하는 기준이 되는 수로 사용한다. 따라서 0은 양수도 음수도 아니다. 즉, 모든 수는 양수, 음수, 0으로 분류 할 수 있다.

4. 양수는 양의 실수, 음수는 음의 실수의 줄임말이다. 따라서 양수를 양의 정수와 같다거나 음수를 음의 정수와 같다고 생각해서는 안 된다. 위에서 $+2, -3$는 각각 양의 정수, 음의 정수이면서 동시에 양수, 음수라고 할 수 있다. 그러나 $+\dfrac{2}{3}, -0.7$는 각각 양의 정수, 음의 정수가 아니지만 양수, 음수이다.

(깊이보기!)

1. 초등수학과 중등수학을 구분짓는 대표적인 내용 중 하나가 음수의 사용 여부이다. 초등학생에게 $3 + \square = 5$을 풀어보게 하면 $\square = 2$라고 쉽게 구할 수 있겠지만 $5 + \square = 2$을 풀어보게 하면 이 문제는 잘못된 문제라고 할 것이다. 어떻게 □를 더했는데 그 결과가 5보다 더 작게 되는지 의문을 품게 될 것이다. 그 이유는 초등학생들이 음수를 배우지 않기 때문이다. 그러나 중학교 과정에서 음수를 배움으로써 우리는 위 문제가 틀린 것이 아니며 $\square = -3$임을 구할 수 있다.

[2] 정수

1. 정수 : 양의 정수, 0, 음의 정수를 통틀어 정수라 한다.
 (1) 양의 정수(=자연수) : 자연수에 양의 부호 '+'를 붙인 수
 (2) 음의 정수 : 자연수에 음의 부호 '−'를 붙인 수

2. 정수의 분류

⇨ 정수 $\begin{cases} \text{양의 정수 (=자연수)} \\ 0 \\ \text{음의 정수} \end{cases}$

(이해하기!)

1. $+1, +2, +3, \cdots$ 과 같이 자연수에 양의 부호 +를 붙인 수를 양의 정수라 하고, $-1, -2, -3, \cdots$ 과 같이 음의 부호 -를 붙인 수를 음의 정수라고 한다. 이때, 양의 부호 +는 생략 가능하다. 따라서 양의 정수와 자연수는 같다. 앞으로 특별한 경우를 제외하고는 양의 부호 +는 생략한다.

2. +는 덧셈과 양의 부호의 의미를, -는 뺄셈과 음의 부호의 의미를 나타내는 경우에 동시에 사용되므로 경우에 따라 연산 기호인지 수의 부호인지 구분하여 생각할 필요가 있다.

3. 양의 정수, 0, 음의 정수를 통틀어 정수라고 한다. 0은 양수와 음수를 구분하는 기준이 되는 수로 양의 정수도 음의 정수도 아니다.

---

[3] 유리수

1. **유리수** : 분자, 분모(분모 ≠ 0)가 모두 정수인 분수로 나타낼 수 있는 수

   ⇨ $\dfrac{a}{b}(a, b$는 정수, $b \neq 0)$로 나타낼 수 있는 수

2. **유리수의 분류**

$$
\text{유리수} \begin{cases} \text{정수} \begin{cases} \text{양의 정수(자연수)} : +1, +2, +3, \cdots \\ 0 \\ \text{음의 정수} : -1, -2, -3, \cdots \end{cases} \\ \text{정수가 아닌 유리수} : -\dfrac{5}{4}, +\dfrac{1}{2}, -0.6, 2.555\cdots, \cdots \Rightarrow \text{기약분수, 유한소수, 순환소수} \end{cases}
$$

3. 유리수에 양의 부호 +를 붙인 수를 양의 유리수, -부호를 붙인 수를 음의 유리수 라고 한다.

(이해하기!)

1. 유리수는 $\dfrac{a}{b}(a, b$는 정수, $b \neq 0)$로 나타낼 수 있는 수를 말한다. 이때, a, b는 정수라는 조건에 주의를 기울이자. 흔히, 학생들이 유리수와 분수를 같은 개념으로 잘못 이해하는 경우들이 있는데 유리수는 수의 종류이고 분수는 수를 표현하는 방법임에 차이가 있다. 예를 들어, $\dfrac{\pi}{2}$는 분수이지만 분자가 정수가 아니므로 유리수가 아니다. 따라서 유리수와 분수를 같다고 생각하면 안 된다. 마찬가지로 보통 소수 역시 유리수라고 생각하는 학생들이 있다. 그러나 이 역시 정확한 표현이 아니다. $0.2, 0.333\cdots$과 같이 유한소수와 순환소수는 각각 $\dfrac{1}{5}, \dfrac{1}{3}$과 같은 분수로 고칠 수 있기 때문에 유리수이지만 $\pi(=3.141592\cdots)$와 같이 순환하지 않는 무한소수는 분수로 고칠 수 없으므로 유리수가 아니다. 이때, '순환하지 않는 무한소수'를 유리수가 아니라 해서 '무리수'라고 하며 중학교 3학년 과정에서 배우게 된다.

2. 유리수는 정수와 정수가 아닌 유리수로 나뉜다. 양의 정수 $+2 = +\dfrac{2}{1}$, 음의 정수 $-3 = -\dfrac{9}{3}$, $0 = \dfrac{0}{1} = \dfrac{0}{2}$과 같이 분수로 나타낼 수 있으므로 정수는 모두 유리수이다. 정수가 아닌 유리수(기약분수)는 소수로 나타낼 때 유한소수 또는 순환소수가 된다. 순환소수는 중학교 2학년 과정에서 배우게 된다.

3. 정수와 마찬가지로 $+\frac{1}{2}, +\frac{1}{3}, +\frac{2}{5}, \cdots$ 과 같이 유리수에 양의 부호 +를 붙인 수를 양의 유리수, $-\frac{1}{2}, -\frac{1}{3}, -\frac{2}{5}, \cdots$ 과 같이 유리수에 음의 부호 −를 붙인 수를 음의 유리수라고 하고 양의 부호 +는 생략 가능하다.

4. 양의 유리수, 0, 음의 유리수를 통틀어 유리수라고 한다.

(깊이보기!)

1. 유리수의 조밀성

⇨ 서로 다른 두 유리수 사이에는 항상 또 다른 유리수가 존재한다. 이것을 유리수가 오밀조밀하게 많이 존재한다고 해서 '유리수의 조밀성(稠密性)'이라 하고 이를 다음과 같이 증명할 수 있다. 수직선위에 서로 다른 두 유리수 a, b에 대응하는 점을 정하자.

이때, 두 점 사이에 중점에 대응하는 값을 구하면 $\frac{a+b}{2}$이고 유리수는 사칙연산에 관해 닫혀있으므로(⇒ 두 유리수를 더하고, 빼고, 곱하고, 나누어도 결과는 유리수이다) $\frac{a+b}{2}$는 유리수이다. 따라서 서로 다른 두 유리수 사이에는 항상 적어도 하나 이상의 유리수가 존재한다. 예를 들어 3과 5사이의 중점은 4인데 이는 $\frac{3+5}{2}$를 계산한 값이다.

---

[4] 수직선

1. 수직선
  (1) 직선 위의 점에 수를 대응시켜서 만든 직선
  (2) 직선 위에 기준점을 잡아 수 0을 대응시킨 점을 원점이라고 한다.
  (3) 직선 위에 원점을 정하고 그 점의 좌우에 일정한 간격을 잡아 오른쪽에 양수를, 왼쪽에 음수를 대응시켜 나타낸다.

2. 수직선 그리기
  (1) 직선을 그린다.
  (2) 원점을 정하고, 이 점의 좌우에 일정한 간격으로 점을 찍는다.
  (3) 원점의 좌우에 같은 간격으로 점을 잡아 원점에서 오른쪽으로 거리가 $1, 2, 3, \cdots$ 인 점을 각각 $+1, +2, +3, \cdots$ 으로 나타내고, 왼쪽으로 거리가 $1, 2, 3, \cdots$ 인 점을 각각 $-1, -2, -3, \cdots$ 으로 나타낸다. 즉, 원점의 오른쪽에 양의 정수를 나타내고, 원점의 왼쪽에 음의 정수를 나타낸다.

(이해하기!)

1. 수직선에서 기준이 되는 점을 원점 O로 나타낸다. O는 원점을 뜻하는 Origine의 첫 번째 알파벳이다.

2. 원점 O에 수 0을 대응시키고 그 점의 오른쪽과 왼쪽에 일정한 간격으로 점을 정하여 차례로 각각 양의 정수 $+1, +2, +3, \cdots$ 을 대응시키고 음의정수 $-1, -2, -3, \cdots$ 을 대응시켜 나타내면 수직선 이 된다.

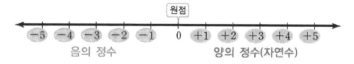

3. 유리수도 정수와 같은 방법으로 수직선 위에 나타낼 수 있다. 예를 들어 $-\dfrac{2}{3}$, $+\dfrac{1}{3}$ 을 수직선 위에 각각 나타내면 아래 그림과 같다.

4. 모든 유리수는 수직선 위의 점으로 나타낼 수 있다. 정수가 아닌 유리수의 경우 소수는 분수로, 가분수는 대분수로 고친 후 수직선 위에 나타낸다.

(깊이보기!)

1. 수직선위의 점에 대응하는 수는 '(기준점)+(방향)+(이동거리)' 의 결과이다. 기준점은 원점으로 0을 나타내고 원점을 기준으로 오른쪽 방향으로 이동하면 +, 왼쪽 방향으로 이동하면 −가 된다. 예를 들어 $+2$라는 점은 원점 0에서 출발해 오른쪽 방향(+)으로 2만큼 이동한 점을 나타내는 값으로 $0+2 = +2$이다. -3이라는 점은 원점 0에서 출발해 왼쪽 방향(−)으로 3만큼 이동한 점을 나타내는 값으로 $0-3 = -3$이다.

2. 이렇게 수직선위의 점에 대응하는 수를 '(기준점)+(방향)+(이동거리)' 의 결과로 이해하면 기준점이 바뀌어도 점의 위치를 나타내는 값을 쉽게 구할 수 있다. 예를 들어 $+4$를 나타내는 점은 기준점을 $+1$에서 출발하면 오른쪽 방향(+)으로 3만큼 이동한 점을 나타내는 값으로 $+1+3 = +4$이다. -5를 나타내는 점은 기준점을 $+2$에서 출발하면 왼쪽 방향(−)으로 7만큼 이동한 점을 나타내는 값으로 $+2-7 = -5$이다.

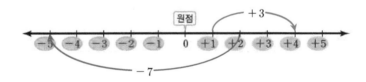

2.2 유리수의 대소 관계

[1] 절댓값

1. **절댓값** : 수직선 위에서 어떤 수에 대응되는 점과 원점 사이의 거리 ⇨ 기호 | |

2. **a의 절댓값**
   (1) 수직선에서 원점과 점 a사이의 거리
   (2) 기호로 $|a|$ 와 같이 나타내고 '절댓값 a' 라고 읽는다.

3. **절댓값의 성질**
   (1) $|a| \geq 0$: 절댓값은 항상 0보다 크거나 같다.
   (2) 양수, 음수의 절댓값은 그 수에서 부호 $+$, $-$를 떼어낸 수와 같다.
   (3) 절댓값이 $a(a > 0)$인 수는 $+a$, $-a$로 2개다.
   (4) 0의 절댓값은 0이다. ⇨ $|0| = 0$
   (5) 원점에서 멀리 떨어질수록 절댓값이 커진다.

4. **두 점 사이의 거리와 절댓값**
   ⇨ 수직선 위의 두 점 $A(a)$, $B(b)$ 사이의 거리 : $\overline{AB} = |b-a| = |a-b|$

(이해하기!)

1. 절댓값은 방향에 상관없는 거리이므로 항상 0 또는 양수임에 주의하자. 거리 개념에 음수는 없다. 따라서, $|a| \geq 0$ 이다.

2. 수 앞에 부호가 없으면 $+$부호가 생략된 것이다. 절댓값은 항상 0보다 크거나 같으므로 양수, 음수의 절댓값은 그 수에서 부호 $+$, $-$를 떼어낸 수와 같다.
   ⇨ -5의 절댓값 : $|-5| = 5$, $+2$의 절댓값 : $|+2| = 2$

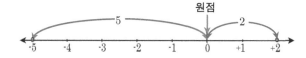

3. 원점 O에서 같은 거리에 떨어진 점은 왼쪽과 오른쪽 2개 이므로 0을 제외하고 절댓값이 같은 수는 항상 양수와 음수 2개다. 즉 절댓값이 a $(a > 0)$인 수는 $+a$와 $-a$의 2개다.

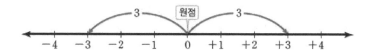

4. 0은 원점을 나타내는 수이므로 $|0| = 0$이다. 즉, 절댓값이 가장 작은 수는 0이다.

5. 두 점 사이의 거리는 두 점에 대응하는 수의 차의 절댓값이다. 예를 들어, 두 점 $A(1), B(4)$ 사이의 거리는 $|4-1| = |1-4| = 3$ 이다.

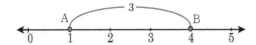

(깊이보기!)

1. $|a| = \begin{cases} a, & (a \geq 0) \\ -a, & (a < 0) \end{cases}$

⇨ | | 기호 안의 값이 수가 아닌 문자인 경우 문자의 값의 부호에 따라 값이 결정됨에 주의하자. 보통 학생들이 $|a| = a$라고 단순히 | | 기호를 생략하는 것으로 생각하는데 그렇지 않다. 왜냐하면 $|+5| = 5$ 이기 때문에 $a > 0$인 경우 $|a| = a$라고 할 수 있으나 $|-5| = -(-5) = 5$ 이므로 $a < 0$인 경우 a에 − 부호를 붙여야 양수가 되기 때문이다. 절댓값 안의 식이 문자를 포함한 경우 그 값이 0보다 작은 경우를 반드시 확인하고 주의하자.

---

[2] 수의 대소 관계

1. 음수는 0보다 작고, 양수는 0보다 크다. 즉, **(음수)**< 0 <**(양수)** 이다.
   ⇨ (예) $-2 < 0$, $0 < 3$, $-4 < 1$

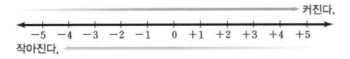

2. 양수는 음수보다 크다.

3. 두 양수에서는 절댓값이 큰 수가 크다. ⇨ (예) $2 < 5$

4. 두 음수에서는 절댓값이 큰 수가 작다. ⇨ (예) $-5 < -2$

(이해하기!)

1. 자연수 또는 유리수를 수직선 위에 나타내면 오른쪽에 있는 수가 왼쪽에 있는 수보다 크다. 따라서 수직선 위에서 음수는 0의 왼쪽에 있으므로 0보다 작고, 양수는 0의 오른쪽에 있으므로 0보다 크다. 또, 양수는 음수보다 오른쪽에 있으므로 양수는 음수보다 크다.

2. 자연수 또는 유리수를 수직선 위에 나타내면 양수끼리는 원점에서 멀리 떨어져 있는 수가 오른쪽에 있으므로 절댓값이 큰 수가 더 크다. 반면에 음수끼리는 원점에서 멀리 떨어져 있는 수가 왼쪽에 있으므로 절댓값이 큰 수가 더 작다.

[3] 부등호의 사용

$x > a$	$x < a$	$x \geq a$	$x \leq a$
x는 a초과이다. x는 a보다 크다.	x는 a미만이다. x는 a보다 작다.	x는 a이상이다. x는 a보다 크거나 같다. x는 a보다 작지 않다.	x는 a이하이다. x는 a보다 작거나 같다. x는 a보다 크지 않다.

(이해하기!)

1. 부등호를 사용하면 길고 복잡한 문장을 다음과 같이 간단히 나타낼 수 있다.

   (1) 'x는 -2보다 크다' ⇨ $x > -2$

   (2) 'x는 3보다 작다' ⇨ $x < 3$

   (3) 'x는 4보다 크거나 같다(=작지 않다)' ⇨ $x \geq 4$

   (4) 'x는 5보다 작거나 같다(=크지 않다)' ⇨ $x \leq 5$

2. 기호 '$\geq$'는 '$>$ 또는 $=$'를 나타내고 기호 '$\leq$'는 '$<$ 또는 $=$'를 나타낸다. 이때, '또는'이라는 말이 의미하는 것은 둘 중 하나만 만족해도 되고 둘 모두를 만족해도 되는 경우를 의미한다.

3. 세 수의 대소 관계도 부등호를 사용하여 나타낼 수 있다.

   (1) x는 -3보다 크거나 같고 4보다 작거나 같다. ⇨ $-3 \leq x \leq 4$

   (2) a는 -5초과 7이하이다. ⇨ $-5 < x \leq 7$

(깊이보기!)

1. **절댓값의 범위**

   (1) $|x| < a(a > 0)$ ⇨ $-a < x < a$

   (예) $|x| < 2$ ⇨ $-2 < x < 2$

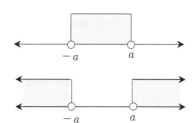

   (2) $|x| > a(a > 0)$ ⇨ $x > a$ 또는 $x < -a$

   (예) $|x| > 3$ ⇨ $x > 3$ 또는 $x < -3$

   (3) $|a| = |b|$ ⇨ $a = b$ 또는 $a = -b$

   (4) $\leq$, $\geq$인 경우에도 절댓값의 범위가 위와 같이 성립한다.

2.3 정수와 유리수의 덧셈

[1] 정수와 유리수의 덧셈

1. **부호가 같은 두 수의 덧셈** : 두 수의 절댓값의 합에 공통인 부호를 붙여 계산한다.
2. **부호가 다른 두 수의 덧셈** : 두 수의 절댓값의 차에 절댓값이 큰 수의 부호를 붙여 계산한다.
3. **절댓값이 같고 부호가 다른 두 수의 합은** 0이다.
   $\Rightarrow (+a)+(-a)=0$

(이해하기!)

1. 유리수의 덧셈도 정수의 덧셈과 같은 방법으로 계산한다.

   (1) **부호가 같은 두 수의 덧셈**

   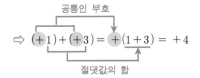 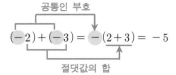

   (2) **부호가 다른 두 수의 덧셈**

   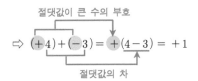 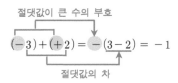

   (3) **절댓값이 같고 부호가 다른 두 수의 합은** 0이다.

   (예) $(+5)+(-5)=0$

2. 유리수의 덧셈 규칙을 두 묶음의 셈돌을 합치는 아래와 같은 활동을 통해 이해할 수 있다. 흰색 셈돌을 양수, 검은색 셈돌을 음수라고 하자. 이때, 두 묶음의 셈돌을 합치는 것을 덧셈으로 생각한다.

   (1) **부호가 같은 두 수의 덧셈**

   $(+1)+(+3)=(+4)$ $(-2)+(-3)=(-5)$

   (2) **부호가 다른 두 수의 덧셈** (단, 흰색 셈돌과 검은색 셈돌은 같은 개수만큼 짝지으면 없어진다고 약속한다.)

   $(+4)+(-3)=(+1)$ $(-3)+(+2)=(-1)$

   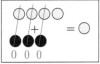

3. 유리수의 덧셈 규칙을 수직선을 활용하여 이해할 수도 있다. 수직선위의 점에 대응하는 수는 '(기준점)+(방향)+(이동거리)'의 결과이다. 기준점은 원점으로 0을 나타내고 원점을 기준으로 오른쪽 방향으로 이동하면 +, 왼쪽 방향으로 이동하면 −가 된다. 이때, 덧셈 연산은 두 가지 이동을 연속해서 하는 것('그리고', '~과' 의미)를 나타낸다.

(1) 부호가 같은 두 수의 덧셈

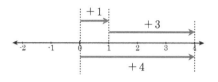
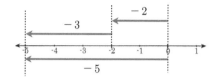

$$(+1)+(+3)=+4$$

$$(-2)+(-3)=-5$$

(2) 부호가 다른 두 수의 덧셈

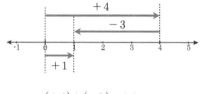
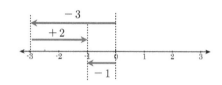

$$(+4)+(-3)=+1$$

$$(-3)+(+2)=-1$$

(깊이보기!)

1. 유리수의 덧셈 규칙을 다음과 같은 방법으로 기억하는 것도 좋을 것 같다. 유리수의 덧셈은 부호가 같은 두 수의 덧셈, 부호가 다른 두 수의 덧셈의 두 가지 경우가 있다. 이때, 부호가 같은 두 수를 친구, 부호가 다른 두 수를 친구가 아니라고 해보자. 친구는 함께 놀아야 하는 사이이므로 부호가 같은 두 수의 덧셈은 같은 부호를 선택하고 두 수를 더한다. 반면에 친구가 아니면 함께 놀지 않고 무리에서 제외하므로 부호가 다른 두 수의 덧셈은 두 수를 뺀다. 이때, 서로 다른 부호 중 큰 수의 부호만 선택하면 된다. 다소 유치하다는 생각이 들 수도 있으나 기억하기에 좋은 방법이라고 생각한다.

┌─────────────────────────────────────┐
│ **[2] 덧셈의 계산 법칙** │
└─────────────────────────────────────┘

세 수 a, b, c에 대하여

1. **교환법칙** : $a+b = b+a$

2. **결합법칙** : $(a+b)+c = a+(b+c)$

(이해하기!)

1. '교환'은 바꾼다는 의미로 덧셈의 교환법칙은 계산하는 순서를 바꾸어도 계산 결과는 같다는 의미이다. '결합'은 묶는다는 의미로 덧셈의 결합법칙은 앞에서부터 순서대로 덧셈을 계산해야 하는 것을 뒤의 두 수를 괄호를 사용해 묶어 먼저 계산해도 계산 결과는 같다는 의미이다. '교환법칙'은 두 수 사이의 연산이고 '결합법칙'은 세 수 사이의 연산이다.

(1) 덧셈의 교환법칙

⇨ $(+5)+(-2) = +(5-2) = +3$, $(-2)+(+5) = +(5-2) = +3$ 이므로

$(+5)+(-2) = (-2)+(+5)$ 이다.

(2) 덧셈의 결합법칙

⇨ $\{(+3)+(-2)\}+(+4)=(+1)+(+4)=+5, \ (+3)+\{(-2)+(+4)\}=(+3)+(+2)=+5$ 이므로

$\{(+3)+(-2)\}+(+4)=(+3)+\{(-2)+(+4)\}$ 이다.

2. 세 수의 덧셈에서 $(a+b)+c=a+(b+c)$ 이므로 보통 괄호를 사용하지 않고 $a+b+c$로 나타낸다.

3. 덧셈의 교환법칙과 결합법칙은 덧셈 계산을 편리하게 하기 위해 활용한다. 아래의 경우 앞에서부터 차례로 덧셈 계산을 하면 분수와 정수를 계산하기 위해 통분하여 계산하는 번거로움이 있다. 그러나 덧셈의 교환법칙과 결합법칙을 활용하면 쉽게 계산할 수 있음을 알 수 있다.

$$\Rightarrow \left(-\frac{5}{2}\right)+(+3)+\left(-\frac{3}{2}\right)$$

$$= (+3)+\left(-\frac{5}{2}\right)+\left(-\frac{3}{2}\right) \quad \text{덧셈의 교환법칙}$$

$$= (+3)+\left\{\left(-\frac{5}{2}\right)+\left(-\frac{3}{2}\right)\right\} \quad \text{덧셈의 결합법칙}$$

$$= (+3)+(-4)=-(4-3)=-1$$

(깊이보기!)

1. 이 전 단원에서 각각 자연수, 정수, 유리수 순서로 수를 확장해서 배웠다. 수학에서 가장 기본이라고 언급한 '수(數)'를 배운 후 다음으로 중요한 것은 무엇일까? 아마도 '연산(계산)'일 것이다. 옛 속담에 '구슬이 서 말이라도 꿰어야 보배'라고 하듯 각각의 수를 연산을 활용해 식을 세워 문제를 해결하는 과정이 필요하다. 그래서 이제부터 대표적 연산인 사칙연산(덧셈, 뺄셈, 곱셈, 나눗셈) 규칙을 배우게 되는 것이다.

2.4 정수와 유리수의 뺄셈

[1] 정수와 유리수의 뺄셈

1. 빼는 수의 **부호를 바꾸어 덧셈으로** 고쳐서 계산한다.
2. 뺄셈에서는 교환법칙과 결합법칙이 성립하지 않는다.

(이해하기!)

1. 유리수의 뺄셈은 빼는 수의 부호를 바꾸어 덧셈으로 고쳐서 계산한다. 유리수의 뺄셈도 정수의 뺄셈과 같은 방법으로 계산한다.

빼는 수의 부호를 바꾼다.   빼는 수의 부호를 바꾼다.

$$\Rightarrow (+5)-(+3)=(+5)+(-3)=+2 \qquad (-2)-(-3)=(-2)+(+3)=+1$$

뺄셈을 덧셈으로 고친다.   뺄셈을 덧셈으로 고친다.

2. 유리수의 뺄셈에서는 교환법칙과 결합법칙이 성립하지 않는다.

$$\Rightarrow 3-2 \neq 2-3, \quad (4-2)-1 \neq 4-(2-1)$$

3. 유리수의 뺄셈 규칙을 셈돌을 활용한 아래와 같은 활동을 통해 이해할 수 있다. 흰색 셈돌은 양수, 검은색 셈돌은 음수라고 하자. 이때, 흰색 셈돌과 검은색 셈돌은 같은 개수만큼 짝지으면 없어진다고 약속한다.

(1) (어떤수)−(양수)

$$(+5)-(+3)=+2$$

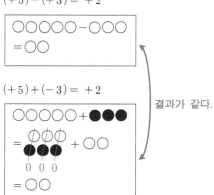

$$(+5)+(-3)=+2$$

$$\Rightarrow (+5)-(+3)=(+5)+(-3)=+2$$

(2) (어떤수)−(음수)

$$(-2)-(-3)=+1$$

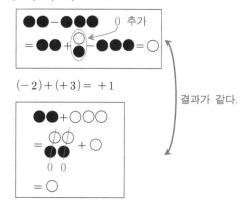

$$(-2)+(+3)=+1$$

$$\Rightarrow (-2)-(-3)=(-2)+(+3)=+1$$

(1), (2)의 경우 모두 위와 아래 활동의 결과가 같다. 이때, 아래 활동은 뺄셈을 덧셈으로 바꾸고 빼는 수의 부호를 바꾼 경우(셈돌의 색깔을 바꾼 경우) 이다.

┌─ **[2] 정수와 유리수의 덧셈과 뺄셈의 혼합 계산** ─┐

1. 정수와 유리수의 덧셈과 뺄셈의 혼합 계산

(1) 뺄셈을 모두 덧셈으로 고친다. 이때, 빼는 수의 부호를 바꾼다.

(2) 덧셈의 교환법칙과 결합법칙을 이용하여 양수는 양수끼리, 음수는 음수끼리 모아서 계산한다.

2. 부호가 생략된 수의 덧셈과 뺄셈

(1) 생략된 양의 부호 ' + '를 넣고 괄호가 있는 식으로 고친다.

(2) 식에서 뺄셈을 덧셈으로 고쳐서 계산한다.

$\Rightarrow a-b = (+a)-(+b) = (+a)+(-b)$

(이해하기!)

1. 유리수의 덧셈과 뺄셈의 혼합 계산

$\Rightarrow \quad (+3)-(+4)+(-1)$ 뺄셈을 덧셈으로 고치고 빼는 수의 부호를 바꾼다.

$= (+3)+(-4)+(-1)$ 덧셈의 결합법칙

$= (+3)+\{(-4)+(-1)\}$

$= (+3)+(-5)$

$= -2$

2. 괄호가 없는 식의 계산

$\Rightarrow \quad -3-6-8+4$ 생략된 양의 부호 (+)를 넣고 괄호가 있는 식으로 고친다.

$= (-3)-(+6)-(+8)+(+4)$ 뺄셈을 덧셈으로 고치고 빼는 수의 부호를 바꾼다.

$= (-3)+(-6)+(-8)+(+4)$

$= (-17)+(+4)$

$= -13$

2.5 정수와 유리수의 곱셈

---

[1] 정수와 유리수의 곱셈

1. **부호가 같은 두 수의 곱셈** : 두 수의 절댓값의 곱에 양의 부호 '+' 를 붙인다.
2. **부호가 다른 두 수의 곱셈** : 두 수의 절댓값의 곱에 음의 부호 '−' 를 붙인다.
3. (어떤 수)×0 = 0, 0×(어떤 수)= 0
4. 세 개 이상의 수의 곱셈

   (1) 부호의 결정 $\begin{cases} \text{음수}(-)\text{가 짝수 개이면 }(+) \\ \text{음수}(-)\text{가 홀수 개이면 }(-) \end{cases}$

   (2) 모든 수의 절댓값의 곱에 (1)의 부호를 붙인다.

(이해하기!)

1. 유리수의 곱셈도 정수의 곱셈과 같은 방법으로 계산한다.

   (1) **부호가 같은 두 수의 곱셈**

   $$\Rightarrow (+3)\times(+2) = +(3\times 2) = +6 \qquad (-3)\times(-2) = +(3\times 2) = +6$$

   같은 부호는 +, 두 수의 절댓값의 곱

   (2) **부호가 다른 두 수의 곱셈**

   $$\Rightarrow (+3)\times(-2) = -(3\times 2) = -6 \qquad (-3)\times(+2) = -(3\times 2) = -6$$

   다른 부호는 −, 두 수의 절댓값의 곱

   (3) 세 개 이상의 수의 곱셈

   (예) $(-2)\times(-3)\times(-4)\times(-5) = +120$, $(+2)\times(-3)\times(-4)\times(-5) = -120$

2. 아래와 같은 '귀납적 외삽법'에 의한 규칙 발견을 통해 유리수의 곱셈 규칙을 이해할 수 있다.

   (1) 첫 번째 경우는 양수 3에 곱하는 수가 1씩 줄어드는 경우 계산 결과가 3씩 작아짐을 알 수 있다. 그 결과 양수 3에 음수를 곱하면 음수가 됨을 알 수 있다.

   (2) 두 번째 경우는 음수 −3에 곱하는 수가 1씩 줄어드는 경우 계산 결과가 3씩 커짐을 알 수 있다. 그 결과 음수 −3에 음수를 곱하면 양수가 됨을 알 수 있다.

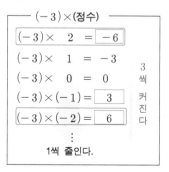

⇨ 참고로 $(-3) \times 2 = (-3) + (-3) = -6$이므로 $(-3) \times 2 = -6$임을 알 수 있다.

(3) 따라서 $3 \times (-2) = \boxed{-6}$, $(-3) \times 2 = \boxed{-6}$ 과 같이 부호가 다른 두 정수의 곱셈은 두 수의 절댓값의 곱에 음의 부호 $(-)$를 붙여서 계산한다.

(4) 따라서 $3 \times 2 = 6$, $(-3) \times (-2) = \boxed{6}$ 과 같이 부호가 같은 두 정수의 곱셈은 두 수의 절댓값의 곱에 양의 부호 $(+)$를 붙여서 계산한다.

(양수)×(양수)
(음수)×(음수) ⟶ $+$(절댓값의 곱)

(양수)×(음수)
(음수)×(양수) ⟶ $-$(절댓값의 곱)

3. 여러 개의 수를 곱할 때, 그 곱의 부호는 양수의 개수와는 상관없다. 오직 음수의 개수에 따라 부호가 결정된다. 음수의 개수가 짝수이면 양수, 홀수이면 음수가 된다. 따라서 여러 개의 수의 곱셈은 음수의 개수가 몇 개인지 확인하여 부호를 결정한 후 모든 수의 절댓값의 곱을 계산한다.

(1) $(-)$부호가 짝수개일 때 ⇨ $(-2) \times (+3) \times (-4) = +24$

(2) $(-)$부호가 홀수개일 때 ⇨ $(-2) \times (+3) \times (-4) \times (-5) = -120$

$$\overbrace{(-) \times (-) \times \cdots \times (-)}^{\text{짝수 개}} \to (+)$$

$$\overbrace{(-) \times (-) \times \cdots \times (-)}^{\text{홀수 개}} \to (-)$$

[2] 곱셈의 계산 법칙과 유리수의 거듭제곱

1. **곱셈의 계산 법칙** : 세 수 a, b, c에 대하여

(1) **교환법칙** : $a \times b = b \times a$

(2) **결합법칙** : $(a \times b) \times c = a \times (b \times c)$

(3) **분배법칙** : $a \times (b + c) = a \times b + a \times c$, $(a + b) \times c = a \times c + b \times c$

2. **유리수 a^n(n은 자연수)의 거듭제곱의 계산**

(1) 부호의 결정 $\begin{cases} a가\ 양수일\ 때 : n의\ 값에\ 관계없이\ + \\ a가\ 음수일\ 때 \begin{cases} n이\ 짝수이면\ + \\ n이\ 홀수이면\ - \end{cases} \end{cases}$

(2) a의 절댓값의 거듭제곱에 (1)의 부호를 붙인다.

(이해하기!)

1. 곱셈의 계산 법칙 : 세 수 a, b, c에 대하여

(1) **곱셈의 교환법칙**

⇨ $(+2) \times (-3) = -(2 \times 3) = -6$, $(-3) \times (+2) = -(3 \times 2) = -6$ 이므로

$(+2) \times (-3) = (-3) \times (+2)$ 이다.

(2) **곱셈의 결합법칙**

⇨ $\{(+2) \times (-3)\} \times (+4) = (-6) \times (+4) = -24$, $(+2) \times \{(-3) \times (+4)\} = (+2) \times (-12) = -24$ 이므로 $\{(+2) \times (-3)\} \times (+4) = (+2) \times \{(-3) \times (+4)\}$ 이다.

(3) **분배법칙**

⇨ $(+2) \times \{(+3) + (-4)\} = (+2) \times (-1) = -2$,

$(+2) \times (+3) + (+2) \times (-4) = (+6) + (-8) = -2$ 이므로

$(+2) \times \{(+3) + (-4)\} = (+2) \times (+3) + (+2) \times (-4)$ 이다.

2. 분배법칙에서 '분배'는 각각 공평하게 나누어준다는 의미로 괄호 안의 각각의 항에 곱셈을 해준다는 의미이다.

$$\Rightarrow a \times (b+c) = a \times b + a \times c, \quad (a+b) \times c = a \times c + b \times c$$

3. $a + (b \times c) \neq (a+b) \times (a+c)$ 임을 주의하자.

   $\Rightarrow$ 예를 들어 $2 + (3 \times 4) = 2 + 12 = 14$ 이고 $(2+3) \times (2+4) = 5 \times 6 = 30$ 이므로
   $2 + (3 \times 4) \neq (2+3) \times (2+4)$ 이다.

4. 곱셈의 분배법칙을 다음과 같이 설명할 수 있다.
   (1) 대수적 증명

   $\Rightarrow 3 \times 2 = 2 + 2 + 2$ 이므로 3×2는 2를 3번 더한 것이다. 이와 같은 방법으로
   $$a \times (b+c) = (b+c) + (b+c) + \cdots + (b+c) = (b+b+ \cdots +b) + (c+c+ \cdots +c) = a \times b + a \times c$$
   a개 $\qquad a$개 $\qquad a$개

   $\Rightarrow$ (예) $3 \times (2+5) = (2+5) + (2+5) + (2+5) = (2+2+2) + (5+5+5) = 3 \times 2 + 3 \times 5 = 21$
   $\Rightarrow$ (예) $2 \times (3x+1) = (3x+1) + (3x+1) = (3x+3x) + (1+1) = 2 \times 3x + 2 \times 1 = 6x + 2$

   (2) 기하학적 증명

   $\Rightarrow$ 직사각형의 넓이를 이용하여 분배법칙을 쉽게 이해할 수 있다. 아래 그림의 전체 직사각형의 넓이는 ①, ② 직사각형의 넓이의 합과 같다. 따라서 $a \times (b+c) = a \times b + a \times c$ 이다.

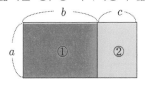
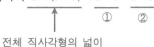

5. 곱셈의 교환법칙, 결합법칙, 분배법칙을 사용하는 목적은 계산의 편리성 때문이다.
   (1) 예를 들어 $12 \times 5.28 + 12 \times (-8.28)$을 계산해보자.
   ① [방법1] $12 \times 5.28 + 12 \times (-8.28) = 63.36 + (-99.36) = -36$
   ② [방법2] $12 \times 5.28 + 12 \times (-8.28) = 12 \times \{5.28 + (-8.28)\} = 12 \times (-3) = -36$
   $\Rightarrow$ [방법2]와 같이 분배법칙을 이용하여 계산하면 [방법1]과 비교해 계산이 편리하다.

6. 유리수 a^n(n은 자연수)의 거듭제곱의 계산
   (1) 밑 a가 양수 2일 때, $2^2 = 4$, $2^3 = 8$ 과 같이 지수 n의 값에 관계없이 양수가 된다. 반면에 밑 a가 음수 -2일 때, $(-2)^2 = (-2) \times (-2) = +4$, $(-2)^3 = (-2) \times (-2) \times (-2) = -8$ 과 같이 지수 n의 값이 짝수이면 양수, 홀수이면 음수가 된다.
   (2) $(-2)^2 \neq -2^2$ 임을 주의하자. 괄호가 있는 거듭제곱은 지수가 홀수인지 짝수인지에 따라 부호가 결정되지만 괄호가 없는 거듭제곱은 수만 거듭제곱해주므로 결과가 다르다.

7. 세 수의 곱셈에서는 $(a \times b) \times c = a \times (b \times c)$이므로 보통 괄호를 사용하지 않고 $a \times b \times c$로 나타낸다.

(깊이보기!)
1. 교환법칙과 결합법칙은 덧셈과 곱셈 연산에서만 성립한다. 뺄셈과 나눗셈 연산은 교환법칙과 결합법칙이 성립하지 않는다. 따라서 반드시 덧셈의 교환법칙, 덧셈의 결합법칙, 곱셈의 교환법칙, 곱셈의 결합법칙이라고 해야 한다.

2.6 정수와 유리수의 나눗셈

[1] 유리수의 나눗셈

1. **부호가 같은 두 수의 나눗셈** : 두 수의 절댓값의 나눗셈의 값에 양의 부호(+)를 붙인다.

2. **부호가 다른 두 수의 나눗셈** : 두 수의 절댓값의 나눗셈의 값에 음의 부호(−)를 붙인다.

3. **역수를 이용한 유리수의 나눗셈**

   (1) **역수** : 두 수의 곱이 1일 때, 두 수 중에서 한 수를 다른 수의 역수라고 한다.

   ⇨ $a \times b = 1$일 때, a는 b의 역수이고, b는 a의 역수이다.

   ⇨ 0이 아닌 유리수의 역수는 부호가 같고 분자와 분모를 서로 바꾼 수

   (2) **a의 역수** : $\dfrac{1}{a}$

   (3) **역수를 이용한 나눗셈** : 나누는 수의 역수를 곱하여 계산한다.

   ⇨ $a \div b = a \times \dfrac{1}{b} = \dfrac{a}{b}$

4. 나눗셈에서는 교환법칙과 결합법칙이 성립하지 않는다.

(이해하기!)

1. 유리수의 나눗셈도 정수의 나눗셈과 같은 방법으로 계산한다.

   (1) 부호가 같은 두 수의 나눗셈

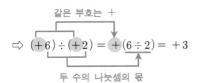
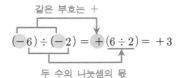

   (2) 부호가 다른 두 수의 나눗셈

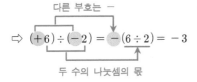

2. 유리수의 나눗셈규칙을 아래와 같은 곱셈의 역연산 개념을 통해 이해할 수 있다.

   (1) 자연수의 곱셈과 나눗셈 사이에는 $3 \times 2 = 6$이면 $6 \div 2 = 3$과 같이 역연산 관계가 있다. 정수의 곱셈과 나눗셈 사이에도 다음과 같은 역연산 관계가 성립한다.

   ① $(+3) \times (+2) = (+6)$ ⇨ $(+6) \div (+2) = (+3)$

   ② $(+3) \times (-2) = (-6)$ ⇨ $(-6) \div (-2) = (+3)$

   ③ $(-3) \times (+2) = (-6)$ ⇨ $(-6) \div (+2) = (-3)$

   ④ $(-3) \times (-2) = (+6)$ ⇨ $(+6) \div (-2) = (-3)$

   ⇨ 이와 같이 정수의 곱셈에서와 같은 방법으로 정수의 나눗셈에서도 두 수의 부호에 따라 나눗셈의 부호를 알 수 있다. 나눗셈에서의 부호의 결정은 곱셈의 경우와 같다.

   (2) ①, ②와 같이 부호가 같은 두 정수의 나눗셈은 각 절댓값의 나눗셈의 값에 양의 부호 (+)를 붙인다.

(3) ③, ④와 같이 부호가 다른 두 정수의 나눗셈은 각 절댓값의 나눗셈의 값에 음의 부호(−)를 붙인다.

$$
\begin{array}{l}
\text{(양수)÷(양수)} \\
\text{(음수)÷(음수)}
\end{array} \Rightarrow + \text{(절댓값의 나눗셈의 값)}
$$

$$
\begin{array}{l}
\text{(양수)÷(음수)} \\
\text{(음수)÷(양수)}
\end{array} \Rightarrow - \text{(절댓값의 나눗셈의 값)}
$$

3. 두 수의 곱이 1이 될 때, 즉, $a \times b = 1$일 때, a는 b의 역수이고, b는 a의 역수이다.

(1) $3 \times \dfrac{1}{3} = 1$ 이므로 3의 역수는 $\dfrac{1}{3}$이고 $\dfrac{1}{3}$의 역수는 3이다.

(2) $\left(-\dfrac{5}{4}\right) \times \left(-\dfrac{4}{5}\right) = 1$ 이므로 $-\dfrac{5}{4}$의 역수는 $-\dfrac{4}{5}$이고 $-\dfrac{4}{5}$의 역수는 $-\dfrac{5}{4}$이다.

4. 역수(逆數)에서 역(逆)은 '거스르다', '바꾸다'의 의미로 분자와 분모를 거스르는 수, 바꾸는 수라고 생각할 수 있다. 따라서 역수를 구할 때, 분자와 분모를 바꾼 수라고 생각하면 된다. 단, 보통 학생들이 역수를 단순히 분자와 분모를 바꾼 수로만 기억하는데 이는 역수를 편리하게 구하는 방법이지 역수의 뜻은 아니다. 역수의 뜻을 분명히 기억하자.

5. 두 수의 곱이 1이 되려면 두 수의 부호는 같아야 하므로 어떤 수의 역수는 부호가 바뀌지 않는다. 즉, 역수는 부호는 같고 분자와 분모를 서로 바꾼 수이다.

6. 0에 어떤 수를 곱해도 1이 될 수 없으므로 0의 역수는 생각하지 않는다.

7. $a \div b = \dfrac{a}{b}$이고 $\dfrac{a}{b} = a \times \dfrac{1}{b}$이므로 $a \div b = a \times \dfrac{1}{b}$이다. 예를 들어, $8 \div 2 = 4$, $8 \times \dfrac{1}{2} = 4$이므로 8을 2로 나누는 것은 8에 2의 역수 $\dfrac{1}{2}$을 곱한 것과 같다. 이와 같이 유리수의 나눗셈은 나누는 수의 역수를 곱하여 계산한다.

8. 유리수의 나눗셈에서는 교환법칙과 결합법칙이 성립하지 않는다.

⇨ (예) $\underset{=\frac{3}{2}}{3 \div 2} \neq \underset{=\frac{2}{3}}{2 \div 3}$, $\quad \underset{=\frac{2}{3}}{(4 \div 3) \div 2} \neq \underset{=\frac{8}{3}}{4 \div (3 \div 2)}$

(깊이보기!)

1. 뺄셈, 나눗셈 연산은 교환법칙과 결합법칙이 성립하지 않아 순서를 바꾸어 계산하면 안된다. 그러면 계산이 불편한 경우들이 있다. 그런데 '뺄셈은 빼는 수의 부호를 바꾸어 더한다.', '나눗셈은 나누는 수를 그 역수로 바꾸어 곱셈으로 고쳐 계산한다'는 규칙을 활용하면 뺄셈과 나눗셈 연산이 사용된 식을 덧셈과 곱셈 연산이 사용된 식으로 바꿔 교환법칙과 결합법칙을 활용해 식을 간단히 계산할 수 있다는 장점이 있다.

2. 분모 또는 분자가 분수인 수의 계산 ⇨ $\dfrac{\text{분수}}{\text{분수}}$ 꼴을 번분수라고 한다.

(1) $\dfrac{\frac{a}{b}}{\frac{c}{d}} \Rightarrow \dfrac{ad}{bc}$ ⇨ 가운데 두 수의 곱이 분모, 양 끝의 두 수의 곱이 분자가 된다.

⇨ 왜냐하면, $\dfrac{\frac{a}{b}}{\frac{c}{d}} = \dfrac{a}{b} \div \dfrac{c}{d} = \dfrac{a}{b} \times \dfrac{d}{c} = \dfrac{ad}{bc}$ 이다.

(2) $\dfrac{1}{\frac{a}{b}} = 1 \div \dfrac{a}{b} = 1 \times \dfrac{b}{a} = \dfrac{b}{a}$

3. 어떤 수를 0으로 나눌 수 없는 이유
   (1) $a \neq 0$일 때
   ⇨ $a \div 0 = x$라고 하면 $0 \times x = a$이고 이를 만족하는 x의 값은 없다. 따라서 $a \div 0$은 계산할 수 없다.
   (이런 결과를 '불능' 이라고 한다.)

   (2) $a = 0$일 때
   ⇨ $a \div 0$, 즉 $0 \div 0 = x$라고 하면 $0 \times x = 0$이고 모든 x에 대하여 성립한다. 따라서 $a \div 0$은 값을 결정할 수 없다. (이런 결과를 '부정' 이라고 한다.)

---

[2] 복잡한 식의 계산

1. 덧셈, 뺄셈, 곱셈, 나눗셈의 혼합 계산
   (1) 거듭제곱이 있으면 거듭제곱을 먼저 계산한다.
   (2) 괄호가 있으면 괄호 안을 먼저 계산한다.
       이때, 여러 종류의 괄호가 있으면 (소괄호) ⇨ {중괄호} ⇨ [대괄호]의 순서로 계산한다.
   (3) 곱셈과 나눗셈을 먼저 계산한 후 덧셈과 뺄셈을 계산한다.

(이해하기!)

1. $7 + \left[5 - \left\{ 3 + (-2)^3 \div \dfrac{4}{3} \right\} \right]$ 을 계산해보자.

   ⇨ $7 + \left[5 - \left\{ 3 + (-2)^3 \div \dfrac{4}{3} \right\} \right]$ 거듭제곱을 계산한다.
                                                   나누는 수의 역수를 곱하여 계산한다.
   $= 7 + \left[5 - \left\{ 3 + (-8) \times \dfrac{3}{4} \right\} \right]$ 괄호 안의 곱셈을 먼저 계산한다.
   $= 7 + [5 - \{ 3 + (-6) \}]$ 괄호 안의 덧셈을 먼저 계산한다.
   $= 7 + \{ 5 - (-3) \}$
   $= 7 + (5 + 3)$ 괄호 안의 뺄셈을 덧셈으로 바꿔 먼저 계산한다.
   $= 15$

2. 곱셈과 나눗셈의 혼합계산, 덧셈과 뺄셈의 혼합계산은 앞에서부터 순서대로 계산한다.

(깊이보기!)

1. 사칙연산이 섞여 있는 혼합셈에서 곱셈과 나눗셈을 덧셈과 뺄셈보다 먼저 계산하는 이유를 곱셈의 개념을 통해 알 수 있다. 예를 들어 $3 + 4 \times 5$라는 식에서 4×5는 4를 5번 더하는 경우(또는 5를 4번 더하는 경우) 이다. 즉, $3 + 4 \times 5$는 $3 + (4 + 4 + 4 + 4 + 4)$를 간단히 나타낸 식이다. 따라서 올바르게 계산하려면 곱셈을 먼저 계산해야 한다. 마찬가지로 3×4^3은 $3 \times (4 \times 4 \times 4)$를 간단히 나타낸 식이므로 거듭제곱을 먼저 계산해야 한다.

3.1 문자와 식

[1] 문자의 사용

1. 문자 사용의 필요성

: 문자를 사용하면 구체적인 값이 주어지지 않은 수량이나 수량 사이의 관계를 간단히 식으로 나타낼 수 있어 편리하다.

2. 변수 : 어떤 관계나 범위 안에서 여러 가지 값으로 변할 수 있는 수

⇨ 변수는 보통 문자 x, y, z를 주로 사용한다.

3. 상수 : 변하지 않고 항상 같은 값을 가지는 수

⇨ 상수는 보통 문자 a, b, c를 주로 사용한다.

(이해하기!)

1. 한 권에 500원 하는 공책을 살 경우 공책의 가격을 알아보자. 구매한 공책이 1권, 2권, 3권, …일 때, 공책의 가격은 각각 $500 \times 1 = 500$(원), $500 \times 2 = 1000$(원), $500 \times 3 = 1500$(원),… 이다. 그러나 구매한 공책의 수는 변하므로 공책의 구매가격을 일일이 나열하기보다는 '{$500 \times$(구매한 공책의 권 수)}(원)' 으로 나타내면 편리하다. 여기서 (구매한 공책의 권 수) 대신 문자 x를 사용하면 공책의 총 가격을 한 번에 $(500 \times x)$원으로 간단히 나타낼 수 있다. 결국 문자를 사용하면 여러 가지로 변하는 수량 사이의 관계를 간단히 나타낼 수 있어 편리하다는 장점이 있다.

2. 변수(變數)에서 변(變)은 '변한다'를 뜻하는 한자로 변수는 변하는 수라는 의미이다. 위에서 변하는 수량인 구매한 공책의 권 수를 변수라고 한다.

3. 상수(常數)에서 상(常)은 '항상, 일정하다'를 뜻하는 한자로 상수는 항상 수라는 의미이다. 일반적으로 변하지 않는 수를 나타내는 의미로 변수와 반대되는 개념이다. 위 예에서 변하지 않는 값인 공책의 가격을 상수라고 한다.

(깊이보기!)

1. 초등학교에서는 미지수나 변수를 □나 ○와 같은 기호를 사용하여 식으로 나타내었다. 그러나 이 방법은 문제 상황이 복잡해지고 대상이 많아지면 식으로 나타내기 어렵다. 이와 같은 경우 기호 대신 문자 $a, b, c, \cdots, x, y, z$등을 사용하면 편리하다. 문자의 사용은 곧 초등수학과 중등수학의 대표적 차이라고 생각할 수 있다.

2. 간혹 문자는 변수이고 상수는 항상 수로만 나타내는 수라고 알고 있는 경우가 있다. 그러나 상수 역시 문자로 나타내는 경우가 있다. 변수와 상수는 변하는 값을 나타내느냐 고정된 값을 나타내느냐의 차이일 뿐 문자냐 수냐의 차이가 아니다. 그래서 일반적으로 변수는 문자 x, y, z를 주로 사용하고 상수는 문자 a, b, c를 주로 사용해 구분한다.

[2] 곱셈 기호의 생략

1. 수와 문자의 곱에서 곱셈 기호 ×는 생략한다.

  (1) 수는 문자 앞에 쓴다.

    ⇨ $3 \times x = 3x$, $x \times (-2) = -2x$

  (2) 수가 1 또는 −1일 때에는 1은 생략한다.

    ⇨ $1 \times a = a$, $(-1) \times x = -x$

2. 문자와 문자의 곱에서 곱셈 기호 ×는 생략한다.

  (1) 문자는 보통 알파벳 순서로 쓴다.

    ⇨ $x \times a \times y = axy$

  (2) 같은 문자의 곱은 거듭제곱의 꼴로 나타낸다.

    ⇨ $x \times x \times x \times y \times y = x^3 y^2$

3. 괄호가 있는 식과 수의 곱에서 수는 괄호 앞에 쓰고 곱셈 기호 ×는 생략한다.

  ⇨ $(x+y) \times (-3) = -3(x+y)$

4. 괄호와 괄호의 곱에서 곱셈 기호 ×는 생략한다.

  ⇨ $(x+2) \times (x+3) = (x+2)(x+3)$

(이해하기!)

1. 곱셈 기호를 생략하는 이유는 식을 간결하고 명확하게 니티내기 위한 약속이다. 결국 편리성 때문에 그렇다.

2. 곱셈은 교환법칙과 결합법칙이 성립하므로 문자를 사용한 식에서 수는 문자 앞에 쓰고, 문자는 보통 알파벳 순서로 쓴다.

3. 곱셈 기호를 생략할 때 수를 문자 앞에 쓰는 이유는 그렇게 하지 않으면 위 1-(1) 예와 같은 경우 곱셈 기호를 생략해 $x \times (-2) = x - 2$로 나타내어 곱셈이 뺄셈이 될 수 있기 때문이다.

4. 괄호가 포함된 식은 괄호로 묶인 식을 하나의 문자로 취급한다.

5. 학생들 중 간혹 $0.1 \times a = 0.a$로 나타내는 경우가 있는데 0.1은 1이 아니므로 곱셈에서 1을 생략하면 안 된다. 올바르게 곱셈 기호를 생략해 나타내면 $0.1a$임을 주의하자.

(깊이보기!)

1. 곱셈기호의 생략은 (수)×(문자), (문자)×(문자) 식의 경우에만 약속한 규칙이다. (수)×(수)에서 곱셈 기호는 생략할 수 없다. 왜냐하면, 곱셈기호를 생략해서 수를 연속해서 쓸 경우 십진법 규칙에 의해 자리 값을 갖는 수가 되기 때문이다. 예를 들어 3×5에서 곱셈기호를 생략하면 두 자리 수 35가 되어 결과가 달라진다. 대신 고등학교 교육과정에서 $3 \times 5 = 3 \cdot 5$와 같이 $\cdot$을 사용하여 조금 더 편리하게 나타낸다.

[3] 나눗셈 기호의 생략

1. 문자를 사용한 식에서 나눗셈 기호 ÷는 쓰지 않고 분수의 꼴로 나타내거나 역수의 곱셈으로 고쳐서 곱셈기호 ×를 생략한다.

⇨ $a \div b = \dfrac{a}{b}$ (단, $b \neq 0$)

(이해하기!)

1. 나눗셈은 곱셈으로 바꾸어 나누는 수의 역수를 곱하므로 $a \div b = a \times \dfrac{1}{b} = \dfrac{a}{b}$ 이다.

2. 나눗셈 기호의 생략

(1) $(x+4) \div y = \dfrac{x+4}{y}$, $a \div (-2) = -\dfrac{a}{2}$, $x \div (y+8) = \dfrac{x}{y+8}$

(2) $a \div b \times c = a \times \dfrac{1}{b} \times c = \dfrac{ac}{b}$, $a \div bc = a \div (b \times c) = a \times \dfrac{1}{bc} = \dfrac{a}{bc}$

(3) $a \div 1 = \dfrac{a}{1} = a$, $a \div (-1) = \dfrac{a}{-1} = -a$

(4) $a \div 2 = \dfrac{a}{2}$ 이고 $a \div 2 = a \times \dfrac{1}{2} = \dfrac{1}{2}a$ 이므로 $\dfrac{a}{2} = \dfrac{1}{2}a$ 이다.

[4] 자주 활용되는 문자를 사용한 여러 가지 식

1. **속력 관련 공식**

(1) (거리)=(속력)×(시간)

(2) (속력)= $\dfrac{(거리)}{(시간)}$

(3) (시간)= $\dfrac{(거리)}{(속력)}$

2. **비율 관련 공식**

: x의 $a\%$ ⇨ $x \times \dfrac{a}{100}$

3. **가격 관련 공식**

(1) 정가가 x원인 물건을 $a\%$ 할인하여 판매한 가격

⇨ (할인가)=(정가)−(할인금액)= $x - x \times \dfrac{a}{100} = (1 - \dfrac{a}{100})x$

(2) (거스름돈)=(지불 금액)−(물건 가격)

4. **농도 관련 공식**

(1) (소금물의 농도)= $\dfrac{(소금의 양)}{(소금물의 양)} \times 100 \, (\%)$

(2) (소금의 양)= $\dfrac{(소금물의 농도)}{100} \times (소금물의 양)$

5. **자연수의 표현 관련 공식**

(1) 십의 자리의 숫자가 a, 일의 자리의 숫자가 b인 두 자리 자연수 ⇨ $10a+b$

(2) 백의 자리의 숫자가 a, 십의 자리의 숫자가 b, 일의 자리의 숫자가 c인 세 자리 자연수

⇨ $100a + 10b + c$

(이해하기!)

1. 문자를 사용해 s(거리), v(속력), t(시간)을 나타낼 수 있다. 이때, $s = vt$ 공식만 외우면 나머지 v나 t에 관한 식은 양변을 t로 나누거나 v로 나누어 $v = \dfrac{s}{t}$, $t = \dfrac{s}{v}$와 같음을 알 수 있다.

   공식을 유도하기 불편한 경우 오른쪽과 같이 마우스 모양으로 놓고 외워도 좋다.
   위치에 따라 $s = vt$,

   $v = \dfrac{s}{t}$, $t = \dfrac{s}{v}$ 임을 자연스럽게 알 수 있다.

   s(거리)
   v(속력) t(시간)

2. 제품의 가격의 종류는 원가, 정가, 할인가 3가지가 있다. 원가는 제품을 만드는데 들어가는 재료비, 정가는 원가에 제품을 만드는데 필요한 경비(인건비, 유통비, 홍보비 등)을 합한 금액, 할인가는 정가에서 일정 비율만큼 싸게 판매하는 가격이다. 각 가격의 의미를 알아두자.

3. 농도 관련 공식 역시 소금물의 농도 구하는 공식만 외우면 소금의 양 구하는 공식은 유도해 구할 수 있다.

4. 백의 자리의 숫자가 a, 십의 자리의 숫자가 b, 일의 자리의 숫자가 c인 세 자리 자연수를 abc라 표현하지 않고 $100a + 10b + c$라 표현함을 주의하자. 253과 같이 숫자를 연속해서 쓰면 자리 값을 포함해 나타내지만 문자를 연속해서 쓰면 문자 사이에 곱셈 연산이 생략되었음을 나타내는 경우로 이미 약속했기 때문에 문자를 연속해서 사용해 자리값을 나타낼 수 없다. 따라서 $100a + 10b + c$와 같이 십진법의 전개식 형태로 나타내어야 한다.

(깊이보기!)

1. 중학교에서 자주 쓰이는 문자 기호
   ⇨ 어떤 특수한 양을 문자로 나타낼 때는 보통 그 양을 나타내는 영어 단어의 첫 글자를 사용하여 나타낸다.

구분	문자		구분	문자
길이(length)	l		넓이(square)	S
높이(height)	h		시간(time)	t
거리(distance)	d		개수, 수(number)	n
함수(function)	f		속도(velocity)	v
점(point)	P		부피(volume)	V
반지름(radius)	r		무게(weight)	w

3.2 식의 값

[1] 대입과 식의 값

1. **대입** : 문자를 포함한 식에서 문자를 어떤 수로 바꾸어 넣는 것
   (1) 문자에 어떤 수를 대입할 경우 생략된 곱셈기호를 다시 사용한다.
   (2) 문자에 음수를 대입할 경우 반드시 괄호를 사용한다.
   (3) 분모에 분수를 대입할 경우 생략된 나눗셈 기호를 다시 사용해 곱셈으로 나타낸다.
   (4) 문자의 거듭제곱에서 문자에 음수를 대입할 경우 반드시 괄호를 사용한다.

2. **식의 값** : 문자를 포함한 식에서 문자에 수를 대입하여 계산한 값

(이해하기!)

1. 대입(代入)의 한자를 풀이하면 '대신하여 들어가다' 이다. 이는 문자 대신 문자와 같은 값을 갖는 수를 넣는다는 의미이다.

2. 대입하기
   (1) $a = 2$일 때, $4a - 1 = 4 \times 2 - 1$
   (2) $a = -2$일 때, $4a - 1 = 4 \times (-2) - 1$
   (3) $x = \dfrac{1}{2}$일 때, $\dfrac{3}{x} + 1 = 3 \div x + 1 = 3 \div \dfrac{1}{2} + 1 = 3 \times 2 + 1$
   (4) $x = -3$일 때, $x^2 = (-3)^2 = 9$

3. $x = -2, \ y = 3$일 때, $3x + 4y$의 식의 값은 $3 \times (-2) + 4 \times 3 = -6 + 12 = 6$이다.

(깊이보기!)

1. 분모에 분수를 대입할 경우 번분수로 나타내 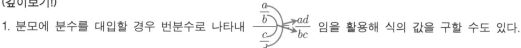 임을 활용해 식의 값을 구할 수도 있다.

$\Rightarrow \dfrac{3}{\frac{1}{2}} = \dfrac{\frac{3}{1}}{\frac{1}{2}} \Rrightarrow \dfrac{3 \times 2}{1 \times 1} = 6$ 이므로 위 2-(3)의 예에서 $x = \dfrac{1}{2}$일 때, $\dfrac{3}{x} + 1$의 식의 값은

$\dfrac{\frac{3}{1}}{\frac{1}{2}} + 1 = \dfrac{3 \times 2}{1 \times 1} + 1 = 6 + 1 = 7$과 같이 계산할 수도 있다.

2. 수와 같이 문자도 단순히 문자 앞의 부호에 따라 a는 양수, $-a$는 음수라고 생각하면 안됨을 주의하자. 만약 $a = -2$일 때, a는 음수이고 $-a$는 $-(-2) = 2$로 양수가 된다.

3.3 일차식

[1] 항과 계수

1. **항** : 수 또는 문자의 곱으로만 이루어진 식
2. **상수항** : 문자 없이 수로만 이루어진 항
3. **계수** : 항에서 문자 앞에 곱해진 수

(이해하기!)

1. 다항식 $4x^2 - 3x + 5$에서

   (1) 항 : $4x^2$, $-3x$, 5

   (2) 상수항 : 5

   (3) x^2의 계수 : 4, x의 계수 : -3

   ⇨ 항의 계수를 말할 때에는 부호까지 포함하고 어느 문자의 계수인지 말해야 한다.

2. 사칙연산 중 곱셈과 나눗셈은 접착력이 강해 붙어있고 덧셈과 뺄셈은 접착력이 없어 떨어져 있다고 생각해보자. ○+○+○ 꼴과 같이 덧셈에 의해 떨어져 있고 곱셈에 의해 붙어있는 각각의 묶음 ○를 항이라 생각하면 된다.

3. $4x^2 - 3x + 5$에서 $4x^2 - 3x + 5 = 4x^2 + (-3x) + 5$ 이므로 항은 $4x^2$, $3x$, 5가 아니라 $4x^2$, $-3x$, 5 임에 주의하도록 한다. 수 앞의 $-$부호는 음수를 나타내므로 항은 $-$부호까지 포함해야 한다.

(깊이보기!)

1. 상수와 상수항을 구별할 필요가 있다. 예를 들어, 일차식 $2x + 3$에서 $2, 3$은 모두 상수이지만 2는 x의 계수이고 3은 상수항이다.

2. 모든 상수항은 0차항이다. (⇒ 이것은 뒤에 다항식의 차수에서 다시 설명한다.) 이 사실을 이용하면 다항식 $4x^2 - 3x + 5 = 4x^2 - 3x + 5 \times 1 = 4x^2 - 3x + 5x^0$ 이므로 상수항 5는 x^0의 계수라고 할 수 있다. 즉, 상수항도 계수에 포함된다.

3. 계수를 단순히 항에서 문자 앞에 곱해진 수로만 보면 자칫 $ax + b$와 같은 일차식에서 a를 문자로 보고 계수가 아니라고 할 수도 있다. 그러나 a는 상수를 의미하므로 이 경우 x의 계수라고 한다.

[2] 단항식과 다항식

1. **다항식** : 1개 또는 2개 이상의 항의 합으로 이루어진 식
2. **단항식** : 다항식 중에서 하나의 항으로 이루어진 식

(이해하기!)

1. 다항식과 단항식

   (1) $x, 2x - 3y, 3x + y - 5$는 모두 다항식이다.

   (2) $2x, -3y^2, 5$는 모두 단항식이다.

2. 단항식과 다항식은 서로 반대 개념이 아니다. 즉, 다항식이 아니면 단항식이거나 단항식이 아니면 다항식이 아니라 다항식 안에 단항식이 포함된 개념이다. 단항식은 다항식들 중 항의 개수가 1개인 특별한 식이다. 따라서 단항식도 다항식이다.

3. 다항식의 '다(多)'는 많다는 의미로 다항식은 항이 많은 식이라고 생각한다. 단항식의 '단(單)'은 하나라는 의미로 단항식은 항이 하나인 식이라고 생각한다.

---

[3] 일차식

1. **항의 차수** : 항에서 문자의 곱해진 개수
2. **다항식의 차수** : 다항식에서 차수가 가장 큰 항(⇒최고차항)의 차수
3. **일차식** : 차수가 1인 다항식

(이해하기!)

1. $3x^2$은 $3 \times x \times x$이므로 차수가 2이고 이런 식을 2차식, $-2y^3$은 $-2 \times y \times y \times y$이므로 차수가 3이고 이런 식을 3차식이라고 한다. 항의 차수는 문자 오른쪽 위에 작게 쓰여진 문자의 곱해진 개수를 의미하는 수이다.

2. 다항식 $x^2 - 2x + 5$에서 항은 x^2, $-2x$, 5이고 각 항의 차수는 2, 1, 0이므로 최고차항은 x^2이다. 이때 차수가 2이므로 이 다항식은 차수가 2차인 다항식이다. 이런 다항식을 2차식이라 한다. 한편 모든 상수항은 0차임을 기억하자.

3. 다항식 $2x$, $x - 3$, $-3x + 1$은 모두 최고차항의 차수가 1이므로 x에 대한 일차식이다.

4. 분모에 문자가 있는 식은 다항식이 아니므로 $\dfrac{1}{x}$, $\dfrac{1}{x-2}$와 같은 식은 분모가 x의 차수가 1차라고 해서 일차식이 아님에 주의하자.

(깊이보기!)

1. 일반적으로 지수는 수의 곱해진 개수를 의미하고 차수는 문자의 곱해진 개수를 의미한다.

2. 모든 수의 0제곱은 1임을 중학교 2학년 과정에서 배우는 지수법칙을 활용해 이해할 수 있다.
   $1 = x \div x = x^{1-1} = x^0$ 이므로 $x^0 = 1$ 이다. 따라서 $5 = 5 \times 1 = 5 \times x^0$ 이므로 5와 같은 상수항은 0차이다. 그러므로 모든 상수항은 0차이다.

3. 간혹 xy항의 차수를 궁금해하는 경우가 있다. 이 경우 차수가 1차일 수도 있고 2차 일 수도 있다. x, y 중 어느 한 문자만 변수로 보면 1차이고 두 문자 모두 변수로 본다면 문자가 곱해진 개수가 2이므로 2차식이라고 할 수 있다.

3.4 일차식과 수의 곱셈, 나눗셈

[1] 일차식과 수의 곱셈, 나눗셈

1. (단항식)×(수) : 수끼리 곱한 후 문자 앞에 쓴다.
2. (단항식)÷(수) : 나눗셈을 곱셈으로 바꾸어 나누는 수의 역수를 곱한다.
3. (일차식)×(수) : 분배법칙을 이용하여 일차식의 각 항에 수를 곱한다.
4. (일차식)÷(수) : 역수를 이용하여 곱셈으로 고친 후, 분배법칙을 이용한다. 또한, 나눗셈 기호를 쓰지 않고 분수의 꼴로 나타내어 계산할 수도 있다.

(이해하기!)

1. (단항식)×(수)

$$\Rightarrow 10x \times 5 = 10 \times x \times 5$$
$$= 10 \times 5 \times x \quad \rbrace \text{곱셈의 교환법칙}$$
$$= (10 \times 5) \times x \quad \rbrace \text{곱셈의 결합법칙}$$
$$= 50x$$

2. (단항식)÷(수)

$$\Rightarrow 4x \div 2 = 4x \times \frac{1}{2} = \left(4 \times \frac{1}{2}\right)x = 2x$$

3. (일차식)×(수)

$$\Rightarrow -3(2x+1) = (-3) \times 2x + (-3) \times 1 = -6x - 3$$

4. (일차식)÷(수)

(1) (방법1) $(4x+2) \div 2 = (4x+2) \times \frac{1}{2} = 4x \times \frac{1}{2} + 2 \times \frac{1}{2} = 2x + 1$

(2) (방법2) $(4x+2) \div 2 = \frac{4x+2}{2} = \frac{4x}{2} + \frac{2}{2} = 2x + 1$

5. 괄호 앞에 ' $-$ ' 부호가 있을 경우 괄호 안의 각 항의 부호를 반대로 바꿔 계산한다.

(1) $-(a+b) = (-1) \times (a+b) = (-1) \times a + (-1) \times b = -a - b$

괄호 안의 각 항의 부호를 바꾼다.

(2) $-(a-b) = (-1) \times (a-b) = (-1) \times a + (-1) \times (-b) = -a + b$

괄호 안의 각 항의 부호를 바꾼다.

3.5 일차식과 수의 덧셈, 뺄셈

[1] 일차식의 덧셈과 뺄셈

1. **동류항** : 문자와 차수가 각각 같은 항

2. **동류항의 덧셈과 뺄셈** : 동류항의 계수끼리 더하거나 뺀 후 문자를 곱한다.

3. **일차식의 덧셈과 뺄셈**

   (1) 괄호가 있으면 분배법칙을 이용하여 ( )→ { }→ [ ] 의 순서대로 괄호를 푼다.
   이때, 괄호 앞에 '+' 부호가 있으면 괄호 안의 식이 그대로 유지되지만 '−' 부호가 있으면
   괄호 안의 식은 각 항의 부호가 모두 바뀌게 된다.

   (2) 동류항끼리 모아 계산한다.

   (3) 분수는 통분하여 동류항끼리 모아 계산한다.

(이해하기!)

1. 동류항(同類項)의 한자를 풀이하면 '같은 무리의 항' 이다. 간단히 같은 종류의 항이라고 생각하자.
   이때, 같은 종류의 항이란 곧 문자와 차수가 같은 항을 말한다.

2. x^2과 $\frac{1}{2}x^2$, $-2y$와 y, 2와 -4 는 모두 문자와 차수가 각각 같으므로 동류항이다.

3. $-2x^2$과 x는 문자가 같지만 차수가 다르므로 동류항이 아니다. 또한, $2x$, $2y$는 차수가 같지만 문자가
   다르므로 동류항이 아니다. 이와 같이 문자와 차수 중 어느 하나가 다르면 동류항이 될 수 없다.

4. 상수항은 모두 동류항이다. 왜냐하면 모두 같은 문자의 0차라고 할 수 있기 때문이다.

5. 동류항을 찾을 때 계수는 상관없다.

6. 동류항의 덧셈과 뺄셈에서 계수끼리 더하거나 뺀 후 문자를 곱하는 이유를 분배법칙을 사용해 설
   명할 수 있다. $2x+3x = 2\times x+3\times x = (2+3)x = 5x$ 이다. 매번 이렇게 분배법칙을 활용해 계산하
   는 것은 불편하므로 편리하게 동류항의 덧셈과 뺄셈 규칙을 익혀 계산한다.

7. 일차식의 덧셈과 뺄셈

   (1) $(2x+3)-(x-5) = 2x+3-x+5 = 2x-x+3+5 = x+8$

   (2) $\frac{x+1}{2}+\frac{2x+3}{3} = \frac{3(x+1)}{6}+\frac{2(2x+3)}{6} = \frac{3x+3+4x+6}{6} = \frac{7x+9}{6}$

(깊이보기!)

1. 동류항의 덧셈과 뺄셈 규칙을 다음과 같이 생각해보자. 예를 들어, 사과 2개와 사과 3개를 더하면
   사과 5개 이다. 이때, 사과를 x라 하면 $2x+3x = (2+3)x = 5x$ 이다.

같은 종류인 사과끼리는 더하거나 빼서 계산할 수 있다는 의미이다.

반면에 사과 2개와 딸기 3개를 더하면 무엇이 5개라고 말할 수 없다. 단지 사과 2개 딸기 3개라고 말할 수 밖에 없다. 이때, 사과를 x, 딸기를 y라고 하면 $2x + 3y = 2x + 3y$ 이다.

$$\underbrace{🍎🍎}_{2x} + \underbrace{🍓🍓🍓}_{3y} = \underbrace{🍎🍎🍓🍓🍓}_{2x + 3y}$$

즉, 종류가 다를 경우 더하거나 빼서 계산할 수 없다는 의미이다. 동류항의 덧셈과 뺄셈 규칙을 위와 같은 논리로 이해하면 좋을 것 같다.

3.6 방정식과 그 해

[1] 등식

1. **등식** : 등호 (=)를 사용하여 두 수나 두 식이 서로 같음을 나타낸 식
2. **좌변** : 등식에서 등호의 왼쪽 부분
3. **우변** : 등식에서 등호의 오른쪽 부분
4. **양변** : 좌변과 우변을 통틀어 양변이라고 한다.

(이해하기!)

1. 등식(等式)의 한자를 풀이하면 '같은 식' 이다. 여기서 같다는 것은 좌변과 우변이 같음을 의미한다.

2. 등호가 없는 식은 등식이 아니다. 예를 들어, $4x+1$, $7a+9b+1$는 등식이 아니다. 이런 식은 단순히 '식', '다항식', '일차식' 이라고 말한다.

3. 좌변의 좌(左)는 '왼쪽' 을 의미하고, 우변의 우(右)는 '오른쪽' 을 의미하는 한자이다. 양변의 양(兩)은 '둘 모두' 를 의미하는 한자이다.

[2] 방정식과 항등식

1. **방정식** : 미지수의 값에 따라 참이 되기도 하고 거짓이 되기도 하는 등식
2. **미지수** : 방정식에 사용된 문자
3. **방정식의 해(근)** : 방정식을 참이 되게 하는 미지수의 값
4. **방정식을 푼다** = 방정식의 해를 구한다
5. **항등식** : 미지수 x에 어떤 값을 대입하여도 항상 참이 되는 등식

$$\text{등식} \begin{cases} \text{방정식} \\ \text{항등식} \end{cases}$$

(이해하기!)

1. 등식 $2x-3=x$는 $x=3$일 때 참이 되고 $x \neq 3$인 경우 거짓이 되므로 방정식이다.

2. 미지수(未知數)의 한자를 풀이하면 '알지 못하는 수' 이다. 방정식의 해를 구한다는 것은 이런 아직 알지 못하는 수가 얼마인지 구하는 것이다.

3. x에 대한 방정식 $2x+1=7$의 해
   (1) $x=3$일 때 $2 \times 3+1=7$ (참) 이 되므로 $x=3$은 이 방정식의 해(근)이다.
   (2) $x=4$일 때 $2 \times 4+1 \neq 7$ (거짓) 이 되므로 $x=4$는 이 방정식의 해(근)이 아니다.

4. 등식 $x+(x+1)=2x+1$은 미지수 x에 어떤 값을 대입하여도 항상 참이 되므로 항등식이다.

5. 등식은 방정식과 항등식으로 구분된다. 따라서 등식 중 방정식이 아니면 항등식이고 항등식이 아니면 방정식이다. 항등식을 찾기 위해 미지수에 모든 수를 대입하여 확인할 수는 없으므로 어떤 특정한 수를 대입하였을 때 등식이 성립하지 않으면 그 등식은 항등식이 아님을 알 수 있다. 일반적으로 항등식은 등식의 좌변과 우변을 간단히 정리하였을 때, 좌변과 우변의 식이 같은 등식을 말한다. 그래야 미지수 값에 어떤 값을 대입하여도 항상 참이 되기 때문이다. 중학교 3학년 과정의 '다항식의 곱셈공식', '인수분해 공식'이 대표적인 항등식이다.

(깊이보기!)

1. 대부분의 방정식의 경우 미지수에 어떤 값을 대입할 때 참이 되는 경우는 극히 적고 대부분 거짓이 된다. '대수학의 기본정리'에 의하면 'n차 방정식의 해의 개수는 n개 이다.' 이는 무수히 많은 수 중 몇 개만 해라는 의미이다. 방정식의 주된 목적은 이 해를 구하는 것이라고 할 수 있다. 이것을 다음과 같은 논리로 생각해보자. 다이아몬드와 돌의 경우 모두 광물에 속한다. 그러나 다이아몬드는 매우 귀하고 값진 광물이지만 돌은 하찮은 광물이라 할 수 있겠다. 그렇다면 왜 다이아몬드가 귀하고 값진 광물일까? 이는 '희귀성' 때문이라고 할 수 있다. 물론 심미적으로 아름답기 때문이라고 할 수도 있지만 아름다움은 주관적 개념이므로 절대적이라고 할 수 없다. 그보다는 다이아몬드는 귀해서 누구든지 소유할 수 없다는 점에서 돌에 비해 귀한 가치를 인간이 부여했다고 볼 수 있다. 방정식의 해의 경우도 마찬가지다. 돌과 같이 무수히 많은 경우 방정식은 거짓이 되므로 거짓이 되는 미지수 x값을 구하는 것은 의미 없는 활동이다. 반면에 1개, 2개, 많아야 n개의 참이 되는 경우밖에 없는 미지수 x값을 구하는 것은 의미 있는 활동이다. 따라서 이렇게 참이 되는 경우의 미지수 x값을 곧 방정식의 해라 하고 해를 구하는 활동에 초점을 맞추고 있다고 할 수 있다.

2. 항등식은 미지수 x에 어떤 값을 대입하여도 항상 참이 되므로 참이 되는 x값을 구하는 것이 의미 없다. 따라서 해를 구하는 문제의 관점에서 보면 항등식은 방정식에 비해 중요성이 떨어진다. 그러나 고등학교 교육과정에서 등식이 항상 성립하기 위한 조건과 관련된 문제로 '미정계수법', '다항식의 나눗셈', '나머지정리' 등의 내용에서 항등식을 보다 자세히 다루게 된다.

3. 문제에서 'x에 대한 항등식'과 같은 의미를 갖는 표현으로 다음과 같은 경우가 있다.
   (1) '모든 x에 대하여'
   (2) 'x의 값에 관계없이 항상 성립할 때'
   (3) 'x의 값에 어떤 수를 대입하여도 항상 성립할 때'

4. 문자 x, y의 이름을 경우에 따라 **'미지수'** 또는 **'변수'** 라고 한다. '미지수'는 알지 못하는 수, '변수'는 변하는 수이다. 방정식에서 문자 x, y의 이름은 '미지수'이다. 따라서, 방정식은 알지 못하는 수인 미지수 x, y의 값을 구하는 것이 목적이다. 반면에 함수에서 문자 x, y의 이름은 '변수'이다. 따라서 함수는 두 변수의 값을 구하는 것보다는 두 변수의 변하는 관계를 구하는 것이 목적이다.

---

[3] 항등식의 성질

1. $ax + b = 0$이 x에 대한 항등식이다. $\Rightarrow$ $a = 0, b = 0$
2. $ax + b = cx + d$가 x에 대한 항등식이다. $\Rightarrow$ $a = c, b = d$

(이해하기!)

1. 등식 $0x+0=0$인 경우 모든 x의 값에 대하여 항상 참이 되므로 $ax+b=0$이 항등식이기 위해서는 $a=0, b=0$ 이어야 한다.

2. 등식 $ax+b=cx+d$가 x에 대한 항등식이면 좌변과 우변의 식이 같아야 한다. 따라서 각 항의 계수와 상수항이 같아야 하므로 당연히 $a=c, b=d$ 이다.

(확인하기!)

1. 등식 $2a(2x-1)-3=-8x+b$가 x의 값에 관계없이 항상 참이 될 때, $a-b$의 값을 구하시오.

    [풀이] 등식 $2a(2x-1)-3=-8x+b$가 항등식이므로 x에 관해 정리하면 $4ax-2a-3=-8x+b$
    즉, $4a=-8, -2a-3=b$이다. 따라서 $a=-2, b=1$ 이다.
    그러므로, $a-b=-2-1=-3$ 이다.

---

[4] 방정식 또는 항등식이 되는 조건

1. 등식 $ax+b=cx+d$ 에서

    (1) $a \neq c$ ⇨ 방정식

    (2) $a=c, b=d$ ⇨ 항등식

    (3) $a=c, b \neq d$ ⇨ 항상 거짓인 등식(=등식이 아니다.)

(이해하기!)

1. 등식 $ax+b=cx+d$ 에서 $a \neq c$ 일 때 우변의 항을 모두 좌변으로 이항하면 $(a-c)x+b-d=0$이고 $a \neq c$이므로 $mx+n=0$인 형태의 일차방정식이 된다.
    ⇨ 이항의 규칙은 다음 장에서 학습한다.

2. 등식 $ax+b=cx+d$ 에서 $a=c, b=d$ 이면 양변이 같은 식이므로 항등식이다.

3. 등식 $ax+b=cx+d$ 에서 $a=c, b \neq d$ 일 때 우변의 항을 모두 좌변으로 이항하면 $(a-c)x+b-d=0$이고 $a=c, b \neq d$ 이므로 $0x+b-d=0$이다. 따라서 $b-d=0$이다. 그런데 $b \neq d$ 라고 했으므로 $b-d \neq 0$ 이다. 그러므로, 모든 x값에 대하여 항상 거짓이다.

3.7 등식의 성질

[1] 등식의 성질

1. 등식의 양변에 같은 수를 더하여도 등식은 성립한다.
   $\Rightarrow$ $a = b$이면 $a + c = b + c$
2. 등식의 양변에서 같은 수를 **빼어도** 등식은 성립한다.
   $\Rightarrow$ $a = b$이면 $a - c = b - c$
3. 등식의 양변에 같은 수를 **곱하여도** 등식은 성립한다.
   $\Rightarrow$ $a = b$이면 $ac = bc$
4. 등식의 양변을 0이 **아닌** 같은 수로 나누어도 등식은 성립한다.
   $\Rightarrow$ $a = b$이면 $\dfrac{a}{c} = \dfrac{b}{c}$(단, $c \neq 0$)

(이해하기!)

1. 등식의 성질 2에서 등식의 양변에서 c를 뺀다는 것은 양변에 $-c$를 더하는 것과 같다. 즉, $a - c = b - c$ $\Rightarrow$ $a + (-c) = b + (-c)$이므로 등식의 성질 1과 2는 같은 경우라고 말할 수 있다.

   마찬가지로 등식의 성질 4에서 등식의 양변을 0이 아닌 수 c로 나누는 것은 양변에 $\dfrac{1}{c}$을 곱하는 것과 같다. 즉, $\dfrac{a}{c} = \dfrac{b}{c}$ $\Rightarrow$ $a \times \dfrac{1}{c} = b \times \dfrac{1}{c}$이므로 등식의 성질 3과 **4**를 같은 경우라고 말할 수 있다.

(깊이보기!)

1. 등식의 양변을 0이 아닌 같은 수로 나눌 때 등식이 성립함을 주의하자. 만약 등식 $2x = 3x$의 경우 양변을 같은 x로 나누면 $2 = 3$이라는 모순된 결과가 나온다. 이는 $2x = 3x$를 만족시키는 x의 값이 0이고 이런 0으로 양변을 나누었기 때문이다. 즉, 등식의 양변을 같은 수로 나눌 때에는 반드시 0이 아닌 수로 나누어야 함을 기억하자. 일반적으로 양변을 같은 문자로 나눌 때에는 반드시 문자의 값이 0인지 아닌지 확인해야 한다.

[2] 등식의 성질을 이용하여 방정식의 해 구하기

1. 등식의 성질을 이용하여 주어진 방정식을 $x = $ (수)의 꼴로 고쳐 방정식의 해를 구한다.

(이해하기!)

1. 방정식 $2x - 3 = 7$의 해를 등식의 성질을 활용해 구해보자.

| $2x - 3 = 7$ | 양변에 3을 더한다
등식의 성질 1. | $2x - 3 + 3 = 7 + 3$
$\Downarrow$
$2x = 10$ | 양변을 2로 나눈다
등식의 성질 4. | $\dfrac{2x}{2} = \dfrac{10}{2}$
$\Downarrow$
$x = 5$ |

   이때, $x = 5$를 방정식 $2x - 3 = 7$에 대입하면, $2 \times 5 - 3 = 7$(참) 이므로 $x = 5$는 주어진 방정식의 해 (근) 이다.

[3] 이항

1. **이항** : 등식의 성질을 이용하여 등식의 한 변에 있는 항을 부호를 바꾸어 다른 변으로 옮기는 것

(이해하기!)

1. 이항(移項)의 '이(移)'는 '옮기다'의 의미이다. 따라서 이항은 한 변에서 다른 변으로 항을 옮긴다는 의미이다. 좌변, 우변을 집이라 생각하고 항을 이사한다고 생각하면 좋을 것 같다.

2. 이항은 등식의 성질을 이용하여 등식의 양변에 같은 수를 더하거나 빼는 과정을 생략한 것이다. 등식의 성질에 의해 $x-5=2$의 양변에 5를 더하면 $x-5+5=2+5$이고 $x=2+5=7$ 이 된다. 결과적으로 좌변에 있는 상수항 -5를 부호를 바꾸어 우변으로 옮긴 결과와 같다. 따라서 등식의 성질을 활용한 결과와 같은 의미로 편리하게 한 변에 있는 항의 부호를 바꾸어 다른 변으로 옮기는 규칙을 활용한다.

3. 이항은 등식의 성질 1과 2를 이용한 것으로 $ax=b$를 $x=\dfrac{b}{a}$로 변형하는 것은 이항이 아니다. 단지 이항과 유사하게 한 변에 있는 항의 계수를 곱셈은 나눗셈으로, 나눗셈은 곱셈으로 바꾸어 다른 변으로 옮긴다고 생각하고 계산하는 것뿐이다. 흔히, 학생들이 이 경우도 이항이라고 생각하는 경우가 많은데 주의할 필요가 있다.

4. 이항을 할 때 상수항뿐만 아니라 x를 포함하는 항도 이항할 수 있으며 이때, 가급적 계산한 결과 x의 계수가 양수가 되는 방향으로 이항을 하는 것이 계산 실수를 줄일 수 있다.
   ⇨ $2x+1=3x-3$에서 좌변에 x항을 쓰겠다고 $3x$를 좌변으로 이항하고 1을 우변으로 이항해 $2x-3x=-3-1$로 정리하기 보다는 $2x$를 우변으로 이항하고 -3을 좌변으로 이항하면 $1+3=3x-2x$가 되어 $4=x$가 되고 좌변과 우변을 바꿔 쓰면 $x=4$가 된다. 이는 계산 실수를 줄일 수 있을 뿐 아니라 경우에 따라 편리하게 계산할 수도 있음을 알려주는 결과이다.

3.8 일차방정식의 풀이

[1] 일차방정식의 풀이

1. 일차방정식

: 방정식의 우변에 있는 모든 항을 좌변으로 이항하여 정리하였을 때 (x에 대한 일차식)$= 0$,

즉, $ax + b = 0 (a \neq 0)$의 꼴이 되는 방정식을 x에 대한 일차방정식이라 한다.

⇨ $ax + b = 0 (a \neq 0)$을 일차방정식의 **기본형(일반형)**이라고 한다.

2. 일차방정식의 풀이

⇨ '일차방정식을 푼다' 는 것은 등식의 성질 또는 이항을 이용하여 좌변에 x만 남기는 것과 같다.

(1) 괄호가 있으면 괄호를 풀고 정리한다.

(2) 미지수 x를 포함한 항은 좌변으로, 상수항을 우변으로 이항하여 정리한다.

(3) 양변을 정리하여 $ax = b (a \neq 0)$의 꼴로 고친다.

(4) x의 계수 a로 양변을 나누어 해 $x = \dfrac{b}{a}$를 구한다.

(이해하기!)

1. 방정식 $x - 5 = -2x + 3$에서 우변에 있는 항 $-2x$, 3을 모두 좌변으로 이항하여 동류항끼리 모아서 정리하면 $3x - 8 = 0$이 된다. 이때, 좌변 $3x - 8$은 x에 대한 일차식이므로 일차방정식이다.

2. $2x^2 + x + 3 = 2x^2 - 3x + 1$은 언뜻 최고차항이 2인 이차방정식처럼 보이지만 모든 항을 왼쪽으로 이항하여 정리하면 2차항이 소거되어 $4x + 2 = 0$과 같이 일차항과 상수항만 남아 x에 관한 일차방정식이 됨을 주의하자.

3. 일차방정식 $ax + b = 0 (a \neq 0)$를 푼다는 것은 x의 값을 구한다는 것이다. 이는 주어진 일차방정식을 '$x = k (k$는 상수)' 의 형태로 변형한다고 생각할 수 있다. 그러기 위해서는 좌변에 x항만 남겨두고 나머지 값은 모두 우변에 있어야 한다. 이 과정에서 등식의 성질, 이항을 활용한다.

4. 일차방정식 $-(x - 2) = 3(-x + 4)$를 풀어보자.
   (1) 양변의 괄호를 풀면 ⇨ $-x + 2 = -3x + 12$
   (2) $-3x$와 2를 이항하면 ⇨ $3x - x = 12 - 2$
   (3) 양변을 정리하면 ⇨ $2x = 10$
   (4) 양변을 2으로 나누면 ⇨ $x = 5$

5. 일차방정식을 풀 때 미지수를 포함한 항을 우변으로 이항하고, 상수항을 좌변으로 이항하는 경우가 편리할 때도 있으므로 상황에 따라 적절하게 선택하여 푼다.

(깊이보기!)

1. $ax + b = 0$에서 $a = 0$이면 좌변에서 1차항이 사라지므로 일차방정식이 아니다. $a = 0$인 경우 b의 값에 따라 해가 무수히 많거나 해가 없다. 해가 무수히 많은 경우를 '부정' , 해가 없는 경우를 '불능' 이라고 한다. 따라서 일차방정식 $ax + b = 0$에서 $a \neq 0$이어야 한다. 뒤에 특수한 해를 가지는 방정식에서 조금 더 자세히 살펴보자.

---

[2] 여러 가지 일차방정식의 풀이

1. 여러 가지 괄호가 있는 경우 : (소괄호) ⇨ {중괄호} ⇨ [대괄호]의 순서로 괄호를 푼다.
2. 계수가 분수인 경우 : 양변에 분모의 **최소공배수**를 곱하여 계수를 정수로 고쳐서 푼다.
3. 계수가 소수인 경우 : 양변에 10, 100, 1000, ⋯ 등 10의 **거듭제곱**을 곱하여 계수를 정수로 고쳐서 푼다.
4. 비례식으로 주어진 경우 : 비례식의 성질을 이용한다 ⇨ $a:b=c:d$ 이면 $ad=bc$

(이해하기!)

1. 여러 가지 괄호가 있는 경우
   (1) 일차방정식 $x-[5-2\{3x-2+(3-4x)\}]=2$를 푸시오.
   (풀이) $x-\{5-2(-x+1)\}=2$
   $$x-(5+2x-2)=2$$
   $$x-2x-3=2$$
   $$-x=5$$
   $$\therefore x=-5$$

2. 계수가 분수인 경우
   (1) 일차방정식 $\frac{1}{4}x+\frac{5}{4}=-\frac{1}{6}x$를 푸시오.
   (풀이) 양변에 분모 $4,6$의 최소공배수 12를 곱하면 $12\times\frac{1}{4}x+12\times\frac{5}{4}=12\times(-\frac{1}{6}x)$ 이다.
   $$3x+15=-2x$$
   $$3x+2x=-15$$
   $$5x=-15$$
   $$\therefore x=-3$$

3. 계수가 소수인 경우
   (1) 일차방정식 $0.1x-2=-0.2x+1$을 푸시오.
   (풀이) 양변에 10을 곱하면 $10\times(0.1x-2)=10\times(-0.2x+1)$ 이다.
   $$x-20=-2x+10$$
   $$x+2x=10+20$$
   $$3x=30$$
   $$\therefore x=10$$
   (2) 양변에 10을 곱할 때 계수가 소수인 항에만 곱해줘 $0.1x-2=-0.2x+1$을 $x-2=-2x+1$과 같이 소수부분만 정수로 고쳐 계산하지 않도록 주의한다.

4. 비례식으로 주어진 경우
   (1) 비례식 $2x-1:3=x+1:4$을 만족시키는 x의 값을 구하시오.
   (풀이) 내항의 곱과 외항의 곱이 같으므로 주어진 비례식은 $3(x+1)=4(2x-1)$이다.
   $$3x+3=8x-4$$
   $$3+4=8x-3x$$
   $$5x=7$$
   $$\therefore x=\frac{7}{5}$$

---

[3] 특수한 해를 가지는 방정식

1. x에 대한 방정식 $ax = b$에서

   (1) $a \neq 0$일 때, $x = \dfrac{b}{a}$ ⇨ 해가 1개다.

   (2) $a = 0, b \neq 0$ ⇨ 해가 없다. (불능)

   (3) $a = 0, b = 0$ ⇨ 해가 무수히 많다. (부정)

2. x에 대한 방정식 $ax + b = cx + d$에서

   (1) $a \neq c$ ⇨ 해가 1개다.

   (2) $a = c, b \neq d$ ⇨ 해가 없다. (불능)

   (3) $a = c, b = d$ ⇨ 해가 무수히 많다. (부정)

(이해하기!)

1. x에 대한 방정식 $ax = b$에서 a값의 조건이 주어져 있지 않으면 주어진 방정식이 일차방정식인 경우와 아닌 경우 즉, $a \neq 0$인 경우와 $a = 0$인 경우로 나누어 해를 구한다.

   (1) $a \neq 0$인 경우 양변을 a로 나누면 해가 $x = \dfrac{b}{a}$인 1개 존재한다.

   (2) $a = 0, b \neq 0$인 경우 $0x = b(b \neq 0)$이고 $0 = b(b \neq 0)$이므로 모든 x의 값에 대해 항상 거짓이므로 해가 없다. 이것을 '불능'이라고 한다.

   (3) $a = 0, b = 0$인 경우 $0x = 0$이면 모든 x의 값에 대해 주어진 등식이 항상 참이므로 해가 무수히 많다. 이것을 '부정'이라고 한다.

2. x에 대한 방정식 $ax + b = cx + d$에서

   (1) $a \neq c$인 경우 우변의 모든 항을 좌변으로 이항해 정리하면 일차방정식이므로 해가 1개다.

   (2) $a = c, b \neq d$일 때 양변의 x항은 사라지고 $b = d$이므로 거짓이 되어 해가 없다. 이것을 '불능'이라고 한다.

   (3) $a = c, b = d$이면 주어진 등식은 좌변과 우변이 같은 항등식이므로 해가 무수히 많다. 이것을 '부정'이라고 한다.

(확인하기!)

1. x에 대한 방정식 $5(x + a) = bx + 10$의 해가 무수히 많을 때, 상수 a, b의 값을 각각 구하시오.
   (풀이) $5(x + a) = bx + 10$에서 $5x + 5a = bx + 10$ 이고 이 방정식의 해가 무수히 많으므로
   $5 = b, 5a = 10$이다. 따라서 $a = 2, b = 5$ 이다.

2. x에 대한 방정식 $2 + 3kx = 5(k - 4)x$의 해가 없을 때, 상수 k의 값을 구하시오.
   (풀이) $2 + 3kx = 5(k - 4)x$에서 $2 + 3kx = (5k - 20)x$이고 $3kx$를 우변으로 이항해 정리하면 $(2k - 20)x = 2$ 이다. 이 방정식의 해가 없으므로 $2k - 20 = 0$, $2k = 20$이다. 따라서 $k = 10$ 이다.

3.9 일차방정식의 활용

[1] 일차방정식의 활용

1. 일차방정식의 활용 문제는 다음과 같은 순서로 푼다.

   (1) **미지수 x 정하기** : 문제의 뜻을 파악하고, 구하려는 것을 미지수 x로 놓는다.

   (2) **일차방정식 세우기** : 문제에서 주어진 조건에 맞게 방정식을 세운다.

   (3) **일차방정식 풀기** : 방정식을 풀어 해를 구한다.

   (4) **확인하기** : 구한 해가 문제의 뜻에 맞는지 확인한다

(이해하기!)

1. 긴 글로 표현된 활용문제가 어려운 이유는 식을 세우는 것이 쉽지 않기 때문이다. 그러나 대부분의 활용문제는 몇 가지 유형이 정해져 있고 그 내용의 구성도 일정한 패턴이 있다. 이를 잘 확인하면 조금 더 쉽게 활용문제에 접근할 수 있다.

2. 구체적으로 모든 활용문제는 마지막에 '구하시오' 라는 단어로 끝이 나는 데 그 앞에 구해야 할 대상인 '무엇' 이 있다. 가장 먼저 이 '무엇' 을 미지수 x로 정한다. 그리고 식을 세우려면 '수' 가 필요하듯이 활용문제 안에서 '수' 를 찾아 그 '수' 가 의미하는 것이 무엇인지 확인한다. 그리고 그에 따른 적절한 식을 세우면 된다. 예를 들어 아래 문제들의 경우를 보자.

[2] 자주 등장하는 일차방정식의 활용 문제 유형 (1) - 연속하는 수에 관한 문제

1. **연속한 수에 관한 문제**

   (1) 연속하는 세 정수 $\Rightarrow$ $x-1,\ x,\ x+1$ 또는 $x,\ x+1,\ x+2$ 또는 $x-2,\ x-1,\ x$

   (2) 연속하는 세 홀수(짝수) $\Rightarrow$ $x-2,\ x,\ x+2$ 또는 $x,\ x+2,\ x+4$ 또는 $x-4,\ x-2,\ x$

   (3) 연속하는 네 정수 $\Rightarrow$ $x-1,\ x,\ x+1,\ x+2$ 또는 $x-2,\ x-1,\ x,\ x+1$

   (4) 연속하는 네 홀수(짝수) $\Rightarrow$ $x-3,\ x-1,\ x+1,\ x+3$

(이해하기!)

식을 세우기 위한 '수'

1. 연속하는 세 정수의 합이 42일 때, 연속하는 세 정수를 구하시오.

   구하려는 '무엇'

   (1) **미지수 x 정하기** : 연속하는 세 정수 중에서 가운데 수를 x로 놓자

   (2) **일차방정식 세우기** : 나머지 두 정수는 $x-1,\ x+1$이고 세 정수의 합이 42이므로
   $$(x-1)+x+(x+1)=42 \text{ 이다.}$$

   (3) **일차방정식 풀기** : $3x=42$ 이고 $x=14$ 이다. 따라서 구하는 세 정수는 13, 14, 15이다.

   (4) **확인하기** : 세 정수의 합은 $13+14+15=42$이므로 문제의 뜻에 맞다.

2. 연속한 수에 관한 문제는 가운데 수를 미지수 x로 정하여 좌우 대칭의 형태로 나머지 수를 x에 관한 식으로 나타낸 후 식을 세운다. 단, 연속하는 네 홀수(짝수)의 경우 가운데 두 홀수(짝수)의 가운데 수를 미지수 x로 정하여 좌우 대칭의 형태로 나머지 수를 x에 관한 식으로 나타내는 것을 주의하자.

> **[3] 자주 등장하는 일차방정식의 활용 문제 유형 (2) - 자릿수에 관한 문제**
>
> **1. 자릿수에 관한 문제**
>
> (1) 십의 자리의 숫자가 a, 일의 자리의 숫자가 b인 두 자리의 자연수
>
> ⇨ $10a+b$
>
> (2) 백의 자리의 숫자가 a, 십의 자리의 숫자가 b, 일의 자리의 숫자가 c인 세 자리의 자연수
>
> ⇨ $100a+10b+c$

(이해하기!)

식을 세우기 위한 '수'

1. 십의 자리의 숫자가 5인 두 자리의 자연수가 있다. 십의 자리의 숫자와 일의 자리의 숫자를 바꾼 수가 처음 수보다 9만큼 작다고 할 때, 처음 수를 구하시오.

구하려는 '무엇'

(1) **미지수 x 정하기** : 일의 자리의 숫자를 x하 하자.

(2) **일차방정식 세우기** : 십의 자리의 숫자가 5이고 일의 자리의 숫자가 x인 두 자리수의 십의 자리의 숫자와 일의 자리의 숫자를 바꾼수가 처음 수보다 9만큼 작으므로 $10x+5=(50+x)-9$ 이다.

(3) **일차방정식 풀기** : $10x+5=41+x$이고 이항을 통해 동류항끼리 정리하면 $9x=36$이다. 양변을 9로 나누면 $x=4$이다. 따라서 처음 수는 54이다.

(4) **확인하기** : 일의 자리의 숫자가 4이므로 처음수는 54, $54-9=45$이므로 문제의 뜻에 맞다.

2. 각 자리수를 문자로 나타내야 하는 경우 문자를 연속해서 써서 수를 나타내면 문자의 곱셈이 되므로 주의하자. 예를 들어 십의 자리 수가 x, 일의 자리수가 y라고 할 때 두 자리 수를 xy로 나타내면 이는 x와 y의 곱이 된다. 이 경우 $10x+y$와 같이 십진법의 전개식으로 나타내야 한다. 자릿수에 관한 문제는 반드시 십진법의 전개식을 활용해 자리값을 포함한 식으로 나타내 문제를 해결한다.

> **[4] 자주 등장하는 일차방정식의 활용 문제 유형 (3) - 거리, 속력, 시간에 관한 문제**
>
> **1. 거리, 속력, 시간에 관한 문제**
>
> (1) (거리) = (속력)×(시간)
>
> (2) (시간) = $\dfrac{(거리)}{(속력)}$
>
> (3) (속력) = $\dfrac{(거리)}{(시간)}$

(이해하기!)

식을 세우기 위한 '수'

1. 지원이가 집과 학교를 왕복하는 데, 갈 때에는 시속 $5\,km$로 걷고, 올 때에는 시속 $4\,km$로 걸어서 54분이 걸렸다고 한다. 집에서 학교까지의 거리를 구하시오.

구하려는 '무엇'

(1) **미지수 x 정하기** : 집에서 학교까지의 거리를 $x\,km$라 하자.

(2) **일차방정식 세우기** : 집과 학교를 왕복하는데 54분이 걸렸다. 가는데 걸리는 시간은 $\frac{x}{5}$(시간),

오는 데 걸리는 시간은 $\frac{x}{4}$(시간) 이므로 $\frac{x}{5}+\frac{x}{4}=\frac{54}{60}$ 이다.

(3) **일차방정식 풀기** : 양변에 5와 4의 최소공배수를 곱하면 $4x+5x=18$이다. 동류항끼리 계산

하면 $9x=18$이고 $x=2$이다. 따라서 집에서 학교까지의 거리는 $2km$이다.

(4) **확인하기** : 집에서 학교까지의 거리는 $2km$일 때 걸린 시간을 구하면 $\frac{2}{5}+\frac{2}{4}=\frac{18}{20}$,

$\frac{18}{20}\times60=54$(분)이므로 문제의 뜻에 맞다.

---

[5] 자주 등장하는 일차방정식의 활용 문제 유형 (4) - 농도에 관한 문제

1. 농도에 관한 문제

(1) (소금물의 농도) $= \dfrac{(소금의\ 양)}{(소금물의\ 양)} \times 100\,(\%)$

(2) (소금의 양) $= \dfrac{(소금물의\ 농도)}{100} \times (소금물의\ 양)$

식을 세우기 위한 '수'

(이해하기!)

1. 8%의 소금물 500g이 있다. 여기에 몇g의 물을 넣으면 5%의 소금물이 되는지 구하시오.

구하려는 '무엇'

(1) **미지수 x 정하기** : 넣어야 하는 물의 양을 $x\,g$ 이라 하자.

(2) **일차방정식 세우기** : 8%의 소금물 500g에 녹아 있는 소금의 양과 5%의 소금물 $(500+x)\,g$에

녹아 있는 소금의 양이 서로 같으므로

$500 \times \dfrac{8}{100} = (500+x) \times \dfrac{5}{100}$ 이다.

(3) **일차방정식 풀기** : 양변에 100을 곱하면 $500\times8=(500+x)\times5$이고 전개해 정리하면

$4000=2500+5x$이다. 이항을 통해 동류항끼리 정리하면 $5x=1500$이고

$x=300$이다. 따라서 $300g$의 물을 넣으면 5%의 소금물이 된다.

(4) **확인하기** : $500 \times \dfrac{8}{100} = (500+300) \times \dfrac{5}{100} = 40$이므로 소금의 양이 $40g$으로 서로 같아

문제의 뜻에 맞다.

---

[6] 자주 등장하는 일차방정식의 활용 문제 유형 (5) - 일에 관한 문제

1. 일에 관한 문제

(1) (혼자 하루에 하는 일의 양) $= \dfrac{(전체\ 일의\ 양=1)}{(일을\ 완성하는\ 데\ 걸리는\ 날\ 수)}$

(이해하기!)

식을 세우기 위한 '수'

1. 어떤 일을 완성하는데 갑은 (4)일, 을은 (8)일이 걸린다고 한다. 이 일을 갑이 하루 동안 한 다음 갑과 을이 함께 일하여 남은 일을 끝냈을 때, 갑과 을이 함께 (며칠) 동안 일했는지 **구하시오.**

구하려는 '무엇'

(1) 미지수 x 정하기   : 갑과 을이 함께 x일 동안 일했다고 하자

(2) 일차방정식 세우기 : 전체 일의 양을 1로 두면 갑이 하루 동안 하는 일의 양은 $\frac{1}{4}$, 을이 하루

동안 하는 일의 양은 $\frac{1}{8}$, 갑이 하루 동안 일을 한 다음 갑과 을이 x일 동

안 함께 일을 하여 전체 일의 양 1에 도달하였으므로

$\frac{1}{4} + (\frac{1}{4} + \frac{1}{8})x = 1$이다.

(3) 일차방정식 풀기   : $\frac{1}{4} + \frac{3}{8}x = 1$의 양변에 8을 곱하면 $2 + 3x = 8$이다. 이항을 통해 동류항끼리

정리하면 $3x = 6$이고 $x = 2$이다. 따라서 갑과 을이 2일동안 함께 일했다.

(4) 확인하기   : $\frac{1}{4} + (\frac{1}{4} + \frac{1}{8}) \times 2 = 1$ 이므로 문제의 뜻에 맞다.

---

[7] 자주 등장하는 일차방정식의 활용 문제 유형 (6) - 정가에 관한 문제

1. 정가에 관한 문제

(1) 원가가 x원인 물건에 $a\%$의 이익을 붙인 정가

⇨ (정가) = (원가)+(이익) = $x + \frac{a}{100}x = (1 + \frac{a}{100})x$(원)

(2) 정가가 x원인 물건을 $a\%$ 할인한 판매 가격

⇨ (판매 가격) = (정가)−(할인 금액) = $x - \frac{a}{100}x = (1 - \frac{a}{100})x$(원)

(3) (이익) = (판매가)−(원가)

(이해하기!)

식을 세우기 위한 '수'

1. 어느 옷가게에서는 어떤 티셔츠의 정가를 그 원가에 (20%)의 이익을 붙여 정하였다. 얼마 후에 봄 세일을 맞아 이 티셔츠를 정가에서 (10%)를 할인하여 (10800원)에 팔았다. 이 티셔츠의 원가를 **구하시오.**

(1) 미지수 x 정하기   : 티셔츠의 원가를 x원이라고 하자.

구하려는 '무엇'

(2) 일차방정식 세우기 : 이익이 $x \times \frac{20}{100} = 0.2x$, (정가)=(원가)+(이익) 이므로 (정가)$= x + 0.2x$

$= 1.2x$이다. 정가의 10%는 $1.2x \times \frac{10}{100} = 0.12x$ 이므로

(판매가)$= 1.2x - 0.12x = 10800$이다.

(3) 일차방정식 풀기   : $1.08x = 10800$의 양변에 100을 곱하면 $108x = 1080000$이고 양변을 108로

나누면 $x = 10000$이다. 따라서 티셔츠의 원가는 10000원이다.

(4) 확인하기   : 정가는 $10000 + 10000 \times \frac{20}{100} = 12000$이고 정가에서 10%할인한 금액은

$12000 - 12000 \times \frac{10}{100} = 10800$원이므로 문제의 뜻에 맞다.

2. 제품의 가격의 종류는 원가, 정가, 판매가(할인가) 3가지가 있다. 원가는 제품을 만드는데 들어가는 재료비, 정가는 원가에 제품을 만드는데 필요한 경비(인건비, 유통비, 홍보비 등)를 합한 금액, 판매가(할인가)는 정가에서 일정 비율만큼 싸게 판매하는 가격이다. 각 가격의 의미를 알아두자.

---

[8] 자주 등장하는 일차방정식의 활용 문제 유형 (7) - 시간에 관한 문제

1. 시간에 관한 문제
  : 시침은 1시간에 $30°$, 즉 1분에 $0.5°$씩 움직이고, 분침은 1분에 $6°$씩 움직인다.

(이해하기!) 식을 세우기 위한 '수' 구하려는 '무엇'

1. 1시와 2시 사이에 시계의 분침과 시침이 반대 방향으로 일직선이 되는 시각을 구하시오.

(1) **미지수 x 정하기** : 시계의 분침과 시침이 반대 방향으로 일직선이 되는 시각을 1시 x분이라고 하자

(2) **일차방정식 세우기** : 분침은 1분에 $6°$, 시침은 1분에 $0.5°$ 움직이고 시계의 분침과 시침이 반대 방향으로 일직선이 되는 경우 이루는 각은 $180°$이다. 분침이 움직인 각이 시침이 움직인 각보다 크므로 $6x - (30 + 0.5x) = 180$ 이다.

(3) **일차방정식 풀기** : 전개하면 $\frac{11}{2}x - 30 = 180$이고 $\frac{11}{2}x = 210$이다. 양변에 2를 곱하면

  $11x = 420$이고 양변을 11로 나누면 $x = \frac{420}{11}$ 이다. 따라서 시계의 분침과

  시침이 반대 방향으로 일직선이 되는 시각은 1시 $\frac{420}{11}$분이다.

(4) **확인하기** : $6 \times \frac{420}{11} - (30 + 0.5 \times \frac{420}{11}) = 180$ 이므로 문제의 뜻에 맞다.

4.1 순서쌍과 좌표

[1] 수직선 위의 점의 좌표

1. **좌표** : 수직선 위의 한 점에 대응하는 수
2. **수직선 위의 점 P의 좌표가 a일 때** ⇨ 기호로 P(a)와 같이 나타낸다.
3. **원점** : 좌표가 0인 점 ⇨ 알파벳 대문자 O로 나타낸다.

(이해하기!)

1. 아래 수직선에서 세 점 A, O, B의 좌표는 각각 $-3, 0, 3$ 이고 이를 각각 기호로 나타내면 A(-3), O(0), B(3) 이다.

2. 원점을 나타내는 O는 원점을 의미하는 단어 **Origine**의 첫 글자이다.

(깊이보기!)

1. 수직선 위의 두 점 A(a), B(b) 사이의 거리는 $|a-b|$ (또는 $|b-a|$) 이다. 예를 들어, 위 수직선에서 두 점 A, O사이의 거리는 $|-3-0| = |0-(-3)| = 3$ 이고, 두 점 A, B사이의 거리는 $|-3-3| = |3-(-3)| = 6$ 이다.

[2] 좌표평면 위의 점의 좌표

1. **순서쌍** : 두 수의 순서를 정하여 짝지어 나타낸 것 ⇨ 기호 (a, b)
2. **좌표평면** : 두 수직선이 점 O에서 서로 수직으로 만날 때,
   (1) x**축** : 가로의 수직선
   (2) y**축** : 세로의 수직선
   (3) **좌표축** : x축과 y축을 통틀어 좌표축이라고 한다.
   (4) **원점** : 좌표축이 만나는 점 O
   (5) **좌표평면** : 좌표축이 정해져 있는 평면

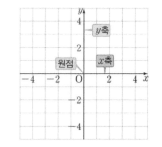

3. **좌표평면 위의 점의 좌표**
   (1) **좌표평면 위의 한 점 P의 좌표** ⇨ 기호 P(a, b)
      : 오른쪽 그림과 같이 좌표평면 위의 한 점 P에서 x축, y축에 각각 수선을 내리고, 이 수선과 x축, y축의 교점에 대응하는 수를 각각 a, b라고 할 때, 순서쌍 (a, b)를 점 P의 **좌표**라고 한다.
   (2) P(a, b) : a를 점 P의 x**좌표**, b를 점 P의 y**좌표**라 한다.
   (3) **원점 O의 좌표** : $(0, 0)$
   (4) x**축 위의 점의 좌표** : (x좌표, 0)
   (5) y**축 위의 점의 좌표** : (0, y좌표)

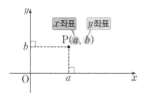

(이해하기!)

1. 지도상에서 경도와 위도를 이용하여 어떤 지점의 위치를 나타내는 것처럼 평면 위에 있는 점의 위치를 나타낼 때, x축과 y축에 대응하는 두 수가 필요하다.

2. 순서쌍은 두 수의 순서를 정하여 짝지어 나타낸 쌍이므로 순서쌍에서 두 수의 순서가 바뀌면 다른 순서쌍이 된다. 간혹 학생들 중에 점 (a,b)와 점 (b,a)가 서로 같은 점이라고 생각하는 오류를 범하기도 하는데 $(a,b) \neq (b,a)$ (단, $a \neq b$) 임을 주의하자. 점 (a,b)와 점 (b,a)는 서로 다른 점이다.

3. x축에서 원점 O의 오른쪽은 양의 방향, 왼쪽은 음의 방향을 나타내고 y축에서 원점 O의 위쪽은 양의 방향, 아래쪽은 음의 방향을 나타낸다.

4. x축 위의 모든 점들의 y좌표는 0이고 y축 위의 모든 점들의 x좌표는 0이다.
    (1) x축 위에 있고 x좌표가 3인 점 ⇨ $(3, 0)$
    (2) y축 위에 있고 y좌표가 -4인 점 ⇨ $(0, -4)$

(깊이보기!)
1. 차원의 개념을 활용해 좌표를 이해할 수 있다. 1차원을 의미하는 수직선 위의 점의 좌표는 1개의 수로 나타내고 2차원을 의미하는 좌표평면 위의 점의 좌표는 2개의 수를 순서쌍으로 나타낸다.

2. 대칭인 점의 좌표
    (1) 대칭이란 한 점이나 한 직선을 사이에 두고 같은 거리에서 마주 보고 있는 경우를 말한다. 기준이 되는 경우가 점이면 점대칭, 선이면 선대칭이라고 한다.
    (2) 점 $P(a, b)$와 대칭인 점의 좌표는 아래와 같다.
        ① x축에 대하여 대칭인 점의 좌표 ⇨ $(a, -b)$
        ② y축에 대하여 대칭인 점의 좌표 ⇨ $(-a, b)$
        ③ 원점에 대하여 대칭인 점의 좌표 ⇨ $(-a, -b)$

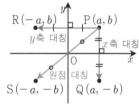

[3] 사분면

1. 사분면
    : 좌표평면은 오른쪽 그림과 같이 x, y축에 의해 네 부분으로 나누어진다.
    이때, 이들을 각각 제1사분면, 제2사분면, 제3사분면, 제4사분면이라고 한다.
2. 사분면 위의 점의 x좌표, y좌표의 부호

좌표＼사분면	제1사분면	제2사분면	제3사분면	제4사분면
x좌표의 부호	$+$	$-$	$-$	$+$
y좌표의 부호	$+$	$+$	$-$	$-$

3. 원점과 좌표축 위의 점은 어느 사분면에도 속하지 않는다.

(이해하기!)
1. 사분면(四分面)은 한자를 풀이하면 평면을 4개로 나눈 면이란 뜻이다.

2. 좌표평면은 좌표축에 의하여 네 부분으로 나누어지는데 x좌표와 y좌표가 모두 양수인 부분이 제1사분면이고, 시계 반대 방향으로 차례로 제2사분면, 제3사분면, 제4사분면이다.

3. x축 위에 있는 점은 y좌표가 0이고, y축 위에 있는 점은 x좌표가 0이므로 좌표축 위에 있는 점은 어느 사분면에도 속하지 않는다. 또한 원점 역시 x, y좌표가 모두 0이므로 어느 사분면에도 속하지 않는다.

4.2 그래프

---

[1] 그래프의 뜻

1. 변수 : x, y와 같이 여러 가지로 변하는 값을 나타내는 문자

2. 그래프 : 두 변수 x, y사이의 관계를 만족하는 순서쌍 (x, y)를 좌표평면 위에 나타낸 점이나 직선, 곡선과 같은 그림

(이해하기!)

1. 시간별 기온의 변화, 월별 상품 판매량, 자동차가 이동한 시간에 따른 연료량 등 우리 주변에는 두 변량 사이에 관련성이 있는 경우들이 많다. 그래프는 이런 변량을 변수로 나타내어 두 변수 사이의 대응 관계를 좌표평면에 나타낸 것이다. 두 변수 사이의 관계를 식이나 표로 나타낼 수도 있지만 그래프는 변화 상태, 패턴등을 보다 쉽게 파악할 수 있다는 장점이 있다. 두 변수 사이의 관계를 좌표평면 위에 그래프로 나타내면 점, 직선, 곡선 등으로 표현된다.

2. 불연속적인 양을 갖는 두 변수 사이의 관계를 나타내는 그래프 ⇨ 점으로 표현
   (예) ① 플라스틱 병의 개수와 이산화탄소의 배출량 사이의 관계
   　　② 정사각형의 개수와 정사각형을 만드는 데 필요한 막대의 개수 사이의 관계

3. 연속적인 양을 갖는 두 변수 사이의 관계를 나타내는 그래프 ⇨ 선으로 표현
   (예) ① 원기둥 모양의 빈 물통에 일정한 양의 물을 계속 넣을 때 시간과 물의 높이 사이의 관계,
   　　② 일정한 속력으로 달리는 자동차의 운행 시간과 이동 거리 사이의 관계

(깊이보기!)

1. 보통 그래프를 직선이나 곡선과 같은 그림으로만 생각하는 경우가 많다. 완전히 틀린 말은 아니지만 이렇게 그래프의 개념을 이해한다면 불연속적인 양을 갖는 두 변수 사이의 관계를 나타내는 점들을 나타낸 그림은 그래프라고 생각하지 않게 된다. 따라서 그래프의 개념을 분명히 이해할 필요가 있다. 그래프는 두 변수 x, y 사이의 관계를 만족시키는 순서쌍 (x, y)를 좌표평면 위에 모두 나타낸 '점들의 모임' 이다.
   ⇨ **함수의 그래프**
   　: 함수 $y = f(x)$에서 변수 x와 그에 대한 함숫값 y의 순서쌍 (x, y)를 좌표로 하는 점을 모두 좌표평면 위에 나타낸 것

2. 변화하는 양 사이의 관계를 나타내는 '함수' 는 대응과 종속의 의미를 포함하며, 그래프는 이러한 함수를 시각적으로 표현하는 도구이다. 변화하는 양 사이의 관계를 식(이런 식을 함수식 또는 관계식이라고 한다.)으로 나타낼 수도 있지만 그래프는 시각적으로 나타내기 때문에 변화하는 양 사이의 관계(예를 들면, 증가와 감소, 주기적 변화 등)을 식보다 쉽게 파악할 수 있는 장점이 있다. 중학교 1학년 과정에서는 함수의 개념을 직접적으로 배우지는 않지만 정비례 관계, 반비례 관계를 통해 함수의 개념을 간접적으로 익히며 중학교 2학년 과정에서 함수의 개념을 일차함수와 함께 본격적으로 학습하게 된다.

---

[2] 그래프의 해석

1. 그래프의 해석

: 두 변수 사이의 변화의 유형(증가와 감소, 변화의 빠르기, 주기적 변화 등)을 쉽게 파악하고
앞으로 일어날 상황을 유추하는데 도움을 얻을 수 있다.

(이해하기!)

1. 그래프를 바르게 해석하기 위해서는 두 변수 x와 y사이의 관계가 좌표평면에 어떤 형태로 나타나는지를 알아야 한다. 상황에 따라 다양한 그래프의 모양이 있으나 일반적으로 아래와 같이 3가지 형태의 그래프를 이해하고 해석할 줄 알면 대부분의 문제 상황을 해결할 수 있다.

(1) x의 값이 증가할 때 y의 값도 증가하는 경우 ⇨

(2) x의 값이 증가할 때 y의 값은 일정한 경우 ⇨

(3) x의 값이 증가할 때 y의 값은 감소하는 경우 ⇨

2. 예를 들어 오른쪽 그래프는 어느 학생이 집에서 1800m 떨어진 학교까지 자전거를 타고 갈 때, 시간(x분)에 따른 이동 거리(ym)를 나타내는 그래프라고 하자. 이 학생은 출발한지 8분 동안 1000m를 이동하고 1분간 멈춰 있다가 다시 6분 동안 800m를 더 이동했음을 그래프를 통해 알 수 있다.

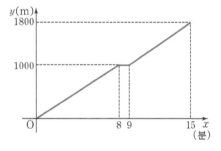

4.3 정비례 관계와 그 그래프

[1] 정비례 관계

1. **정비례** : 두 변수 x, y에서 x의 값이 2배, 3배, 4배, … 로 변함에 따라 y의 값도 2배, 3배, 4배,… 로 변하는 관계가 있을 때 y는 x에 '정비례' 한다고 한다.

2. **정비례 관계**
   (1) y가 x에 정비례하면 $y = ax(a \neq 0)$가 성립한다.
   (2) 두 변수 x와 y사이에 $y = ax(a \neq 0)$가 성립하면 y는 x에 정비례한다.

3. 정비례관계는 두 대상을 서로 나눈 값이 일정하다.
   : y가 x에 정비례한다 $\Rightarrow$ $y = ax(a \neq 0)$ $\Rightarrow$ $\dfrac{y}{x} = a$(일정)

(이해하기!)

1. 자동차가 시속 60km의 일정한 속력으로 x시간 동안 이동한 거리를 $y$km라고 할 때, x와 y 사이의 관계는 x의 값이 2배, 3배, 4배, …로 변함에 따라 y의 값도 2배, 3배, 4배,…로 변하므로 x와 y는 정비례한다고 한다. 이때, 두 변수 x, y의 관계를 식으로 나타내면 $y = 60x$가 된다.

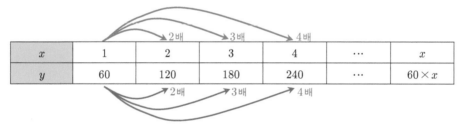

x	1	2	3	4	…	x
y	60	120	180	240	…	$60 \times x$

2. y가 x에 정비례할 때 정비례 관례를 나타내는 식 : $y = ax(a \neq 0)$
   (1) 정비례 관계식 $y = ax(a \neq 0)$에서 $a \neq 0$임을 주의하자. $a = 0$이면 $y = 0 \times x = 0$이므로 모든 x에 대해 $y = 0$이 되어 정비례의 뜻에 맞지 않는다.
   (2) $y = \dfrac{x}{3}, y = -\dfrac{2}{3}x$와 같이 상수 a의 값이 분수일 때도 $y = ax(a \neq 0)$의 형태를 만족하므로 정비례 관계를 나타내는 식이다.
   (3) $y = 2x + 3$과 같이 상수항이 있는 경우 정비례 관계식이 아니다. 간혹 이런 일차함수와 정비례 관계를 혼동하는 경우가 있는데 주의하자.

3. 정비례 관계식 $y = ax(a \neq 0)$에서 양변을 x로 나누면 $\dfrac{y}{x} = a$가 되어 일정한 값을 갖는다. 예를 들어, 위 예에서 $\dfrac{y}{x} = \dfrac{60}{1} = \dfrac{120}{2} = \dfrac{180}{3} = \cdots = 60$이 되어 일정한 값을 갖는다. 참고로 이런 일정한 값 a를 비례상수 라고 한다.
   $\Rightarrow$ 이는 두 변수 x, y값의 변화량의 비율이 일정함을 의미한다. x와 y 사이의 관계가 x의 값이 2배, 3배, 4배, …로 변함에 따라 y의 값도 2배, 3배, 4배,…로 변하는 관계가 정비례 관계임을 생각하면 이해하기 쉽다.

[2] 정비례 관계 $y = ax(a \neq 0)$의 그래프 그리기

1. 정비례 관계식 $y = 2x$의 그래프 그리기

(1) 식 $y = 2x$에서 x의 값 -3, -2, -1, 0, 1, 2, 3에 대응하는 y의 값을 각각 구하여 표로 나타내면 다음과 같고, 이것을 좌표평면 위에 나타내면 [그림1]과 같다.

x	-3	-2	-1	0	1	2	3
y	-6	-4	-2	0	2	4	6

(2) 식 $y = 2x$에서 x의 값 사이의 간격을 더 작게 하여 그에 대응하는 y의 값을 각각 구하여 표로 나타내면 다음과 같고, 이것을 좌표평면 위에 나타내면 [그림2]와 같다.

x	-3	-2.5	-2	-1.5	-1	-0.5	0	0.5	1	1.5	2	2.5	3
y	-6	-5	-4	-3	-2	-1	0	1	2	3	4	5	6

(3) 식 $y = 2x$에서 x의 값 사이의 간격을 점점 작게 하여 x의 값을 수 전체로 할 때, 식 $y = 2x$를 그래프로 나타내면 [그림 3]과 같이 원점을 지나는 직선이 된다.

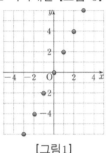
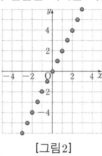
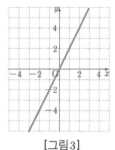

[그림1]　　　　　[그림2]　　　　　[그림3]

2. x의 값이 수 전체일 경우 서로 다른 두 점을 지나는 직선은 하나뿐이므로 식 $y = ax(a \neq 0)$의 그래프가 지나는 두 점을 찾아 직선으로 이어 $y = ax(a \neq 0)$의 그래프를 간단히 그린다.

(이해하기!)

1. 정비례 관계식 $y = 2x$의 그래프 그리기

(1) x의 값이 정수일 때, 식 $y = 2x$를 만족하는 순서쌍 (x, y)를 구하여 좌표평면 위에 나타내면 점들이 원점을 지나는 직선 형태로 그려진다.

(2) x의 값을 유리수까지 확장하여 식 $y = 2x$를 만족하는 순서쌍 (x, y)를 구하여 좌표평면 위에 나타내면 원점을 지나며 x의 값이 정수일 때보다 점들이 더 조밀하게 직선 형태로 그려진다.

(3) x의 값을 수 전체로 확장하여 식 $y = 2x$를 그래프로 나타내면 원점을 지나는 직선으로 그려진다.

2. 서로 다른 두 점을 지나는 직선은 오직 하나뿐이므로('**직선의 결정조건**') x의 값이 수 전체일 경우 $y = ax(a \neq 0)$의 그래프를 그릴 때 표를 완성해 여러 개의 점을 찾기 보다는 주어진 식을 만족하는 두 순서쌍 (x, y)를 구하여 좌표평면 위에 두 점을 나타내고 두 점을 잇는 직선을 그려 그래프를 그린다. 이때, $y = ax(a \neq 0)$의 그래프는 원점을 지나는 직선이므로 나머지 하나의 점의 좌표를 구해 직선으로 연결하면 더욱 간단히 그래프를 그릴 수 있다.

3. 보통 그래프라 하면 [그림3] 과 같이 선으로 그려진 경우만을 생각하는데 [그림1], [그림2] 역시 정비례 관계를 나타내는 식 $y = 2x$의 그래프이다. 단지 x값의 범위의 차이 때문에 그래프의 형태가 다를 뿐이다.

4. 일반적으로 $y = ax(a \neq 0)$에서 x의 값이 주어지지 않을 경우 x의 값은 수 전체로 생각한다. 그 외 특별한 경우에만 x값의 범위를 나타낸다.

(깊이보기!)

1. 그래프는 순서쌍을 좌표로 점을 찍어 나타낸 그림이다. 즉 그래프는 점들의 모임이고 따라서 '그래프를 그려라' 는 '점들을 찍어라' 라고 생각하면 된다. 그런데 x값의 범위가 수 전체이면 무수히 많은 점을 찍어야 하기 때문에 현실적으로 불가능해 두 점을 찾아 직선으로 그리는 것이다.

---

[3] 정비례 관계 $y = ax(a \neq 0)$의 그래프의 성질

1. x의 값이 수 전체일 때, 식 $y = ax(a \neq 0)$를 그래프로 나타내면 원점을 지나는 직선이 된다.
2. $|a|$의 값이 클수록 y축에 가깝고, $|a|$의 값이 작을수록 x축에 가까워진다.

	$a > 0$일 때	$a < 0$일 때
그래프		
그래프의 모양	원점을 지나고 오른쪽 위로 향하는 직선	원점을 지나고 오른쪽 아래로 향하는 직선
지나는 사분면	제1사분면, 제3사분면	제2사분면, 제4사분면
증가, 감소	x의 값이 증가하면 y의 값도 증가한다.	x의 값이 증가하면 y의 값은 감소한다.

(이해하기!)

1. $y = ax(a \neq 0)$에서 a의 값의 부호에 따라 그래프의 모양이 오른쪽 위로 향하는 경우, 오른쪽 아래로 향하는 경우 2가지로 구분된다.

2. 오른쪽 그림에서 $y = ax(a \neq 0)$의 그래프 중 $a > 0$인 경우 제1사분면, 제3사분면을 지나고 $a < 0$인 경우 제2사분면, 제4사분면을 지난다. 또한 $|a|$의 값이 클수록 y축에 가깝고, $|a|$의 값이 작을수록 x축에 가까워짐을 알 수 있다.

3. 증가, 감소문제는 내용을 외우기보다는 임의의 두 점을 찍어 한 점에서 다른 한 점으로 이동하는 경로를 이해하면 된다. 좌표평면을 보면 축에 평행하게 선이 바둑판 모양으로 그려져 있는데 이 선을 점이 이동할 수 있는 이동경로 라고 생각하면 된다. 즉, 점은 축에 평행한 가로방향 또는 세로방향으로만 이동할 수 있다. 이때, x축은 오른쪽으로 갈수록 증가하고 왼쪽으로 갈수록 감소한다. y축은 위로 올라갈수록 증가하고 아래로 내려갈수록 감소한다. 정비례 관계 $y = ax(a \neq 0)$의 그래프는 $a > 0$인 경우와 $a < 0$인 경우 증가, 감소하는 경향이 각각 다르다.

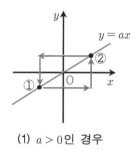
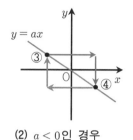

(1) $a > 0$인 경우

(2) $a < 0$인 경우

(1) 점 ① → ②로 이동하는 경우 : x의 값이 증가할 때 y의 값도 증가한다.
   (= 점 ② → ①로 이동하는 경우 : x의 값이 감소할 때 y의 값도 감소한다.)

(2) 점 ③ → ④로 이동하는 경우 : x의 값이 증가할 때 y의 값은 감소한다.
   (= 점 ④ → ③으로 이동하는 경우 : x의 값이 감소할 때 y의 값은 증가한다.)

(3) 증가, 감소 문제는 일반적으로 x의 값이 증가할 때 y의 값이 어떻게 변하는지를 말한다.

(깊이보기!)

1. 학생들 중 정비례 관계를 x의 값이 증가할 때 y의 값도 함께 증가하는 관계로 이해하는 경우가 있다. 반대로 반비례 관계를 x의 값이 증가할 때 y의 값은 감소하는 관계로 이해한다. 그러나 정비례 관계와 반비례 관계는 x와 y값의 증가와 감소 관계가 기준이 아니다. x와 y값의 변화 관계가 기준이 되는 것이다. 예를 들어, 정비례 관계 $y = -2x$의 x와 y값의 변화를 살펴보자. x가 $1, 2, 3, 4, \cdots$일 때 y의 값을 구하면 다음과 같다.

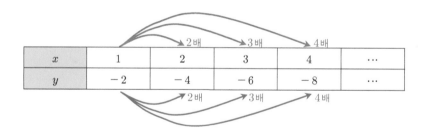

x	1	2	3	4	$\cdots$
y	-2	-4	-6	-8	$\cdots$

위 경우 x의 값이 2배, 3배, 4배, $\cdots$로 변함에 따라 y의 값도 2배, 3배, 4배, $\cdots$로 변하므로 x와 y는 정비례한다고 한다. 이때, x의 값이 증가할 때 y의 값은 감소함을 알 수 있다. 정비례 관계는 두 변수 x, y값의 변화량의 비율이 일정한 관계이지 x, y값의 증가와 감소와는 관계가 없음을 기억하자.

4.4 반비례 관계와 그 그래프

[1] 반비례 관계

1. 반비례 : 두 변수 x, y에서 x의 값이 2배, 3배, 4배, …로 변함에 따라 y의 값은 $\frac{1}{2}$배, $\frac{1}{3}$배, $\frac{1}{4}$배,… 로 변하는 관계가 있을 때 x와 y는 '반비례' 한다고 한다.

2. 반비례 관계

   (1) y가 x에 반비례하면 $y = \frac{a}{x}(a \neq 0)$가 성립한다.

   (2) 두 변수 x와 y사이에 $y = \frac{a}{x}(a \neq 0)$가 성립하면 y는 x에 반비례한다.

3. 반비례관계는 두 대상을 서로 곱한 값이 일정하다.

   : y가 x에 반비례한다 $\Rightarrow$ $y = \frac{a}{x}(a \neq 0)$ $\Rightarrow$ $xy = a(a \neq 0)$, a는 일정

(이해하기!)

1. 출발지로부터 $120\,km$ 떨어진 거리를 시속 $x\,km$로 이동할 때 목적지에 도착하는 데 걸린 시간을 y 시간이라고 하자. 이때 x와 y사이의 관계를 표로 나타내면 다음과 같다. x의 값이 10의 2배, 3배, 4배, …가 됨에 따라 y의 값은 12의 $\frac{1}{2}$배, $\frac{1}{3}$배, $\frac{1}{4}$배, …가 되므로 x와 y는 반비례한다고 한다.

x	10	20	30	40	…	x
y	12	6	4	3	…	$y = \frac{120}{x}$

2. y가 x에 반비례할 때 반비례 관례를 나타내는 식 : $y = \frac{a}{x}(a \neq 0)$

   $\Rightarrow$ 반비례 관계식 $y = \frac{a}{x}(a \neq 0)$에서 $a \neq 0$임을 주의하자. $a = 0$이면 $y = \frac{0}{x} = 0$이므로 모든 x에 대해 $y = 0$이 되어 반비례의 뜻에 맞지 않다.

3. 반비례 관계식 $y = \frac{a}{x}(a \neq 0)$에서 양변에 x를 곱하면 $xy = a(a \neq 0)$가 되어 일정한 값을 갖는다.
   예를 들어, 위 예에서 $xy = 10 \times 12 = 20 \times 6 = 30 \times 4 = 40 \times 3 = \cdots = 120$ 으로 일정한 값을 갖는다.
   $\Rightarrow$ 이는 두 변수 x, y값의 곱이 항상 일정함을 의미한다.

4. $y = \frac{5}{x}$와 $y = \frac{x}{5}$의 차이를 구분해서 알아두자. x가 분모에 있으면 $y = \frac{a}{x}$꼴로 반비례를 나타내는 식이고 x가 분자에 있으면 $y = \frac{x}{5} = \frac{1}{5}x$로 $y = ax$꼴이 되어 정비례를 나타내는 식임을 구별할 줄 알아야 한다.

[2] 반비례 관계 $y = \dfrac{a}{x}(a \neq 0)$의 그래프 그리기

1. 반비례 관계식 $y = \dfrac{6}{x}$의 그래프 그리기

(1) 식 $y = \dfrac{6}{x}$에서 x의 값 -6, -3, -2, -1, 1, 2, 3, 6에 대응하는 y의 값을 각각 구하여 표로 나타내면 다음과 같고, 이것을 좌표평면 위에 나타내면 [그림1]과 같다.

x	-6	-3	-2	-1	1	2	3	6
y	-1	-2	-3	-6	6	3	2	1

(2) 식 $y = \dfrac{6}{x}$에서 x의 값 사이의 간격을 더 작게 하여 그에 대응하는 y의 값을 각각 구하여 표로 나타내면 다음과 같고, 이것을 좌표평면 위에 나타내면 [그림2]와 같다.

x	-6	-5	-4	-3	-2	-1	1	2	3	4	5	6
y	-1	-1.2	-1.5	-2	-3	-6	6	3	2	1.5	1.2	1

(3) 식 $y = \dfrac{6}{x}$에서 x의 값 사이의 간격을 점점 작게 하여 x의 값을 0을 제외한 수 전체로 할 때, 식 $y = \dfrac{6}{x}$을 그래프로 나타내면 [그림3]과 같이 두 좌표축에 점점 가까워지면서 한없이 뻗어 나가는 한 쌍의 매끄러운 곡선이 된다.

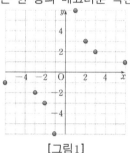
[그림1]

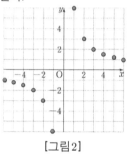
[그림2]

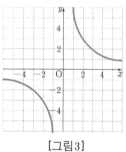
[그림3]

(이해하기!)

1. 반비례 관계식 $y = \dfrac{6}{x}$의 그래프 그리기

(1) x의 값이 0을 제외한 정수일 때, 식 $y = \dfrac{6}{x}$을 만족하는 순서쌍 (x, y)를 구하여 좌표평면 위에 나타내면 점들이 한 쌍의 곡선 형태로 그려진다.

(2) x의 값을 0을 제외한 유리수까지 확장하여 식 $y = \dfrac{6}{x}$을 만족하는 순서쌍 (x, y)를 구하여 좌표평면 위에 나타내면 x의 값이 정수일 때보다 점들이 더 조밀하게 한 쌍의 곡선 형태로 그려진다.

(3) x의 값을 0을 제외한 수 전체로 확장하여 식 $y = \dfrac{6}{x}$을 그래프로 나타내면 두 좌표축에 점점 가까워지면서 한없이 뻗어 나가는 한 쌍의 매끄러운 곡선으로 그려진다. 이 곡선을 쌍곡선이라고 한다.

2. 보통 그래프라 하면 [그림3] 과 같이 선으로 그려진 경우만을 생각하는데 [그림1], [그림2] 역시 반비례 관계를 나타내는 식 $y = \dfrac{6}{x}$의 그래프이다. 단지 x값의 범위의 차이 때문에 그래프의 형태가 다를 뿐이다.

3. 그래프는 순서쌍을 좌표로 점을 찍어 나타낸 그림이다. 즉, 그래프는 점들의 모임이고 '그래프를 그려라' 는 '점들을 찍어라' 라고 생각하면 된다. 그런데 x값의 범위가 수 전체이면 무수히 많은 점을 찍어야 하기 때문에 현실적으로 불가능해 곡선으로 그리는 것이다. 함수 $y = \dfrac{a}{x}(a \neq 0)$의 그래프는 원점에 대칭인 한 쌍의 매끄러운 곡선이다. 따라서 점을 많이 찍어 그릴수록 정확한 그래프를 그릴 수 있다. 그러나 무턱대고 많은 점을 그리는 것은 비효율적이므로 보통 사분면에 4~6개의 점을 찍어 그린다.

4. 일반적으로 $y = \dfrac{a}{x}(a \neq 0)$에서 x의 값이 주어지지 않을 경우 x의 값을 0을 제외한 수 전체로 생각한다. 그 외 특별한 경우에만 x값의 범위를 나타낸다.

---

[3] 반비례 관계 $y = \dfrac{a}{x}(a \neq 0)$의 그래프의 성질

1. x의 값이 0이 아닌 수 전체일 때, 식 $y = \dfrac{a}{x}(a \neq 0)$를 그래프로 나타내면 원점에 대칭인 한 쌍의 매끄러운 곡선이 된다.

2. $|a|$의 값이 클수록 원점에서 멀어지고, $|a|$의 값이 작을수록 원점에 가까워진다.

	$a > 0$일 때	$a < 0$일 때
그래프		
그래프의 모양	좌표축에 가까워지면서 한없이 뻗어 나가는 한 쌍의 매끄러운 곡선	
지나는 사분면	제1사분면, 제3사분면	제2사분면, 제4사분면
증가, 감소	x의 값이 증가하면 y의 값은 감소한다.	x의 값이 증가하면 y의 값도 증가한다.

(이해하기!)

1. $y = \dfrac{a}{x}(a \neq 0)$에서 a의 값의 부호에 따라 그래프의 모양이 2가지로 구분된다.

2. 오른쪽 그림에서 $y = \dfrac{a}{x}(a \neq 0)$의 그래프 중 $a > 0$인 경우 제1사분면, 제3사분면을 지나고 $a < 0$인 경우 제2사분면, 제4사분면을 지난다. 또한, $|a|$의 값이 클수록 원점에서 멀어지고 $|a|$의 값이 작을수록 원점에 가까워진다.

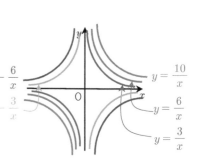

3. 반비례관계 그래프의 증가, 감소문제는 정비례관계 그래프와 마찬가지 방법으로 내용을 외우기보다는 임의의 두 점을 찍어 한 점에서 다른 한 점으로 이동하는 경로를 이해하면 된다. 반비례 관계 $y = \dfrac{a}{x}(a \neq 0)$의 그래프는 $a > 0$인 경우와 $a < 0$인 경우 증가, 감소하는 경향이 각각 다르다. 반비례 관계를 나타내는 그래프에서는 두 점을 찍을 경우 같은 사분면 위에 찍어야 함을 주의하자.

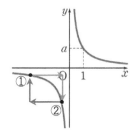
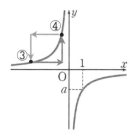

(1) 제 $1, 3$ 사분면을 지나는 경우　　(2) 제 $2, 4$ 사분면을 지나는 경우

(1) 점 ① → ②로 이동하는 경우 : x의 값이 증가할 때 y의 값은 감소한다.
　　(= 점 ② → ①로 이동하는 경우 : x의 값이 감소할 때 y의 값은 증가한다.)
(2) 점 ③ → ④로 이동하는 경우 : x의 값이 증가할 때 y의 값도 증가한다.
　　(= 점 ④ → ③으로 이동하는 경우 : x의 값이 감소할 때 y의 값도 감소한다.)
(3) 증가, 감소 문제는 일반적으로 x의 값이 증가할 때 y의 값이 어떻게 변하는지를 말한다.

4. 반비례 관계를 나타내는 $y = \dfrac{a}{x}(a \neq 0)$의 그래프는 x값으로 0을 제외하기 때문에 y값도 0이 될 수 없다. 이는 x축 위의 점은 y좌표가 0이고 y축 위의 점은 x좌표가 0이므로 축에 점이 찍힐 수 없다는 것을 의미한다. 따라서 $y = \dfrac{a}{x}(a \neq 0)$의 그래프는 각각 x축, y축과 만나지 않는다. 또한 원점 역시 지나지 않음을 알 수 있다. 이때, x축, y축을 만나지는 않지만 그래프는 축과 점점 가까워진다.

(깊이보기!)
1. 정비례 관계에서 언급한 것처럼 반비례 관계를 x의 값이 증가할 때 y의 값은 감소하는 관계로 이해하면 안 된다. 예를 들어 반비례 관계 $y = -\dfrac{10}{x}$의 x와 y값의 변화를 살펴보자. x가 $1, 2, 3, 4, \cdots$ 일 때 y의 값을 구하면 다음과 같다.

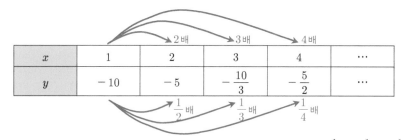

x	1	2	3	4	$\cdots$
y	-10	-5	$-\dfrac{10}{3}$	$-\dfrac{5}{2}$	$\cdots$

위 경우 x의 값이 2배, 3배, 4배, $\cdots$로 변함에 따라 y의 값은 $\dfrac{1}{2}$배, $\dfrac{1}{3}$배, $\dfrac{1}{4}$배, $\cdots$로 변하므로 x와 y는 반비례한다고 한다. 이때, x의 값이 증가할 때 y의 값도 증가함을 알 수 있다. 정비례 관계와 반비례 관계는 x와 y값의 증가와 감소 관계가 아니라 변화 관계가 기준이 되는 것임을 다시 한번 기억하자.

5.1 점, 선, 면

[1] 점, 선, 면

1. **도형의 기본 요소** : 점, 선, 면
2. 점이 연속적으로 움직인 자리는 선이 되고, 선이 연속적으로 움직인 자리는 면이 된다.
3. **도형의 종류**
   (1) 평면도형 : 삼각형, 사각형, 원과 같이 한 평면 위에 있는 도형
   (2) 입체도형 : 직육면체, 원기둥, 원뿔과 같이 한 평면 위에 있지 않은 도형
3. **교점** : 선과 선 또는 선과 면이 만나서 생기는 점
4. **교선** : 면과 면이 만나서 생기는 선

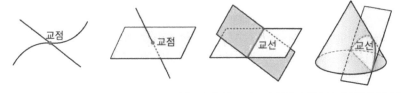

(이해하기!)

1. 점이 연속해서 움직이면 선이 된다. 선에는 직선과 곡선이 있다.
   ⇨ 선은 무수히 많은 점으로 이루어져 있다.

2. 선이 연속해서 움직이면 면이 된다. 면에는 평면과 곡면이 있다.
   ⇨ 면은 무수히 많은 선으로 이루어져 있다.

3. 점은 크기가 없고 위치만 나타내며, 선은 폭이 없고 길이만 있는 도형을 의미한다.

4.

[평면도형]　　　　　　　　　[입체도형]

5. 교선에는 직선인 교선과 곡선인 교선이 존재한다.

6. 교점(交點), 교선(交線)의 '교(交)'는 '사귀다'의 의미로 두 도형이 만나서 생기는 점, 선이라고 이해하면 된다.

(깊이보기!)

1. **도형의 기본 요소와 차원**

 (1) **점 (0차원)** : 크기나 양이 없는 도형, 무정의 용어, 단지 위치를 표시

 (2) **선 (1차원)** : 길이가 있는 도형

 (3) **면 (2차원)** : 길이, 넓이가 있는 도형

 (4) **입체 (3차원)** : 길이, 넓이, 부피가 있는 도형

 ⇨ 도형의 기본 요소와 차원을 위와 같이 정리할 수 있다. 이전 차원의 도형이 모여 다음 차원의 도형을 구성한다. 예를 들어, 0차원의 무수히 많은 점들이 모여 1차원의 선을 만들고 1차원의 무수히 많은 선들이 모여 2차원의 면을 만든다. 2차원의 면이 모여 3차원의 입체도형을 만든다. 또한, 차원이 높아지면서 가지고 있는 양도 하나씩 늘어난다. 0차원인 점은 아무런 크기나 양이 없었지만 1차원인 선은 '길이' 라는 양이 생겼다. 그리고 2차원인 면은 '길이' 에 더해 '넓이' 라는 새로운 양이 추가되고 3차원인 입체는 '길이' 와 '넓이' 에 더해 '부피' 라는 새로운 양이 추가됨을 알 수 있다.

---

[2] 직선, 반직선, 선분

1. **직선의 결정 조건**

 : 오른쪽 그림과 같이 한 점 A를 지나는 직선은 무수히 많지만 서로 다른 두 점 A, B를 지나는 직선은 오직 하나 뿐이다.

2. **직선, 반직선, 선분**

 (1) **직선 AB** : 서로 다른 두 점 A, B를 지나는 직선

 ⇨ 기호 $\overleftrightarrow{AB}$

 (2) **반직선 AB** : 직선 AB위의 점 A에서 시작하여 점 B의 방향으로 한없이 연장한 선

 ⇨ 기호 $\overrightarrow{AB}$

 (3) **선분 AB** : 직선 AB위의 점 A에서 점 B까지의 부분

 ⇨ 기호 $\overline{AB}$

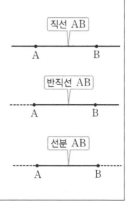

(이해하기!)

1. 일반적으로 점은 알파벳 대문자 A, B, C, ⋯ 를 사용하여 나타내고, 직선은 알파벳 소문자 $l, m, n, \cdots$ 을 사용하여 나타낸다.

2. 두 반직선이 같을 조건은 시작점이 같고 방향이 같아야 한다. 예를 들어, 오른쪽 그림에서 $\overrightarrow{AB}$와 $\overrightarrow{AC}$는 시작점이 A이고 방향이 같으므로 같은 반직선이다. 그러나 $\overrightarrow{BA}$와 $\overrightarrow{BC}$는 시작점이 B로 같지만 방향이 서로 다르므로 같은 반직선이 아니다. $\overrightarrow{AC}$와 $\overrightarrow{BC}$는 방향이 같지만 시작점이 다르므로 같은 반직선이 아니다.

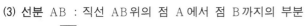

3. 직선과 선분은 왼쪽과 오른쪽 방향을 바꿔도 같은 직선, 같은 선분이므로 $\overleftrightarrow{AB} = \overleftrightarrow{BA}$, $\overline{AB} = \overline{BA}$ 이지만, 반직선은 시작점과 방향이 각각 다르면 같은 반직선이 아니므로 $\overrightarrow{AB} \neq \overrightarrow{BA}$ 이다.

[3] 두 점 사이의 거리

1. 두 점 A, B사이의 거리

: 두 점 A, B를 잇는 무수히 많은 선 중에서 길이가 가장 짧은 선의 길이

⇨ 선분 AB의 길이

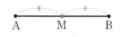

2. 선분 AB의 중점

: 선분 AB 위의 점 M에 대하여 $\overline{AM} = \overline{MB}$일 때, 점 M을 선분 AB의 **중점(中點)**이라 한다.

⇨ $\overline{AM} = \overline{MB} = \dfrac{1}{2}\overline{AB}$, $\overline{AB} = 2\overline{AM}$

(이해하기!)

1. $\overline{AB}$는 선분 AB를 나타내기도 하고 선분 AB의 길이를 나타내기도 한다. 따라서 두 선분 AB와 CD의 길이가 같을 때 $\overline{AB} = \overline{CD}$와 같이 나타낸다.

2. 중점의 '중(中)'은 '가운데'를 의미하는 말로 '가운데 점'이라고 할 수 있다. 중점은 선분 위의 점이다. 이 점에 의해 그 선분의 길이가 같은 두 개의 선분으로 나누어진다. 직선이나 반직선은 길이가 없으므로 직선이나 반직선의 중점은 존재하지 않는다.

3. 수학에서 거리라 하면 '최단 길이'를 의미한다. 두 점을 지나는 선들 중 길이가 가장 짧은 것이 선분이므로 선분의 길이를 '두 점사이의 거리'라 한다. 마찬가지로, '점과 직선사이의 거리', '점과 면사이의 거리', '두 직선사이의 거리' 등 모든 종류의 거리라 하면 가장 짧은 길이를 의미한다.

5.2 각의 뜻과 성질

[1] 각

1. **각** ∠AOB : 한 점 O에서 시작하는 두 반직선 OA, OB로 이루어진 도형
   ⇨ 기호 ∠AOB = ∠BOA = ∠O = ∠a

2. **각의 꼭짓점** : 점 O (두 반직선이 만나는 점)

3. **각의 변** : 반직선 OA와 반직선 OB

4. **각** ∠AOB**의 크기**
   : ∠AOB에서 반직선 OB가 점 O를 중심으로 반직선 OA까지 회전한 양

5. **각의 분류**
   (1) **평각** : 각의 두 변이 꼭짓점을 중심으로 반대쪽에 있어 ∠AOB가 한 직선을 이룰 때의 각
      ⇨ 각의 크기가 180°인 각
   (2) **직각** : 평각 크기의 $\frac{1}{2}$인 각 ⇨ 각의 크기가 90°인 각
   (3) **예각** : 각의 크기가 0°보다 크고 90°보다 작은 각 ⇨ 0° <(예각)< 90°
   (4) **둔각** : 각의 크기가 90°보다 크고 180°보다 작은 각 ⇨ 90° <(둔각)< 180°

(평각)=180°

(직각)=90°

0°<(예각)<90°

90°<(둔각)<180°

(이해하기!)

1. 기호 ∠AOB는 각이라는 도형을 나타내는 기호이기도 하고 각의 크기를 나타내기도 한다.
   ⇨ ∠AOB의 크기가 45°일 때, ∠AOB = 45°와 같이 나타낸다.

2. 오른쪽 그림에서 ∠AOB의 크기는 50° 또는 310°라고 생각할 수 있지만 ∠AOB는
   보통 작은 쪽의 각을 말한다. 따라서 ∠AOB = 50°이다.

3. 직각을 기호로 ∠R로 나타내기도 한다.

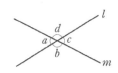

[2] 맞꼭지각

1. **교각** : 서로 다른 두 직선이 한 점에서 만났을 때, 생기는 네 각
   ⇨ ∠a, ∠b, ∠c, ∠d
2. **맞꼭지각** : 교각 중 서로 마주 보는 두 각
   ⇨ ∠a와 ∠c, ∠b와 ∠d
3. **맞꼭지각의 성질** : 맞꼭지각의 크기는 항상 같다.

(이해하기!)

1. 맞꼭지각의 크기는 항상 같다. ⇨ ∠a = ∠c, ∠b = ∠d

⇨ $\angle a + \angle b = 180°$, $\angle b + \angle c = 180°$ 이므로 $\angle a + \angle b = \angle b + \angle c$ 이다.
양변에서 $\angle b$를 빼면 $\angle a = \angle c$ ⋯ ①
같은 방법으로 $\angle a + \angle b = 180°$, $\angle a + \angle d = 180°$ 이므로
$\angle a + \angle b = \angle a + \angle d$ 이다. 양변에서 $\angle a$를 빼면 $\angle b = \angle d$ ⋯ ②
①, ②에 의하여 $\angle a = \angle c$, $\angle b = \angle d$ 이다.

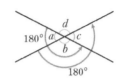

2. 맞꼭지각은 두 직선이 만날 때 생기는 교각으로 결정되는 각임을 주의하
자. 예를 들어, 오른쪽 그림에서 $\angle AOB$와 $\angle COD$는 서로 마주보고 있으
며 그 크기도 같아 자칫 맞꼭지각이라고 생각할 수 있으나 두 직선이 만
날 때 생기는 교각이 아니므로 맞꼭지각이 아니다.

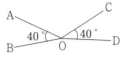

---

[3] 점과 직선 사이의 거리

1. **직교** : 두 직선 AB와 CD의 교각이 직각일 때, 두 직선은 직교한다고 한다.
⇨ 기호 $\overleftrightarrow{AB} \perp \overleftrightarrow{CD}$

2. 직교하는 두 직선 AB와 CD는 서로 **수직**이라고 하고, 한 직선을 다른
직선의 **수선**이라고 한다.

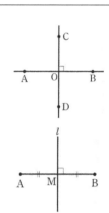

3. **선분 AB의 수직이등분선**
: 선분 AB의 중점 M을 지나고 선분 AB에 수직인 직선 l
⇨ $l \perp \overline{AB}$, $\overline{AM} = \overline{BM}$

4. **수선의 발**
: 직선 l 위에 있지 않은 점 P에서 직선 l에 수선을 그어서 생기는 교점을
H라고 할 때, 점 H를 점 P에서 직선 l 위에 내린 수선의 발 이라고 한다.

5. **점과 직선사이의 거리**
: 직선 l 위에 있지 않은 점 P에서 직선 l에 내린 수선의 발 H까지의 거리
⇨ 선분 PH의 길이(= $\overline{PH}$)

(이해하기!)

1. 두 선분 AB와 CD가 서로 직교할 때 $\overline{AB} \perp \overline{CD}$로 나타낸다.

2. 수직과 수선
   (1) 수직 : 두 직선의 교각이 $90°$를 이루도록 만난 상태 ⇨ 두 직선의 위치 관계를 말한다.
   (2) 수선 : 두 직선의 교각이 $90°$를 이루며 만날 때, 두 직선 중에서 한 직선이 나머지 직선의 수선
   이다.

3. 점과 직선 사이의 거리는 점에서 직선까지 연결한 선분 중 길이가 가장 짧은
선분의 길이를 말한다. 오른쪽 그림에서 $\overline{PH} < \overline{PB} < \overline{PA}$, $\overline{PH} < \overline{PC} < \overline{PD}$ 이므
로 점 P와 직선 l사이의 거리는 $\overline{PH}$의 길이다.

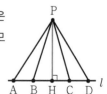

5.3 위치 관계

---

[1] 평면에서의 위치관계

1. 평면에서 점과 직선의 위치관계
   (1) 점이 직선 위에 있다.   (2) 점이 직선 위에 있지 않다.

2. 평면에서 두 직선의 위치관계
   (1) 한 점에서 만난다.   (2) 평행하다.(만나지 않는다.)   (3) 일치한다.

(이해하기!)

1. 평면에서 점과 직선의 위치관계
   (1) 점이 직선 위에 있다 : 직선 l이 점 A를 지난다.
   (2) 점이 직선 위에 있지 않다 : 직선 l이 점 B를 지나지 않는다.

2. 평면에서 두 직선의 위치관계
   (1) 두 직선의 평행
      ⇨ 한 평면 위에 있는 두 직선 l, m이 만나지 않을 때, 두 직선 l, m은 평행하다고 하고 $l /\!/ m$으로
        나타낸다. 이때, 두 직선 l, m을 평행선이라고 한다.
   (2) 두 직선이 서로 평행할 때 직선 위에 화살표를 표시해 오른쪽 그림과 같이
        나타낸다.

   (3) 두 선분의 평행
      ⇨ 두 선분의 연장선이 평행할 때 두 선분이 평행하다고 한다.
   (4) '일치한다' 는 것은 무수히 많은 점에서 만난다는 것이다.

---

[2] 공간에서의 위치관계 (두 직선의 위치 관계)

1. 공간에서 두 직선의 위치 관계
   (1) 한 점에서 만난다.   (2) 평행하다.   (3) 일치한다.   (4) **꼬인 위치**에 있다.

한 평면 위에 있다.   한 평면 위에 있지 않다.

(이해하기!)

1. (1), (2), (3)의 경우 한 평면 위에 있을 때이므로 평면에서 두 직선의 위치관계와 같다. 공간에서 위치관계는 (4)의 경우가 추가되었다고 생각하면 된다. 이것을 평면은 2차원이고 공간은 3차원으로 차원이 1차원 높아졌으므로 위치관계 중 1가지가 추가되었다고 생각해 이해하는 것도 좋다.

2. 꼬인 위치
   ⇨ 오른쪽 그림에서 직선 l, m과 같이 공간에서 두 직선이 만나지도 않고 평행하지도 않을 때, 두 직선은 '꼬인 위치' 에 있다고 한다.

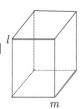

3. 꼬인 위치 구하기
   (1) 입체도형에서 꼬인 위치에 있는 모서리를 구하는 경우 만나는 모서리와 평행한 모서리를 지운 나머지 모서리를 구하면 된다.

   (2) 오른쪽 도형에서 직선 AB와 꼬인위치에 있는 직선을 구해보자.
   ① 만나는 직선을 지운다 ⇨ 직선 AD, AE, BC, BF
   ② 평행한 직선을 지운다 ⇨ 직선 CD, EF, GH
   ③ 남는 직선이 꼬인위치에 있는 직선이다 ⇨ 직선 CG, DH, EH, FG

(깊이보기!)

1. '꼬인 위치' 라는 용어는 끈 같은 것이 꼬여 있을 때, 양쪽 끈의 작은 부분만을 직선의 일부로 보면 만나지도 평행하지도 않기 때문에 그것을 연상할 수 있도록 붙여진 이름이다.

2. 위치 관계는 직선에서만 생각한다. 따라서 선분이나 반직선이 평행하거나 꼬인 위치에 있다고 할 때는 그 선분이나 반직선을 연장한 직선에 대하여 말하는 것으로 봐야 한다.

---

[3] 공간에서의 위치관계 (직선과 평면의 위치 관계)

1. **공간에서 직선과 평면의 위치 관계**
   (1) 한 점에서 만난다.　　(2) 평행하다.　　(3) 직선이 평면에 포함된다.

   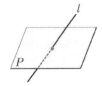　　

(이해하기!)

1. 직선과 평면의 평행
   ⇨ 공간에서 직선 l과 평면 P가 만나지 않을 때, 직선 l과 평면 P는 서로 평행하다고 하고, 이것을 기호로 $l /\!/ P$로 나타낸다.

2. 직선과 평면의 수직
   ⇨ 직선 l이 평면 P와 한 점 O에서 만나고 점 O를 지나는 평면 P위의 모든 직선과 서로 수직일 때, 직선 l과 평면 P는 '직교한다' 또는 서로 '수직이다' 라고 하며, 이것을 기호로 $l \perp P$와 같이 나타낸다.

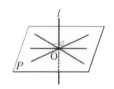

3. 직선 l을 평면 P의 수선이라고 한다.

4. 점과 평면사이의 거리
   ⇨ 평면 P위에 있지 않은 점 A와 점 A에서 평면 P에 내린 수선의 발 H
   사이의 거리 $= \overline{AH}$의 길이

점 A와 평면 P 사이의 거리

5. 보통 평면을 나타낼 때에는 대문자 $P, Q, R, \cdots$을 사용한다.

---

[4] 공간에서의 위치관계 (두 평면의 위치 관계)

1. **공간에서 두 평면의 위치 관계**

   (1) 한 직선에서 만난다.　　　(2) 평행하다.　　　(3) 일치한다.

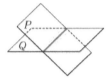　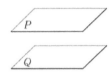　

(이해하기!)

1. 두 평면의 평행
   ⇨ 공간에서 두 평면 P, Q가 만나지 않을 때, 두 평면 P, Q는 서로 평행하다고 하고 이것을 기호
   로 $P /\!/ Q$로 나타낸다.

2. 두 평면의 수직
   ⇨ 평면 P가 평면 Q에 수직인 직선 l을 포함할 때, 평면 P와 평면 Q는 수직이
   다 또는 직교한다고 하고, $P \perp Q$로 나타낸다.

3. 두 평면이 만나서 생긴 선을 교선이라고 한다.

(깊이보기)

1. 다음과 같은 네 가지 중 한 가지를 만족하면 한 평면이 결정된다.
   (1) 한 직선 위에 있지 않은 세 점이 주어질 때
   (2) 한 직선과 그 위에 있지 않은 한 점이 주어질 때
   (3) 만나는 서로 다른 두 직선이 주어질 때
   (4) 평행한 두 직선이 주어질 때

2. 평행한 두 평면 사이의 거리
   ⇨ 평행한 두 평면 P, Q사이의 거리는 한 평면 위의 점에서 다른 평면에 내린 수
   선의 발까지의 거리, 즉 $\overline{AH}$의 길이이다.

5.4 평행선의 성질

[1] 동위각과 엇각

오른쪽 그림과 같이 한 평면 위에 두 직선 l, m이 다른 한 직선 n과 만날 때 생기는
8개의 교각 중에서
1. **동위각** : 서로 같은 위치에 있는 두 각 (4쌍)
   ⇨ $\angle a$와 $\angle e$, $\angle b$와 $\angle f$, $\angle c$와 $\angle g$, $\angle d$와 $\angle h$

2. **엇각** : 서로 엇갈린 위치에 있는 두 각 (2쌍)
   ⇨ $\angle b$와 $\angle h$, $\angle c$와 $\angle e$

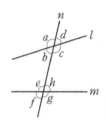

(이해하기!)

1. 동위각(同位角)을 한자 풀이를 하면 '같은 위치의 각'을 의미한다. 여기서 같은 위치라 하면 세로 직선을 기준으로 왼쪽에 있느냐 오른쪽에 있느냐, 가로 직선을 기준으로 위쪽에 있느냐 아래쪽에 있느냐에 따라 결정된다. 예를 들어 위 그림에서 $\angle a$와 $\angle e$는 세로 직선 n을 기준으로 왼쪽에 위치하고 각각의 가로 직선 l, m의 위쪽에 위치하므로 동위각이다.

2. 엇각은 어긋난 긱으로 알파벳 Z 모양에 위치한 두 각을 생각하면 된다. 오른쪽 그림에서 알파벳 Z 모양에서 만들어지는 $\angle b$와 $\angle h$, $\angle c$와 $\angle e$가 엇각이다.

3. 보통 동위각과 엇각의 크기가 무조건 같다고 생각하는 경우가 있는데 동위각과 엇각은 각의 크기와 관계가 없다. 단지 각의 위치와 관계가 있음을 주의하자.

(깊이보기!)

1. $\angle b$와 $\angle e$, $\angle c$와 $\angle h$를 동측 내각, $\angle a$와 $\angle f$, $\angle d$와 $\angle g$를 동측 외각이라고 한다. '동측'은 같은 측면을 나타내는 말로 세로 직선 n의 왼쪽 측면, 오른쪽 측면을 의미하고 '내각'과 '외각'은 두 가로 직선 l, m사이의 안쪽, 바깥쪽을 의미한다.

[2] 평행선의 성질

1. **평행선과 동위각, 엇각**
   서로 다른 두 직선이 한 직선과 만날 때
   (1) 두 직선이 서로 평행하면 동위각의 크기는 서로 같다.
      ⇨ $l \,/\!/\, m$이면 $\angle a = \angle b$

   (2) 두 직선이 서로 평행하면 엇각의 크기는 서로 같다.
      ⇨ $l \,/\!/\, m$이면 $\angle c = \angle d$

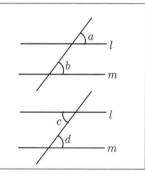

(이해하기!)

1. 동위각과 엇각의 크기가 항상 같은 것은 아님을 주의하자. 오른쪽 그림과 같이 평행하지 않는 두 직선과 한 직선이 만났을 때에는 동위각과 엇각의 크기가 같지 않다. 동위각과 엇각은 각의 위치를 의미하는 말이다. 동위각과 엇각의 크기는 두 직선이 평행할 경우에만 같음을 기억하자.

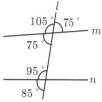

(깊이보기!)

1. 두 직선 l, m 이 평행하면 동측내각과 동측외각의 합의 크기는 $180°$ 이다. 역으로 동측내각과 동측외각의 합의 크기가 $180°$ 이면 두 직선 l, m 이 평행하다.

(1) $l /\!/ m$ 이면 동위각의 크기가 같으므로 $\angle a = \angle b$ 이다. 따라서,
$\angle a + \angle c = 180°$ 이므로 동측내각의 합 $\angle b + \angle c = 180°$ 이다.
$\angle b + \angle d = 180°$ 이므로 동측외각의 합 $\angle a + \angle d = 180°$ 이다.

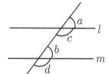

(2) 역으로 동측내각과 동측외각의 합이 $180°$ 라고 하자.
즉, $\angle b + \angle c = 180°$, $\angle a + \angle d = 180°$ 라고 하면
$\angle b + \angle d = 180°$, $\angle a + \angle c = 180°$ 이므로 $\angle c = \angle d$ 이다.
따라서 동위각의 크기가 같으므로 $l /\!/ m$ 이다.

---

[3] 평행선이 되기 위한 조건

1. **동위각, 엇각과 평행선**
서로 다른 두 직선이 한 직선과 만날 때
(1) 동위각의 크기가 서로 같으면 그 두 직선은 서로 평행하다.
   ⇨ $\angle a = \angle b$ 이면 $l /\!/ m$ 이다.

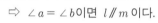

(2) 엇각의 크기가 서로 같으면 그 두 직선은 서로 평행하다.
   ⇨ $\angle c = \angle d$ 이면 $l /\!/ m$ 이다.

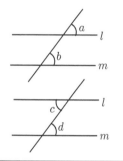

(이해하기!)

1. 두 직선이 평행한지 알아보려면 동위각이나 엇각의 크기가 같은지 확인한다.

5.5 간단한 도형의 작도

[1] 작도

1. **작도** : 눈금 없는 자와 컴퍼스만을 이용하여 도형을 그리는 것
   (1) 눈금 없는 자 : 두 점을 연결하는 선분을 그리거나 선분을 연장하는 데 사용
   (2) 컴퍼스 : 원을 그리거나 주어진 선분의 길이를 옮기는 데 사용

(이해하기!)
1. 작도에서 사용되는 자는 눈금이 없음에 주의하자. 따라서 두 점 사이의 거리나 선분의 길이를 잴 때 자의 눈금을 이용해서는 안 되며, 각의 크기를 잴 때에도 각도기를 이용해서는 안 된다. 이는 작도 방법이 고대 그리스시대에 연구된 결과이고 그 당시 눈금 있는 자나 각도기가 있지 않았기 때문이다.

(깊이보기!)
1. 고대 그리스의 3대 작도 불가능 문제
   (1) 임의의 각을 삼등분하는 작도
   (2) 주어진 정육면체의 부피의 두 배의 부피를 가지는 정육면체의 작도
   (3) 주어진 원과 같은 넓이를 가지는 정사각형의 작도

[2] 길이가 같은 선분의 작도

1. **선분 AB와 길이가 같은 선분 PQ는 다음과 같이 작도한다.**
   (1) 한 직선 l을 그리고 l 위의 한 점을 잡아 점 P라고 한다.
   (2) 선분 AB의 양 끝 점에 컴퍼스의 양 끝이 일치하도록 하여 선분 AB의 길이를 잰다.
   (3) 점 P를 중심으로 하고 $\overline{AB}$를 반지름으로 하는 원을 그려 직선 l과 만나는 점을 Q라고 하면 선분 AB와 선분 PQ의 길이는 같다.

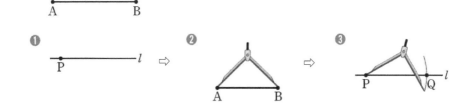

(이해하기!)
1. 길이가 같은 선분의 작도 방법을 활용하면 오른쪽 그림과 같이 선분 AB를 한 변으로 하는 정삼각형 ABC를 작도할 수 있다.

[3] 크기가 같은 각의 작도

1. 각 ∠XOY와 크기가 같은 각을 반직선 P, Q를 한 변으로 하고 점 P를 각의 꼭짓점으로 하여 다음과 같이 작도한다.

   (1) 점 O를 중심으로 하는 원을 그린 후, 반직선 OX와 반직선 OY와의 교점을 각각 A, B라고 한다.

   (2) 점 P를 중심으로 하고 $\overline{OB}$를 반지름으로 하는 원을 그려 반직선 PQ와의 교점을 C라고 한다.

   (3) 컴퍼스로 선분 AB의 길이를 잰 후, 점 C를 중심으로 하고 $\overline{AB}$를 반지름으로 하는 원을 그려 (2)에서 그린 원과의 교점을 D라고 한다.

   (4) 점 P에서 시작하여 점 D를 지나는 반직선 PD를 그으면 ∠XOY와 ∠DPQ의 크기는 같다.

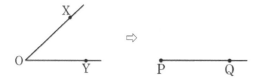

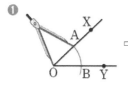 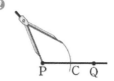 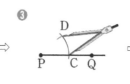

   ※ 크기가 같은 각의 작도를 이용하여 주어진 각의 크기의 2배가 되는 각을 작도할 수 있다.

(이해하기!)

1. 크기가 같은 각의 작도 방법을 활용하면 오른쪽 그림과 같이 ∠XOY가 있을 때, 그 크기가 ∠XOY의 2배인 각을 작도 할 수 있다.

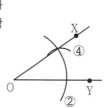 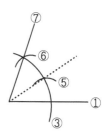

[4] 평행선의 작도

1. 점 P를 지나고 직선 l과 평행한 직선은 다음과 같이 작도할 수 있다.

   (1) 점 P를 지나는 직선을 그어 직선 l과의 교점을 Q라 한다.

   (2) 점 Q를 중심으로 하는 적당한 원을 그려 $\overrightarrow{PQ}$, 직선 l과의 교점을 각각 A, B라 한다.

   (3) 점 P를 중심으로 하고 $\overline{QA}$를 반지름으로 하는 원을 그려 $\overrightarrow{PQ}$와의 교점을 C라 한다.

   (4) 컴퍼스로 $\overline{AB}$의 길이를 잰다.

   (5) 점 C를 중심으로 하고 반지름의 길이가 $\overline{AB}$인 원을 그려 (3)의 원과의 교점을 D라 한다.

   (6) $\overrightarrow{PD}$를 그으면 점 P를 지나고 직선 l과 평행한 직선 PD가 작도된다.

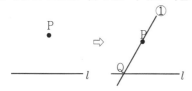   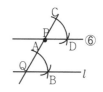

(이해하기!)

1. 위 평행선의 작도는 서로 다른 두 직선이 한 직선과 만날 때, '동위각의 크기가 서로 같으면 두 직선은 평행하다' 는 성질을 이용한 것이다. 같은 방법으로 '엇각의 크기가 서로 같으면 두 직선은 평행하다' 는 성질을 이용하여 평행선을 작도할 수 있다.

---

[5] 각의 이등분선의 작도

1. $\angle XOY$의 이등분선은 다음과 같이 작도할 수 있다.

   (1) 점 O를 중심으로 하는 원을 그려 $\overrightarrow{OX}, \overrightarrow{OY}$와의 교점을 각각 A, B라 한다.

   (2) 두 점 A, B를 각각 중심으로 하고 반지름의 길이가 같은 원을 그려 두 원의 교점을 P라 한다.

   (3) $\overrightarrow{OP}$를 긋는다 $\Rightarrow$ $\angle XOP = \angle YOP = \dfrac{1}{2} \angle XOY$

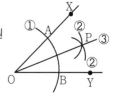

5.6 삼각형의 작도

[1] 삼각형

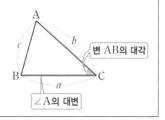

1. **삼각형** ABC : 세 선분 AB, BC, CA로 이루어진 도형
   ⇨ **기호** △ABC
2. **대변** : 한 각과 마주보는 변
3. **대각** : 한 변과 마주보는 각

(이해하기!)

1. △ABC에서 대문자 A, B, C는 세 꼭짓점을 나타내고, 소문자 a, b, c는 각각 ∠A, ∠B, ∠C의 대변의 길이를 나타낸다.

2. 예를 들어 ∠A와 마주 보는 변 BC를 ∠A의 대변이라 하고 변 AB와 마주 보는 ∠C를 변 AB의 대각이라 한다.

3. 대변과 대각의 '대(對)' 는 '마주한다' 는 의미로 반대편에서 서로 보고 있음을 의미한다.

4. 삼각형 ABC에서 세 변 AB, BC, CA와 세 각 ∠A, ∠B, ∠C를 삼각형의 6요소 라고 한다.

[2] 삼각형의 세 변의 길이 사이의 관계

1. **삼각형의 두 변의 길이의 합은 나머지 한 변의 길이보다 크다.**
   ⇨ (가장 긴 변의 길이) < (나머지 두 변의 길이의 합)
   ⇨ 삼각형의 세 변의 길이를 a, b, c라 하면 $a+b > c, b+c > a, c+a > b$

(이해하기!)

1. 두 점 B, C를 잇는 선 중에서 길이가 가장 짧은 것은 선분 BC이므로 △ABC에서 $\overline{BC} < \overline{AB} + \overline{AC}$이다. 같은 방법으로 $\overline{AC} < \overline{AB} + \overline{BC}$이고 $\overline{AB} < \overline{AC} + \overline{BC}$이다. 즉, 삼각형에서 한 변의 길이는 나머지 두 변의 길이의 합보다 작다.

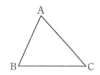

2. '가장 긴 변의 길이' 가 '나머지 두 변의 길이의 합' 보다 크거나 같은 경우 아래 그림과 같이 세 선분을 연결했을 때 삼각형이 될 수 없다.
   (1) (가장 긴 변의 길이) > (나머지 두 변의 길이의 합) 인 경우
   ⇨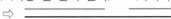

   (2) (가장 긴 변의 길이) = (나머지 두 변의 길이의 합) 인 경우
   ⇨

---

[3] 삼각형의 작도 – 삼각형의 결정조건

1. 다음의 각 경우에 삼각형을 하나로 작도할 수 있다. (삼각형의 결정조건)
   (1) 세 변의 길이가 주어졌을 때
   (2) 두 변의 길이와 그 끼인각의 크기가 주어졌을 때
   (3) 한 변의 길이와 그 양 끝각의 크기가 주어졌을 때

(이해하기!)

1. 위 3 가지 경우 중 어느 한 가지 경우가 주어졌을 때 그릴 수 있는 삼각형은 오직 한 가지로 결정된다. 따라서 이를 '삼각형의 결정조건' 이라고 한다. 또한 그린 모든 삼각형이 한 가지이므로 이는 곧 '삼각형의 합동조건' 으로 연결된다.

[4] 삼각형 작도하기

1. **세 변의 길이가 주어졌을 때**
   (1) 직선 l을 긋고, 그 위에 길이가 a인 선분 BC 를 그린다.
   (2) 점 B 를 중심으로 하고 반지름의 길이가 c인 원을 그린다.
   (3) 점 C 를 중심으로 하고 반지름의 길이가 b인 원을 그려 ②에서 그린 원과의 교점을 A 라고 한다.
   (4) 두 점 A 와 B, 두 점 A 와 C 를 각각 이어서 만든 △ABC 가 작도하고자 하는 삼각형이다.

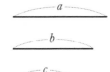

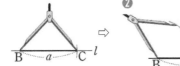 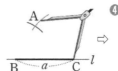 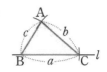

2. **두 변의 길이와 그 끼인각의 크기가 주어졌을 때**
   (1) ∠A 와 크기가 같은 ∠XAY 를 작도한다.
   (2) 점 A 를 중심으로 하고 반지름의 길이가 c인 원을 그려 반직선 AX와의 교점을 B 라고 한다.
   (3) 점 A 를 중심으로 하고 반지름의 길이가 b인 원을 그려 반직선 AY와의 교점을 C 라고 한다.
   (4) 두 점 B 와 C 를 이어서 만든 △ABC 가 작도하고자 하는 삼각형이다.

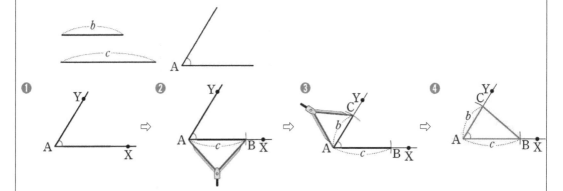

3. 한 변의 길이와 양 끝각의 크기가 주어졌을 때
   (1) 직선 l을 긋고, 그 위에 길이가 a인 선분 BC를 그린다.
   (2) ∠B와 크기가 같은 ∠PBC를 작도한다.
   (3) ∠C와 크기가 같은 ∠QCB를 작도한다.
   (4) 두 반직선 BP와 CQ의 교점을 A라고 하면 △ABC가 작도하고자 하는 삼각형이다.

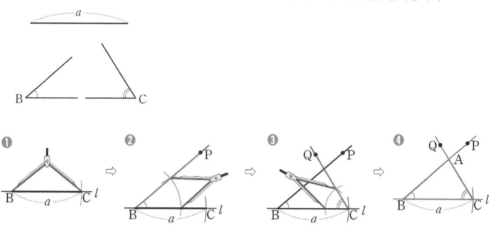

(이해하기!)

1. 세 변의 길이가 주어졌다 하더라도 두 변의 길이의 합이 다른 한 변의 길이보다 작거나 같으면 삼각형을 작도 할 수 없다. 따라서 세 변의 길이가 주어진 경우는 세 변의 길이도 확인해야 한다.

2. '두 변과 한 각'이라는 조건만으로는 삼각형이 하나로 작도되지 않고 반드시 '두 변과 그 두 변 사이의 끼인 각'이라는 조건이 주어져야 하나의 삼각형으로 작도된다.

3. '한 변과 두 각'이라는 조건만으로는 삼각형이 하나로 작도되지 않고 반드시 '한 변과 그 양 끝 각'이라는 조건이 주어져야 삼각형이 하나로 작도 된다.

4. 삼각형을 작도할 때는 길이가 같은 선분의 작도와 크기가 같은 각의 작도 방법이 활용된다.

(깊이보기!)

1. 삼각형이 하나로 정해지지 않는 경우
   (1) 두 변의 길이의 합이 나머지 한 변의 길이보다 작거나 같을 때 ⇨ 아예 삼각형이 될 수 없다.
   (2) 두 변의 길이와 그 끼인각이 아닌 다른 한 각의 크기가 주어질 때
      ⇨ 두 변 b, c와 그 끼인각이 아닌 다른 한 각 ∠B가 주어진 경우 오른쪽 그림과 같이 삼각형을 △ABC, △ABC′ 2가지로 그릴 수 있다.

   (3) 세 각의 크기가 주어질 때
      ⇨ 세 각의 크기가 같은 삼각형은 무수히 많다.

5.7 삼각형의 합동조건

[1] 합동

1. **합동** : 모양과 크기가 같아서 포개었을 때 완전히 겹쳐지는 두 도형
2. **대응** : 합동인 두 도형을 서로 포개었을 때, 겹쳐지는 꼭짓점, 변, 각을 서로 **대응** 한다고 한다.
3. 대응하는 꼭짓점을 **대응점**, 대응하는 변을 **대응변**, 대응하는 각을 **대응각**이라고 한다.

(이해하기!)

1. 오른쪽 그림의 △ABC와 △DEF가 서로 합동일 때, 점 A와 점 D, 점 B와 점 E, 점 C와 점 F는
각각 대응점이고, $\overline{AB}$와 $\overline{DE}$, $\overline{BC}$와 $\overline{EF}$, $\overline{CA}$와 $\overline{FD}$는 각각
대응변이며, ∠A와 ∠D, ∠B와 ∠E, ∠C와 ∠F는 각각 대
응각이다.

[2] 삼각형의 합동

1. △ABC와 △DEF가 서로 합동일 때, 이것을 기호로 △ABC ≡ △DEF 와 같이 나타낸다.
2. △ABC와 △DEF가 서로 합동일 때, **세 쌍의 대응변의 길이가 서로 같다.**
   ⇨ $\overline{AB} = \overline{DE}$, $\overline{BC} = \overline{EF}$, $\overline{AC} = \overline{DF}$
3. △ABC와 △DEF가 서로 합동일 때, **세 쌍의 대응각의 크기가 서로 같다.**
   ⇨ ∠A = ∠D, ∠B = ∠E, ∠C = ∠F

(이해하기!)

1. 기호를 이용하여 합동인 두 삼각형을 나타낼 때에는 대응하는 꼭짓점 순서대로 나타낸다. 꼭짓점의
기호를 대응하는 차례대로 정리하면 크기가 같은 각이나 길이가 같은 변을 찾아내기가 쉽다.

2. 합동인 두 삼각형의 넓이는 같지만 넓이가 같은 두 삼각형이 반드시 합동인 것은 아니다. 아래 두
삼각형의 넓이는 각각 6cm^2로 같지만 합동이 아니다.

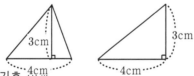

3. 등호와 합동기호 비교
   (1) △ABC ≡ △DEF ⇨ △ABC와 △DEF가 서로 합동
   (2) △ABC = △DEF ⇨ △ABC와 △DEF의 넓이가 서로 같다.

[3] 삼각형의 합동조건

두 삼각형은 다음 중 어느 하나의 조건을 만족시키면 서로 합동이다.

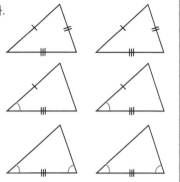

1. 세 대응변의 길이가 각각 같을 때
   ⇨ SSS 합동

2. 두 대응변의 길이가 각각 같고, 그 끼인각의 크기가 같을 때
   ⇨ SAS 합동

3. 한 대응변의 길이가 같고, 그 양 끝 각의 크기가 각각 같을 때
   ⇨ ASA 합동

(이해하기!)

1. 변(Side)과 각(Angle)을 나타내는 영어의 첫 글자를 써서 삼각형의 합동 조건을 SSS 합동, SAS 합동, ASA 합동으로 나타내기도 한다.

2. 삼각형에서 세 각의 크기만 주어진 경우는 변의 길이가 정해지지 않기 때문에 모양은 같지만 크기가 다른 삼각형을 무수히 많이 작도할 수 있다. 따라서 세 각의 크기가 각각 서로 같은 두 삼각형은 서로 합동이 아닐 수도 있다.

3. 두 삼각형이 서로 합동이면 대응하는 세 변의 길이와 세 각의 크기가 각각 서로 같다. 역으로, 대응하는 세 변의 길이와 세 각의 크기가 각각 서로 같으면 이 두 삼각형은 서로 합동이다.

(깊이보기!)

1. '삼각형의 결정조건'과 '삼각형의 합동조건'을 보면 유사해 같은 내용처럼 보이지만 약간의 차이가 있다. '삼각형의 결정조건'은 삼각형을 하나로 정할 수 있는 조건이고 '삼각형의 합동조건'은 그렇게 정해진 삼각형들이 모두 같다는 조건이다. 조건(SSS, SAS, ASA 중 1가지)이 주어졌을 때 삼각형은 하나로 결정되므로 합동일 수밖에 없다.

2. **삼각형의 합동조건을 배우는 이유!**
   (1) 합동의 뜻을 생각해보자. 두 도형이 합동임을 확인하기 위해서는 대응하는 변의 길이가 모두 같고 대응하는 각의 크기가 모두 같음을 보여야 한다. 따라서 두 삼각형이 합동임을 확인하기 위해서는 세 쌍의 대응하는 변의 길이가 모두 같고 세 쌍의 대응하는 각의 크기가 모두 같은 6가지 요인을 확인해야 한다. 그렇다면 삼각형의 합동을 보이기 위해 꼭 세 대응변의 길이와 세 대응각의 크기가 각각 같은지를 모두 확인할 필요가 있을까?
   결론은 그렇지 않다. 두 삼각형이 합동임을 알기 위하여 삼각형의 합동 조건을 이용한다면 대응하는 세 변의 길이와 세 각의 크기가 각각 모두 같은지 확인할 필요 없이 3가지 요인만 확인하면 된다. 즉, 세 쌍의 대응변의 길이가 각각 같다면 나머지 세 쌍의 대응각의 크기가 같은지를 확인하지 않아도 된다. 두 쌍의 대응변의 길이가 각각 같고 그 끼인각의 크기가 같다면 나머지 한 쌍의 대응변의 길이와 두 쌍의 대응각의 크기가 같은지를 확인하지 않아도 된다. 한 쌍의 대응변의 길이가 같고 양 끝 각의 크기가 같다면 나머지 두 쌍의 대응변의 길이와 한 쌍의 대응각의 크기가 같은지를 확인하지 않아도 된다. 따라서 삼각형의 합동을 보이는데 그 '편리성'이 삼각형의 합동조건을 배우는 이유이다.

(2) 삼각형은 다각형의 기본이다. 모든 다각형은 대각선을 그어 삼각형으로 쪼갤 수 있다. 따라서 다각형의 기본인 삼각형의 성질을 이해하면 다각형의 성질을 이해할 수 있다는 점에서 중요하다. 예를 들어 '삼각형의 내각의 크기의 합은 $180°$' 라는 성질을 통해 그 외 다각형의 내각의 크기의 합을 구할 수 있고 삼각형의 내각과 외각의 성질을 활용해 다양한 문제를 풀 수도 있다. 특히, 삼각형의 합동조건을 활용하면 중학교 2학년 과정에서 여러 가지 삼각형과 사각형의 다양한 성질, 정리 등을 증명할 수 있다.

6.1 다각형의 대각선의 개수

[1] 다각형

1. **다각형** : 3개 이상의 선분으로 둘러싸인 평면도형
2. **다각형의 구성요소**
   (1) **변** : 다각형을 이루는 각 선분
   (2) **꼭짓점** : 변과 변이 만나는 점
   (3) **내각** : 다각형에서 이웃하는 두 변으로 이루어진 내부의 각
   (4) **외각** : 다각형의 각 꼭짓점에서 한 변과 그 변에 이웃하는 변의 연장선이
       이루는 각
3. **정다각형** : 변의 길이가 모두 같고, 내각의 크기가 모두 같은 다각형
   ⇨ 변의 개수에 따라 정삼각형, 정사각형, 정오각형, …이라 하고, n개의 선분으로 둘러싸인
      정다각형을 정 n각형이라 한다.

정삼각형 정사각형 정오각형 정육각형

(이해하기!)

1. 다각형 중 변의 개수가 가장 적은 다각형은 삼각형이다.

2. 다각형의 한 꼭짓점에서 한 쌍의 내각과 외각의 크기의 합은 $180°$이다.

3. 다각형의 한 내각에 대한 외각은 두 개이나 맞꼭지각으로 그 크기가 서로 같으므로 둘 중 하나만 생각한다.

4. 오른쪽 그림과 같이 모든 변의 길이는 같으나 모든 내각의 크기가 같지 않은 다각형은 정다각형이 아니다.

5. 다각형은 보통 꼭짓점의 기호를 시계 반대 방향으로 차례로 써서 나타낸다. 예를 들어 오른쪽 그림과 같은 사각형을 사각형 ABCD와 같이 나타낸다.

[2] 다각형의 대각선의 개수

1. **대각선** : 다각형에서 이웃하지 않는 두 꼭짓점을 이은 선분
2. **대각선의 개수**
   (1) n각형의 한 꼭짓점에서 그을 수 있는 대각선의 개수 ⇨ $n-3$ (개)
   (2) n각형의 대각선의 개수 ⇨ $\dfrac{n(n-3)}{2}$ (개)

(이해하기!)

1. 삼각형에서는 모든 꼭짓점이 서로 이웃하므로 대각선이 존재하지 않는다.

2. n각형의 대각선의 개수 공식 유도하기
   (1) n각형의 한 꼭짓점에서 자기 자신과 그 꼭짓점과 이웃하는 양 옆의 두 점으로는 대각선을 그을 수 없으므로 한 꼭짓점에서 그을 수 있는 대각선의 개수는 $(n-3)$개다.
   (2) n각형에는 n개의 꼭짓점이 있으므로 각 꼭짓점에서 $(n-3)$개의 대각선을 그으면 모두 $n(n-3)$개의 대각선을 그릴 수 있다.
   (3) 한 대각선은 두 꼭짓점에서 그릴 수 있으므로 (2)에서 계산한 대각선의 개수는 같은 대각선을 두 번씩 센 것이다. 따라서 n각형의 대각선의 개수는 $\dfrac{n(n-3)}{2}$ 개다.

(1)	(2)	(3)
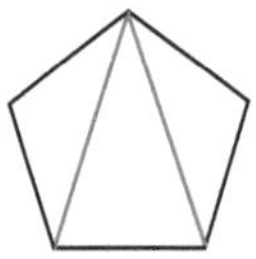	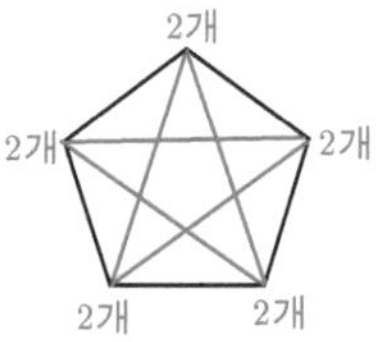	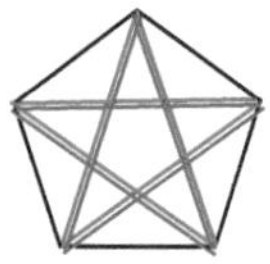
$5-3=2$(개)	$5 \times (5-3) = 10$(개)	$\dfrac{5 \times (5-3)}{2} = 5$(개)

[3] 다각형의 대각선의 개수의 활용

1. 악수하기 문제
   ⇨ n명의 사람을 꼭짓점의 개수로 생각하고 대각선의 개수 구하는 방법을 활용한다.

2. 리그 경기에서 경기 수 구하기 문제
   ⇨ n개 팀을 꼭짓점의 개수로 생각하고 대각선의 개수 구하는 방법을 활용한다.

(확인하기!)

1. 오른쪽 그림과 같이 원탁에 7명의 학생이 앉아 있다. 모든 사람과 서로 한 번씩 악수를 할 때, 악수는 모두 몇 번 하게 되는지 구하시오.

   (풀이) 7명의 학생이 옆자리의 학생과 한 번씩 악수를 하는 횟수는 칠각형의 변의 개수와 같으므로 7번이다. 양 옆의 학생을 제외한 모든 학생과 한 번씩 악수를 하는 횟수는 칠각형의 대각선의 총 개수와 같으므로 $\dfrac{7(7-3)}{2} = 14$(번)이다. 따라서 7명의 학생이 모든 사람과 한 번식 악수를 할 때 악수는 모두 $7+14 = 21$(번)하게 된다.

6.2 삼각형의 내각과 외각

[1] 삼각형의 내각과 외각

1. 삼각형의 내각의 크기의 합은 $180°$ 이다.

   ⇨ $\angle A + \angle B + \angle C = 180°$

2. 삼각형의 한 외각의 크기는 그와 이웃하지 않는 두 내각의 크기의 합과 같다.

   ⇨ $\angle ACD = \angle A + \angle B$

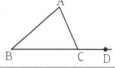

(이해하기!)

1. 삼각형의 내각의 크기의 합은 $180°$ 이다.

   ⇨ $\angle A + \angle B + \angle C = 180°$

   (1) (실험 1) 종이접기를 이용하는 방법

   ① 삼각형을 자른 후에 한 꼭짓점이 밑변에 닿고 접은 선이 밑변과 평행하게 접는다.

   ② 다른 두 꼭짓점도 한 곳에 모이도록 접으면 세 내각의 크기의 합이 $180°$임을 알 수 있다.

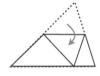 ⇨

   (2) (실험 2) 세 내각 오려 붙이기

   ① 종이 위에 그려진 삼각형을 오리고 삼각형의 내각을 하나씩 포함하는 세 개의 조각으로 삼각형을 나눈다.

   ② 세 각의 변이 서로 겹쳐지지 않고 세 각의 꼭짓점이 한 점에서 만나도록 모으면 세 내각의 크기의 합이 $180°$임을 알 수 있다.

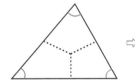 ⇨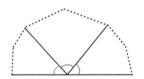

   (3) (증명) 평행선을 이용하는 방법

   ⇨ $\triangle ABC$에서 꼭짓점 A를 지나고 변 BC에 평행한 직선 DE를 그으면 $\angle B = \angle BAD$(엇각), $\angle C = \angle CAE$(엇각) 이다.

   따라서 $\angle A + \angle B + \angle C = \angle A + \angle BAD + \angle CAE = \angle DAE = 180°$ 이다.

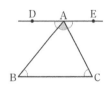

2. 삼각형의 한 외각의 크기는 그와 이웃하지 않는 두 내각의 크기의 합과 같다.

⇨ △ABC에서 변 BC의 연장선 위에 한 점 D를 잡으면 ∠ACD + ∠C = 180°
이고 삼각형의 세 내각의 크기의 합은 180°이므로
∠A + ∠B + ∠C = 180°이다. 그러므로 ∠ACD + ∠C = ∠A + ∠B + ∠C
이고 양변에서 ∠C를 소거하면 ∠ACD = ∠A + ∠B이다.
따라서 삼각형의 한 외각의 크기는 그와 이웃하지 않는 두 내각의 크기
의 합과 같다.

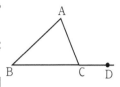

---

[2] 삼각형의 내각과 외각의 활용

1. 오른쪽 그림의 별 모양의 평면도형에서

⇨ ∠a + ∠b + ∠c + ∠d + ∠e = 180°

(이해하기!)

1. 오른쪽 별 모양에서 주어진 각을 내각 또는 외각으로 갖는 삼각형을
찾아 삼각형의 내각과 외각의 관계를 이용한다. △FCE에서 삼각형의
한 외각의 크기는 그와 이웃하지 않는 두 내각의 크기의 합과 같으므
로 ∠AFG = ∠c + ∠e이다. △GBD에서 마찬가지 방법으로
∠AGF = ∠b + ∠d 이다. 따라서 △AFG에서
∠a + ∠b + ∠c + ∠d + ∠e = ∠A + ∠AFG + ∠AGF = 180° 이다.

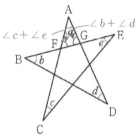

6.3 다각형의 내각의 크기의 합

[1] 다각형의 내각의 크기의 합

1. n각형의 내각의 크기의 합 $= 180° \times (n-2)$

2. 정다각형의 한 내각의 크기
   (1) **정다각형** : 모든 변의 길이가 같고 모든 내각의 크기가 같은 다각형
   (2) 정 n각형 : 변의 개수가 n개인 정다각형
   (3) 정 n각형의 한 내각의 크기 : $\dfrac{180° \times (n-2)}{n}$

(이해하기!)

1. 사각형, 오각형, 육각형의 내각의 크기의 합 구하기

다각형	사각형	오각형	육각형	n각형
한 꼭지점에서 대각선을 그어 삼각형으로 나누기			...	
나누어지는 삼각형의 개수	2	3	4	$n-2$
내각의 크기의 합	$180° \times 2 = 360°$	$180° \times 3 = 540°$	$180° \times 4 = 720°$	$180° \times (n-2)$

⇨ 예를 들어 사각형은 2개의 삼각형으로 나뉘므로 사각형의 내각의 크기의 합은 $180° \times 2 = 360°$ 이다.

2. n각형의 내각의 크기의 합 $= 180° \times (n-2)$
   ⇨ n각형의 한 꼭짓점에서 그을 수 있는 대각선의 개수는 $(n-3)$개다. 이때 한 꼭짓점에서 대각선을 한 개씩 그을 때마다 삼각형이 하나씩 생긴다. 즉, 삼각형의 개수는 한 꼭짓점에서 그은 대각선의 개수보다 1개가 더 많으므로 $(n-3)+1 = n-2$(개) 이다. 하나의 삼각형의 내각의 크기의 합은 $180°$ 이므로 n각형의 내각의 크기의 합은 $(n-2)$개의 삼각형의 내각의 크기의 합인 $180° \times (n-2)$ 이다.

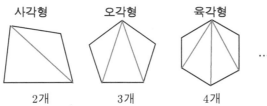

3. 정 n각형은 n개의 내각의 크기가 모두 같으므로 한 내각의 크기는 내각의 총합을 n으로 나누면 되므로 $\dfrac{180° \times (n-2)}{n}$ 이다.

(깊이보기!)

1. 다각형의 내각의 크기의 합을 삼각형 이외의 다각형으로 나누어 구할 수도 있다. 예를 들어 아래의 경우를 살펴보자.

  (1) 오른쪽 그림과 같이 오각형의 한 꼭짓점에서 대각선을 그으면 삼각형과 사각형으로 나누어진다. 이때, 오각형의 내각의 크기의 합은 삼각형의 내각의 크기의 합과 사각형의 내각의 크기의 합을 더한 것과 같다. 따라서 $180° + 360° = 540°$이므로 오각형의 내각의 크기의 합은 $540°$이다.

  (2) 마찬가지로 오른쪽 그림과 같이 육각형에 대각선을 그으면 삼각형과 사각형으로 나누어지고 각 다각형의 내각의 크기의 합을 활용해 육각형의 내각의 크기의 합을 구할 수 있다.

    ① 두 대각선을 그려 2개의 삼각형과 1개의 사각형으로 나눌 수 있다.
      ⇨ 2개의 삼각형의 내각의 크기의 합과 1개의 사각형의 내각의 크기의 합을 더하면 $180° \times 2 + 360° = 720°$ 이다. 따라서 육각형의 내각의 크기의 합은 $720°$이다.

    ② 한 대각선을 그려 2개의 사각형으로 나눌 수 있다.
      ⇨ 2개의 사각형의 내각의 크기의 합을 구하면 $360° \times 2 = 720°$이다.
      따라서 육각형의 내각의 크기의 합은 $720°$이다.

2. n각형의 내각의 크기의 합을 다른 방법으로 구할 수도 있다. n각형의 내부의 한 점에서 각 꼭짓점에 선을 그어 n각형을 삼각형으로 나누면 n개의 삼각형이 생긴다. 예를 들어 오른쪽 그림과 같이 오각형의 내부의 한 점에서 각 꼭짓점에 선을 그어 오각형을 삼각형으로 나누면 5개의 삼각형이 생긴다. 이때, 오각형의 내각의 크기의 합은 5개의 삼각형의 내각의 크기의 합에서 내부의 한 점에 모인 각의 크기의 합인 $360°$를 빼면 되므로 $180° \times 5 - 360° = 540°$이다.
이와 같은 방법으로 n각형의 내각의 크기의 합은 n개의 삼각형의 내각의 크기의 합에서 내부의 한 점에 모인 각의 크기의 합인 $360°$를 빼면 되므로 $180° \times n - 360° = 180° \times (n-2)$이다.

6.4 다각형의 외각의 크기의 합

[1] 다각형의 외각의 크기의 합

1. 다각형의 외각의 크기의 합은 항상 360°이다

2. 정 n각형의 한 외각의 크기 $= \dfrac{360°}{n}$

(이해하기!)

1. 사각형의 외각의 크기의 합 구하기
   ⇨ 사각형의 한 꼭짓점에서 한 쌍의 내각과 외각의 크기의 합은 180°이고, 사
   각형에는 4개의 꼭짓점이 있으므로
   (내각의 크기의 합)+(외각의 크기의 합)= 180°×4 = 720°이다.
   그런데 사각형의 내각의 크기의 합은 360°이므로 사각형의 외각의 크기의
   합은 720°−360° = 360° 이다.

2. n각형의 외각의 크기의 합 구하기
   ⇨ 일반적으로 n각형의 한 꼭짓점에서 한 쌍의 내각과 외각의 크기의 합은 180°이고, n각형에는
   n개의 꼭짓점이 있으므로 (내각의 크기의 합)+(외각의 크기의 합)= 180°×n이다.
   따라서 n각형의 외각의 크기의 합은 다음과 같다.
   (외각의 크기의 합)= 180°×n − (내각의 크기의 합)
   $$= 180°×n − 180°×(n−2) = 180°×n − 180°×n + 180°×2 = 360°$$

3. 정다각형은 내각의 크기가 모두 같으므로 외각의 크기도 모두 같다. 즉, 다각형의 외각의 크기의
   합은 360°이고 정다각형의 외각의 크기는 모두 같으므로 정n각형의 한 외각의 크기는 n각형의
   외각의 크기의 합인 360°를 n으로 나눈 것과 같다.

4. 정 n각형의 한 외각의 크기는 $\dfrac{360°}{n}$임을 이용하면 앞 장에서 배웠던 정 n각형의 한 내각의 크기를
   $180° − \dfrac{360°}{n}$로 구할 수도 있다.

[2] 다각형의 내각과 외각의 크기의 합의 활용

1. 오른쪽 그림에서
   ⇨ $\angle a + \angle b + \angle c + \angle d + \angle e + \angle f + \angle g = 540°$

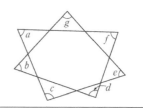

(이해하기!)

1. $\angle a + \angle b + \angle c + \angle d + \angle e + \angle f + \angle g =$(외부 테두리에 있는 7개의 삼각형의 내각의 크기의 합)−(
   칠각형의 외각의 크기의 합)×2 = 180°×7 − 360°×2 = 540° 이다.

6.5 원과 원주율

[1] 원

1. **원** : 평면 위의 한 점 O로부터 일정한 거리에 있는 모든 점으로 이루어진 도형
   ⇨ 원 O 로 나타낸다.

2. **호** : 원 O 위에 두 점 A, B에 의해 나누어지는 원의 일부분
   ⇨ 기호 $\overset{\frown}{AB}$

3. **현** : 원 O 위의 두 점 A, B를 이은 선분
   ⇨ 기호 $\overline{AB}$

4. **할선** : 원 O 위의 두 점을 지나는 직선

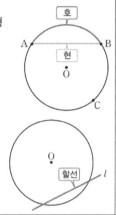

(이해하기!)

1. 점 O 는 원의 중심이고 원점을 의미하는 단어 Origine의 알파벳 첫 문자를 의미한다. 원의 중심 O 와 이 원 위에 있는 임의의 한 점을 이은 선분을 원 O 의 반지름이라고 한다.

2. 일반적으로 $\overset{\frown}{AB}$ 는 길이가 짧은 쪽의 호를 나타내고, 길이가 긴 쪽의 호는 그 호 위에 한 점 C를 잡아 $\overset{\frown}{ACB}$ 와 같이 나타낸다.

3. 원의 중심을 지나는 현은 지름이고, 지름은 길이가 가장 긴 현이다.

4. 할선(割線)의 '할'은 '베다', '자르다'의 의미로 할선은 원을 칼로 베어 자르는 선이라고 생각하면 이해하기 쉽다.

[2] 부채꼴, 중심각, 활꼴

1. **부채꼴** : 원 O에서 두 반지름 OA, OB와 호 AB로 이루어진 도형
   ⇨ 부채꼴 AOB라고 한다.

2. **중심각** : 부채꼴 AOB에서 두 반지름 OA, OB가 이루는 ∠AOB
   ⇨ 부채꼴 AOB의 중심각 또는 호 AB에 대한 중심각이라고 한다.

3. **활꼴** : 원 O에서 현 CD와 호 CD로 이루어진 도형

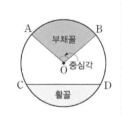

(이해하기!)

1. 꼴은 모양을 의미하는 순우리말로 부채꼴은 부채모양, 활꼴은 활모양의 도형임을 의미한다.

2. 현이 원의 지름이 될 때 활꼴과 부채꼴은 서로 같아진다. 이때 도형은 반원이 된다. 즉, 반원은 활꼴인 동시에 중심각의 크기가 180°인 부채꼴이다.

[3] 원주율

1. 원주율

: 원의 크기에 관계 없이 원주를 원의 지름의 길이로 나눈 값은 항상 일정한데, 그 값을 원주율이라고 한다. (= 원의 지름의 길이에 대한 원주의 비율)

⇨ 기호 π 로 나타내고 **'파이'** 라고 읽는다.

2. 원주율의 값

: 원주율의 값은 $3.1415926535897\cdots$ 과 같이 소수점 아래의 숫자가 한없이 계속되는 소수로 알려져 있다. (순환하지 않는 무한소수)

3. 반지름의 길이가 r인 원의 원주를 l, 넓이를 S라고 하면

⇨ $l = 2\pi r$, $S = \pi r^2$

(이해하기!)

1. 원주율은 불규칙하게 무한히 계속되는 소수이고, 3.14 는 원주율을 어림한 값이다. 원주율은 특정한 수치가 주어지지 않으면 π 로 나타내어야 하며, 이 문자는 수를 나타내는 것이다. 원주율과 같이 불규칙하게 무한히 계속되는 소수를 무리수(순환하지 않는 무한소수)라고 한다.

2. 원주율은 원의 지름의 길이에 대한 원주의 비율이고 모든 원은 닮음이므로 크기와 상관없이 모든 원의 원주율은 일정하다.

3. 초등학교 교육과정에서 원의 둘레의 길이, 원의 넓이를 구하는 경우 원주율 값으로 3.14 를 곱했는데 이는 정확한 참값이 아닌 어림한 근사값 이었다. π 를 곱해 계산하는 것이 계산이 더욱 편리할 뿐더러 결과도 더 정확한 값이다.

6.5

원과 원주율

6.6 부채꼴의 호의 길이와 넓이

[1] 부채꼴의 중심각의 크기와 호의 길이, 넓이 사이의 관계

한 원 또는 합동인 두 원에서
1. 중심각의 크기가 같은 두 부채꼴의 호의 길이와 넓이는 각각 같다.
2. 호의 길이와 넓이가 같은 두 부채꼴의 중심각의 크기는 같다.
3. 부채꼴의 호의 길이와 넓이는 각각 중심각의 크기에 정비례한다.

(이해하기!)

1. 한 원 또는 합동인 두 원에서 두 부채꼴의 중심각의 크기가 같으면 한 부채꼴을 오른쪽 그림과 같이 회전시켜 다른 부채꼴에 포갤 수 있다. 따라서 한 원 또는 합동인 두 원에서 중심각의 크기가 같은 두 부채꼴의 호의 길이와 넓이는 각각 같다.

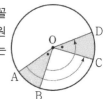

⇨ $\angle AOB = \angle COD$ 이면 $\overset{\frown}{AB} = \overset{\frown}{CD}$
⇨ $\angle AOB = \angle COD$ 이면 (부채꼴 AOB의 넓이) = (부채꼴 COD의 넓이)

2. 같은 방법으로 호의 길이와 넓이가 같은 두 부채꼴의 중심각의 크기는 같다.
⇨ $\overset{\frown}{AB} = \overset{\frown}{CD}$ 이면 $\angle AOB = \angle COD$
⇨ (부채꼴 AOB의 넓이) = (부채꼴 COD의 넓이) 이면 $\angle AOB = \angle COD$

3. 부채꼴의 호의 길이와 넓이는 각각 중심각의 크기에 정비례한다.
⇨ 호의 길이가 같은 한 원에서 부채꼴의 중심각의 크기가 2배, 3배, 4배, …가 되면 부채꼴의 호의 길이와 넓이도 각각 2배, 3배, 4배, …가 된다.

[2] 부채꼴의 중심각의 크기와 현의 길이 사이의 관계

한 원 또는 합동인 두 원에서
1. 중심각의 크기가 같은 두 현의 길이는 같다.
2. 길이가 같은 두 현에 대한 중심각의 크기는 같다.
3. 현의 길이는 중심각의 크기에 정비례하지 않는다.

(이해하기!)

1. 중심각의 크기가 같은 두 현의 길이는 같다.
⇨ $\angle AOB = \angle COD$ 이면 $\overline{OA} = \overline{OB} = \overline{OC} = \overline{OD}$ 이므로 두 대응변의 길이가 각각 같고 그 끼인각의 크기가 같으므로 $\triangle AOB \equiv \triangle COD$ (SAS합동) 이다. 따라서 $\overline{AB} = \overline{CD}$ 이다.

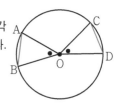

2. 길이가 같은 두 현에 대한 중심각의 크기는 같다.
⇨ $\overline{AB} = \overline{CD}$ 이면 $\overline{OA} = \overline{OB} = \overline{OC} = \overline{OD}$ 이므로 세 대응변의 길이가 각각 같아 $\triangle AOB \equiv \triangle COD$ (SSS합동) 이다. 따라서 $\angle AOB = \angle COD$ 이다.

3. 현의 길이는 중심각의 크기에 정비례하지 않는다. 왜냐하면,

$\angle AOC = 2\angle AOB$일 때, $2\overline{AB} = \overline{AB} + \overline{BC} > \overline{AC}$ 이므로 $2\overline{AB} \neq \overline{AC}$ 이다.

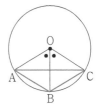

---

[3] 원의 둘레의 길이와 넓이

1. 반지름의 길이가 r인 원의 둘레의 길이를 l, 넓이를 S라 하면

(1) $l = 2\pi r$

(2) $S = \pi r^2$

(확인하기!)

1. 오른쪽 그림과 같은 원의 둘레의 길이와 넓이를 구하시오.

(1) 지름의 길이는 12cm이므로 반지름의 길이는 6cm이다. 따라서
원의 둘레의 길이 $l = 2 \times \pi \times 6 = 12\pi (\text{cm})$

(2) 원의 넓이 $S = \pi \times 6^2 = 36\pi (\text{cm}^2)$

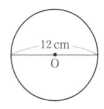

---

[4] 부채꼴의 호의 길이와 부채꼴의 넓이 구하기

1. 반지름의 길이가 r, 중심각의 크기가 $a°$인 부채꼴의 호의 길이를 l, 넓이를 S라 하면

(1) $l = 2\pi r \times \dfrac{a}{360}$

(2) $S = \pi r^2 \times \dfrac{a}{360}$

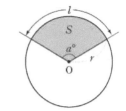

2. 부채꼴의 호의 길이와 넓이 사이의 관계
: 반지름의 길이가 r이고, 호의 길이가 l인 부채꼴의 넓이를 S라고 하면

$\Rightarrow S = \dfrac{1}{2}rl$

(이해하기!)

1. 원을 중심각의 크기가 $360°$인 부채꼴이라고 생각하면 한 원에서 부채꼴의 호의 길이와 넓이는 각각 중심각의 크기에 정비례하므로 아래와 같이 비례식을 세울 수 있다. 비례식의 내항과 외항의 곱이 같으므로 다음과 같이 계산한다.

(1) $360 : a = 2\pi r : l \Rightarrow 360 \times l = 2\pi r \times a \Rightarrow$ 부채꼴의 호의길이 $l = 2\pi r \times \dfrac{a}{360}$

(2) $360 : a = \pi r^2 : S \Rightarrow 360 \times S = \pi r^2 \times a \Rightarrow$ 부채꼴의 넓이 $S = \pi r^2 \times \dfrac{a}{360}$

2. 부채꼴은 원의 일부분이므로 원 전체에서 부채꼴이 차지하는 비율을 원의 중심각 $360°$에서 부채꼴의 중심각의 크기가 차지하는 비율로 구할 수 있다. 따라서 중심각의 크기가 $a°$인 부채꼴의 호의 길이와 넓이는 각각 원의 $\dfrac{a}{360}$배이므로 원주와 원의 넓이에 각각 $\dfrac{a}{360}$를 곱하여 구하게 된다.

3. 반지름의 길이가 r이고, 호의 길이가 l인 부채꼴의 넓이를 S라고 하면 $S = \dfrac{1}{2}rl$ 이다.

$\Rightarrow$ $l = 2\pi r \times \dfrac{a}{360}$, $S = \pi r^2 \times \dfrac{a}{360}$ 이므로

$S = \pi r^2 \times \dfrac{a}{360} = \dfrac{1}{2}r \times \left(2\pi r \times \dfrac{a}{360}\right) = \dfrac{1}{2}rl$ 이다.

4. $S = \dfrac{1}{2}rl$은 그림을 이용하여 직관적으로 이해할 수 있다. 주어진 부채꼴을 같은 크기의 무수히 많은 작은 부채꼴로 나누어 다시 배열하면 다음 그림과 같이 가로의 길이가 $\dfrac{1}{2}l$이고, 세로의 길이가 r인 직사각형에 가까워진다. 따라서 (가로)×(세로)를 통해 직사각형의 넓이를 구하면 $\dfrac{1}{2}rl$이고 이는 곧 부채꼴의 넓이가 된다.

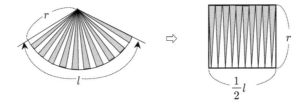

7.1 다면체

[1] 다면체

1. **다면체** : 다각형인 면으로 둘러싸인 입체도형
2. **면** : 다면체를 둘러싸고 있는 다각형
3. **모서리** : 다면체를 둘러싸고 있는 다각형의 변
4. **꼭짓점** : 다면체를 둘러싸고 있는 다각형의 꼭짓점

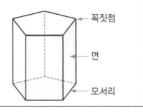

(이해하기!)

1. 다면체(多面體)의 뜻을 풀이하면 '면이 많은 입체도형'이다. '많다'는 것은 한자 풀이를 그대로 한 것일 뿐이고 입체도형이 되려면 적어도 4개의 면이 있어야 하므로 다면체 중에서 면의 개수가 가장 적은 것은 사면체이다.

2. 다면체는 면의 개수에 따라 사면체, 오면체, 육면체…라 한다.

3. 다각형(多角形) ⇨ 2차원 평면도형 ⇨ 변의 개수가 가장 적은 것은 삼각형
   다면체(多面體) ⇨ 3차원 입체도형 ⇨ 면의 개수가 가장 적은 것은 사면체

4. 간혹 변과 모서리 용어를 혼용해서 사용하는 경우가 있는데 변은 평면도형에서 사용하는 용어이고 모서리는 입체도형에서 사용하는 용어라는 차이점이 있다.

5. 원기둥, 원뿔, 구 등은 다각형인 면으로 둘러싸여 있지 않으므로 다면체가 아니다.

[2] 다면체의 종류

1. **각기둥** : 두 밑면이 서로 평행하고 합동인 다각형이며 옆면이 모두 직사각형인 다면체
2. **각뿔** : 밑면이 다각형이고 옆면이 모두 삼각형인 다면체

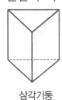

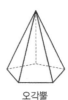

삼각기둥   사각기둥   사각뿔   오각뿔

3. **각뿔대** : 각뿔을 밑면에 평행한 평면으로 잘라서 생기는 입체도형 중에서 각뿔이 아닌 쪽의 다면체

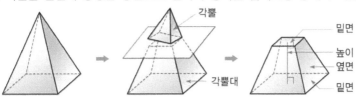

(이해하기!)

1. 각기둥은 밑면인 다각형의 모양에 따라 삼각기둥, 사각기둥, … 이라 한다.

2. 각뿔은 밑면인 다각형의 모양에 따라 삼각뿔, 사각뿔, … 이라 한다.

3. 각뿔대는 밑면인 다각형의 모양에 따라 삼각뿔대, 사각뿔대, … 라 한다.
   각뿔대의 옆면은 사다리꼴이고, 두 밑면은 모양이 같지만 크기가 다르다.

4. 각기둥이나 각뿔대의 밑면은 밑에 있는 면을 뜻하는 것이 아니라, 서로 평행하면서 같은 모양을 가지고 있는 면이다. 즉, 도형의 위쪽의 면도 밑면이라고 부른다.

5. 각뿔대의 두 밑면에 수직인 선분의 길이를 각뿔대의 높이라 한다.

[3] 다면체의 비교

	n각기둥	n각뿔	n각뿔대
옆면의 모양	직사각형	삼각형	사다리꼴
면의 개수	$n+2$	$n+1$	$n+2$
꼭짓점의 개수	$2n$	$n+1$	$2n$
모서리의 개수	$3n$	$2n$	$3n$
겨냥도	삼각기둥	사각뿔	사각뿔대

(깊이보기!)

1. 오일러 지표
   (1) 다면체의 꼭짓점의 개수를 v, 모서리의 개수를 e, 면의 개수를 f라 할 때, $v-e+f=2$ 이다. 이 등식을 '오일러 지표' 라고 한다.
   (2) 위 표의 n각기둥, n각뿔, n각뿔대는 각각 오일러 지표를 만족함을 알 수 있다. 예를 들어 n각 기둥의 꼭짓점의 개수는 $2n$, 모서리의 개수는 $3n$, 면의 개수는 $n+2$ 이므로
   $v-e+f=2n-3n+n+2=2$ 이다.
   (3) 오일러 지표는 정다면체의 꼭짓점 또는 모서리의 개수를 구하는데 활용하면 좋다.
   (4) v는 꼭짓점을 의미하는 단어 vertex, e는 모서리를 의미하는 단어 edge, f는 면을 의미하는 단어 face의 알파벳 첫 문자이다.

(확인하기!)

1. 모서리의 개수가 21개인 각기둥의 꼭짓점의 개수를 a개, 면의 개수를 b개라고 할 때, $a+b$의 **값을** 구하시오.

   (풀이) 주어진 각기둥의 꼭짓점의 개수를 v, 모서리의 개수를 e, 면의 개수를 f라 할 때, $v-e+f=2$이므로 $a-21+b=2$이다. 따라서 $a+b=23$이다. 실제로 모서리의 개수가 21개 인 각기둥은 칠각기둥으로 꼭짓점의 개수는 14개, 면의 개수는 9개이므로 $a+b=23$임을 확 인할 수 있다.

2. 오른쪽 그림은 정육면체의 한 모퉁이를 잘라낸 것이다. 이 입체도형의 꼭짓점의
   개수를 v, 모서리의 개수를 e, 면의 개수를 f라 할 때, $v-e+f$의 값을 구하시오
   (풀이) 주어진 입체도형의 꼭짓점의 개수는 10개, 모서리의 개수는 15개, 면의 개
   수는 7개이므로 $v-e+f = 10-15+7 = 2$이다.
   한편 위와 같이 계산하지 않아도 오일러의 지표에 의해 $v-e+f = 2$임을
   알 수도 있다.

---

[4] 정다면체

1. **정다면체** : 각 면이 서로 합동인 정다각형이고, 각 꼭짓점에 모인 면의 개수가 모두 같은 다면체
2. **정다면체의 종류** : 정사면체, 정육면체, 정팔면체, 정십이면체, 정이십면체의 5가지뿐이다.
3. **정다면체의 비교**

	정사면체	정육면체	정팔면체	정십이면체	정이십면체
겨냥도					
면의 모양	정삼각형	정사각형	정삼각형	정오각형	정삼각형
꼭짓점의 개수	4	8	6	20	12
모서리의 개수	6	12	12	30	30
면의 개수	4	6	8	12	20
$v-e+f$	2	2	2	2	2
한 꼭짓점에 모인 면의 개수					
	3	3	4	3	5
전개도					

(이해하기I)

1. 위 표의 5가지 정다면체의 꼭짓점의 개수, 모서리의 개수, 면의 개수를 구해보자. 꼭짓점의 개수,
   모서리의 개수, 면의 개수 중 면의 개수는 정다면체의 이름을 통해 알 수 있다. 정다면체의 겨냥도를
   생각하면 꼭짓점의 개수는 비교적 쉽게 알 수 있다. 이때, 오일러 지표($v-e+f = 2$)를 활용하면 외
   우기 힘든 모서리의 개수를 계산을 통해 쉽게 알 수 있다. 위 표를 암기하려 하지 말고 이해하면 된다.

7.1

다
면
체

2. 오른쪽 그림은 각 면이 모두 합동인 정삼각형으로 둘러싸인 다면체로 마치 정다면체 처럼 보이지만 각 꼭짓점에 모인 면의 개수가 같지 않으므로 정다면체가 아니다. 정다면체가 되려면 각 면이 서로 합동인 정다각형이고, 각 꼭짓점에 모인 면의 개수가 모두 같다는 2가지 조건을 동시에 만족해야 함을 기억하자.

(깊이보기!)

1. 정다면체가 5개 뿐인 이유

: 정다면체가 되려면 각 면이 모두 합동인 정다각형이어야 하고 각 꼭짓점에 모인 면의 개수가 모두 같아야 한다. 또한, 입체도형을 만들려면 두 면만으로는 꼭짓점을 만들 수 없으므로 한 꼭짓점에 3개 이상의 면이 모여야 한다. 그리고 어떤 입체도형이든 각 꼭짓점에 모인 다각형의 내각의 크기의 합은 360°보다 작아야 한다. 그래야 한 꼭짓점에 모인 다각형을 모아 볼록한 꼭짓점을 만들 수 있기 때문이다. 따라서 한 꼭짓점에 모인 내각의 크기의 합이 360°이상인 경우 입체도형을 만들 수 없다. 이상을 통해 아래와 같은 경우를 살펴볼 수 있다.

(1) 각 면이 정삼각형인 정다면체

: 정삼각형의 한 내각의 크기는 60°이므로 한 꼭짓점에 모인 정삼각형의 개수가 5개까지는 내각의 크기의 합이 360°보다 작으므로 정다면체를 만들 수 있다. 한 꼭짓점에 모인 정삼각형이 3개이면 정사면체, 4개이면 정팔면체, 5개이면 정이십면체가 만들어진다. 그러나 한 꼭짓점에 모인 정삼각형이 6개 이상이면 모인 각의 크기의 합이 360° 이상이 되어 다면체를 만들 수 없다.

(2) 각 면이 정사각형인 정다면체

: 정사각형의 한 내각의 크기는 90°이므로 한 꼭짓점에 모인 정삼각형의 개수가 3개인 경우만 내각의 크기의 합이 360°보다 작으므로 정다면체를 만들 수 있다. 한 꼭짓점에 모인 정사각형이 3개이면 정육면체가 만들어진다. 그러나 한 꼭짓점에 모인 정사각형이 4개 이상이면 모인 각의 크기의 합이 360° 이상이 되어 다면체를 만들 수 없다.

(3) 각 면이 정오각형인 정다면체

: 정오각형의 한 내각의 크기는 108°이므로 한 꼭짓점에 모인 정오각형의 개수가 3개인 경우만 내각의 크기의 합이 360°보다 작으므로 정다면체를 만들 수 있다. 한 꼭짓점에 모인 정오각형이 3개이면 정십이면체가 만들어진다. 그러나 한 꼭짓점에 모인 정오각형이 4개 이상이면 모인 각의 크기의 합이 360°보다 크게 되어 다면체를 만들 수 없다.

따라서 정다면체는 정사면체, 정육면체, 정팔면체, 정십이면체, 정이십면체의 다섯 가지뿐이다.

7.2 회전체

7.2

회
전
체

[1] 회전체

1. **회전체 :** 평면도형을 한 직선을 축으로 하여 1회전시킬 때 생기는 입체도형

   (1) **회전축** : 회전체에서 축이 되는 직선

   (2) **겨냥도** : 입체도형의 모양을 잘 알 수 있도록 실선과 점선으로 나타낸 그림

   (3) **모선** : 회전시킬 때 옆면을 만드는 선분

2. **회전체의 종류**

   (1) **원기둥** : 직사각형을 한 변을 축으로 하여 회전시킨 회전체

   (2) **원뿔** : 직각삼각형에서 직각을 낀 한 변을 축으로 하여 회전시킨 회전체

   (3) **구** : 반원을 지름을 축으로 하여 회전시킨 회전체

   [원기둥]   [원뿔]   [구]

   (4) **원뿔대** : 원뿔을 밑면에 평행한 평면으로 자를 때 생기는 두 입체도형 중에서 원뿔이 아닌 쪽의
   입체도형

(이해하기!)

1. 모선(母線)이라는 말은 회전체를 만드는 기초, 즉 어머니라는 의미라고 생각하면 이해하기 쉽다.

2. 원뿔대의 두 밑면은 서로 평행하다. 밑면이 아닌 면을 옆면이라고 한다. 두 밑면에 수직인 선분의
   길이를 높이라고 한다.

[2] 회전체의 성질

1. 회전체를 그 축에 수직인 평면으로 자르면 그 단면은 항상 **원**이다.

  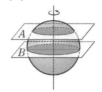

2. 회전체를 그 축을 포함한 평면으로 자르면 그 단면은 모두 **합동**이며 회전축에 대하여 **선대칭도형**이다.

(이해하기!)

1. 선대칭도형

  : 한 평면도형을 어떤 직선을 기준으로 반으로 접을 때 완전히 겹치는 도형. 이때 기준이 되는 직선을 대칭축이라 한다.

2. 회전체를 회전축을 포함하는 평면으로 자를 때 생기는 단면은 선대칭도형이므로 그 넓이는 (회전시키기 전 평면도형의 넓이)×2 이다.

[3] 회전체의 전개도

회전체	원기둥	원뿔	원뿔대
겨냥도	(원기둥 겨냥도)	(원뿔 겨냥도)	(원뿔대 겨냥도)
전개도	(원기둥 전개도: 밑면, 모선, 옆면, 밑면)	(원뿔 전개도: 모선, 옆면, 밑면)	(원뿔대 전개도: 밑면, 옆면, 모선, 밑면)

(이해하기!)

1. 원기둥의 전개도에서 직사각형의 가로의 길이는 원기둥의 밑면의 둘레의 길이와 같다.

2. 원뿔의 전개도에서 옆면인 부채꼴의 반지름의 길이는 원뿔의 모선의 길이와 같고, 부채꼴의 호의 길이는 밑면의 둘레의 길이와 같다.

3. 원뿔대의 전개도에서 옆면은 사다리꼴이 아님을 주의하자.

7.3 기둥의 겉넓이와 부피

[1] 기둥의 겉넓이

1. **(기둥의 겉넓이)=(밑넓이)×2 +(옆넓이)**

   (1) **각기둥의 겉넓이**

   : (각기둥의 겉넓이)=(밑넓이)×2 +(옆넓이)

   (2) **원기둥의 겉넓이**

   : 원기둥의 밑면의 반지름의 길이를 r, 높이를 h,
   겉넓이를 S라 하면

   S= (밑넓이)×2 +(옆넓이)= $2\pi r^2 + 2\pi rh$

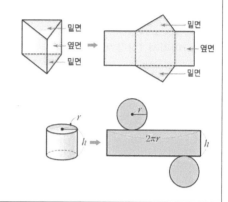

(이해하기!)

1. 각기둥과 원기둥의 전개도에서 옆면의 모양은 직사각형이고, 이 직사각형의 가로의 길이는 밑면의 둘레의 길이와 같으며 세로의 길이는 기둥의 높이와 같다.

2. 각기둥과 원기둥의 겉넓이 구하는 공식을 구분해서 기억하기 보다는 '(기둥의 겉넓이)=(밑넓이)× 2 +(옆넓이)' 의 한 가지 공식으로 기억하는 것이 좋다. 특히, 원기둥의 겉넓이를 공식으로 암기하지 말고 이해해서 문제풀이에 활용하도록 한다.

3. 각기둥이나 원기둥에서 두 밑면은 합동이므로 두 밑면의 넓이를 따로 구하지 않고 한 번만 구해서 2배 하면 된다.

[2] 기둥의 부피

1. **(기둥의 부피)=(밑넓이)×(높이)**

   (1) **각기둥의 부피** : 각기둥의 밑넓이를 S, 높이를 h, 부피를 V라 하면

   ⇨ $V = Sh$

   (2) **원기둥의 부피** : 원기둥의 밑넓이를 S, 밑면의 반지름의 길이를 r, 높이를 h, 부피를 V라 하면

   ⇨ $V = Sh = \pi r^2 h$

(이해하기!)

1. 부피는 입체도형이 공간에서 차지하는 양을 말한다. 따라서 기둥의 부피는 밑면을 높이만큼 쌓아올린 입체도형이 공간에서 차지하는 크기라고 할 수 있다. 그러므로 (밑넓이)×(높이)를 통해 기둥의 부피를 정할 수 있다.

2. 겉넓이와 마찬가지로 각기둥과 원기둥의 부피를 구하는 공식을 구분해서 기억하기 보다는 '(기둥의 부피)=(밑넓이)×(높이)' 의 한 가지 공식으로 기억하는 것이 좋다.

3. 각기둥의 부피
   ⇨ 초등학교에서 학습한 (직육면체의 부피)=(밑넓이)×(높이)를
   활용해 삼각기둥의 부피 구하는 공식을 유도할 수 있다. 오
   른쪽 그림과 같이 직육면체는 모양과 크기가 같은 두 개의
   삼각기둥으로 나눌 수 있다. 즉, 삼각기둥의 부피는 직육면체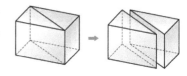
   부피의 $\frac{1}{2}$이고, 삼각기둥의 밑넓이는 직육면체의 밑넓이의 $\frac{1}{2}$이다.

   따라서 (삼각기둥의 부피) $= \frac{1}{2}×$(직육면체의 부피)

   $= \frac{1}{2}×$(직육면체의 밑넓이)×(높이)

   $=$ (삼각기둥의 밑넓이)×(높이) 이다.

   일반적으로 사각기둥, 오각기둥, 육각기둥, … 과 같은 각기둥은 오
   른쪽 그림과 같이 몇 개의 삼각기둥으로 나누어 삼각기둥들의 부피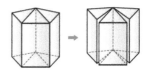
   의 합으로 구할 수 있다. 이때 나누어진 삼각기둥의 밑넓이의 합은
   주어진 각기둥의 밑넓이와 같으므로 각기둥의 부피는 (밑넓이)×(높
   이)라고 할 수 있다.

4. 원기둥의 부피
   (1) 원에 꼭 들어맞는 정다각형의 변의 개수를 한없이 늘려 가면 그 정다각형은 원에
   가까워진다. 마찬가지로 오른쪽 그림과 같이 밑면이 정다각형인 각기둥에서 밑면
   의 변의 개수를 한없이 늘려 가면 원기둥에 가까워짐을 이용하여 원기둥의 부피
   도 각기둥의 부피와 마찬가지로 (밑넓이)×(높이)라고 할 수 있다.

   (2) 오른쪽 그림과 같이 원기둥을 자른 뒤 엇갈리게 붙이는 방법으
   로 부피를 구할 수도 있다. 밑면인 원의 반지름의 길이가 r, 높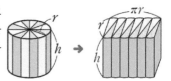
   이가 h인 원기둥의 부피를 V라고 하면 직육면체의 부피 구하
   는 공식에 의해 $V = \pi r × r × h = \pi r^2 h$ 이다.

(깊이보기!)

1. 겉넓이의 단위 cm^2, m^2, …와 부피의 단위 cm^3, m^3, …를 구분할 줄 알아야 한다. 넓이는 2차원 평
   면에서의 양이고 부피는 3차원 공간에서의 양임을 생각하면 거듭제곱의 숫자를 차원과 연계시켜
   구분하면 좋다.

7.4 뿔의 겉넓이와 부피

[1] 뿔의 겉넓이

1. (뿔의 겉넓이)=(밑넓이)+(옆넓이)

   (1) 각뿔의 겉넓이=(밑넓이)+(옆넓이)

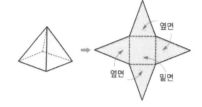

   (2) 원뿔의 겉넓이 : 원뿔의 밑면의 반지름의 길이를 r, 모선의 길이를 l, 겉넓이를 S라 하면

   $\Rightarrow S$=(밑넓이)+(옆넓이)

   $$= \pi r^2 + \frac{1}{2} \times 2\pi r \times l = \pi r^2 + \pi r l$$

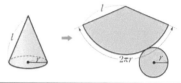

(이해하기!)

1. 기둥은 밑면이 2개이고 뿔은 밑면이 1개이므로 밑넓이가 차이 난다. 따라서 (기둥의 겉넓이)=(밑넓이)×2+(옆넓이) 이고 (뿔의 겉넓이)=(밑넓이)+(옆넓이) 이다. 뿔의 겉넓이도 각뿔과 원뿔의 겉넓이 구하는 공식을 구분해서 기억하지 않는다. 특히, 원뿔의 겉넓이를 공식으로 암기하지 않고 이해해서 문제풀이에 활용한다.

2. 원뿔의 옆면은 부채꼴 모양이므로 옆넓이를 구할 때는 부채꼴의 넓이를 구하는 방법을 이용해야한다. 그런데 중심각의 크기를 알 수 없으므로 (부채꼴의 넓이)=$\frac{1}{2}$×(반지름의 길이)×(호의 길이) =$\frac{1}{2}rl$ 공식을 이용하여 부채꼴의 넓이를 구할 수 있다. 이때 부채꼴의 호의 길이는 원뿔의 밑면의 원주와 같고 부채꼴의 반지름의 길이는 원뿔의 모선의 길이와 같다.

[2] 뿔의 부피

1. (뿔의 부피)=$\frac{1}{3}$×(밑넓이)×(옆넓이)

   (1) 각뿔의 부피 : 각뿔의 밑넓이를 S, 높이를 h, 부피를 V라 하면

   $\Rightarrow V = \frac{1}{3}Sh$

   (2) 원뿔의 부피 : 원뿔의 밑넓이를 S, 밑면의 반지름의 길이를 r, 높이를 h, 부피를 V라 하면

   $\Rightarrow V = \frac{1}{3}Sh = \frac{1}{3}\pi r^2 h$

(이해하기!)

1. 뿔의 부피는 밑면이 합동이고 높이가 같은 기둥의 부피의 $\frac{1}{3}$임을 아래 실험을 통해 알 수 있다. 따라서 뿔의 부피는 기둥의 부피에 $\frac{1}{3}$을 곱해서 구할 수 있다.

2. 뿔의 부피도 겉넓이와 마찬가지로 각뿔과 원뿔의 부피 구하는 공식을 구분해서 기억하기 보다는 '(뿔의 부피)$=\frac{1}{3}\times$(밑넓이)$\times$(높이)'의 한 가지 공식으로 기억하는 것이 좋다. 특히, 원뿔의 부피는 공식으로 암기하지 않고 이해해서 문제풀이에 활용한다.

(깊이보기!)

1. 뿔의 부피를 구하는 다른 방법
    ⇨ 오른쪽 그림과 같이 정육면체의 중심과 각 꼭짓점을 이으면 밑면은 정육면체와 같고 높이는 정육면체의 $\frac{1}{2}$인 시로 합동인 6개의 사각뿔로 나뉨을 알 수 있다. 각 사각뿔의 부피를 V라고 하면 정육면체의 부피는 a^3이므로 $V=\dfrac{a^3}{6}$ 이다. 이 식을 변형하면 $V=\dfrac{1}{3}\times a^2\times\dfrac{a}{2}$이고 a^2은 사각뿔의 밑넓이, $\dfrac{a}{2}$는 사각뿔의 높이 이므로 뿔의 부피 $V=\dfrac{1}{3}\times$(밑넓이)$\times$(높이) 이다.

7.5 구의 겉넓이와 부피

[1] 구의 겉넓이

1. **구의 겉넓이** : 구의 반지름의 길이를 r, 겉넓이를 S라 하면
   $\Rightarrow S = 4\pi r^2$

(이해하기!)

1. 뿔과 기둥은 전개도를 통해 겉넓이를 구할 수 있지만 구는 평면 위에 전개할 수 없으므로 전개도를 이용하여 겉넓이를 구할 수 없다.

2. 반지름의 길이가 r인 구의 겉넓이는 반지름의 길이가 r인 원의 넓이의 4배임을 아래와 같은 실험을 통해 알 수 있다. 아래 그림과 같이 오렌지의 껍질을 모두 벗겨 오렌지를 반으로 자른 단면과 반지름의 길이가 같은 원을 여러 개 그려 오렌지의 껍질로 원을 채우면 4개의 원을 채울 수 있다. 즉, 오렌지를 반으로 자른 단면인 원의 넓이가 πr^2이므로 구의 겉넓이와 같은 4개의 원의 넓이는 $4\pi r^2$이다.

(깊이보기!)

1. **반구의 겉넓이** : 반지름의 길이가 r인 반구의 겉넓이를 S라 하면
   $\Rightarrow S = (구의\ 겉넓이) \times \dfrac{1}{2} + (원의\ 넓이)$
   $= 4\pi r^2 \times \dfrac{1}{2} + \pi r^2 = 3\pi r^2$

[2] 구의 부피

1. **구의 부피** : 구의 반지름의 길이를 r, 부피를 V라 하면
   $V = \dfrac{2}{3} \times \pi r^2 \times 2r = \dfrac{4}{3}\pi r^3$

(이해하기!)

1. 반지름의 길이가 r인 구의 부피는 밑면인 원의 반지름의 길이가 r이고, 높이가 $2r$인 원기둥의 부피의 $\dfrac{2}{3}$임을 아래 실험을 통해 알 수 있다.

(깊이보기!)

1. 구의 겉넓이와 부피 사이의 관계

⇨ 구의 겉넓이를 알면 이를 이용하여 구의 부피를 계산할 수 있다. 반지름의
길이가 r인 구의 겉면을 무수히 많은 다각형으로 잘게 나누어서 이 다각형
을 밑면으로 하고 구의 반지름의 길이 r을 높이로 하는 각뿔 모양으로 자
르면 각뿔의 부피는 거의 $\frac{1}{3}\times$(각뿔의 밑넓이)$\times r$이 된다. 이때 구의 겉넓
이는 이 각뿔의 밑넓이의 합과 같고, 구의 부피는 이 각뿔의 부피의 합과 같다.

$$\text{(구의 부피)} = \text{(각뿔의 부피의 합)}$$
$$= [\frac{1}{3}\times\text{(각뿔의 밑넓이)}\times r]\text{의 합}$$
$$= \frac{1}{3}\times\text{(각뿔의 밑넓이의 합)}\times r$$
$$= \frac{1}{3}\times\text{(구의 겉넓이)}\times r$$
$$= \frac{1}{3}\times 4\pi r^2 \times r$$
$$= \frac{4}{3}\pi r^3$$

---

[3] 원기둥, 원뿔, 구의 부피 사이의 관계

1. 오른쪽 그림과 같이 원기둥에 구와 원뿔이 꼭 맞게 들어갈 때,
   ⇨ (원뿔의 부피) : (구의 부피) : (원기둥의 부피)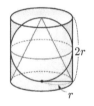

$$= \frac{2}{3}\pi r^3 : \frac{4}{3}\pi r^3 : 2\pi r^3$$
$$= 1 : 2 : 3$$

(이해하기!)

1. 각 입체도형의 부피를 구하면 아래와 같다.

(1) 원뿔의 부피 $= \frac{1}{3}\times\text{(밑넓이)}\times\text{(높이)} = \frac{1}{3}\times \pi r^2 \times 2r = \frac{2}{3}\pi r^3$

(2) 구의 부피 $= \frac{4}{3}\pi r^3$

(3) 원기둥의 부피 $=\text{(밑넓이)}\times\text{(높이)} = \pi r^2 \times 2r = 2\pi r^3$

⇨ 이때 (원뿔의 부피) : (구의 부피) : (원기둥의 부피) $= \frac{2}{3}\pi r^3 : \frac{4}{3}\pi r^3 : 2\pi r^3$ 이고 각 항을 πr^3으로

나눠주면 $\frac{2}{3} : \frac{4}{3} : 2$ 이고 다시 $\frac{3}{2}$을 각각 곱해주면 $1 : 2 : 3$ 이다.

2. 참고로 위 그림은 고대 그리스의 수학자인 아르키메데스(Archimedes, B.C.287?~B.C.212)의 묘비에 그
려진 그림으로도 유명하다.

8.1 줄기와 잎 그림

[1] 줄기와 잎 그림

1. **변량** : 나이, 성적, 키, 몸무게 등의 자료를 수량으로 나타낸 것

2. **줄기와 잎 그림**
   : 줄기(변량의 큰 자리의 수)와 잎(나머지 자리의 수)으로 자료를 구분하여 나타낸 그림

3. **줄기와 잎 그림으로 나타내기**
   (1) 변량을 두 부분으로 나누어 줄기와 잎을 정한다.
   (2) 세로선을 긋고 세로선의 왼쪽에 줄기를 작은 수부터 세로로 쓴다.
   (3) 세로선의 오른쪽에 각 줄기에 해당되는 잎을 가로로 쓴다. 이때 중복되는 잎이 있으면 중복된
       횟수만큼 쓴다.
   (4) 그림의 오른쪽 위에 '줄기 | 잎'을 설명한다.

축제를 방문한 사람의 나이

<표 1>   (단위: 세)

31	24	13	20	42	39	36	51	29
56	36	26	48	16	31	21	12	43
14	46	37	33	40	18	34	62	24

⟹

<그림 2>   (1|2는 12세)

줄기	잎
1	2 3 4 6 8
2	0 1 4 4 6 9
3	1 1 3 4 6 6 7 9
4	0 2 3 6 8
5	1 6
6	2

(이해하기!)

1. 줄기와 잎 그림을 그릴 때에는 우선 가장 작은 변량과 가장 큰 변량을 찾아 줄기를 정해야 한다.
   이때, 줄기는 중복되는 숫자는 한 번만 쓰고 잎은 중복되는 숫자를 모두 쓴다. 잎의 숫자를 나타낼
   때에는 주어진 변량의 순서대로 나타내지 않고 잎의 숫자가 작은 것부터 차례대로 나열함을 주의
   한다.

2. **줄기와 잎 그림의 장점**
   (1) 주어진 자료의 수량을 하나도 빠뜨리지 않고 모두 나타낼 수 있다.
   (2) 자료의 값을 크기순으로 나열하므로 특정한 값의 위치나 주어진 자료들의 최댓값, 최솟값을 알
       수 있다.
   (3) 자료의 분포 상태를 비롯한 전체적인 특징을 알 수 있다.

3. **줄기와 잎 그림의 단점**
   (1) 자료의 양이 많을 경우 주어진 자료를 모두 나열하는데 많은 시간이 걸리고 불편하다.
   (2) 자료의 양이 많을 경우 수를 빠뜨리거나 중복되게 쓸 수도 있다.

8.2 도수분포표

[1] 도수분포표

1. **계급** : 변량을 일정한 간격으로 나눈 구간
2. **계급의 크기** : 구간의 너비 ⇨ (계급의 양 끝값의 차)의 절댓값
3. **계급값** : 도수분포표에서 계급을 대표하는 값으로서 각 계급의 가운데 값을 말한다.

   ⇨ (계급값) $= \dfrac{(계급의\ 양\ 끝값의\ 합)}{2}$

4. **도수** : 각 계급에 속하는 자료의 개수
5. **도수분포표** : 주어진 자료를 몇 개의 계급으로 나누고, 각 계급에 속하는 도수를 조사하여 나타낸 표
6. **도수분포표 나타내기**
   (1) 자료에서 가장 작은 값과 가장 큰 값을 찾아 자료가 존재하는 범위를 정한다.
   (2) 자료의 크기에 따라 적절한 계급의 개수를 정한다. 계급의 개수는 보통 5 ~ 15개 정도가 좋다.
   (3) 자료가 중복되지 않고 같은 간격을 갖도록 계급의 크기를 정한다.
   (4) 각 계급에 속하는 자료의 수(도수)를 조사한다. 이때 자료의 수를 조사하는 데 혼동되지 않도록
   正 또는 ░를 사용한다.

영화관 방문한 사람의 나이

<표 1>   (단위: 세)

25	20	18	31	12	35	26	23	42	39	49	16	24	51
48	13	32	38	56	33	19	36	21	15	23	33	44	21
21	38	23	17	28	22	45	29	18	33	38	25	62	18

<표 2>

나이(세)		방문한 사람 수(명)
$10^{이상}$ ~ $20^{미만}$	//	9
20 ~ 30	//	14
30 ~ 40	/	11
40 ~ 50		5
50 ~ 60		2
60 ~ 70		1
합계		42

(이해하기!)

1. <표 1>은 사람들의 나이를 나타내는 정확한 자료로서 의미가 있지만 자료의 분포 상태를 한눈에 알아보기는 쉽지 않다. 따라서 자료의 분포 상태를 쉽게 알아보기 위하여 자료를 목적에 맞게 정리할 필요가 있다. <표 2>는 정확한 자료값을 나타낼 수는 없지만 자료의 분포 상태를 쉽게 알아볼 수 있다는 장점이 있다.

2. 자료를 정리할 때 줄기와 잎 그림은 모든 자료의 값을 알 수 있고 자료의 전체적인 분포 상태를 볼 수 있다. 그러나 자료의 개수가 많을 때에는 잎을 일일이 나열하기 불편하며 자료의 값의 범위가 클 때에는 분포 상태를 잘 나타내지 못하는 경우가 있다. 이런 단점을 보완할 수 있는 것이 도수분포표이다.

3. 도수분포표에서 계급을 구분할 때, 주로 '이상', '미만'을 사용하여 변량이 2개의 계급에 동시에 속해 중복되는 경우가 없도록 한다.

4. 도수분포표의 각 계급의 크기는 일정하다. 위 <표 2>에서 계급의 개수는 6개, 계급의 크기는 10 (세), 각 계급의 계급값은 차례로 15, 25, 35, 45, 55, 65(세) 이다.

5. 자료를 계급에 따라 정리할 때 가장 먼저 고려해야 할 것은 계급의 개수와 계급의 크기이다. 오른쪽 표와 같이 도수분포표에서 계급의 개수가 너무 적으면 자료의 분포 상태를 잘 알 수 없고, 너무 많으면 원래의 자료와 다를 바가 없어 분포 상태를 알아보기 어렵다. 따라서 몇 개의 계급을 어떻게 정할 것인가 하는 문제는 자료의 종류나 양에

<표 3>

나이(세)	방문한 사람 수(명)
$10^{이상} \sim 40^{미만}$	34
$40 \sim 70$	8
합계	42

따라 달라지지만 계급의 개수는 보통 5~15 정도로 하고 계급의 크기는 모두 같게 한다.

6. 도수(度數)는 본래 횟수(回數)를 뜻한다. 통계에서 자료가 어느 한 계급에 나타나는 횟수를 구하기 때문에 '도수'라는 용어를 사용하는 것이다.

8.3 히스토그램과 도수분포다각형

[1] 히스토그램

1. **히스토그램** : 도수분포표의 각 계급을 가로로, 도수를 세로로 하는 직사각형을 그려 놓은 그래프

2. **히스토그램 그리기**
   (1) 가로축에 각 계급의 양 끝값을 써넣는다.
   (2) 세로축에 도수를 써넣는다.
   (3) 각 계급의 크기를 가로로, 도수를 세로로 하는 직사각형을 차례로 그린다.

3. **히스토그램의 성질**
   (1) 각 계급의 도수를 직사각형의 높이로 나타내므로 자료의 전체적인 분포 상태를 한눈에 알아보기 쉽다
   (2) 각 직사각형에서 가로의 길이인 계급의 크기는 일정하므로 직사각형의 넓이는 세로의 길이인
       각 계급의 도수에 **'정비례'** 한다.
       ⇨ (직사각형의 넓이)=(계급의 크기)×(그 계급의 도수)
   (3) (직사각형의 넓이의 합)=(계급의 크기)×(도수의 총합)

(이해하기!)

1. 아래와 같은 도수분포표를 히스토그램으로 나타낼 수 있다.

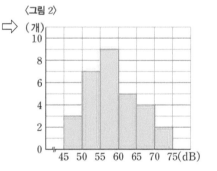

학교 주변의 환경 소음
〈표 1〉

소음(dB)	학교 수(개)
$45^{이상} \sim 50^{미만}$	3
50 ~55	7
55 ~60	9
60 ~65	5
65 ~70	4
70 ~75	2
합계	30

(출처 : 국가소음정보시스템, 2014)

2. (직사각형의 넓이)=(계급의 크기)×(그 계급의 도수)에서 직사각형의 넓이, 계급의 도수는 각 계급
   마다 변하므로 각각 변수 y, x로 두고 계급의 크기는 모든 계급에서 일정한 값으로 상수 a로 두면
   정비례 관계식 $y = ax$가 성립하므로 두 변수인 직사각형의 넓이와 계급의 도수는 정비례 관계이다.

(깊이보기!)

1. 히스토그램과 막대그래프의 비교

히스토그램	막대그래프
$100m$달리기 기록, 키, 컴퓨터 사용 시간 등 자료가 연속적인 값을 나타내는 변량의 경우에 사용한다.	좋아하는 운동 종목, 좋아하는 계절, 좋아하는 개수 등 자료가 이산적인 값을 나타내는 변량의 경우에 사용한다.
(예) 학생들의 통학 시간	(예) 조별 받은 칭찬 스티커 수

2. '이산(離散)적' 이라는 것은 낱개로 흩어져 있다는 의미로 연속적이라는 말의 반대 의미로 생각하면 된다.

---

[2] 도수분포다각형

1. **도수분포다각형**
   : 히스토그램에서 양 끝에 도수가 0인 계급을 하나씩 추가하여 그 계급의 중점과 각 직사각형의 윗변의 중점을 차례로 선분으로 연결하여 만든 그래프

2. **도수분포다각형의 성질**
   (1) 도수의 분포 상태를 연속적으로 관찰할 수 있다.
   (2) 도수분포다각형과 가로축으로 둘러싸인 부분의 넓이는 히스토그램의 직사각형의 넓이의 합과 같다.
   (3) 도수의 총합이 같은 2개 이상의 자료의 분포 상태를 동시에 나타내어 비교할 때 편리하다.

(이해하기!)

1. 오른쪽은 앞에서 설명한 <그림 2>의 히스토그램을 이용하여 도수분포다각형을 그린 그래프이다. 그리는 방법은 다음과 같다.
   (1) 히스토그램의 각 직사각형의 윗변의 중앙에 점을 찍는다.
   (2) 히스토그램의 양 끝에 도수가 0인 계급이 있는 것으로 생각하여 그 중앙에 점을 찍는다.
   (3) 위에서 찍은 점을 선분으로 연결한다.

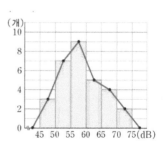

2. 오른쪽 그림에서 △ABC ≡ △DEC(ASA합동) 이므로 두 삼각형 ABC 와 DEC의 넓이가 같음을 통해 도수분포다각형과 가로축으로 둘러싸인 부분의 넓이는 히스토그램의 직사각형의 넓이의 합과 같음을 알 수 있다.

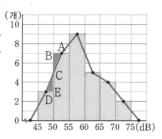

3. 히스토그램과 도수분포다각형 모두 자료의 분포 상태를 한눈에 알아볼 수 있게 해준다. 하지만 1, 2반 학생들의 수학성적과 같이 두 집단의 자료를 비교해야 하는 경우 히스토그램보다 도수분포다각형으로 한 번에 나타내는 것이 두 자료를 비교하여 분석하는 데 좋다. 두 집단의 자료를 히스토그램으로 나타내면 직사각형이 겹쳐진 형태의 그림으로 나타나는 문제점이 생김을 생각하면 이해하기 쉽다.

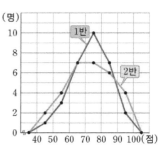

8.4 상대도수

[1] 상대도수

1. **상대도수** : 전체 도수에 대한 각 계급의 도수의 비율

   (1) (계급의 상대도수) $= \dfrac{(계급의\ 도수)}{(도수의\ 총합)}$

   (2) (계급의 도수) = (계급의 상대도수)×(도수의 총합)

   (3) (도수의 총합) $= \dfrac{(계급의\ 도수)}{(계급의\ 상대도수)}$

2. **상대도수의 성질**
   (1) 상대도수의 총합은 항상 1이다.
   (2) 각 계급의 상대도수는 0이상 1이하이다.
   (3) 각 계급의 상대도수는 그 계급의 도수에 정비례한다.

3. **상대도수의 분포표** : 각 계급의 상대도수를 나타낸 표

4. **상대도수의 분포표를 나타낸 그래프**
   : 상대도수의 분포표를 히스토그램이나 도수분포다각형 모양으로 나타낸 그래프

(이해하기!)

1. 각 계급의 상대도수 구하는 공식만 외우면 양변에 (도수의 총합)을 곱해 '계급의 도수' 구하는 공식을 유도하고 다시 '계급의 도수' 구하는 공식의 양변을 (계급의 상대도수)로 나누면 '도수의 총합' 구하는 공식을 유도할 수 있다. 즉, 위 세 공식 중 (1)번 공식만 암기하면 된다.

2. 상대도수의 총합은 항상 1이다.
   ⇨ 각 계급의 도수를 각각 f_1, f_2, $\cdots$, f_n이라 하고 도수의 합은 N이라고 하면
   $N = f_1 + f_2 + \cdots + f_n$ 이다. 또 각 계급의 상대도수는 각각
   $\dfrac{f_1}{N}$, $\dfrac{f_2}{N}$, $\cdots$, $\dfrac{f_n}{N}$ 이므로 상대도수의 합은 다음과 같다.

   $$\dfrac{f_1}{N} + \dfrac{f_2}{N} + \cdots + \dfrac{f_n}{N} = \dfrac{f_1 + f_2 + \cdots + f_n}{N} = \dfrac{N}{N} = 1$$

3. 상대도수는 전체에서 계급이 차지하고 있는 부분의 비율이므로 각 계급의 상대도수는 0이상 1이하이다. 부분이 전체보다 클 수 없음을 생각하면 간단하다.

4. (계급의 상대도수) $= \dfrac{(계급의\ 도수)}{(도수의\ 총합)}$ 에서 계급의 상대도수, 계급의 도수는 각 계급마다 변하므로

   각각 변수 y, x로 두고 도수의 총합은 일정한 값으로 상수 k로 두면 정비례 관계식

$y = \dfrac{x}{k} = ax \left(a = \dfrac{1}{k},\ k \neq 0\right)$가 성립하므로 두 변수인 계급의 상대도수와 계급의 도수는 정비례 관계이다. 즉, 도수가 2배, 3배, 4배, … 가 되면 상대도수도 2배, 3배, 4배, … 가 된다.

5. 두 자료의 분포 상태를 비교할 때, 도수의 총합이 다르면 어떤 계급의 도수가 많고 적음을 비교하는 것이 불편하다. 이와 같이 도수의 총합이 서로 다른 두 집단의 특성을 비교할 때에는 상대도수를 이용하면 편리하다. 왜냐하면 모든 자료의 상대도수의 총합은 1로 같기 때문에 비교하기 좋다. 각 계급의 상대도수는 보통 소수로 표시한다.

중학교 1학년 학생 30명의 몸무게 (상대도수의 분포표)

몸무게(kg)	남학생		여학생	
	도수(명)	상대도수	도수(명)	상대도수
$48^{이상} \sim 50^{미만}$	0	0	2	0.2
50 ~ 52	3	0.15	4	0.4
52 ~ 54	5	0.25	3	0.3
54 ~ 56	10	0.5	1	0.1
56 ~ 58	2	0.1	0	0
합계	20	1	10	1

$\dfrac{(계급의\ 도수)}{(도수의\ 총합)} = \dfrac{2}{10} = 0.2$

도수는 남학생이 크지만 상대도수는 여학생이 크다.

5배

상대도수의 합은 항상 1이다.

계급의 도수와 상대도수는 정비례한다.

6. 상대도수의 분포표를 그래프로 나타내기
   (1) 가로축에는 각 계급의 양 끝 값을, 세로축에는 상대도수를 써넣는다.
   (2) 각 계급의 크기를 가로로, 상대도수를 세로로 하는 직사각형을 그린다.
   (3) 각 직사각형의 윗변의 중앙에 점을 찍고, 양 끝은 상대도수가 0인 계급이 있는 것으로 생각하여 그 중앙에 점을 찍는다.
   (4) 위에서 찍은 점을 선분으로 연결한다.

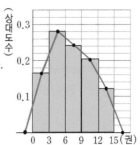

7. 상대도수의 분포표를 나타낸 그래프의 성질
   (1) 상대도수의 분포를 그래프로 나타내는 방법은 히스토그램이나 도수분포다각형을 그리는 방법과 같지만, 세로축에 도수 대신 상대도수를 쓰는 점이 다르다.
   (2) 상대도수의 분포를 도수분포다각형으로 나타내면 도수의 총합이 다른 두 집단의 분포 상태를 한 눈에 비교하는데 편리한 장점이 있다.
   (3) 예를 들어 오른쪽 그림과 같이 1반의 학생이 20명, 2반의 학생이 30명일 때 수학 성적이 더 높은 반을 비교할 때 상대도수의 분포표를 나타낸 그래프가 효율적이다.

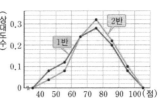

2학년
개념노트

1.1 유리수와 소수

---

[1] 유리수

1. 유리수 : 분수 $\dfrac{a}{b}$ (단, a, b는 정수, $b \neq 0$)로 나타낼 수 있는 수

2. **유리수의 분류**

유리수 $\begin{cases} \text{정수} \begin{cases} \text{양의 정수(자연수): } +1, \ +2, \ +3, \ \cdots \\ 0 \\ \text{음의 정수: } -1, \ -2, \ -3, \ \cdots \end{cases} \\ \text{정수가 아닌 유리수: } -\dfrac{5}{4}, \ -0.6, \ +\dfrac{1}{2}, \ +2.5, \ 1.\dot{2}\dot{5} \ \cdots \end{cases}$

(이해하기!)

1. 유리수

(1) 유리수는 $\dfrac{a}{b}$(a, b는 정수, $b \neq 0$)로 나타낼 수 있는 수를 말한다. 이때, a, b는 정수라는 조건에 주의를 기울이자. 흔히, 학생들이 유리수와 분수를 같은 개념으로 잘못 이해하는 경우들이 있는데 유리수는 수의 종류이고 분수는 수를 표현하는 방법임에 차이가 있다. 예를 들어, $\dfrac{\pi}{2}$ 는 분수이지만 분자가 정수가 아니므로 유리수가 아니다. 따라서, 유리수와 분수를 같다고 생각하면 안된다.

(2) 마찬가지로 보통 소수 역시 유리수라고 생각하는 학생들이 있다. 그러나 이 역시 정확한 표현이 아니다. $0.2, 0.333\cdots$과 같이 유한소수와 순환소수는 각각 $\dfrac{1}{5}, \dfrac{1}{3}$과 같은 분수로 고칠 수 있기 때문에 유리수이지만 $\pi(=3.141592\cdots)$와 같이 순환하지 않는 무한소수는 분수로 고칠 수 없으므로 유리수가 아니다. 따라서, 유리수와 소수를 같다고 생각하면 안된다. 이때, '순환하지 않는 무한소수'를 유리수가 아니라 해서 '무리수'라고 한다.

2. 정수는 $1 = \dfrac{1}{2}, -3 = -\dfrac{3}{1}, 0 = \dfrac{0}{3}, \cdots$과 같이 분수 $\dfrac{a}{b}$ (단, a, b는 정수, $b \neq 0$)로 나타낼 수 있으므로 유리수이다.

3. 정수가 아닌 유리수는 기약분수, 유한소수, 순환소수로 나타내어지는 경우다.

4. 기약분수 : 분모와 분자의 공약수가 1뿐이어서 더 이상 약분이 되지 않는 분수

5. 유한소수 : 소수점 아래의 0이 아닌 숫자의 개수가 유한개인 소수

6. 순환소수 : 소수점 아래의 어떤 자리에서부터 한 숫자 또는 몇 개의 숫자의 배열이 한없이 되풀이 되는 무한소수

(깊이보기!)

1. 중학교 1학년 과정에서 배우는 수의 범위는 자연수, 정수, 유리수 이다. 그런데 중학교 2학년 과정에서 다시 유리수를 배우는 이유는 1학년 과정에서 배운 유리수 중 배우지 않은 유리수가 있기 때문이다. 그 유리수가 곧 순환소수이다. 따라서 유리수와 소수의 관계를 배우고 그 과정 중에 순환소수를 배움으로써 모든 유리수를 배우게 되는 것이다.

2. 중학교 1학년 과정의 내용에서 언급했듯이 수학에서 가장 중요하고 기본이 되는 것이 '수(數)'이기 때문에 중학교 2학년 과정의 가장 처음인 1단원에서도 수에 관한 내용을 학습한다.

---

[2] 분수와 소수

1. **분수를 소수로 나타내는 이유** ⇨ 크기 비교를 하기 쉽다.

2. **분수를 소수로 고치는 방법** ⇨ (분자)÷(분모)

3. 유한소수 : 소수점 아래의 0이 아닌 숫자가 유한 번 나타나는 소수
   ⇨ (예) $0.8, -2.534, 10.57$

4. 무한소수 : 소수점 아래의 0이 아닌 숫자가 무한 번 나타나는 소수
   ⇨ (예) $0.333\cdots, -2.5413\cdots, \pi$

(이해하기!)

1. 분수를 소수로 나타내는 이유는 크기 비교를 하기 쉽기 때문이다.

   ⇨ $\dfrac{7}{10}$과 $\dfrac{8}{11}$ 중 어느 수가 더 큰가? 곧바로 답하기 어렵다. 물론 통분을 해서 크기 비교를 할 수 있지만 통분하는 과정이 불편하다. 따라서, $\dfrac{7}{10} = 0.7$ 이고 $\dfrac{8}{11} = 0.7272\cdots$ 이므로 소수를 비교하면 $\dfrac{8}{11}$ 이 더 큼을 쉽게 알 수 있다.

2. $a \div b = \dfrac{a}{b}$ 이므로 분수를 소수로 고치려면 분자를 분모로 나누면 된다.

3. 분수를 소수로 고치면 정수, 유한소수, 무한소수 중 하나가 된다. 즉, 정수 아닌 유리수는 유한소수, 무한소수 중 하나가 된다.

4. 유한(有限)의 한자 뜻은 한계가 있다는 것으로 유한소수는 끝이 있는 소수라고 생각하면 된다.
   무한(無限)의 한자 뜻은 한계가 없다는 것으로 무한소수는 끝이 없는 소수라고 생각하면 된다.

5. 유한소수의 정의에서 '0이 아닌 숫자' 라는 말이 없으면 모든 소수는 무한소수가 된다. 예를 들어 $0.3 = 0.3000\cdots$ 으로 나타낼 수 있어 무한소수라고 할 수 있다. 따라서 유한소수와 무한소수를 정의할 때, '0이 아닌 숫자' 라는 말이 필요함을 주의하자.

6. 소수(小數, decimal)는 약수가 2개뿐인 소수(素數, prime number)와는 다른 뜻이다.

[3] 유한소수로 나타낼 수 있는 분수의 특징

1. 유한소수로 나타낼 수 있는 분수

: 정수가 아닌 분수를 기약분수로 나타내었을 때, 분모의 소인수가 2 또는 5뿐이면 그 분수는 유한소수로 나타낼 수 있다.

(이해하기!)

1. 유한소수는 분모가 10의 거듭제곱인 분수로 나타낼 수 있다. 예를 들어 $0.4 = \dfrac{4}{10}$, $0.25 = \dfrac{25}{100}$, $0.136 = \dfrac{136}{1000}$ 이다. 이때, $10 = 2 \times 5$, $100 = 10^2 = (2 \times 5)^2 = 2^2 \times 5^2$, $1000 = 10^3 = (2 \times 5)^3 = 2^3 \times 5^3$ 이므로 $10^n = (2 \times 5)^n = 2^n \times 5^n$ 이다. 따라서 유한소수는 분수로 나타냈을 때 분모를 소인수분해하면 소인수가 2와 5뿐이고 각 소인수 2와 5의 지수는 같게 나타낼 수 있다. (⇒ 소인수 2와 5의 곱해진 횟수가 같다)

2. 위 원리를 이용하면 어떤 분수를 기약분수로 나타내었을 때, 분모의 소인수가 2 또는 5뿐이면 분모와 분자에 적당한 수(⇒ 소인수 2와 5의 곱해진 개수가 같아지도록 곱하는 수)를 곱하여 분모를 10의 거듭제곱인 수로 나타낼 수 있으므로 이러한 분수는 유한소수로 나타낼 수 있다.

$$\Rightarrow \frac{1}{2} = \frac{1 \times 5}{2 \times 5} = \frac{5}{10} = 0.5$$

$$\frac{3}{20} = \frac{3}{2^2 \times 5} = \frac{3 \times 5}{2^2 \times 5 \times 5} = \frac{15}{10^2} = 0.15$$

$$\frac{7}{125} = \frac{7}{5^3} = \frac{7 \times 2^3}{5^3 \times 2^3} = \frac{56}{10^3} = 0.056$$

3. 유한소수인지를 판단할 때 주어진 분수가 기약분수인지 우선 확인해야 한다.

$\Rightarrow \dfrac{3}{12} = \dfrac{3}{2^2 \times 3}$ 이므로 분모의 소인수로 2나 5 이외에 3이라는 소인수가 있어 유한소수가 아니라고 한다면 틀린다. 왜냐하면 $\dfrac{3}{12}$ 는 기약분수가 아니므로 약분하면 $\dfrac{1}{4} = \dfrac{1}{2^2}$ 이다. 따라서 분모의 소인수가 2만 있어 유한소수가 된다.

4. 어떤 분수를 기약분수로 나타내었을 때, 분모의 소인수가 2 또는 5 이외의 소인수가 있으면 유한소수가 아니다. 따라서 무한소수가 된다. 이때, 무한소수를 순환소수라 한다.

(깊이보기!)

1. A 또는 B (A 이거나 B)

 (1) '또는'의 의미는 다음 3가지 경우 중 1가지를 만족하는 경우이다.
  (1) A만 만족하는 경우
  (2) B만 만족하는 경우
  (3) A와 B 모두 만족하는 경우

 (2) 소인수가 ②또는⑤인 경우는 소인수가 2만 있어도 되고 5만 있어도 되며 2와 5 둘 다 있어도 된다는 의미이다.
  A B

1.2 순환소수로 나타내어지는 분수

---

[1] 순환소수

1. **순환소수** : 소수점 아래의 어떤 자리부터 일정한 숫자의 배열이 끝없이 되풀이되는 무한소수

2. **순환마디** : 순환소수의 **소수점 아래**에서 숫자의 배열이 끝없이 되풀이 될 때, 되풀이 되는 가장 짧은 한 부분

3. **순환소수의 표현** : 순환마디의 양 끝의 숫자 위에 점을 찍어 나타낸다.

   ⇨ (예) $7.215215\cdots = 7.\dot{2}1\dot{5}$, $0.555\cdots = 0.\dot{5}$, $4.5252\cdots = 4.5\dot{2}$

(이해하기!)

1. $\dfrac{1}{30} = 0.0333\cdots$은 소수점 아래 2번째 자리부터 3이 끝없이 되풀이되고, $\dfrac{10}{33} = 0.303030\cdots$은 소수점 아래 1번째 자리부터 30이 끝없이 되풀이 되므로 $0.0333\cdots$, $0.303030\cdots$과 같은 수를 순환소수라고 한다. 그리고 소수점 아래에서 되풀이 되는 가장 짧은 한 부분인 3, 30을 각각 순환마디라고 한다.

2. 순환마디를 구할 경우 순환마디는 소수점 아래에서 정해짐을 주의하자. 예를 들어, $2.31231231\cdots$의 순환마디는 231이 아니라 312이다.

3. 순환마디는 십진수가 아니므로 위 순환소수 $2.31231231\cdots$의 경우 '순환마디 삼일이'로 읽어야 한다. '순환마디 삼백십이'라고 읽지 않도록 한다.

4. 순환소수의 표현의 잘못된 예

   ⇨ $0.235235\cdots = 0.2\dot{3}\dot{5}$ (×), $1.24124124\cdots = \dot{1}.2\dot{4}$ (×)

   $0.333\cdots = 0.\dot{3}\dot{3}$ (×), $0.34343\cdots = 0.3\dot{4}\dot{3}$ (×)

(깊이보기!)

1. 무한소수 중에는 순환하지 않는 것도 있다. 예를 들어 원주율 $\pi = 3.141592\cdots$인데 소수점 아래의 숫자를 끝없이 구해도 반복되는 구간이 없다. 이런 수를 순환하지 않는 무한소수라고 하며 이는 유리수가 아니다. 따라서 유(有)의 반대 글자인 무(無)를 사용해 이런 수를 무리수라고 하며 무리수들에 대해서는 중학교 3학년 과정에서 배우게 된다.

---

[2] 순환소수로 나타내어지는 분수의 특징

1. **순환소수로 나타낼 수 있는 분수**

   : 정수가 아닌 분수를 기약분수로 나타내었을 때, 분모에 2 또는 5 이외의 소인수가 있으면 그 분수는 무한소수로 나타낼 수 있으며, 그 무한소수는 순환소수이다.

2. 정수 아닌 유리수는 소수로 나타낼 때, 유한소수 또는 순환소수로 나타낼 수 있다.

3. 기약분수를 순환소수로 나타낼 때, 순환마디를 이루는 숫자의 개수는 그 기약분수의 분모보다 작다.

(이해하기!)

1. $\dfrac{3}{7}$ 를 소수로 나타내면 오른쪽과 같이 각 계산 단계의 나머지가 나누는 수 7보다 작은 자연수 1, 2, 3, 4, 5, 6 중 하나이므로 적어도 7번째 안에는 앞에서 나온 나머지와 같은 수가 나타난다. (⇒ 나머지가 나누는 수보다 크면 나눗셈을 잘 못 한 것이다.) 이때 나머지가 같은 수부터 같은 묶이 되풀이 되므로 순환마디가 생기게 된다. 이와 같이 기약분수의 분모에 2 또는 5 이외의 소인수가 있으면 그 분수는 무한소수로 나타낼 수 있으며, 그 무한소수는 순환소수이다.

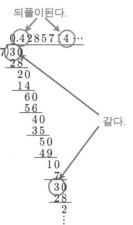

2. 정수 아닌 유리수를 소수로 나타내면 유한소수 또는 무한소수로 나타낼 수 있고 이때 무한소수는 순환소수 이다.

3. 기약분수 $\dfrac{a}{b}$ (a, b는 자연수)를 순환소수로 나타내려면 분자를 분모로 나누어야 하는 데 이때 나머지는 나누는 수인 분모보다 작아야 하므로 $0, 1, 2, 3, \cdots, (b-1)$의 b개 중 하나이다. 여기서 나머지가 0이 나오면 유한소수가 되고 나누어 떨어진다. 그러나 유한소수가 아닌 경우에는 0이 나오지 않으며 b번의 나눗셈 이내에 앞에서 나왔던 나머지가 다시 나오게 되므로 그때부터 같은 배열의 숫자가 묶으로 되풀이 된다. 따라서, 유리수를 소수로 나타내었을 때 무한소수인 경우에 그 무한소수는 반드시 순환소수가 된다. 그리고 순환마디를 이루는 숫자의 개수는 그 기약분수의 분모보다 작고 최대 $(b-1)$개의 숫자로 되어 있다.

1.3 순환소수를 분수로 나타내기

[1] 순환소수를 분수로 나타내기

1. **소수점 아래에 바로 순환마디가 시작되는 순환소수를 분수로 나타내는 방법**
   (1) 순환소수를 x로 놓는다.
   (2) 순환마디 숫자의 개수만큼 소수점이 뒤로 이동할 수 있도록 양변에 10의 거듭제곱을 곱하여 소수점 아래의 부분이 같은 식을 만든다.
   (3) (2)식에서 (1)식을 변끼리 빼서 x를 구한다.

2. **소수점 아래에 바로 순환마디가 시작되지 않는 순환소수를 분수로 나타내는 방법**
   (1) 순환소수를 x로 놓는다.
   (2) 소수점 아래에서 바로 순환마디가 시작되도록 순환마디가 아닌 숫자의 개수만큼 소수점이 뒤로 이동할 수 있도록 양변에 10의 거듭제곱을 곱한다.
   (3) 순환마디 숫자의 개수만큼 소수점이 뒤로 이동할 수 있도록 양변에 10의 거듭제곱을 곱하여 소수점 아래의 부분이 같은 식을 만든다.
   (4) (3)식에서 (2)식을 변끼리 빼서 x를 구한다.

3. **순환소수를 분수로 나타내는 간단한 공식**
   (1) **분모** : 소수점 아래 순환마디 숫자의 개수만큼 9를 쓰고, 순환하지 않는 숫자의 개수만큼 0을 써서 나타낸다.
   (2) **분자** : 소수점을 제외한 순환마디 한마디를 포함한 전체의 수에서 순환마디가 아닌 부분의 수를 빼서 나타낸다.

(이해하기!)

1. 소수점 아래에 바로 순환마디가 시작되는 순환소수를 분수로 나타내기

   ⇨ 순환소수 $0.\dot{4}$을 분수로 나타내보자.

   (1) 순환소수 $0.\dot{4}$ 을 x로 놓는다.

   $$x = 0.444\cdots \qquad \cdots\cdots ①$$

   (2) 순환마디 숫자의 개수가 1개 이므로 소수점이 뒤로 한 자리 이동하기 위해 양변에 10을 곱한다.

   $$10x = 4.444\cdots \qquad \cdots\cdots ②$$

   (3) ②식에서 ①식을 변끼리 뺀다.

   $$10x - x = 4.444\cdots - 0.444\cdots$$
   $$9x = 4$$
   $$\therefore \ x = \frac{4}{9}$$

   $$\begin{array}{r} 10x = 4.444\cdots \\ - \underline{)\quad x = 0.444\cdots} \\ 9x = 4 \end{array}$$

   따라서, $0.\dot{4} = \dfrac{4}{9}$ 이다.

2. 소수점 아래에 바로 순환마디가 시작되지 않는 순환소수를 분수로 나타내기

⇨ 순환소수 $0.3\dot{7}\dot{5}$을 분수로 나타내보자

(1) 순환소수 $0.3\dot{7}\dot{5}$를 x로 놓는다.

$$x = 0.3757575\cdots \quad \cdots\cdots ①$$

(2) 소수점 아래에서 바로 순환마디가 시작되도록 소수점을 이동한다. 순환마디가 아닌 숫자의 개수가 1개 이므로 소수점이 뒤로 한 자리 이동하기 위해 양변에 10을 곱한다.

$$10x = 3.757575\cdots \quad \cdots\cdots ②$$

(3) 순환마디 숫자의 개수가 2개 이므로 소수점이 뒤로 두 자리 이동하기 위해 ②식의 양변에 100을 곱한다.

$$1000x = 375.757575\cdots \quad \cdots\cdots ③$$

(4) ③식에서 ②식을 변끼리 뺀다.

$$1000x - 10x = 375.7575\cdots - 3.7575\cdots$$
$$990x = 372$$
$$\therefore x = \frac{372}{990} = \frac{62}{165}$$

$$\begin{array}{r} 1000x = 375.7575\cdots \\ -\ )\ \ 10x = 3.7575\cdots \\ \hline 990x = 372 \end{array}$$

따라서 $0.3\dot{7}\dot{5} = \dfrac{62}{165}$ 이다.

3. 순환소수는 무한소수 이므로 가장 마지막 자리 수를 알 수 없어 기본적으로 덧셈, 뺄셈을 할 수 없다. 그러나 무한소수도 자기 자신을 빼면 0이 되므로 소수점 이하 순환하는 부분을 같게 만들어 주면 더하거나 뺄 경우 무한인 부분이 0이 된다. 그러기 위해 10의 거듭제곱을 곱해 소수점의 위치만 변하게 하면 숫자의 배열 순서는 바뀌지 않고 소수점 이하 순환하는 부분이 같도록 만들어줄 수 있다. 그러면 정수의 덧셈과 뺄셈이 되어 계산을 할 수 있다는 것이 위 풀이법의 아이디어 이다.

4. **순환소수를 분수로 나타내는 간단한 공식**

⇨ 분모는 소수점 아래 순환마디 숫자의 개수만큼 9를 쓰고 순환마디가 아닌 숫자의 개수만큼 0을 써서 나타낸다. 분자는 소수점을 제외한 순환마디 한 마디를 포함한 전체의 수에서 순환마디를 제외한 부분의 수를 빼서 나타낸다.

(1) $0.\dot{5} = \dfrac{5}{9}$, $0.\dot{1}\dot{3} = \dfrac{13}{99}$, $2.\dot{1}0\dot{3} = \dfrac{2103 - 2}{999} = \dfrac{2101}{999}$

(2) $0.2\dot{7} = \dfrac{27 - 2}{90} = \dfrac{25}{90} = \dfrac{5}{18}$, $0.18\dot{4} = \dfrac{184 - 18}{900} = \dfrac{166}{900} = \dfrac{83}{450}$, $2.1\dot{2}\dot{3} = \dfrac{2123 - 21}{990} = \dfrac{2102}{990} = \dfrac{1051}{495}$

5. 순환소수를 분수로 나타내는 방법을 배우는 이유는 순환소수를 포함한 식을 계산할 경우 순환소수는 무한소수이므로 가장 낮은 자리 수를 알 수 없어 계산이 어렵지만 순환소수를 분수로 나타내면 계산할 수 있기 때문이다.

⇨ 예를 들어 $0.\dot{3} \times 0.\dot{4} = 0.\dot{1}\dot{2}$와 같이 계산 할 수 없다. $0.\dot{3} \times 0.\dot{4} = \dfrac{3}{9} \times \dfrac{4}{9} = \dfrac{4}{27} = 0.1\dot{4}\dot{8}$와 같이 분수로 나타내어 계산해야 한다.

(깊이보기!)

1. 배수 판별법을 활용하면 순환소수를 분수로 고쳤을 경우 분자와 분모의 수가 커서 공약수를 구하기 어려울 때 공약수를 구해 약분을 편리하게 할 수 있다. 다음 배수판별법을 익혀두자.

(1) 2의 배수 : 일의 자리의 숫자가 0또는 2의 배수인 수

⇨ $64, 150, 1368$은 일의 자리 숫자가 0 또는 2의 배수이므로 2의 배수이다.

(2) 3의 배수 : 각 자리의 숫자의 합이 3의 배수인 수

⇨ $24, 315, 1833, 85311$은 각 자리의 숫자의 합이 3의 배수이므로 3의 배수이다.

(3) 4의 배수 : 끝의 두 자리의 수가 00또는 4의 배수인 수

⇨ $200, 1516, 30564$는 끝의 두 자리의 수가 00 또는 4의 배수이므로 4의 배수이다.

(4) 5의 배수 : 일의 자리의 숫자가 0또는 5인 수

⇨ $130, 2215, 13780$은 일의 자리 숫자가 0 또는 5의 배수이므로 5의 배수이다.

(5) 9의 배수 : 각 자리의 숫자의 합이 9의 배수인 수

⇨ $81, 441, 1377, 25452$는 각 자리의 숫자의 합이 9의 배수이므로 9의 배수이다.

2. 예를 들어, $\dfrac{1224}{99}$ 는 약분이 안될 것 같지만 분자 1224의 각 자리수의 합이 9이므로 9의 배수이다.

따라서 9로 약분되어 $\dfrac{136}{11}$ 가 된다. 이처럼 배수 판별법을 활용하면 순환소수를 분수로 고쳤을 경우 분자, 분모의 수가 커서 약분하지 않는 실수를 줄일 수 있다.

---

[2] 유리수와 소수의 관계

1. 유한소수, 순환소수는 분수로 나타낼 수 있으므로 유리수이다.

2. 순환하지 않는 무한소수는 분수로 나타낼 수 없으므로 유리수가 아니다.

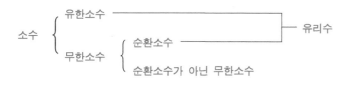

(이해하기!)

1. 유한소수와 순환소수는 모두 유리수이다.

2. 정수가 아닌 유리수는 유한소수나 순환소수로 나타낼 수 있다.

2.1 지수법칙

[1] 거듭제곱

1. 거듭제곱 : 반복해서 같은 수를 곱하는 것

2. **거듭제곱의 표현**
   : 같은 수나 문자를 반복하여 곱한 것을 밑과 지수를 써서 간단히 나타낸다.

3. 밑 : 거듭해서 곱하는 수나 문자

4. 지수 : 거듭해서 곱하는 수나 문자의 개수

5. **음수의 거듭제곱** : $a > 0, n$은 자연수일 때

$2 \times 2 \times 2 \Rightarrow 2^3$ (3개) 지수, 밑

(1) $(-1)^n = \begin{cases} -1 & (n \text{이 홀수일 때}) \\ 1 & (n \text{이 짝수일 때}) \end{cases}$ (2) $(-a)^n = \begin{cases} -a^n & (n \text{이 홀수일 때}) \\ a^n & (n \text{이 짝수일 때}) \end{cases}$

(이해하기!)

1. 거듭제곱의 '거듭' 은 반복을 의미하고 제곱의 '제' 는 자기 자신으로 같음을 의미하는 것으로 거듭제곱이란 같은 수나 문자를 반복하여 곱하는 것을 말한다.

2. 거듭제곱과 곱셈 개념의 차이를 구분해서 알아야한다. 지수는 밑을 곱한 횟수이고 수나 문자 앞에 곱해진 계수는 수나 문자를 더한 횟수임을 구분해서 알고 있어야 한다.
   - (1) $2 \times 2 \times 2 \times 2 = 2^4$, $a \times a \times a \times a = a^4$
   - (2) $2 + 2 + 2 + 2 = 4 \times 2$, $a + a + a + a = 4 \times a = 4a$

3. $a = a^1$으로 지수 1은 생략한다.

[2] 거듭제곱의 필요성

1. **거듭제곱의 필요성** : 매우 큰 수 또는 매우 작은 수의 표현의 편리성, 계산의 편리성
   - 지구에서 안드로메다까지의 거리 : $200,000,000,000,000,000 \text{km} = 2 \times 10^{17} \text{km}$

(이해하기!)

1. 1광년은 빛이 초속 약 $300,000 \text{km}$의 빠르기로 1년 동안 간 거리이다. 1년을 약 $30,000,000$초라고 할 때, 지구로부터 10광년 떨어진 행성까지의 거리는 몇 km일까?
   - (거리)=(속력)×(시간) 이므로 $(3 \times 10^5) \times (3 \times 10^7) \times 10 = 9 \times 10^{13} (\text{km})$이다. 이것을 거듭제곱 표현과 지수법칙을 사용하지 않고 계산해보자. 1광년은 $300,000 (\text{km/sec})$이고 1년은 $30,000,000$초 이므로 10광년 떨어진 행성의 거리는 $300,000 \times 30,000,000 \times 10 = 90,000,000,000,000 (\text{km})$이다. 어떤가? 둘 중 어느 방법이 계산하기 편리하고 보기 좋은가? 거듭제곱과 지수법칙을 활용한 표현법이 좋다고 생각할 것이다. 실제로 거듭제곱은 기호로 처음 사용한 스테빈을 거쳐 우리가 지금 사용하고 있는 표현방법을 만든 데카르트에 의해 17세기 천문학의 발전에 많은 기여를 했다. 천문학에 사용되는 수는 일상생활에서 사용하는 수에 비해 엄청나게 큰 수를 사용하기 때문에 계산의 번거로움과 표현의 복잡함이 있었는데 위 방법을 통해 간단히 표현할 수 있게 되었으며 계산도 편리하게 되었다.

[3] 지수법칙 1 – 거듭제곱의 곱셈

1. m, n이 자연수일 때,

$a^m \times a^n = a^{m+n}$

(이해하기!)

1. $a^m \times a^n = a^{m+n}$

(1) 밑이 같을 경우 거듭제곱의 곱셈은 지수를 더한다.

$\Rightarrow a^m \times a^n = \underbrace{(a \times \cdots \times a)}_{m\text{개}} \times \underbrace{(a \times \cdots \times a)}_{n\text{개}} = \underbrace{a \times \cdots \times a}_{m+n\text{개}} = a^{m+n}$

(2) 예를 들어, $a^5 \times a^2 = \underbrace{(a \times a \times a \times a \times a)}_{5\text{개}} \times \underbrace{(a \times a)}_{2\text{개}}$

$= \underbrace{a \times a \times a \times a \times a \times a \times a}_{(5+2)\text{개}}$

$= a^7$

2. 밑이 다른 거듭제곱의 곱셈은 교환법칙과 결합법칙을 사용하여 밑이 같은 것끼리 모은 후 지수법칙 $a^m \times a^n = a^{m+n}$을 이용하여 간단히 나타낸다. 이때 다른 문자끼리는 곱셈기호를 생략한다.

$\Rightarrow x^2 \times y^3 \times x \times y^4 = (x^2 \times x) \times (y^3 \times y^4) = x^{2+1} \times y^{3+4} = x^3 y^7$

3. 거듭제곱의 곱셈은 확장 가능하다.

$\Rightarrow a^m \times a^n \times a^l = (a^m \times a^n) \times a^l = a^{m+n} \times a^l = a^{m+n+l}$

[4] 지수법칙 2 – 거듭제곱의 거듭제곱

1. m, n이 자연수일 때,

$(a^m)^n = a^{mn}$

(이해하기!)

1. $(a^m)^n = a^{mn}$

(1) 거듭제곱의 거듭제곱은 지수끼리 곱한다.

$\Rightarrow$ 지수법칙 1에 의해 $(a^m)^n = \underbrace{a^m \times \cdots \times a^m}_{n\text{개}} = a^{\overbrace{m + \cdots + m}^{n\text{개}}} = a^{mn}$

(2) 예를 들어, $(a^3)^4 = a^3 \times a^3 \times a^3 \times a^3 = a^{3+3+3+3} = a^{3 \times 4} = a^{12}$

2. 거듭제곱의 거듭제곱은 확장 가능하다.

$\Rightarrow ((a^m)^n)^l = (a^{mn})^l = a^{mnl}$

[5] 지수법칙 3 - 거듭제곱의 나눗셈

1. $a \neq 0$이고, m, n이 자연수일 때,

   (1) $m > n$이면 $a^m \div a^n = a^{m-n}$

   (2) $m = n$이면 $a^m \div a^n = 1$

   (3) $m < n$이면 $a^m \div a^n = \dfrac{1}{a^{n-m}}$

(이해하기!)

1. 중학교 교육과정에서 지수법칙은 지수가 자연수인 경우만 다루므로 거듭제곱의 나눗셈의 경우 아래와 같이 3가지 경우로 구분해서 설명한다.

   (1) $m > n$인 경우 $\Rightarrow$ $a^7 \div a^5 = \dfrac{a^7}{a^5} = \dfrac{\acute{a} \times \acute{a} \times \acute{a} \times \acute{a} \times \acute{a} \times a \times a}{\acute{a} \times \acute{a} \times \acute{a} \times \acute{a} \times \acute{a}} = a^2 = a^{7-5}$

   (2) $m = n$인 경우 $\Rightarrow$ $a^5 \div a^5 = \dfrac{a^5}{a^5} = \dfrac{\acute{a} \times \acute{a} \times \acute{a} \times \acute{a} \times \acute{a}}{\acute{a} \times \acute{a} \times \acute{a} \times \acute{a} \times \acute{a}} = 1$ ($\Rightarrow$ 같은 수로 나누었으므로 1이다.)

   (3) $m < n$인 경우 $\Rightarrow$ $a^5 \div a^7 = \dfrac{a^5}{a^7} = \dfrac{\acute{a} \times \acute{a} \times \acute{a} \times \acute{a} \times \acute{a}}{\acute{a} \times \acute{a} \times \acute{a} \times \acute{a} \times \acute{a} \times a \times a} = \dfrac{1}{a^2} = \dfrac{1}{a^{7-5}}$

2. 거듭제곱의 나눗셈은 확장 가능하다.

   (1) $a^m \div a^n \div a^l = (a^m \div a^n) \div a^l = (a^{m-n}) \div a^l = a^{m-n-l}$

   (2) 나눗셈은 결합법칙이 성립하지 않으므로 $a^7 \div a^5 \div a^3 = a^7 \div (a^5 \div a^3) = a^7 \div a^2 = a^5$와 같이 계산하면 안됨을 주의하자.

(깊이보기!)

1. **지수법칙의 확장**

   : 중학교 교육과정에서는 지수법칙에서 지수가 자연수인 경우에 대해서만 다루는데 지수의 범위를 정수까지 확장해보자. $a \neq 0$이고 n이 자연수일 때 $a^0 = 1$, $a^{-n} = \dfrac{1}{a^n}$ 과 같이 정의하면 거듭제곱의 나눗셈은 간단히 $a^m \div a^n = a^{m-n}$이라고 할 수 있다. 왜냐하면 위의 거듭제곱의 나눗셈 규칙에서

   (1) $m = n$인 경우, $a^m \div a^n = 1 = a^0 = a^{m-n}$ 이므로 $a^m \div a^n = a^{m-n}$ 이다.

   (2) $m < n$인 경우, $a^m \div a^n = \dfrac{1}{a^{n-m}} = a^{-(n-m)} = a^{m-n}$ 이므로 $a^m \div a^n = a^{m-n}$ 이다.

   $\Rightarrow$ (예) $a^3 \div a^3 = a^{3-3} = a^0 = 1$, $a^3 \div a^5 = a^{3-5} = a^{-2} = \dfrac{1}{a^2}$

   따라서 거듭제곱의 나눗셈은 $a^0 = 1$, $a^{-n} = \dfrac{1}{a^n}$임을 이용하면 위와 같이 3가지 경우로 나눠 지수의 크기 비교 없이 단지 밑이 같은 경우 두 지수를 뺀다고 이해하면 된다.

[6] 지수법칙 4 – 밑이 곱으로 이루어진 거듭제곱

1. m이 자연수일 때

$$(ab)^m = a^m b^m$$

(이해하기!)

1. $(ab)^m = a^m b^m$

   (1) 각각의 인수에 거듭제곱을 해준다.

      ⇨ 곱셈의 교환법칙과 결합법칙에 의해 $(ab)^m = \underbrace{ab \times \cdots \times ab}_{m개} = \underbrace{a \times \cdots \times a}_{m개} \underbrace{b \times \cdots \times b}_{m개} = a^m b^m$

   (2) 예를 들어, $(ab)^2 = ab \times ab = a \times b \times a \times b = (a \times a)(b \times b) = a^2 b^2$

2. 밑이 곱으로 이루어진 거듭제곱은 확장 가능하다.

     ⇨ $(abc)^m = (ab)^m c^m = a^m b^m c^m$

3. 음수의 거듭제곱에서 곱해지는 음수의 개수에 따라 부호가 달라지는데 이를 지수법칙을 통해 다음과 같이 이해할 수 있다.

   (1) $(-a)^n = \{(-1) \times a\}^n = (-1)^n \times a^n$이고 $(-1)^n = \begin{cases} -1 & (n이 \ 홀수일 \ 때) \\ 1 & (n이 \ 짝수일 \ 때) \end{cases}$ 이므로

      $(-a)^n = \begin{cases} -a^n & (n이 \ 홀수일 \ 때) \\ a^n & (n이 \ 짝수일 \ 때) \end{cases}$ 을 만족한다.

      ⇨ (예) $(-2)^3 = -8$, $(-2)^4 = 16$

   (2) $(-a)^2 \neq -a^2$임을 주의하자. 지수법칙에 의해 $(-a)^2 = (-1)^2 \times a^2 = a^2$ 이다.

[7] 지수법칙 5 – 분수의 거듭제곱

1. $b \neq 0$이고 m이 자연수일 때

$$\left(\frac{a}{b}\right)^m = \frac{a^m}{b^m}$$

(이해하기!)

1. $\left(\dfrac{a}{b}\right)^m = \dfrac{a^m}{b^m}$

   (1) 분자, 분모 각각에 거듭제곱을 해준다.

      ⇨ $\left(\dfrac{a}{b}\right)^m = \underbrace{\dfrac{a}{b} \times \cdots \times \dfrac{a}{b}}_{m개} = \dfrac{\overbrace{a \times \cdots \times a}^{m개}}{\underbrace{b \times \cdots \times b}_{m개}} = \dfrac{a^m}{b^m}$

   (2) 예를 들어 $\left(\dfrac{a}{b}\right)^3 = \dfrac{a}{b} \times \dfrac{a}{b} \times \dfrac{a}{b} = \dfrac{a \times a \times a}{b \times b \times b} = \dfrac{a^3}{b^3}$ 이다.

[8] 지수법칙을 잘못 사용한 예

1. $a^2 \times a^3 = a^{2 \times 3} = a^6$ (✗) $\Rightarrow$ $a^2 \times a^3 = a^{2+3} = a^5$ (◯)

2. $a^2 + a^3 = a^{2+3} = a^5$ (✗) $\Rightarrow$ 동류항이 아니라 더할 수 없다.

3. $(a^3)^2 = a^{3+2} = a^5$ (✗), $(a^3)^2 = a^{3^2} = a^9$ (✗) $\Rightarrow$ $(a^3)^2 = a^{3 \times 2} = a^6$ (◯)

4. $a^4 \div a^2 = a^{4 \div 2} = a^2$ (✗), $a^4 \div a^2 = \dfrac{a^4}{a^2} = \dfrac{4}{2} = 2$ (✗) $\Rightarrow$ $a^4 \div a^2 = a^{4-2} = a^2$ (◯)

5. $(a+b)^m = a^m + b^m$ (✗), $(a+b)^2 = a^2 + b^2$ (✗) $\Rightarrow$ $(ab)^m = a^m b^m$, $(ab)^2 = a^2 b^2$ (◯)

6. $(ab)^m = ab^m$, $(ab)^m = a^m b$ (✗) $\Rightarrow$ $(ab)^m = a^m b^m$, $(ab)^2 = a^2 b^2$ (◯)

7. $\left(\dfrac{a}{b}\right)^3 = \dfrac{a^3}{b}$ (✗), $\left(\dfrac{a}{b}\right)^3 = \dfrac{a}{b^3}$ (✗) $\Rightarrow$ $\left(\dfrac{a}{b}\right)^3 = \dfrac{a^3}{b^3}$ (◯)

(이해하기!)

1. 위 지수법칙을 잘못 사용한 예와 올바르게 사용한 예를 구분하여 이해하자.

[9] 지수법칙의 활용

1. 자릿수 구하기
   (1) 주어진 식을 소인수분해한다.
   (2) 소인수 2와 5의 지수가 같아지도록 변형하여 $a \times 10^n (a, n$은 자연수) 꼴로 만든다.

(이해하기!)

1. $2^9 \times 3^2 \times 5^7$은 n자리 자연수일 때, n의 값을 구해보자.
   $\Rightarrow$ $2^9 \times 3^2 \times 5^7 = 2^2 \times 3^2 \times 2^7 \times 5^7 = 36 \times (2 \times 5)^7 = 36 \times 10^7$ 이므로 9자리 자연수이다. 따라서, $n = 9$ 이다.

2.2 단항식의 곱셈과 나눗셈

[1] 학년별 식의 연산 학습내용

1. 1학년

(1) 일차식과 수의 곱셈, 나눗셈

① (단항식)×(수) : 수끼리 곱한 후 문자 앞에 쓴다. ⇨ 예) $2x \times 3 = 6x$

② (단항식)÷(수) : 나눗셈을 곱셈으로 바꾸어 계산한다. ⇨ 예) $2x \div 3 = 2x \times \dfrac{1}{3} = \dfrac{2}{3}x$

③ (일차식)×(수) : 일차식의 각 항에 수를 곱한다. ⇨ 예) $(2x+3) \times 4 = 2x \times 4 + 3 \times 4 = 8x + 12$

④ (일차식)÷(수) : 나눗셈을 곱셈으로 바꾸어 각 항에 수를 곱해 계산한다.

⇨ 예) $(2x+3) \div 4 = (2x+3) \times \dfrac{1}{4} = \dfrac{2x}{4} + \dfrac{3}{4} = \dfrac{1}{2}x + \dfrac{3}{4}$

(2) 일차식의 덧셈과 뺄셈, 단항식의 덧셈과 뺄셈 : 동류항끼리 덧셈과 뺄셈을 한다.

⇨ 예) $2x + (3x+1) = 5x + 1$

2. 2학년

(1) (단항식)×(단항식), (단항식)÷(단항식) ⇨ 예) $2x \times 3y$, $4x \div 2x$

(2) (단항식)×(단항식), (다항식)÷(단항식) ⇨ 예) $2x(3x+5y)$, $(4x^2+6x) \div 2x$

(3) 다항식의 덧셈과 뺄셈 ⇨ 예) $(x-2y)+(2x+5y)$, $(3x+y)-(2x-4y)$

(4) 이차식의 덧셈과 뺄셈 ⇨ 예) $(2x^2-3x+5)+(3x^2+x-2)$, $(5x^2-2x+1)-(-x^2+2x-3)$

3. 3학년

(1) (다항식)×(다항식) ⇨ 예) $(x+y)(2x-3y)$

(2) 곱셈공식

(깊이보기!)

1. '식의 연산' 학습과정에서 학년별 학습내용을 전체적으로 확인해보는 것이 이 단원을 학습하는 데 도움이 된다. 수의 확장과 같이 학년이 올라감에 따라 단항식에서 다항식으로 일차식에서 이차식으로 확장하여 조금 더 난이도 높은 학습 내용을 배우는 것을 알 수 있다. 자세히 살펴보면 위 내용 중 다항식의 사칙연산에서 '(다항식)÷(다항식)'은 빠져있음을 알 수 있다. 이 내용은 고교과정에서 소개된다.

[2] 단항식의 곱셈

1. 단항식의 곱셈은 계수는 계수끼리, 문자는 문자끼리 곱하여 계산한다.

2. 같은 문자끼리의 곱셈은 지수법칙을 이용하여 간단히 한다.

3. 단항식의 곱셈에서 곱셈 결과는 계수를 먼저 쓰고 문자는 알파벳 순서로 쓰며, 곱해진 음수 부호가 짝수개이면 양의부호(+), 홀수개이면 음의부호(−)를 갖는다.

(이해하기!)

1. 단항식은 하나의 항으로만 이루어진 다항식이고 계수는 문자를 포함한 항에서 문자 앞에 곱해진 수이다.

2. 예를 들어, 단항식의 곱셈 $4a \times 3b$ 를 계산해보자.

   (1) $4a \times 3b = 4 \times a \times 3 \times b$ } 곱셈의 교환법칙

   $\quad = 4 \times 3 \times a \times b$ } 곱셈의 결합법칙

   $\quad = (4 \times 3) \times (a \times b)$

   $\quad = 12ab$

   (2) 이와 같이 단항식의 곱셈은 곱셈의 교환법칙과 결합법칙을 이용하여 계수는 계수끼리, 문자는 문자끼리 곱하여 계산한다. 이때, 같은 문자의 곱셈은 지수법칙을 이용하여 거듭제곱으로 간단히 나타낸다.

(깊이보기!)

1. 단항식의 곱셈을 활용해 두 짝수의 곱이 짝수임을 증명하기!

   ⇨ 두 짝수 $2m, 2n$(단, m, n은 정수) 에 대해 $2m \times 2n = 4mn = 2(2mn) = 2k$(단, k는 정수) 이므로 두 짝수의 곱은 짝수이다.

---

[3] 단항식의 나눗셈

1. 단항식의 나눗셈은 다음과 같이 3가지 방법 중 하나를 활용해 계산한다.

   (1) 나누는 식의 역수를 곱해 나눗셈을 곱셈으로 바꾸어 계산한다. (방법1)

   (2) 분수꼴로 바꾸어 계산한다. (방법2)

   (3) 계수가 나누어 떨어질 경우 계수는 계수끼리 문자는 문자끼리 나누어 계산한다. (방법3)

(방법1)	(방법2)	(방법3)
$24ab \div 6a = 24ab \times \dfrac{1}{6a}$ $\quad = 24 \times \dfrac{1}{6} \times ab \times \dfrac{1}{a}$ $\quad = 4b$	$24ab \div 6a = \dfrac{24ab}{6a}$ $\quad = \dfrac{24}{6} \times \dfrac{ab}{a}$ $\quad = 4b$	$24ab \div 6a = (24 \div 6) \times (ab \div a)$ $\quad = 4 \times b$ $\quad = 4b$

2. 같은 문자의 나눗셈은 지수법칙을 이용하여 거듭제곱으로 간단히 나타낼 수 있다.

(이해하기!)

1. 일반적으로 (방법1)을 가장 많이 활용한다. (방법3)은 계수가 나누어 떨어질 경우 사용하면 좋다. 단, 분수의 나눗셈 문제의 경우 사용하기에 적절치 않다.

2. (방법1)에서 나누는 수의 역수를 구해 곱할 때 나누는 식의 계수가 분수인 경우 계수의 역수만 구하지 않도록 주의해야 한다. 예를 들어, $24ab \div \dfrac{5}{6}a$에서 $\dfrac{5}{6}a$의 역수를 $\dfrac{6}{5}a$로 구하지 않도록 한다.

   $\dfrac{5}{6}a = \dfrac{5a}{6}$이므로 $\dfrac{5}{6}a$의 역수는 $\dfrac{6}{5a}$이다. 따라서, $24ab \div \dfrac{5}{6}a = 24ab \times \dfrac{6}{5a}$이다.

3. 다음과 같은 단항식의 나눗셈 오개념을 주의하자.

$$6a^2 \div 3a = 6 \times a^2 \div 3 \times a = 6 \times a^2 \times \frac{1}{3} \times a = 2a^3 \ (\times)$$

⇨ $6a^2 \div 3a = (6 \times a^2) \div (3 \times a)$와 같이 괄호가 생략된 것이므로 $6a^2 \div 3a = 6a^2 \times \frac{1}{3a} = 2a$와 같이 계산해야 한다. 위 계산은 결합법칙에 어긋난 계산으로 잘못된 계산 방법이다.

[4] 단항식의 곱셈과 나눗셈의 혼합셈

1. 괄호가 있으면 지수법칙을 이용하여 괄호부터 푼다
2. 나눗셈은 역수의 곱셈으로 바꾸어 계산한다.
3. 계수는 계수끼리, 문자는 문자끼리 계산한다.

(이해하기!)

1. 예를 들어 $(-3x^2y)^2 \times 5xy^2 \div 15x^2y^5 = 9x^4y^2 \times 5xy^2 \times \frac{1}{15x^2y^5} = \frac{45x^5y^4}{15x^2y^5} = \frac{3x^3}{y}$ 이다.

2. 단항식의 곱셈과 나눗셈이 혼합된 식은 앞에서부터 차례로 계산한다.

$A \div B \times C = (A \div B) \times C = \frac{AC}{B} \ (\bigcirc)$, $A \div B \times C = A \div (B \times C) = \frac{A}{BC} \ (\times)$임을 비교해서 이해하자.

⇨ $6ab \div 3a \times 2b = (6ab \div 3a) \times 2b = \frac{6ab}{3a} \times 2b = 2b \times 2b = 4b^2$ 으로 계산해야 하는데, 계산 순서를 다르게 하면 $6ab \div 3a \times 2b = 6ab \div (3a \times 2b) = 6ab \div 6ab = \frac{6ab}{6ab} = 1$이 되어 다른 결과가 나오게 되므로 단항식의 곱셈과 나눗셈의 혼합셈은 앞에서부터 순서대로 계산해야함을 주의한다.

[5] 빈 칸 채우기 문제

1. $A \times \square = B \Rightarrow \square = \frac{B}{A}$

   : 양변에 A의 역수를 곱해 $\square$를 구한다.

2. $A \div \square = B \Rightarrow A = B \times \square \Rightarrow \square = \frac{A}{B}$

   : 양변에 $\square$를 곱해주고 B의 역수를 양변에 곱해 $\square$를 구한다.

(이해하기!)

1. 예를 들어, $4a^4b^3 \times \boxed{} = 20a^5b^6$에서 양변에 $4a^4b^3$의 역수 $\frac{1}{4a^4b^3}$을 곱하면(⇒ 양변을 $4a^4b^3$으로 나누면) $\boxed{} = \frac{20a^5b^6}{4a^4b^3} = 5a^5b^3$ 이다.

2. 예를 들어, $15a^5b^2 \div \boxed{} = 5a^3b$에서 양변에 $\boxed{}$를 곱해주면 $15a^5b^2 = 5a^3b \times \boxed{}$ 이고 다시 양변에 $5a^3b$의 역수 $\frac{1}{5a^3b}$을 곱하면(⇒ 양변을 $5a^3b$로 나누면) $\boxed{} = \frac{15a^5b^2}{5a^3b} = 3a^2b$ 이다.

3. 간혹 학생들 중 $A \div \square = B$에서 $\square = A \times B$ 로 계산하는 경우들이 있는데 ÷은 교환법칙을 만족하지 않으므로 $A \div \square = \square \div A$가 될 수 없다. $\square \div A = B$일 때 $\square = A \times B$ 이다. 따라서 $A \div \square = B$를 풀려면 양변에 $\square$를 곱해줘 1식과 같은 형태를 만들어 준 후 양변을 B로 나누어 $\square$값을 구해준다.

2.3 다항식의 덧셈과 뺄셈

---

[1] 다항식의 덧셈과 뺄셈

1. 동류항 : 문자와 문자에 관한 차수가 각각 같은 항

   ⇨ (예) $2x$와 $3x$, $-2a^2$과 $3a^2$

2. 다항식의 덧셈, 뺄셈은 먼저 괄호를 풀고 동류항끼리 모아서 계산한다. 이때, 뺄셈은 수의 뺄셈과 같은 방법으로 빼는 식의 각 항의 부호를 바꾸어 더한다.

3. 여러 가지 괄호가 있는 다항식의 덧셈과 뺄셈에서는 소괄호 ( ) ⇨ 중괄호 { } ⇨ 대괄호 [ ] 의 순서로 괄호를 풀어서 계산한다.

(이해하기!)

1. 간혹 문자가 같으면 동류항으로 생각하는 경우가 있는데 문자에 관한 차수까지 동시에 같아야 함을 주의하자.

   ⇨ $2x$와 $3x^2$은 문자는 같지만 차수가 다른 항이므로 동류항이 아니다.

2. 모든 상수항은 동류항이다. 왜냐하면 2와 3은 각각 2×1과 3×1이고 이것은 $2 \times x^0$과 $3 \times x^0$ 이다. 즉, 모든 수의 0제곱은 1이라는 사실을 활용하면 모든 상수항은 문자가 같은 0차항 이라고 할 수 있다.

3. 다항식의 덧셈과 뺄셈

   (1) 덧셈 : 분배법칙을 이용하여 괄호를 풀고 동류항끼리 모아서 계산한다.

   $$\begin{aligned} \Rightarrow (3a-b)+2(4a+6b) &= 3a-b+8a+12b \\ &= 3a+8a-b+12b \\ &= 11a+11b \end{aligned}$$

   교환법칙
   동류항끼리 계산한다.

   (2) 뺄셈 : 다항식의 뺄셈에서 괄호 앞의 뺄셈 기호 '$-$'는 -1의 1이 생략되어 곱해진 것으로 괄호를 풀 때 분배법칙을 이용하여 괄호 안의 모든 항에 각각 -1을 곱해서 계산한다. 따라서 괄호 안의 각 항의 값은 같고 부호는 반대가 된다.

   $$\begin{aligned} \Rightarrow (x+5y)-(2x-3y) &= x+5y-2x+3y \\ &= x-2x+5y+3y \\ &= -x+8y \end{aligned}$$

   교환법칙
   동류항끼리 계산한다.

4. 괄호 풀이 순서

   : 소괄호 ( ) ⇨ 중괄호 { } ⇨ 대괄호 [ ] 의 순서로 괄호를 풀어 계산한다. 이때 식을 정리해 다음 단계로 넘어가는 경우 대괄호는 중괄호로, 중괄호는 소괄호로, 소괄호는 없어진다.

   $$\begin{aligned} \Rightarrow 6x-\{5x-(2x-y)+4y\} &= 6x-(5x-2x+y+4y) \\ &= 6x-(3x+5y) \\ &= 6x-3x-5y \\ &= 3x-5y \end{aligned}$$

[2] 이차식의 덧셈과 뺄셈

1. 이차식 : 최고차항(각 항의 차수 중에서 가장 차수가 큰 항)의 차수가 2인 다항식

   ⇨ (예) $x^2, -2x^2+x, \frac{1}{2}x^2-3x+2$

2. 이차식의 덧셈과 뺄셈도 동류항끼리 모아서 계산한다. 여러 가지 괄호가 있는 다항식의 덧셈과 뺄셈의 경우 소괄호 ( ) ⇨ 중괄호 { } ⇨ 대괄호 [ ] 의 순서로 괄호를 풀어서 계산한다.

(이해하기!)

1. 차수는 곱해진 문자의 개수로 지수와 같은 개념이다. 예를 들어 $2x$는 문자 x가 1번 곱해져 있으므로 차수가 1이고 $3x^2$은 $3 \times x \times x$로 문자 x가 2번 곱해져 있으므로 차수가 2이다. 상수항은 문자 x가 0번 곱해져 있으므로 0차라고 생각하면 된다.

2. 이차식을 전개하여 정리할 경우 일반적으로 내림차순(차수가 높은 항부터 낮은 항 순서로 정리)으로 정리한다.

3. 여러 가지 괄호가 있는 이차식의 덧셈과 뺄셈

$$\begin{aligned} 5x^2 + [3x - \{2x^2 - (6x+4)\}] &= 5x^2 + \{3x - (2x^2 - 6x - 4)\} \\ &= 5x^2 + (3x - 2x^2 + 6x + 4) \\ &= 5x^2 + (-2x^2 + 9x + 4) \\ &= 5x^2 - 2x^2 + 9x + 4 \\ &= 3x^2 + 9x + 4 \end{aligned}$$

2.4 단항식과 다항식의 곱셈과 나눗셈

[1] 단항식과 다항식의 곱셈

1. 분배법칙을 이용하여 단항식을 다항식의 각 항과 곱한다.

2. 전개 : 단항식과 다항식의 곱셈에서 분배법칙을 이용하여 하나의 다항식으로 나타내는 것.
   이때, 전개한 식에서 동류항은 간단히 정리한다.

3. 전개식 : 전개하여 얻은 식

(이해하기!)

1. 전개(展 : 펴다, 開 : 열다)의 의미를 한자의 뜻에 따라 풀면 '열어서 펼치다' 이다. 즉, '괄호를 열어 덧셈연산을 통해 쭉 나열하여 펼쳐놓다' 라고 생각하면 되며 이렇게 얻은 식을 전개식이라고 한다.

$$\Rightarrow \quad 4a \times (2a + 3b) = 8a^2 + 12ab \longrightarrow \text{전개식}$$
$$\text{전개}$$

2. 식을 전개할 때에는 분배법칙을 이용한다. 그리고 단항식의 곱셈 규칙을 활용해 계산하고 전개한 식에서 동류항은 간단히 정리한다.

(깊이보기!)

1. 단항식과 다항식의 곱셈을 활용해 짝수와 홀수의 곱이 짝수임을 증명하기!
   $\Rightarrow$ (증명) 두 짝수와 홀수를 각각 $2m, 2n+1$(단, m, n은 정수)이라 하면
   $2m \times (2n+1) = 4mn + 2m = 2(2mn+m) = 2k+1$(단, k는 정수)이므로
   두 짝수와 홀수의 곱은 짝수이다.

[2] 단항식과 다항식의 나눗셈

1. 다항식을 단항식으로 나눌 때에는 다음과 같이 3가지 방법 중 하나를 활용해 계산한다.
   (1) 나누는 식의 역수를 곱해 나눗셈을 곱셈으로 바꾸어 계산한다. **(방법1)**
   (2) 분수 꼴로 나타내어 계산한다. **(방법2)**
   (3) 곱셈의 분배법칙을 활용해 계산한다. 이때, 계수가 나누어 떨어질 경우 계수는 계수끼리 문자는 문자끼리 나누어 계산한다. **(방법3)**

(방법1)	(방법2)	(방법3)
$(4a^2 + 6ab) \div 2a$	$(4a^2 + 6ab) \div 2a$	$(4a^2 + 6ab) \div 2a$
$= (4a^2 + 6ab) \times \dfrac{1}{2a}$	$= \dfrac{4a^2 + 6ab}{2a}$	$= 4a^2 \div 2a + 6ab \div 2a$
$= 4a^2 \times \dfrac{1}{2a} + 6ab \times \dfrac{1}{2a}$	$= \dfrac{4a^2}{2a} + \dfrac{6ab}{2a}$	$= (4 \div 2) \times (a^2 \div a) + (6 \div 2) \times (ab \div a)$
$= 2a + 3b$	$= 2a + 3b$	$= 2 \times a + 3 \times b$
		$= 2a + 3b$

(이해하기!)

1. (방법3)에서 나눗셈 연산을 분배법칙을 활용해 계산한다고 했는데 분배법칙은 곱셈의 계산법칙이라는 사실에 다소 의아할 수 있다. 하지만 나눗셈 역시 곱셈과 같은 성질을 갖고 있기 때문에 분배법칙을 활용할 수 있다. 다만 문자의 계수가 나누어 떨어지는 경우에만 활용하는 것이 좋다.

2. 다항식을 단항식으로 나눌 때 단항식이 분수인 경우는 (방법1)을 주로 사용한다.

   (1) (방법1) $(3a^2b - 4ab^2) \div \dfrac{a}{3} = (3a^2b - 4ab^2) \times \dfrac{3}{a} = 3a^2b \times \dfrac{3}{a} - 4ab^2 \times \dfrac{3}{a} = 9ab - 12b^2$

   (2) (방법2) $(3a^2b - 4ab^2) \div \dfrac{a}{3} = \dfrac{(3a^2b - 4ab^2)}{\dfrac{a}{3}}$ ⇨ 계산 방법이 불편하다!

3. 단항식과 다항식의 나눗셈에서 학생들이 $(8ab + 6b) \div 2b = \dfrac{8ab + 6b}{2b} = 4a + 6b$와 같이 분자의 모든 항과 분모를 동시에 약분하지 않고 분자의 하나의 항만 약분해서 틀리는 경우들이 많다. $\dfrac{8ab + 6b}{2b} = \dfrac{8ab}{2b} + \dfrac{6b}{2b} = 4a + 3$이므로 분자의 각 항을 분모와 각각 약분해야 한다. 분자의 모든 항과 분모를 동시에 약분하지 못하는 경우 약분할 수 없음을 주의하자.

---

[3] 사칙계산이 혼합된 식의 계산

1. 지수법칙을 활용하여 거듭제곱을 가장 먼저 계산한다

2. 분배법칙을 이용하여 식을 전개한다.

3. 동류항끼리 더하거나 뺀다

4. 사칙계산이 혼합된 식의 계산 순서
   : 거듭제곱 ⇨ 괄호: ( ) → { } → [ ] ⇨ ×, ÷ ⇨ +, − 순서로 계산한다.

(이해하기!)

1. 사칙계산이 혼합된 식을 계산해보자.

$$\Rightarrow (9x^2 - 3x) \div 3x - 2\left\{ 1 + 2\left(x^2 - x + \dfrac{1}{2} \right) - x \right\} = \dfrac{9x^2 - 3x}{3x} - 2(1 + 2x^2 - 2x + 1 - x)$$

$$= \dfrac{9x^2}{3x} - \dfrac{3x}{3x} - 2(2x^2 - 3x + 2)$$

$$= 3x - 1 - 4x^2 + 6x - 4$$

$$= -4x^2 + 9x - 5$$

---

[4] 식의 대입

1. 식의 대입
   : 주어진 식의 문자에 그 문자를 나타내는 다른 식을 대신해 써 넣는 것

(이해하기!)

1. $A = -2x + 3y$, $B = 3x - y$일 때, $2A + B = 2(-2x + 3y) + (3x - y) = -4x + 6y + 3x - y = -x + 5y$

3.1 부등식과 그 해

[1] 부등식의 뜻

1. **부등식** : 부등호 $<$, $>$, $\leq$, $\geq$ 를 사용하여 수 또는 식의 대소 관계를 나타낸 식
   ⇨ (예) $2 < 5$, $x > 1$, $a+5 \leq 2$, $2x+3 \geq x-1$
2. **부등식 사용의 필요성** : 문제 상황을 나타내는 문장을 부등식으로 나타내면 간단하고 편리하다.

(이해하기!)

1. 부등식의 부(不)는 '아니다' 를 의미한다. 따라서, 부등식은 등식이 아닌 식이다. 등식은 좌변과 우변이 같은 식이므로 등식이 아닌 식은 곧 좌변과 우변이 같지 않다는 의미이다. 이는 좌변과 우변중 어느 변이 다른 한 변에 비해 크거나 작다를 의미한다. 이는 국어적 의미이고 수학에서는 여기에 더해 크거나 같은 경우 또는 작거나 같은 경우 까지 포함해 4가지 경우를 부등호를 사용해 나타내는 식을 부등식이라고 한다.

2. 문제 상황을 나타내는 문장을 부등식으로 나타내면 간단하고 편리하다.
   (1) 어떤 수 x에서 3을 빼면 5보다 작다. ⇨ $x-3 < 5$
   (2) 한 개에 x원 하는 펜 10개의 가격은 10000원 이상이다. ⇨ $10x \geq 10000$

3. 부등식을 읽을 때 기준은 좌변으로 먼저 읽는다. 예를 들어 부등식 '$x-3 < 2$' 는 '$x-3$은 2보다 작다' 라고 읽는다. '2가 $x-3$보다 크다' 라고 읽지 않음에 주의하자.

[2] 부등식의 해

1. **부등식의 해** : 부등식을 참이 되게 하는 미지수의 값 ⇨ 방정식의 해의 뜻과 같음
2. **부등식을 푼다** : 부등식의 해를 모두 구하는 것

(이해하기!)

1. x의 값이 $1, 2, 3, 4$ 일 때, 부등식 $2x-4 \leq 1$을 참이 되게 하는 x의 값은 $1, 2$이므로 $1, 2$는 주어진 부등식의 해이다.

x	$2x-4$ (좌변)	부등호	1(우변)	참 / 거짓
1	$2 \times 1 - 4 = -2$	$\leq$	1	참
2	$2 \times 2 - 4 = 0$	$\leq$	1	참
3	$2 \times 3 - 4 = 2$	$\leq$	1	거짓
4	$2 \times 4 - 4 = 4$	$\leq$	1	거짓

2. 부등식의 해는 예외인 경우도 간혹 있지만 일반적으로 방정식의 해와 달리 무수히 많은 경우들이 대부분이다. 방정식의 해는 몇 개의 특정한 값이지만 부등식의 해는 연속된 값으로 식을 참이 되게 하는 x값의 범위로 나타내어진다는 점에서 차이가 있다. 위 예는 x의 값이 $1, 2, 3, 4$인 경우로 조건을 제한했기 때문에 해가 2개 이지만 앞으로 x의 값의 범위를 수 전체로 확장하면 부등식의 해는 무수히 많게 된다.

3. $x \leq a$는 $x < a$ 또는 $x = a$ 를 나타내는 경우로 둘 중 하나만 성립해도 된다. 따라서, '$<$' 를 만족시키는 수와 '$=$' 를 만족시키는 수는 모두 부등식의 해가 된다.

3.2 부등식의 성질

[1] 부등식의 성질

1. 부등식의 양변에 같은 수를 더하거나 양변에서 같은 수를 빼어도 부등호의 방향은 바뀌지 않는다.
   ⇨ $a < b$이면 $a + c < b + c$, $a - c < b - c$

2. 부등식의 양변에 같은 양수를 곱하거나 양변을 같은 양수로 나누어도 부등호의 방향은 바뀌지 않는다.
   ⇨ $a < b$, $c > 0$이면 $ac < bc$, $\dfrac{a}{c} < \dfrac{b}{c}$

3. 부등식의 양변에 같은 음수를 곱하거나 양변을 같은 음수로 나누면 부등호의 방향은 바뀐다.
   ⇨ $a < b$, $c < 0$이면 $ac > bc$, $\dfrac{a}{c} > \dfrac{b}{c}$

(이해하기!)

1. $a < b$이면 $a + c < b + c$, $a - c < b - c$

   (1) $a < b$이므로 $a - b < 0$이다. 이때, 양변에 c를 더하면 $a - b + c < c$ 이고 $-b$를 이항하면 $a + c < b + c$ 이다.

   (2) $a < b$이므로 $a - b < 0$이다. 이때, 양변에 c를 빼면 $a - b - c < -c$ 이고 $-b$를 이항하면 $a - c < b - c$ 이다.

   ⇨ 예를 들어, 부등식 $4 < 5$의 양변에 같은 수 2를 더하면 $4 + 2 < 5 + 2$ 이고 2를 빼면 $4 - 2 < 5 - 2$이므로 부등호의 방향은 바뀌지 않는다.

2. $a < b$, $c > 0$이면 $ac < bc$, $\dfrac{a}{c} < \dfrac{b}{c}$

   (1) $a < b$이므로 $a - b < 0$이다. 이때, 양변에 $c > 0$를 곱하면 $c(a - b) < 0$ 이고 $ac - bc < 0$ 이다. $-bc$를 이항하면 $ac < bc$ 이다.

   (2) $a < b$이므로 $a - b < 0$이다. 이때, 양변을 $c > 0$로 나누면 $\dfrac{a - b}{c} < 0$ 이고 $\dfrac{a}{c} - \dfrac{b}{c} < 0$ 이다. $-\dfrac{b}{c}$를 이항하면 $\dfrac{a}{c} < \dfrac{b}{c}$ 이다.

   ⇨ 예를 들어, 부등식 $4 < 5$의 양변에 같은 양수 2를 곱하면 $4 \times 2 < 5 \times 2$ 이고 2로 나누면 $\dfrac{4}{2} < \dfrac{5}{2}$ 이므로 부등호의 방향은 바뀌지 않는다.

3. $a < b$, $c < 0$이면 $ac > bc$, $\dfrac{a}{c} > \dfrac{b}{c}$

   (1) $a < b$이므로 $a - b < 0$이다. 이때, 양변에 $c < 0$를 곱하면 $c(a - b) > 0$ 이고 $ac - bc > 0$ 이다. $-bc$를 이항하면 $ac > bc$ 이다.

   (2) $a < b$이므로 $a - b < 0$이다. 이때, 양변을 $c < 0$로 나누면 $\dfrac{a - b}{c} > 0$ 이고 $\dfrac{a}{c} - \dfrac{b}{c} > 0$ 이다. $-\dfrac{b}{c}$를 이항하면 $\dfrac{a}{c} > \dfrac{b}{c}$ 이다.

⇨ 예를 들어, 부등식 $4 < 5$의 양변에 같은 음수 -2를 곱하면 $4 \times (-2) > 5 \times (-2)$ 이고 -2로 나누면 $-\dfrac{4}{2} > -\dfrac{5}{2}$ 이므로 부등호의 방향은 바뀐다.

4. 등식의 성질과 부등식의 성질을 비교해보자.

  (1) 부호에 상관없이 양변에 같은 수를 더하거나 빼는 경우 등식은 성립하듯이 부등식은 부등호의 방향이 바뀌지 않아 변함이 없다는 점에서 등식과 부등식의 성질이 같다고 볼 수 있다.

  (2) 등식에서는 양변에 곱하는 수의 부호에 상관없이 양변에 같은 수를 곱하거나 양변을 0이 아닌 같은 수로 나누어도 등식이 성립한다. 그러나 부등식에서는 양변에 곱하거나 양변을 나누는 수의 부호가 음수인 경우 부등호의 방향이 달라진다는 점을 꼭 기억하자. 더하거나 빼거나 곱하거나 나누는 모든 경우 부등호의 방향이 처음과 비교해 바뀌지 않지만 이 경우(⇒ 같은 음수를 곱하거나 같은 음수로 나누는 경우)만 부등호의 방향이 바뀐다는 사실 때문에 매우 중요하다.

5. 부등식의 양변을 같은 수로 나누는 것은 나누는 수의 역수를 곱하는 것과 같다. 이때 양수의 역수는 양수이고 음수의 역수는 음수이므로 부등식의 양변을 같은 수로 나누는 것은 양변에 같은 수를 곱하는 것과 부등호의 방향이 같다.

6. 부등식의 성질 1, 2, 3에서 ' $<$ ' 또는 ' $>$ '를 ' $\leq$ ' 또는 ' $\geq$ '로 바꾸어도 성립한다.

3.3 일차부등식의 풀이

[1] 일차부등식의 뜻

1. 이항 : 부등식에서도 방정식과 마찬가지로 부등식의 성질을 이용하여 부등식의 한 변에 있는 항을 부호를 바꾸어 다른 변으로 옮기는 것

2. 일차부등식 : 부등식에서 우변에 있는 모든 항을 좌변으로 이항하여 동류항끼리 정리하였을 때 (일차식)< 0, (일차식)> 0, (일차식)≤ 0, (일차식)≥ 0 중 어느 하나의 꼴로 나타낼 수 있는 부등식

(이해하기!)

1. 부등식 $2x+4 < x-5$는 우변에 있는 두 항 x, -5를 모두 좌변으로 이항하면 $2x-x+4+5 < 0$이고 동류항끼리 정리하면 $x+9 < 0$이므로 x에 관한 일차부등식이다.

2. 일차부등식임을 판단할 때 반드시 우변에 있는 항을 좌변으로 이항하여 정리할 필요는 없다. 좌변에 있는 항을 우변으로 이항하여 정리해 판단해도 된다.

3. 단순히 일차항이 포함되어있는 부등식을 일차부등식이라고 하면 안 된다. $2x+3 \geq 2x-1$는 우변에 있는 두 항 $2x$, -1을 좌변으로 이항하여 동류항끼리 정리하면 $4 \geq 0$이 되어 x에 관한 일차부등식이 아니다.

[2] 일차부등식의 풀이

1. **일차부등식의 풀이**
   ⇨ 일차부등식을 푼다는 것은 부등식의 성질을 이용하여 좌변에 x만 남겨 x값의 범위를 구하는 것이다.
   (1) 미지수 x를 포함한 항은 좌변으로 상수항은 우변으로 이항한다.
   (2) 양변을 동류항끼리 계산하여 $ax > b$, $ax < b$, $ax \geq b$, $ax \leq b(a \neq 0)$ 의 꼴로 정리한다.
   (3) x의 계수로 양변을 나누어 부등식을 $x < (수)$, $x > (수)$, $x \leq (수)$, $x \geq (수)$ 중 어느 하나의 꼴로 고쳐서 구한다. 이때, 부등식의 성질에 의해 계수가 음수이면 부등호의 방향이 바뀐다.

2. **부등식의 해를 수직선 위에 나타내기**

(이해하기!)

1. 이항은 부등식의 성질을 이용하여 항을 옮기는 과정을 생략해 편리하게 나타낸 것이다.

2. 예를 들어 일차부등식 $3x-2 < x+3$을 풀어 보자!

   (1) 미지수 x를 포함한 항은 좌변으로 상수항은 우변으로 이항한다. $\Rightarrow 3x-x < 3+2$

   (2) 양변을 동류항끼리 계산하여 정리한다. $\Rightarrow 2x < 5$

   (3) x의 계수로 양변을 나눈다. $\Rightarrow x < \dfrac{5}{2}$

3. 부등식의 풀이에서 미지수를 포함한 항을 좌변으로, 상수항을 우변으로 이항하여 계산하는 것이 일반적인 방법이기는 하지만 반드시 그렇게 해야 하는 것은 아니다. 경우에 따라서 미지수를 포함한 항을 우변으로, 상수항을 좌변으로 이항하여 계산하는 것이 편리한 경우도 있다.

4. $ax > b$의 양변을 x의 계수 a로 나눌 때, x의 계수가 음수일 때에는 부등호의 방향이 바뀐다. 등식과 달리 부등식은 좌변과 우변이 다르기 때문에 부등호의 방향을 바꾸지 않으면 틀리게 되는데 이런 실수를 미리 예방하기 위해 양변을 정리한 후 미지수 x를 포함한 항을 꼭 좌변으로 옮기지 말고 x의 계수가 큰 쪽으로 x항을 이항하고 반대 변으로 상수항을 이항하는 것이 좋다. 그러면 x의 계수가 양수가 되어 양변에 음수를 곱하거나 0이 아닌 음수로 나눌 때 부등호의 방향을 바꾸지 않는 실수를 예방할 수 있다. 그리고 답을 쓸 때 좌변과 우변을 바꿔 쓰면 된다.

   $\Rightarrow$ 예를 들어, $x+4 > 3x+2$를 풀 때 좌변의 x를 우변으로, 우변의 2를 좌변으로 이항하면 $4-2 > 3x-x$이고 양변을 동류항끼리 계산하여 정리하면 $2 > 2x$ 이다. 양변을 2로 나누면 $1 > x$이다. 따라서, $x < 1$이다.

5. 부등식 문제에서 x값의 범위가 특별히 언급되지 않은 경우 x의 값의 범위는 수 전체이다.

6. 일차부등식의 해를 직관적으로 이해하기 위하여 수직선 위에 해를 나타낸다. 일차부등식의 해를 수직선 위에 나타낼 때 '●' 는 그 점에 대응하는 수가 부등식의 해에 포함됨을 뜻하고 '○' 는 그 점에 대응하는 수가 부등식의 해에 포함되지 않음을 뜻한다.

---

[3] 복잡한 일차부등식의 풀이

1. 괄호가 있는 일차부등식은 분배법칙을 이용하여 괄호를 푼 다음 문제를 해결한다.

2. **계수가 분수인 경우** : 양변에 분모들의 **최소공배수**를 곱해 계수를 정수로 고친 후 푼다.

3. **계수가 소수인 경우** : 양변에 10의 **거듭제곱**($10, 100, 1000, \cdots$)을 곱해 계수를 정수로 고친 후 푼다.

(이해하기!)

1. 계수에 분수 또는 소수가 있는 경우에 일차부등식의 양변에 분모들의 최소공배수 또는 10의 거듭제곱을 곱하여 계수를 정수로 고쳐서 계산하는 것은 편리성 때문이다.

2. 괄호가 있는 일차부등식 $2(x-1) > 3x+1$을 풀어보자.

   (1) 분배법칙을 이용해 괄호를 푼다. $\Rightarrow 2x-2 > 3x+1$

   (2) 우변의 $3x$를 좌변으로, 좌변의 -2를 우변으로 이항한다. $\Rightarrow 2x-3x > 1+2$

   (3) 동류항끼리 양변을 정리한다. $\Rightarrow -x > 3$

   (4) 양변에 -1을 곱하면 부등호 방향이 바뀐다. $\Rightarrow x < -3$

   (5) 해를 수직선위에 나타낸다. $\Rightarrow$

3. 계수가 분수인 경우 일차부등식 $\frac{x}{2}+\frac{1}{3}>\frac{x}{3}-\frac{1}{6}$를 풀어보자.

(1) 양변에 분모의 최소공배수 6을 곱한다. $\Rightarrow 6\times\left(\dfrac{x}{2}+\dfrac{1}{3}\right)>6\times\left(\dfrac{x}{3}-\dfrac{1}{6}\right)$

(2) 분배법칙을 이용해 괄호를 푼다. $\Rightarrow 3x+2>2x-1$

(3) 우변의 $2x$를 좌변으로, 좌변의 2를 우변으로 이항한다. $\Rightarrow 3x-2x>-1-2$

(4) 동류항끼리 양변을 정리한다. $\Rightarrow x>-3$

(5) 해를 수직선위에 나타낸다. $\Rightarrow$

4. 계수가 소수인 경우 일차부등식 $0.3x+1\le0.1x+1.5$를 풀어보자.

(1) 양변에 10을 곱한다. $\Rightarrow 3x+10\le x+15$

(2) 우변의 x를 좌변으로, 좌변의 10을 우변으로 이항한다. $\Rightarrow 3x-x\le15-10$

(3) 동류항끼리 양변을 정리한다. $\Rightarrow 2x\le5$

(4) 양변을 2로 나눈다. $\Rightarrow x\le\dfrac{5}{2}$

(5) 해를 수직선위에 나타낸다. $\Rightarrow$

5. 부등식의 양변에 어떤 수를 곱할 때에는 모든 항에 빠짐없이 곱해야 한다. 미지수가 포함된 항에만 어떤 수를 곱하고 상수항에는 어떤 수를 곱하지 않는 실수를 하지 않아야 한다.

(1) 일차부등식 $\dfrac{x}{2}+\dfrac{5}{6}<\dfrac{3}{4}x+1$ 의 양변에 분모들의 최소공배수 12를 곱할때 $6x+10<9x+1$ 로 고치는 경우

    $\Rightarrow$ 상수항 1에는 최소공배수 12를 곱하지 않았다.

(2) 일차부등식 $0.5x+0.7<x-1.7$ 의 양변에 10을 곱할때 $5x+7<x-17$ 로 고치는 경우

    $\Rightarrow$ x항에는 10을 곱하지 않았다.

3.4 일차부등식의 활용

[1] 일차부등식의 활용

1. 일차부등식의 활용 문제는 다음과 같은 순서로 푼다.
   (1) **미지수 x 정하기** : 문제의 뜻을 파악하고, 구하려는 것을 미지수 x로 놓는다.
   (2) **일차부등식 세우기** : 주어진 조건에 맞게 수량들 사이의 대소 관계를 찾아 일차부등식을 세운다.
   (3) **일차부등식 풀기** : 일차부등식을 풀어 해를 구한다.
   (4) **확인하기** : 구한 해가 문제의 뜻에 맞는지 확인한다

(이해하기!)

1. 긴 글로 표현된 활용문제가 어려운 이유는 식을 세우는 것이 쉽지 않기 때문이다. 그러나 대부분의 활용문제는 몇 가지 유형이 정해져 있고 그 내용의 구성도 일정한 패턴이 있다. 이를 잘 확인하면 조금 더 쉽게 활용문제를 접근할 수 있다.

2. 구체적으로 모든 활용문제는 마지막에 **'구하시오'** 라는 단어로 끝이 나는 데 그 앞에 구해야 할 대상인 **'무엇'** 이 있다. 가장 먼저 이 **'무엇'** 을 미지수 x로 정한다. 그리고 식을 세우려면 **'수'** 가 필요하듯이 활용문제 안에서 **'수'** 를 찾아 그 **'수'** 가 의미하는 것이 무엇인지 확인한다. 그리고 그에 따른 적절한 식을 세우면 된다. 예를 들이 아래 문제들의 경우를 보자.

[2] 자주 등장하는 일차부등식의 활용 문제 유형 (1) - 연속하는 수에 관한 문제

1. 연속한 수에 관한 문제
   (1) 연속하는 세 정수 : $x-1, x, x+1$ (또는 $x, x+1, x+2$)
   (2) 연속하는 세 홀수(짝수) : $x-2, x, x+2$ (또는 $x, x+2, x+4$)
   (3) 연속하는 네 정수 : $x-1, x, x+1, x+2$ (또는 $x-2, x-1, x, x+1$)
   (4) 연속하는 네 홀수(짝수) : $x-3, x-1, x+1, x+3$

(이해하기!)

식을 세우기 위한 '수'

1. 연속하는 세 정수의 합이 42보다 작을 때, 이를 만족시키는 수 중 가장 큰 세 정수를 구하시오.

구하려는 '무엇'

   (1) **미지수 x 정하기** : 연속하는 세 정수 중에서 가운데 수를 x라 하자.
   (2) **일차부등식 세우기** : 나머지 두 정수는 $x-1$, $x+1$이고 세 정수의 합이 42보다 작으므로
   $$(x-1)+x+(x+1) < 42$$
   (3) **일차부등식 풀기** : 동류항끼리 정리하면 $3x < 42$이고 양변을 3으로 나누면 $x < 14$ 이다.
   따라서 구하는 가장 큰 세 정수는 12, 13, 14이다.
   (4) **확인하기** : 세 정수 13, 14, 15의 합이 42이다. 따라서, 이보다 바로 직전의 세 정수 12, 13, 14의 합이 42보다 작은 세 정수들 중 가장 큰 정수이므로 문제의 뜻에 맞다.

2. 연속한 수에 관한 문제는 가운데 수를 미지수 x로 정하여 좌우 대칭의 형태로 나머지 수를 x에 관한 식으로 나타낸 후 식을 세운다. 단, 연속하는 네 홀수(짝수)의 경우 가운데 두 홀수(짝수)의 가운데 수를 미지수 x로 정하여 좌우 대칭의 형태로 나머지 수를 x에 관한 식으로 나타내는 것을 주의하자.

---

[3] 자주 등장하는 일차부등식의 활용 문제 유형 (2) - 거리, 속력, 시간에 관한 문제

1. 거리, 속력, 시간에 관한 문제

(1) (거리) = (속력)×(시간)

(2) (시간) = $\dfrac{(거리)}{(속력)}$

(3) (속력) = $\dfrac{(거리)}{(시간)}$

(이해하기!)

식을 세우기 위한 '수'

1. 남강이가 산책을 하는데, 갈 때에는 시속 5km로 걷고, 올 때에는 시속 4km로 걸어서 3시간 이내에 산책을 마치려고 한다. 최대 몇 km 지점까지 갔다가 되돌아올 수 있는지 구하시오.

구하려는 '무엇'

(1) **미지수 x 정하기** : 산책을 하는데 되돌아오는 지점까지 거리를 $x$km라 하자.

(2) **일차부등식 세우기** : 가는데 걸리는 시간 $\dfrac{x}{5}$(시간), 오는 데 걸리는 시간 $\dfrac{x}{4}$(시간)이므로

$$\frac{x}{5} + \frac{x}{4} \leq 3 \text{이다.}$$

(3) **일차부등식 풀기** : 양변에 분모의 최소공배수 20을 곱하면 $4x + 5x \leq 60$이다.

동류항끼리 정리하면 $9x \leq 60$이고 양변을 9로 나누면 $x \leq \dfrac{60}{9}$이다.

따라서, $x \leq \dfrac{20}{3}$이므로 최대 $\dfrac{20}{3}$km 지점까지 갔다가 돌아오면 된다.

(4) **확인하기** : 갈 때 걸린 시간은 $\dfrac{20}{3} \times \dfrac{1}{5} = \dfrac{4}{3}$(시간), 올 때 걸린 시간은

$\dfrac{20}{3} \times \dfrac{1}{4} = \dfrac{5}{3}$(시간) 이므로 $\dfrac{4}{3} + \dfrac{5}{3} = \dfrac{9}{3} = 3$ 이다. 따라서 최대 3시간이 걸리므로 문제의 뜻에 맞다.

---

[4] 자주 등장하는 일차부등식의 활용 문제 유형 (3) - 농도에 관한 문제

1. 농도에 관한 문제

(1) (소금물의 농도) = $\dfrac{(소금의\ 양)}{(소금물의\ 양)} \times 100\,(\%)$

(2) (소금의 양) = $\dfrac{(소금물의\ 농도)}{100} \times (소금물의\ 양)$

(이해하기!)

식을 세우기 위한 '수'

1. 8%의 소금물과 12%의 소금물을 섞어서 농도가 10%이상인 소금물 400g을 만들려고 한다. 이때, 8%의 소금물은 최대 몇 g까지 섞을 수 있는지 구하시오.

구하려는 '무엇'

(1) **미지수 x 정하기** : 8%의 소금물의 양을 $x g$ 이라 하자.

(2) **일차부등식 세우기** : 8%의 소금물을 $x g$이라고 하면 12%의 소금물은 $(400-x)g$이다. 두 소금물을 섞어 농도가 10%이상인 소금물 400g을 만들려고 하므로 8%의 소금물의 소금의 양과 12%의 소금물의 소금의 양의 합이 10%의 소금물의 소금의 양보다 크거나 같아야 한다.

따라서, $\frac{8}{100}\times x+\frac{12}{100}(400-x)\geq\frac{10}{100}\times400$이다.

(3) **일차부등식 풀기** : 양변에 100을 곱해 정리하면 $8x+4800-12x\geq4000$이고 이항을 통해 동류항끼리 계산하면 $-4x\geq-800$이다. 양변을 -4로 나누면 $x\leq200$이다. 따라서, 8% 소금물을 최대 200g까지 섞을 수 있다.

(4) **확인하기** : 8%의 소금물 200g과 12%의 소금물 200g의 소금의 양의 합은

$\frac{8}{100}\times200+\frac{12}{100}\times200=16+24=40(g)$이고 10%인 소금물 400g의 소금

의 양은 $\frac{10}{100}\times400=40(g)$이다. 따라서, 농도가 10%이상인 소금물 400g을

만들려면 8%의 소금물의 양이 최대 200g일 때 이므로 문제의 조건에 맞다.

[5] 자주 등장하는 일차부등식의 활용 문제 유형 (4) - 정가에 관한 문제

1. 정가에 관한 문제

(1) 원가가 x원인 물건에 a%의 이익을 붙인 정가

⇨ (정가)=(원가)+(이익)=$x+\frac{a}{100}x=(1+\frac{a}{100})x$(원)

(2) 정가가 x원인 물건을 a% 할인한 판매 가격

⇨ (판매 가격)=(정가)-(할인 금액)=$x-\frac{a}{100}x=(1-\frac{a}{100})x$(원)

(이해하기!)

식을 세우기 위한 '수'

1. 어느 옷가게에서는 원가가 32000원인 어떤 티셔츠를 정가의 20%를 할인하여 판매해서 원가의 5% 이상의 이익을 얻으려고 한다. 이때, 정가는 얼마 이상으로 정해야 하는지 구하시오.

구하려는 '무엇'

(1) **미지수 x 정하기** : 티셔츠의 정가를 x원이라고 하자.

(2) **일차부등식 세우기** : 티셔츠를 정가의 20%를 할인하여 판매해서 판매가격은 $x(1-\frac{20}{100})$원이다. 판매가는 원가의 5% 이상의 이익을 얻으려 하므로

$x(1-\frac{20}{100})\geq32000(1+\frac{5}{100})$ 이다.

(3) **일차부등식 풀기** : 분배법칙을 활용해 정리하면 $x - \dfrac{1}{5}x \geq 32000 + 1600$이다.

양변을 동류항끼리 계산하면 $\dfrac{4}{5}x \geq 33600$이고 양변에 $\dfrac{5}{4}$를 곱하면

$x \geq 33600 \times \dfrac{5}{4}$이므로 $x \geq 42000$이다. 따라서, 정가는 42000원 이상으로

정해야 한다.

(4) **확인하기** : 정가가 42000원인 티셔츠를 20% 할인하여 판매하면 $42000 \times 0.8 = 33600$(원)

이고 원가의 5%의 이익을 더한 금액은 $32000 \times 1.05 = 33600$(원) 이므로

원가의 5%이상의 이익을 얻으려면 정가는 42000원 이상이어야 하므로 문

제의 조건에 맞다.

2. 제품의 가격의 종류는 원가, 정가, 할인가 3가지가 있다. 원가는 제품을 만드는데 들어가는 재료비,
   정가는 원가에 제품을 만드는데 필요한 경비(인건비, 유통비, 홍보비 등)을 합한 금액, 할인가는 정
   가에서 일정 비율만큼 싸게 판매하는 가격이다. 각 가격의 의미를 알아두자.

---

[6] 자주 등장하는 일차부등식의 활용 문제 유형 (5) - 유리한 방법을 선택하는 문제

1. 유리한 방법을 선택하는 문제
   ⇨ 두 가지 방법에 대하여 각각의 가격 또는 비용을 계산한 후, 문제의 뜻에 맞게 부등식을 세워서
   푼다.

식을 세우기 위한 '수'

(이해하기!)

1. 입장료가 1000원인 공원에서 30명 이상 단체 입장을 하는 경우에는 입장료의 20%를 할인해 준
   다. 이때 30명 미만의 단체가 30명 단체의 표를 사는 것이 유리한 경우는 몇 명부터인지 구하시오.

구하려는 '무엇'

(1) **미지수 x 정하기** : 단체의 인원을 x명이라고 하자. (단, $x < 30$)
(2) **일차부등식 세우기** : 1000원씩 x명이 입장할 때의 요금은 $1000x$원이고, 30명의 단체 입장료는
                20%할인해서 $1000 \times (1 - 0.2) \times 30$(원) 이므로 30명 단체의 표를 사는 것
                이 유리한 경우는 $1000x > 1000 \times (1 - 0.2) \times 30$이다.
(3) **일차부등식 풀기** : 양변을 정리하면 $1000x > 24000$이고 양변을 1000으로 나누면 $x > 24$이다.
                따라서, 25명부터 단체의 표를 사는 것이 유리하다.
(4) **확인하기** : 1000원씩 24명이 입장할 때의 요금은 24000원으로 30명 단체의 표를 구
                매하는 경우와 요금이 같다. 1000원씩 25명이 입장할 때의 요금은 25000
                원으로 30명 단체의 표를 구매하는 요금인 24000원보다 비싸므로 단체의
                표를 구매하는 것이 유리해 문제의 조건에 맞다.

4.1 연립일차방정식과 그 해

[1] 미지수가 2개인 일차방정식

1. **미지수가 2개인 일차방정식** : 미지수(문자)가 2개이고 차수가 모두 1인 방정식
   ⇨ 기본형(일반형) : $ax + by + c = 0$ (단, a, b, c는 상수, $a \neq 0, b \neq 0$)

2. **미지수가 2개인 일차방정식의 해**
   : 미지수가 2개인 일차방정식을 참이 되게 하는 x, y값 또는 그 순서쌍 (x, y)

3. **미지수가 2개인 일차방정식을 푼다**
   : 미지수가 2개인 일차방정식을 참이 되게 하는 x, y값 또는 그 순서쌍 (x, y)를 구한다.

(이해하기!)

1. 방정식의 우변에 있는 모든 항을 좌변으로 이항하여 정리하였을 때, $ax + by + c = 0$ (단, a, b, c는 상수, $a \neq 0, b \neq 0$)의 꼴이 되는 방정식을 미지수가 2개인 일차방정식이라고 한다. 조건에서 $a \neq 0, b = 0$이거나 $a = 0, b \neq 0$이면 각각 x에 관한 일차방정식, y에 관한 일차방정식이 되어 미지수가 1개인 일차방정식이 된다. 조건에서 ',' 는 'and' 를 의미하므로 '$a \neq 0, b \neq 0$' 는 a, b 동시에 0이 아니어야 한다.
   (1) $x - 3y + 1 = 0, 3x + 2y = 15$는 미지수가 2개인 일차방정식이다.
   (2) $2x + 3y + 3, x + 2 = 0, x^2 + 3y - 1 = 0$은 미지수가 2개인 일차방정식이 아니다.

2. 미지수가 2개인 일차방정식 $x + 2y = 3$에 $x = 1, y = 1$을 대입하면 $1 + 2 = 3$(참) 이므로 $(1, 1)$은 방정식의 해이다. 반면에 $x + 2y = 3$에 $x = 1, y = 2$를 대입하면 $1 + 4 \neq 3$(거짓) 이므로 $(1, 2)$는 방정식의 해가 아니다.

3. 미지수가 2개인 일차방정식은 일반적으로 무수히 많은 해가 존재한다. 예를 들어 x가 자연수일 때, $x + 2y = 4$의 해를 구하면 아래 표와 같다.

x	1	2	3	4	$\cdots$
y	$\frac{3}{2}$	1	$\frac{1}{2}$	0	$\cdots$

따라서, $(x, y) = (1, \frac{3}{2}), (2, 1), (3, \frac{1}{2}), (4, 0), \cdots$과 같이 무수히 많은 해를 갖는다. 만약 x가 유리수라면 더욱 많은 해를 가질 것이다. 이는 몇 개의 해를 구하는 방정식의 목적을 생각하면 의미 없는 문제가 된다. 이런 이유는 미지수의 개수가 식의 개수보다 많기 때문이다. 이때 미지수의 개수만큼 식의 개수가 같으면 해가 유일하므로 의미 있는 문제가 된다. 이것이 우리가 미지수가 2개인 연립방정식을 배우는 이유이다.

(깊이보기!)

1. 미지수의 개수와 식의 개수에 따라 해의 개수가 정해진다.
   (1) (미지수의 개수) > (식의 개수) 이면 **해가 무수히 많다.**
       ⇨ 위에서 언급한 미지수가 2개인 일차방정식 $x - 3y + 1 = 0$과 같은 경우 해가 무수히 많다.
       ⇨ 이런 방정식을 부정방정식이라 한다. 해가 무수히 많을 경우를 '부정' 이라고 함을 생각하면 이해하기 쉽다. 부정방정식은 고교과정에서 학습한다.

(2) (미지수의 개수) = (식의 개수) 이면 **해가 유일하다.**

⇨ 중학교 1학년에서 배운 일차방정식 $2x+1=5$의 경우 미지수와 식 모두 1개로 같으므로 해가 유일하다.

⇨ 중학교 2학년에서 배우는 미지수가 2개인 연립일차방정식 $\begin{cases} x+y=5 \\ 3x+y=11 \end{cases}$은 미지수와 식 모두 2개로 같으므로 해가 유일하다. 이것이 우리가 연립방정식을 배우는 이유이기도 하다.

(3) (미지수의 개수) < (식의 개수) 이면 **해가 없다.**

⇨ 연립방정식 $\begin{cases} 2x=4 \\ 3x+1=10 \end{cases}$ 의 경우 미지수가 1개이지만 식은 2개로 해가 없다. 실제로 첫째 식 $2x=4$를 만족하는 해는 $x=2$이고 둘째 식 $3x+1=10$을 만족하는 해는 $x=3$으로 연립방정식의 해인 공통해가 없다.

---

[2] 미지수가 2개인 연립일차방정식

1. 미지수가 2개인 연립일차방정식
  : 미지수가 2개인 두 일차방정식을 한 쌍으로 묶어 놓은 것으로 간단히 연립방정식이라고 한다.

2. 연립방정식의 해 : 두 일차방정식을 **동시에** 만족시키는 x, y의 값 또는 그 순서쌍 (x, y)

(이해하기!)

1. 연립방정식이란 '여럿이 어울려 성립하는 것'을 의미하는 연립(聯立)과 방정식(方程式)이 합쳐진 말로 두 개 이상의 방정식을 각각 따로 생각하지 않고 하나로 묶어 하나의 방정식으로 생각하는 것을 의미한다. 한 건물 안에 여러 가구가 각각 독립된 주거 생활을 할 수 있도록 지은 공동주택인 연립주택을 생각해보면 이해가 쉽다.

2. 연립방정식 $\begin{cases} x+y=4 \\ 2x+y=7 \end{cases}$에서 미지수 x, y가 $0, 1, 2, 3, \cdots$일 때, 두 일차방정식을 동시에 참이 되게 하는 공통인 해를 구해보자.

   (1) 일차방정식 $x+y=4$의 x에 $0, 1, 2, 3, \cdots$을 차례로 대입하여 y의 값을 구하면 다음 표와 같다.

x	0	1	2	3	4	5	⋯
y	4	3	2	1	0	-1	⋯

   (2) 일차방정식 $2x+y=7$의 x에 $0, 1, 2, 3, \cdots$을 차례로 대입하여 y의 값을 구하면 다음 표와 같다.

x	0	1	2	3	4	5	⋯
y	7	5	3	1	-1	-3	⋯

   (3) 이때 두 일차방정식 $x+y=4$, $2x+y=7$을 동시에 참이 되게 하는 x, y의 값은 $x=3$, $y=1$이고, 이것을 순서쌍 $(3, 1)$로 나타내기도 한다. 이와 같이 두 일차방정식을 동시에 참이 되게 하는 x, y의 값 또는 그 순서쌍 (x, y)를 연립방정식의 해라 하고, 연립방정식의 해를 구하는 것을 연립방정식을 푼다고 한다.

3. 연립방정식의 해는 $(3,1)$과 같이 순서쌍으로 나타내도 되고 $x=3, y=1$과 같이 각각 나타내도 된다. 단, 순서쌍의 각 x, y값의 순서를 바꾸어 쓰지 않도록 주의한다.

4. 위와 같이 표를 완성해 연립방정식의 해를 구하는 방법은 연립방정식의 풀이법이라고 할 수 없다. 단지 연립방정식의 해가 각 일차방정식의 공통인 해임을 설명하기 위한 방법일 뿐이다. 일반적으로 x, y값이 수 전체일 경우 위와 같이 해를 구하는 것은 불가능하다. 따라서, 다음 장에서 연립방정식의 풀이법으로 가감법과 대입법을 배우게 된다.

4.2 연립일차방정식의 풀이

[1] 연립방정식의 풀이 - 대입법

1. 대입법 : 한 일차방정식을 한 문자에 관하여 정리해 다른 일차방정식에 **대입하여** 연립방정식의 해를 구하는 방법
2. **대입법을 활용한 연립방정식의 풀이**
   (1) 연립방정식의 한 방정식을 $x = (y$에 대한 식) 또는 $y = (x$에 대한 식) 꼴로 변형한다.
   (2) (1)에서 변형한 식을 다른 방정식에 대입하여 일차방정식의 해를 구한다.
   (3) (2)에서 구한 해를 (1)의 방정식에 대입하여 다른 미지수의 값을 구한다.

(이해하기!)

1. 연립방정식 $\begin{cases} 3x + y = 2 & \cdots\cdots ① \\ 2x + 3y = 20 & \cdots\cdots ② \end{cases}$ 을 대입법을 활용해 풀어보자.

   ⇨ 미지수 y를 없애기 위하여 ①에서 y를 x에 대한 식으로 나타내면 $y = -3x + 2 \cdots ③$ 이다.
   ③을 ②에 대입하면 $2x + 3(-3x + 2) = 20$ 이다.
   양변을 정리하면 $2x - 9x + 6 = 20$, $-7x = 14$, $x = -2$ 이다.
   $x = -2$를 ③에 대입하면 $y = -3 \times (-2) + 2 = 8$ 이다.
   따라서, 구하는 해는 $x = -2$, $y = 8$이다.

2. 위와 같이 연립방정식의 해를 구할 경우 연립방정식의 두 일차방정식 중 하나를 $x = (y$에 대한 식) 또는 $y = (x$에 대한 식) 중 어떤 것으로 나타내어 대입해도 해는 같다.

3. 연립방정식을 풀기 위해 한 미지수를 없애는 것을 그 미지수를 '소거(消去)한다' 라고 한다.

[2] 연립방정식의 풀이 - 가감법

1. 가감법 : 두 일차방정식을 변끼리 **더하거나 빼어서** 한 미지수를 없앤 후 해를 구하는 방법
2. **가감법을 활용한 연립방정식의 풀이**
   (1) 적당한 수를 곱하여 x 또는 y의 계수의 절댓값을 같게 만든다.
   (2) (1)의 두 식을 변끼리 더하거나 빼서 한 미지수를 소거한 후 일차방정식의 해를 구한다. 이때, 없애려는 미지수의 계수의 부호가 같으면 두 방정식을 변끼리 빼고 다르면 변끼리 더한다.
   (3) (2)에서 구한 해를 두 일차방정식 중 간단한 일차방정식에 대입하여 다른 미지수의 값을 구한다.

(이해하기!)

1. 연립방정식 $\begin{cases} x + y = 7 & \cdots\cdots ① \\ x - y = 5 & \cdots\cdots ② \end{cases}$ 을 가감법을 활용하여 풀어보자.

   ⇨ 미지수 y를 없애기 위하여 ①과 ②를 변끼리 더하면 $2x = 12$이므로 $x = 6$이다.
   이것을 ①에 대입하면 $6 + y = 7$ 이므로 $y = 1$이다.
   따라서, 주어진 연립방정식의 해는 $x = 6$, $y = 1$이다.

2. 연립방정식 $\begin{cases} 5x+4y=6 & \cdots\cdots ① \\ 2x+3y=1 & \cdots\cdots ② \end{cases}$ 을 가감법을 활용하여 풀어보자.

⇨ 미지수 x를 없애기 위하여 ①의 양변에 2를 곱하고, ②의 양변에 5를 곱하면

$\begin{cases} 10x+8y=12 & \cdots\cdots ③ \\ 10x+15y=5 & \cdots\cdots ④ \end{cases}$

④에서 ③을 변끼리 빼면 $7y=-7$, $y=-1$이다. $y=-1$을 ②에 대입하면 $2x+3\times(-1)=1$, $2x=4$, $x=2$이다. 따라서 주어진 연립방정식의 해는 $x=2$, $y=-1$이다.

3. 연립방정식의 풀이법인 대입법, 가감법은 2개의 미지수 중 1개를 소거하는데 목적이 있다. 이렇게 대입법이나 가감법을 활용해 미지수 1개를 소거한 후 정리하면 중학교 1학년에서 배운 미지수가 1개인 일차방정식 문제가 된다. 이때, 미지수 중 어느 것을 없애도 그 해는 같으나 가능하면 없애기 편한 미지수를 선택하여 없애도록 한다. 여기서 없애기 편한 미지수란 미지수의 계수의 절댓값이 같도록 변형하기 쉬운 것을 말한다.

4. 없애려는 미지수의 계수의 절댓값이 같아지도록 하는 것은 두 계수의 절댓값의 최소공배수가 되도록 적당한 수를 곱하는 것이다.

5. 두 식을 더하거나 뺀다는 것은 두 식의 좌변은 좌변끼리, 우변은 우변끼리 계산하는 것이다.

6. 두 식의 합 또는 차를 이용하여 계산하는 방법은 등식의 성질 중 등식의 양변에 같은 수를 더하거나 빼어도 등식은 성립한다는 사실을 이용한 것이다.

7. 한 미지수의 값을 구한 후 다른 한 미지수의 값을 구하기 위해 식에 대입해 계산할 경우 위의 연립방정식의 해는 각 방정식의 공통해이므로 ①, ②, ③, ④ 중 어떤 식에 대입해도 가능하나 가급적 계산하기 쉬운(⇒ 미지수의 계수의 절댓값이 작은) 식에 대입한다.

4.3 여러 가지 연립방정식의 풀이

---

[1] 여러 가지 연립방정식의 풀이

1. **괄호가 있는 연립방정식** : 분배법칙을 이용하여 괄호를 푼 후 동류항끼리 정리하여 푼다.

2. **계수가 소수인 연립방정식**
   : 방정식의 양변에 $10, 100, 1000, \cdots$ 과 같은 10의 거듭제곱을 곱하여 계수를 모두 정수로 고쳐서 푼다

3. **계수가 분수인 연립방정식**
   : 방정식의 양변에 분모의 최소공배수를 곱하여 계수를 모두 정수로 고쳐서 푼다.

4. $A = B = C$ **꼴의 연립방정식**

   (1) $A = B = C$ 꼴의 연립방정식은 $\begin{cases} A=B \\ B=C \end{cases}$ 또는 $\begin{cases} A=B \\ A=C \end{cases}$ 또는 $\begin{cases} A=C \\ B=C \end{cases}$ 중 가장 간단한 것 하나를
   선택하여 푼다.

   (2) $A = B = C$ 꼴의 방정식에서 C 가 상수이면 $\begin{cases} A=C \\ B=C \end{cases}$ 를 푸는 것이 가장 간단한다.

5. **분모에 미지수가 들어 있는 연립방정식**
   (1) 분모에 미지수가 들어 있는 식을 X, Y로 치환해 X, Y에 대한 연립방정식을 푼다
   (2) (1)의 연립방정식을 푼 후 처음 방정식의 해 x, y를 구한다.

(이해하기!)

1. 연립방정식 $\begin{cases} x+3y=6 & \cdots\cdots ① \\ 3x-2(x-y)=5 & \cdots\cdots ② \end{cases}$ 을 풀어보자.

   ⇨ ②를 간단히 하면 $3x-2x+2y=5$이고 $x+2y=5 \cdots\cdots ③$ 이다.

   ①에서 ③을 변끼리 빼면 $y=1$ 이다.

   $y=1$을 ①에 대입하면 $x+3=6$, $x=3$ 이다.

   따라서, 주어진 연립방정식의 해는 $x=3$, $y=1$ 이다.

2. 연립방정식 $\begin{cases} 0.3x-0.1y=0.1 & \cdots\cdots ① \\ \dfrac{1}{2}x-\dfrac{2}{3}y=-\dfrac{5}{6} & \cdots\cdots ② \end{cases}$ 을 풀어보자.

   ⇨ ①의 양변에 10을 곱하고, ②의 양변에 분모들의 최소공배수 6을 곱하면

   $\begin{cases} 3x-y=1 & \cdots\cdots ③ \\ 3x-4y=-5 & \cdots\cdots ④ \end{cases}$

   ③에서 ④를 변끼리 빼면 $3y=6$, $y=2$이다.

   $y=2$를 ③에 대입하면 $3x-2=1$, $3x=3$, $x=1$ 이다.

   따라서, 주어진 연립방정식의 해는 $x=1$, $y=2$이다.

3. 분수나 소수인 계수를 정수로 고칠 때, 이미 정수인 계수에도 같은 수를 곱해야 함을 주의하자.
   ⇨ $0.2x+3y=1$에서 양변에 10을 곱할 때 $2x+3y=1$이 아니라 $2x+30y=10$ 이다.

4. 계수가 소수인 연립방정식의 계수를 정수로 고칠 때, 소수점 아래 자릿수가 가장 많은 항을 기준으로 양변에 10의 거듭제곱을 곱한다.

$\Rightarrow$ $0.4x - 0.03y = 0.1$에서 양변에 10을 곱하면 $4x - 0.3y = 1$로 y의 계수가 정수가 되지 않는다. 이 경우 양변에 100을 곱해 $40x - 3y = 10$으로 고쳐야 한다.

5. 연립방정식 $3x + y = 5x - y + 4 = 6$ 을 풀어보자.

$\Rightarrow$ $\begin{cases} 3x + y = 5x - y + 4 \\ 5x - y + 4 = 6 \end{cases}$ 또는 $\begin{cases} 3x + y = 5x - y + 4 \\ 3x + y = 6 \end{cases}$ 또는 $\begin{cases} 3x + y = 6 \\ 5x - y + 4 = 6 \end{cases}$ 의 꼴로 나타낼 수 있으므로 이 중에서 하나를 풀면 주어진 연립방정식의 해를 구할 수 있다.

이 중에서 가장 간단한 $\begin{cases} 3x + y = 6 & \cdots\cdots ① \\ 5x - y + 4 = 6 & \cdots\cdots ② \end{cases}$ 의 해를 구해 보자.

②에서 4를 이항하면 $5x - y = 2$ $\cdots\cdots$ ③이다.

①과 ③을 변끼리 더하면 $8x = 8$, $x = 1$ 이다.

$x = 1$을 ①에 대입하면 $3 \times 1 + y = 6$, $y = 3$ 이다.

따라서, 주어진 연립방정식의 해는 $x = 1$, $y = 3$이다.

6. 연립방정식 $\begin{cases} \dfrac{1}{x} + \dfrac{3}{y} = 1 \\ \dfrac{2}{x} - \dfrac{5}{y} = -9 \end{cases}$ 을 풀어보자.

$\Rightarrow$ $\dfrac{1}{x} = X$, $\dfrac{1}{y} = Y$로 놓으면 $\begin{cases} X + 3Y = 1 & \cdots\cdots ① \\ 2X - 5Y = -9 & \cdots\cdots ② \end{cases}$

①$\times 2 -$②를 하면 $11Y = 11$, $Y = 1$ 이다.

$Y = 1$을 ①에 대입하면 $X + 3 = 1$, $X = -2$ 이다.

즉, $\dfrac{1}{x} = -2$, $\dfrac{1}{y} = 1$ 이므로 주어진 연립방정식의 해는 $x = -\dfrac{1}{2}$, $y = 1$ 이다.

---

[2] 해가 특수한 연립방정식

1. 일반적으로 연립방정식의 해는 1개 이지만 해가 무수히 많거나 없는 경우가 있다.

2. **해가 무수히 많은 연립방정식**
   : 연립방정식 중 어느 하나의 일차방정식의 양변에 적당한 수를 곱하였을 때, 나머지 방정식과 같아지는 경우

3. **해가 없는 연립방정식**
   : 연립방정식 중 어느 하나의 일차방정식의 양변에 적당한 수를 곱하였을 때, 나머지 방정식과 x, y의 계수는 각각 같으나 상수항이 다른 경우

4. 연립방정식 $\begin{cases} ax + by = c \\ a'x + b'y = c' \end{cases}$ 에 대하여

   (1) $\dfrac{a}{a'} = \dfrac{b}{b'} = \dfrac{c}{c'}$ 이면 **해가 무수히 많다.**

   (2) $\dfrac{a}{a'} = \dfrac{b}{b'} \neq \dfrac{c}{c'}$ 이면 **해가 없다**

   (3) $\dfrac{a}{a'} \neq \dfrac{b}{b'}$ 이면 **해가 1개 이다.**

(이해하기!)

1. 해가 무수히 많은 연립방정식

⇨ 연립방정식 $\begin{cases} x + 2y = 3 & \cdots ① \\ 2x + 4y = 6 & \cdots ② \end{cases}$ 에서 ①식의 양변에 2를 곱하면 $\begin{cases} 2x + 4y = 6 & \cdots ① \\ 2x + 4y = 6 & \cdots ② \end{cases}$ 이 되어 두

식이 같아진다. 따라서 모든 x, y값은 두 식을 동시에 만족하므로 연립방정식의 해가 무수히 많다.

2. 해가 없는 연립방정식

⇨ 연립방정식 $\begin{cases} x + 2y = 3 & \cdots ① \\ 2x + 4y = 7 & \cdots ② \end{cases}$ 에서 ①식의 양변에 2를 곱하면 $\begin{cases} 2x + 4y = 6 & \cdots ① \\ 2x + 4y = 7 & \cdots ② \end{cases}$ 이 되어 두 식

을 동시에 만족하는 x, y값이 없으므로 연립방정식의 해는 없다.

3. 연립방정식 $\begin{cases} ax + by = c \\ a'x + b'y = c' \end{cases}$ 에 대하여

(1) $\dfrac{a}{a'} = \dfrac{b}{b'} = \dfrac{c}{c'}$ ⇨ x의 계수의 비, y의 계수의 비, 상수항의 비가 같다.

(2) $\dfrac{a}{a'} = \dfrac{b}{b'} \neq \dfrac{c}{c'}$ ⇨ x의 계수의 비, y의 계수의 비는 같고 상수항의 비는 다르다.

(3) $\dfrac{a}{a'} \neq \dfrac{b}{b'}$ ⇨ x의 계수비와 y의 계수의 비는 다르다.

⇨ 이 내용은 일차함수 단원에서 일차함수와 연립방정식의 관계에서 자세히 설명한다.

4.4 연립방정식의 활용

[1] 연립방정식의 활용

1. 연립방정식의 활용 문제는 다음과 같은 순서로 푼다.

   (1) **미지수** x, y **정하기** : 문제의 뜻을 파악하고, 구하려는 것을 미지수 x, y로 놓는다.

   (2) **연립방정식 세우기** : 주어진 조건에 맞게 수량들 사이의 관계를 찾아 연립방정식을 세운다.

   (3) **연립방정식 풀기** : 가감법, 대입법을 활용해 연립방정식을 풀어 해를 구한다.

   (4) **확인하기** : 구한 해가 문제의 뜻에 맞는지 확인한다

(이해하기!)

1. 학생들이 보통 활용문제를 어려워하는 경향이 있다. 이는 활용문제에 익숙하지 않을 뿐만 아니라 문제를 학생들이 직접 만들어보는 활동에 대한 경험이 부족하기 때문이다. 위와 같은 활용문제를 해결하는 순서를 항상 생각하며 문제를 만들고 푸는 활동을 하면 쉽게 활용문제를 해결할 수 있다.

2. 구체적으로 모든 활용문제는 마지막에 '**구하시오**' 라는 단어로 끝이 나는 데 그 앞에 구해야 할 대상인 '**무엇**' 이 있다. 가장 먼저 이 '무엇' 을 미지수 x로 정한다. 그리고 식을 세우려면 '**수**' 가 필요하듯이 활용문제 안에서 '수' 를 찾아 그 '수' 가 의미하는 것이 무엇인지 확인한다. 그리고 그에 따른 적절한 식을 세우면 된다. 예를 들어 아래 문제들의 경우를 보자.

[2] 자주 등장하는 연립방정식의 활용 문제 유형 (1) - 자연수에 대한 문제

1. **자연수에 대한 문제**

   ⇨ 십의 자리의 숫자가 x, 일의 자리의 숫자가 y인 두 자리의 자연수 : $10x + y$

(이해하기!)

식을 세우기 위한 '수'

1. 두 자리의 자연수가 있다. 이 수의 각 자리의 숫자의 합은 13이고, 이 수의 십의 자리의 숫자와 일의 자리의 숫자를 바꾼 수는 처음 수보다 27이 크다고 한다. 이때 처음 수를 구하시오.

구하려는 '무엇'

(1) **미지수** x, y **정하기** : 십의 자리 숫자를 x, 일의 자리 숫자를 y라 하자.

(2) **연립방정식 세우기** : 각 자리의 숫자의 합은 13이므로 $x + y = 13$, 십의 자리의 숫자와 일의 자리의 숫자를 바꾼 수는 처음 수보다 27이 크므로 $10y + x = 10x + y + 27$이다.

연립방정식을 세우면 $\begin{cases} x + y = 13 & \cdots\cdots ① \\ -9x + 9y = 27 & \cdots\cdots ② \end{cases}$ 이다.

(3) **연립방정식 풀기** : ①의 양변에 9를 곱하면 $9x + 9y = 117$ $\cdots\cdots$ ③ 이다.

③에서 ②를 변끼리 빼면 $18x = 90$, $x = 5$ 이다.

$x = 5$를 ①에 대입하면 $5 + y = 13$, $y = 8$ 이다.

따라서 처음 수는 58이다.

(4) **확인하기** : $5 + 8 = 13$이고 $85 = 58 + 27$이므로 문제의 조건에 맞다.

---

[3] 자주 등장하는 연립방정식의 활용 문제 유형 (2) - 거리, 속력, 시간에 관한 문제

1. 거리, 속력, 시간에 관한 문제

    (1) (거리)=(속력)×(시간)   (속력) $= \dfrac{(거리)}{(시간)}$ (시간) $= \dfrac{(거리)}{(속력)}$

    (2) **트랙을 도는 문제** : 두 사람이 트랙의 같은 지점에서 동시에 출발하였을 때

        ① 반대 방향으로 돌다 처음으로 만나는 경우 ⇨ (두 사람이 이동한 거리의 합)=(트랙의 길이)

        ② 같은 방향으로 돌다 처음으로 만나는 경우 ⇨ (두 사람이 이동한 거리의 차)=(트랙의 길이)

    (3) **기차에 대한 문제** : 일정한 속력의 기차가 터널 또는 다리를 완전히 통과하는 경우

        ⇨ (이동한 거리)=(터널 또는 다리의 길이)+(기차의 길이)

    (4) **흐르는 강물위의 배에 대한 문제**

        ① (강을 거슬러 올라갈 때의 배의 속력)=(정지한 물에서의 배의 속력)−(강물의 속력)

        ② (강을 따라 내려올 때의 배의 속력)=(정지한 물에서의 배의 속력)+(강물의 속력)

식을 세우기 위한 '수'

(이해하기!)

1. 둘레길을 걷는데 갈 때는 시속 4 km로 걷고, 되돌아올 때는 3 km가 더 먼 길을 시속 5 km로 걸었더니 총 3시간 18분이 걸렸다. 갈 때 걸은 거리와 올 때 걸은 거리를 각각 구하시오.

구하려는 '무엇'

    (1) 미지수 x, y 정하기 : 갈 때 걸은 거리를 $x$km, 올 때 걸은 거리를 $y$km라 하자.

    (2) 연립방정식 세우기 : 올 때 걸은 거리는 갈 때 걸은 거리보다 3km가 더 멀다고 했으므로

$$y = x+3 \text{이고 총 걸린 시간이 3시간 18분이므로 } \dfrac{x}{4} + \dfrac{y}{5} = \dfrac{33}{10} \text{이다. 연립}$$

$$\text{방정식을 세우면 } \begin{cases} y = x+3 & \cdots\cdots ① \\ \dfrac{x}{4} + \dfrac{y}{5} = \dfrac{33}{10} & \cdots\cdots ② \end{cases} \text{이다.}$$

    (3) 연립방정식 풀기 : ②의 양변에 20을 곱하면 $5x + 4y = 66$ $\cdots\cdots$ ③ 이다.

                ①을 ③에 대입하면 $5x + 4(x+3) = 66$, $5x + 4x + 12 = 66$, $9x = 54$ 이므로

                $x = 6$이다. $x = 6$을 ①에 대입하면 $y = 6+3$, $y = 9$이다.

                따라서 갈 때 걸은 거리는 6km, 올 때 걸은 거리는 9km이다.

    (4) 확인하기 : 갈 때 걸린 시간은 $\dfrac{6}{4} = \dfrac{3}{2} = 1$시간30분이고 올 때 걸린 시간은

                $\dfrac{9}{5} \times 60 = 108$(분)$= 1$시간48분이다. 따라서, 총 걸린시간은 3시간 18분이므로

                문제의 조건에 맞다.

식을 세우기 위한 '수'

2. 둘레의 길이가 160 m인 호수가 있다. A와 B가 같은 시각에 같은 지점에서 출발하여 반대 방향으로 달리면 20초 후에 만나고, 같은 방향으로 달리면 80초 후에 만난다고 한다. A가 호수를 한 바퀴 도는 데 걸리는 시간을 구하시오. (단, A가 B보다 빠르다.)

구하려는 '무엇'

    (1) 미지수 x, y 정하기 : A의 속력을 초속 xm, B의 속력을 초속 ym라고 하자.

    (2) 연립방정식 세우기 : A와 B가 반대방향으로 달리면 20초 후에 만나므로 $20x + 20y = 160$,

---

A와 B가 같은방향으로 달리면 80초 후에 만나므로 $80x - 80y = 160$ 이므로 연립방정식을 세우면 $\begin{cases} 20x + 20y = 160 \\ 80x - 80y = 160 \end{cases} \Rightarrow \begin{cases} x + y = 8 \cdots ① \\ x - y = 2 \cdots ② \end{cases}$ 이다.

(3) 연립방정식 풀기 : ①과 ②를 변끼리 더하면 $2x = 10$, $x = 5$이다. $x = 5$를 ①에 대입하면

$5 + y = 8$, $y = 3$ 이다. A는 1초에 5m를 가므로 A가 호수를 한 바퀴 도는

데 걸리는 시간은 $\dfrac{160}{5} = 32$(초)이다.

(4) 확인하기 : $5 \times 32 = 160$이므로 문제의 조건에 맞다.

식을 세우기 위한 '수'

3. 일정한 속력으로 달리는 기차가 있다. 기차가 길이가 1200m인 철교를 건너는 데 65초가 걸렸고, 길이가 500m인 터널을 통과하는 데 30초가 걸렸다고 한다. 이 기차의 길이와 속력을 각각 구하시오.

구하려는 '무엇'

(1) 미지수 x, y 정하기 : 기차의 길이를 xm, 속력을 초속 ym라고 하자.

(2) 연립방정식 세우기 : 기차가 길이가 1200m인 철교를 건너는 데 65초가 걸렸으므로 $1200 + x = 65y$,

길이가 500m인 터널을 통과하는 데 30초가 걸렸으므로 $500 + x = 30y$이다.

따라서, 연립방정식을 세우면

$$\begin{cases} 1200 + x = 65y \\ 500 + x = 30y \end{cases} \Rightarrow \begin{cases} x - 65y = -1200 \cdots ① \\ x - 30y = -500 \cdots ② \end{cases}$$ 이다.

(3) 연립방정식 풀기 : ②에서 ①을 변끼리 빼면 $35y = 700$, $y = 20$이다.

$y = 20$을 ②에 대입하면 $x - 600 = -500$, $x = 100$ 이다.

따라서, 기차의 길이는 100m, 속력은 초속 20m이다.

(4) 확인하기 : 길이가 1200m인 철교를 건널 때 $20 \times 65 = 1300$ 이므로 문제의 조건에 맞다.

식을 세우기 위한 '수'

4. 속력이 일정한 배를 타고 길이가 20km인 강을 거슬러 올라가는 데 2시간이 걸리고, 강을 따라 내려오는 데 1시간이 걸렸다. 흐르지 않는 물에서의 배의 속력을 구하시오.(단, 강물의 속력은 일정하다.)

구하려는 '무엇'

(1) 미지수 x, y 정하기 : 흐르지 않는 물에서의 배의 속력을 시속 $x$km, 강물의 속력을 시속 $y$km 라고 하자.

(2) 연립방정식 세우기 : 강을 거슬러 올라갈 때 배가 움직이는 속력은 시속 $(x - y)$km, 걸리는 시간은 2시간이므로 $2(x - y) = 20$이다. 강을 따라 내려올 때 배가 움직이는 속력은 시속 $(x + y)$km, 걸리는 시간은 1시간이므로 $x + y = 20$이다. 따라서 연립방정식을 세우면

$$\begin{cases} 2(x - y) = 20 \\ x + y = 20 \end{cases} \Rightarrow \begin{cases} x - y = 10 \cdots ① \\ x + y = 20 \cdots ② \end{cases}$$ 이다.

(3) 연립방정식 풀기 : ①과 ②를 변끼리 더하면 $2x = 30$, $x = 15$이다.

$x = 15$를 ②에 대입하면 $y = 5$이다.

따라서, 흐르지 않는 물에서의 배의 속력은 시속 15km이다.

(4) 확인하기 : 강을 거슬러 올라갈 때 $\dfrac{20}{15 - 5} = \dfrac{20}{10} = 2$(시간)이므로 문제의 조건에 맞다.

1. 농도에 관한 문제

(1) (소금물의 농도) $= \dfrac{(소금의\ 양)}{(소금물의\ 양)} \times 100\,(\%)$

(2) (소금의 양) $= \dfrac{(소금물의\ 농도)}{100} \times (소금물의\ 양)$

식을 세우기 위한 '수'

(이해하기!)

1. A, B 두 소금물이 있다. A 소금물 100 g과 B 소금물 200 g을 섞으면 6 %의 소금물이 되고, A 소금물 200 g과 B 소금물 100 g을 섞으면 8 %의 소금물이 된다고 할 때, A, B 두 소금물의 농도를 각각 구하시오.

구하려는 '무엇'

(1) 미지수 x, y 정하기 : A, B 두 소금물의 농도를 각각 $x\%$, $y\%$라고 하자.

(2) 연립방정식 세우기 : A 소금물 100g과 B 소금물 200g을 섞으면 6 %의 소금물이 되므로

$$\dfrac{x}{100} \times 100 + \dfrac{y}{100} \times 200 = \dfrac{6}{100} \times 300 이다.$$

Λ 소금물 200g과 B 소금물 100g을 섞으면 8 %의 소금물이 되므로

$$\dfrac{x}{100} \times 200 + \dfrac{y}{100} \times 100 = \dfrac{8}{100} \times 300 이다. 따라서, 연립방정식을 세우면$$

$$\begin{cases} \dfrac{x}{100} \times 100 + \dfrac{y}{100} \times 200 = \dfrac{6}{100} \times 300 \\ \dfrac{x}{100} \times 200 + \dfrac{y}{100} \times 100 = \dfrac{8}{100} \times 300 \end{cases} \Rightarrow \begin{cases} x + 2y = 18 \ \cdots\ ① \\ 2x + y = 24 \ \cdots\ ② \end{cases} 이다.$$

(3) 연립방정식 풀기 : ①에서 $2y$를 이항하면 $x = -2y + 18 \ \cdots\ ③$ 이다.

③을 ②에 대입하면 $2(-2y + 18) + y = 24$, $-4y + y + 36 = 24$, $-3y = -12$ 이므로 $y = 4$이다. $y = 4$를 ③에 대입하면 $x = -2 \times 4 + 18 = 10$이다. 따라서 A 소금물의 농도는 10%, B 소금물의 농도는 4%이다.

(4) 확인하기 : A 소금물 100g의 소금의 양은 $100 \times \dfrac{10}{100} = 10\,(g)$, B 소금물 200g의 소금의 양은 $200 \times \dfrac{4}{100} = 8\,(g)$이다. 따라서, A, B 두 소금물을 섞은 소금물의 농도는 $\dfrac{18}{300} \times 100 = 6\,(\%)$이므로 문제의 조건에 맞다.

1. 증가, 감소에 대한 문제

(1) x가 $a\%$ 증가한 경우 ⇨ 증가량 : $\dfrac{a}{100}x$, 증가한 후의 양 : $\left(1 + \dfrac{a}{100}\right)x$

(2) x가 $b\%$ 감소한 경우 ⇨ 감소량 : $\dfrac{b}{100}x$, 감소한 후의 양 : $\left(1 - \dfrac{b}{100}\right)x$

(이해하기!)

1. 어느 학교의 작년 신입생은 425명이었는데, 올해 신입생은 작년보다 남학생은 4 % 줄고 여학생은 3 % 늘어서 총 422명이라고 한다. 올해의 신입생 중에서 여학생 수를 구하시오.

구하려는 '무엇'

(1) 미지수 x, y 정하기 : 작년의 신입생 중 남학생을 x명, 여학생을 y명 이라고 하자.

(2) 연립방정식 세우기 : 작년 신입생은 425명 이므로 $x + y = 425$이고 올해 신입생은 남학생은 4 % 줄고 여학생은 3 % 늘어서 총 422명이므로 $0.96x + 1.03y = 422$이다. 따라서, 연립방정식을 세우면 $\begin{cases} x + y = 425 & \cdots ① \\ 0.96x + 1.03y = 422 & \cdots ② \end{cases}$ 이다.

(3) 연립방정식 풀기 : (①−②)×100을 하면 $4x - 3y = 300 \cdots$ ③ 이다.

①×3+③을 하면 $7x = 1575$ 이므로 $x = 225$(명) 이다.

이것을 ①에 대입하면 $y = 425 - x = 425 - 225 = 200$(명) 이다.

따라서, 올해의 신입생 중에서 여학생 수는 $1.03 \times 200 = 206$(명) 이다.

(4) 확인하기 : 올해 남학생 수는 $225 \times 0.96 = 216$(명) 이므로 올해 신입생 수는 $216 + 206 = 422$(명) 이다. 따라서, 문제의 조건에 맞다.

---

[6] 자주 등장하는 연립방정식의 활용 문제 유형 (5) - 일에 대한 문제

1. 일에 대한 문제

⇨ 전체 일의 양을 1로 놓고 한 사람이 단위시간에 할 수 있는 일의 양을 각각 미지수로 놓은 후 조건에 맞게 연립방정식을 세운다.

(이해하기!)

1. A, B 두 사람이 함께 일하면 8일 걸리는 일을 A가 4일 동안 일하고 B가 10일 동안 일해서 끝냈다. 같은 일을 B 혼자서 하면 며칠이 걸리겠는지 구하시오.

구하려는 '무엇'

(1) 미지수 x, y 정하기 : A, B 두 사람이 1일 동안에 할 수 있는 일의 양을 각각 x, y라고 하자.

(2) 연립방정식 세우기 : 전체 일의 양을 1이라고 하자. A, B 두 사람이 함께 일하면 8일이 걸리므로 $8x + 8y = 1$이다. A가 4일 동안 일하고 B가 10일 동안 일해서 끝내므로 $4x + 10y = 1$이다.

따라서, 연립방정식을 세우면 $\begin{cases} 8x + 8y = 1 & \cdots ① \\ 4x + 10y = 1 & \cdots ② \end{cases}$ 이다.

(3) 연립방정식 풀기 : ②×2를 하면 $8x + 20y = 2 \cdots$ ③

③−①를 하면 $12y = 1$ 이므로 $y = \dfrac{1}{12}$ 이다.

이것을 ②에 대입하면 $4x + 10 \times \dfrac{1}{12} = 1$, $4x + \dfrac{5}{6} = 1$, $4x = \dfrac{1}{6}$ 이므로

$x = \dfrac{1}{24}$ 이다. 따라서, B 혼자서 하면 12일이 걸린다.

(4) 확인하기 : A, B 두 사람이 8일간 일하면 $\dfrac{1}{24} \times 8 + \dfrac{1}{12} \times 8 = \dfrac{1}{3} + \dfrac{2}{3} = 1$이므로 문제의 조건에 맞다.

5.1 함수와 함숫값

[1] 함수

1. 함수의 뜻

: 두 변수 x, y에 대하여 x의 값이 변함에 따라 y의 값이 하나씩 정해지는 **관계**가 있을 때, y를 x의 함수라고 한다.

2. y가 x에 대한 함수일 때, 기호로 $y = f(x)$와 같이 나타낸다.

(이해하기!)

1. 함수는 '관계' 이다. 관계가 성립하려면 대상이 두 개 이어야 한다. 예를 들면, 교사와 학생 관계, 부모와 자식 관계 등을 보면 알 수 있다. 그리고 두 대상을 문자 x, y로 나타내어 관계를 식으로 나타내면 이것을 함수식이라고 한다. 중학교 1학년 과정에서 배운 정비례 관계, 반비례 관계가 대표적 함수이다.

2. 함수와 함수가 아닌 예
    (1) 한 변의 길이가 $x$cm인 정사각형의 둘레의 길이 $y$cm
    (2) 10km를 시속 $x$km로 일정하게 달릴 때, 걸린 시간 y시간
    (3) 자연수 x의 약수는 y
        ⇨ (1), (2)는 x의 값이 변함에 따라 y의 값이 하나씩 정해지므로 y는 x의 함수이다.
        (3)은 $x = 2$일 때, 약수 $y = 1, 2$이고 $x = 4$일 때, $y = 1, 2, 4$이므로 x의 값이 변함에 따라 y의 값이 하나씩 정해지지 않는다. 따라서 y는 x의 함수가 아니다.

3. 함수의 뜻에서 '하나씩' 이라는 단어에 주목하자. x의 값에 대해 y의 값이 오직 하나로 정해지지 않는 경우가 한 번이라도 있으면 y는 x의 함수가 아니다. 이를 수학에선 반례라고 하고 보통 함수가 아님을 보일 경우 하나의 반례를 제시하면 된다.

4. y가 x에 대한 함수일 때 기호 $y = f(x)$에서 f는 함수를 의미하는 단어 function의 첫 글자이다.

(깊이보기!)

1. 문자 x, y의 이름을 방정식에서는 **미지수**, 함수에서는 **변수**라고 한다. '미지수' 는 알지 못하는 수, '변수' 는 변하는 수이다. 따라서 방정식은 알지 못하는 '미지수' x, y의 값을 구하는 것이 목적이고 함수는 x, y의 값을 구하는 것도 중요하지만 두 변수 x, y의 변하는 값들 사이의 관계를 아는 것이 목적이다. 즉, 방정식은 해를 구하는 것이 중요하고 함수는 두 변수 x, y사이의 관계를 알고 함수의 관계식을 구하는 것이 중요하다고 할 수 있다.

[2] 함숫값

1. **함숫값**
   : 함수 $y = f(x)$에서 x의 값에 따라 하나씩 정해지는 y의 값 $f(x)$를 x에 대한 함숫값이라 한다.

2. **함수** $y = f(x)$**에서** $f(a)$
   ⇨ $x = a$일 때의 함숫값
   ⇨ $x = a$일 때, y의 값
   ⇨ $f(x)$에 x대신 a를 대입하여 얻은 값

(이해하기!)

1. 함수 $f(x) = 2x + 1$에서 $x = 1, 2, 3$에서의 함숫값은 각각 $f(1) = 2 \times 1 + 1 = 3$, $f(2) = 2 \times 2 + 1 = 5$, $f(3) = 2 \times 3 + 1 = 7$ 이므로 $3, 5, 7$이고 이를 각각 $f(1) = 3, f(2) = 5, f(3) = 7$ 이라고 나타낸다.

[3] 함수의 그래프

1. 함수 $y = f(x)$에서 x의 값과 그 값에 따라 정해지는 y의 값의 순서쌍 (x, y)를 좌표로 하는 점들 전체를 좌표평면 위에 나타낸 것

(이해하기!)

1. 이전에 학생들이 그래프를 보통 선, 막대 등과 같은 그림으로 배워왔기 때문에 보통 함수의 그래프를 좌표평면 위의 직선이나 곡선으로 생각하기 쉬우나 그래프의 뜻은 '점들의 모임' 이다. 주어진 x의 값이 유한개인 경우 함수의 그래프는 유한개의 점이 찍힌 형태로 나타난다. 이때, 각 점을 서로 연결하여 직선이나 곡선으로 나타내지 않아야 한다. 주어진 x의 값이 실수 전체인 경우 함수의 그래프는 점과 점사이가 비어있는 공간이 없이 빽빽한 무한개의 점이 찍힌 형태로 나타난다. 이 경우 우리가 무한개의 점을 찍을 수 없기 때문에 편의상 직선이나 곡선으로 그래프를 그리는 것일 뿐이다. 그래프는 '점들의 모임' 임을 기억하자.

2. 아래 두 그림은 모두 함수 $y = 2x$의 그래프이다. 두 그림의 차이점은 [그림1]은 x의 값의 범위가 정수일 때이고 [그림2]는 x의 값의 범위가 실수일 때 이다. 보통 학생들이 함수 $y = 2x$의 그래프를 그리라고 하면 [그림2]와 같이 그리고 [그림2]의 경우만 그래프라고 생각하는 경우가 있다. 이는 대부분의 문제가 x의 값의 범위가 실수로 주어지기 때문이다. 그러나 경우에 따라서 x값의 범위가 정수나 유리수와 같은 경우들이 있으며 이 경우 그래프의 본래 의미인 점들을 그려 나타내야 함을 주의하자.

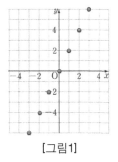

[그림1]

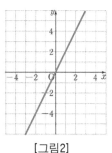

[그림2]

3\. 다음 그래프 중 y가 x의 함수인 것을 찾아보자.

(1) 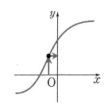 (2) 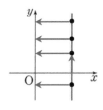 (3)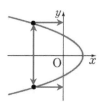

⇨ (1)은 x의 값 하나에 y의 값 하나가 대응하므로 y는 x의 함수이다.

⇨ (2)는 x의 값 하나에 y의 값이 무수히 많이 대응하므로 y는 x의 함수가 아니다.

⇨ (3)은 x의 값 하나에 y의 값 두 개가 대응하므로 y는 x의 함수가 아니다.

※ 두 변수 x, y에 대하여 x의 값이 변함에 따라 y의 값이 하나씩 정해지는 관계가 있을 때, y를 x의 **함수**라고 함을 기억하자.

5.2 일차함수의 뜻과 그 그래프

[1] 일차함수의 뜻

1. 함수 $y = f(x)$에서 $y = ax + b$ (a, b는 상수, $a \neq 0$) 와 같이 $f(x)$가 x에 관한 일차식으로 나타내어질 때, 이 함수를 x에 관한 일차함수라고 한다.

(이해하기!)

1. 일차함수의 뜻에서 반드시 $a \neq 0$이어야 하지만 $b = 0$이어도 되므로 상수항은 있어도 되고 없어도 된다. 또한 x의 계수 a는 정수뿐만 아니라 분수나 소수인 경우에도 일차함수이다.

  ⇨ $y = -x$, $y = \dfrac{3}{4}x$, $y = 2x + 1$은 일차함수이지만 $y = 7$(상수함수), $y = \dfrac{1}{x}$(분수함수), $y = x^2 + 1$(이차함수)은 모두 일차함수가 아니다.

2. $y = \dfrac{a}{x}$는 $\dfrac{a}{x}$가 x에 관한 일차식이 아니므로 일차함수가 아님에 주의하자. 종종 학생들 중 분모가 x에 대한 일차라고 해서 일차함수라고 생각하는 경우가 있다.

[2] 일차함수 $y = ax + b (a \neq 0)$의 그래프

1. **일차함수 $y = ax + b(a \neq 0)$의 그래프**

  (1) 일차함수 $y = 2x + 1$에서 x의 값이 정수일 때, x의 값에 따라 정해지는 y의 값을 각각 구하여 표로 나타내면 다음과 같다. 이때 순서쌍 (x, y)를 좌표로 하는 점은 …, $(-2, -3)$, $(-1, -1)$, $(0, 1)$, $(1, 3)$, $(2, 5)$, …이고, 이를 좌표평면 위에 나타내면 [그림1]과 같다.

x	…	-2	-1	0	1	2	…
y	…	-3	-1	1	3	5	…

  (2) x의 값 사이의 간격을 점점 작게 하면 아래 표와 같이 나타낼 수 있고 이때 순서쌍 (x, y)를 좌표로 하는 점은 x의 값이 정수일 때의 점들 사이에 점이 찍힌다.

x	…	-2	-1.5	-1	-0.5	0	0.5	1	1.5	2	…
y	…	-3	-2	-1	0	1	2	3	4	5	…

  (3) x의 값의 범위를 수 전체로 하면 모든 점들 사이의 빈공간이 없을 만큼 무수히 많은 점이 찍히게 되어 그 그래프는 [그림3]과 같은 직선이 된다. 이 직선을 x의 값의 범위가 수 전체일 때, 일차함수 $y = 2x + 1$의 그래프라고 한다.

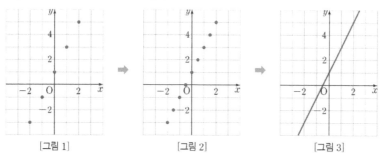

[그림 1]   [그림 2]   [그림 3]

(이해하기!)

1. 앞에서 언급했듯이 함수의 그래프는 좌표평면 상의 점들의 모임이다. [그림1]은 x의 값의 범위가 정수일 때 일차함수 $y=2x+1$의 그래프이고 [그림2]는 x의 값의 범위를 유리수로 확장했을 때 일차함수 $y=2x+1$의 그래프이다. [그림3]은 x값의 범위를 수 전체(실수)로 확장했을 때 일차함수 $y=2x+1$의 그래프이다. x값의 범위가 다를 뿐 모두 일차함수 $y=2x+1$의 그래프임을 주의하자.

2. 일반적으로 문제에서 특별한 언급이 없으면 x의 값의 범위는 수 전체이다. 앞으로 주어지는 대부분의 함수 문제들의 x의 값의 범위는 수 전체이고 특별히 그 외의 경우 x값의 범위를 자연수, 정수, 유리수와 같이 언급해 구분해준다.

3. 일반적으로 x의 값의 범위를 수 전체로 할 때, 일차함수 $y=ax+b$의 그래프는 직선이 된다.

---

[3] 일차함수 $y=ax+b\,(a\neq 0)$의 그래프 그리기

1. **(방법1)** 일차함수 $y=ax+b$에서 정수 x의 값에 대응하는 y의 값을 각각 구하여 표로 나타내 순서쌍 (x,y)를 좌표평면에 나타내어 직선으로 연결한다.

2. **(방법2)** 일차함수의 그래프가 지나는 서로 다른 두 점을 이용하여 그래프를 그린다.

3. **(방법3)** 일차함수 $y=ax$의 그래프를 y축 방향으로 b만큼 평행이동해 그린다.

(이해하기!)

1. (방법1)은 일차함수 $y=ax+b$의 그래프를 그릴 때 여러 개의 점을 연결해 그래프를 그리는 기본적인 방법이고 (방법2)는 일차함수의 그래프 모양이 직선인 특징을 활용한 효율적인 방법이다. 한 평면 위에서는 서로 다른 두 점이 한 직선을 결정한다는 '직선의 결정조건'에 의해 순서쌍 (x,y)를 두 개 구하여 좌표평면 위에 점으로 나타낸 후 이들을 연결하면 직선 모양의 일차함수 $y=ax+b$의 그래프를 그릴 수 있다. 앞으로 이 두 개의 점을 구하기 위해 일차함수식 $y=ax+b$를 만족하는 순서쌍 (x,y) 뿐만 아니라 그래프의 기울기, x절편, y절편등을 활용한다.

2. (방법3)은 $y=ax$의 그래프를 y축 방향으로 b만큼 평행이동해 그래프를 그리는 방법이다. 일반적으로 모든 x에 대하여 x의 값이 같을 때 일차함수 $y=ax+b$의 함숫값(y값)은 일차함수 $y=ax$의 함숫값(y값)보다 b만큼 증가하므로 일차함수 $y=ax$의 그래프 위의 모든 점의 y좌표를 b만큼 이동해 점을 연결하여 그래프를 그린다.

---

[4] 일차함수 $y=ax+b\,(a\neq 0)$의 그래프의 평행이동

1. 평행이동 : 한 도형을 일정한 방향으로, 일정한 거리만큼 이동하는 것
   ⇨ 직선 위의 모든 점이 같은 방향으로, 같은 거리만큼 이동된다.

2. 일차함수 $y=ax+b$의 그래프는 일차함수 $y=ax$의 그래프를 y축의 방향으로 b만큼 평행이동한 직선이다.
   ⇨ $b>0$이면 위로, $b<0$이면 아래로 $|b|$만큼 평행이동 한다.

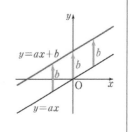

(이해하기!)

1. 두 일차함수 $y=2x$와 $y=2x+3$에서 x의 값이 정수일 때, x의 값에 따라 정해지는 y의 값을 각각 구하여 표로 나타내면 다음과 같다.

x	$\cdots$	-3	-2	-1	0	1	2	3	$\cdots$
$y=2x$	$\cdots$	-6	-4	-2	0	2	4	6	$\cdots$
$y=2x+3$	$\cdots$	-3	-1	1	3	5	7	9	$\cdots$

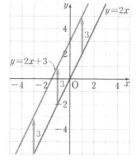

위의 표에서 x의 각 값에 대하여 일차함수 $y=2x+3$의 함숫값은 일차함수 $y=2x$의 함숫값보다 항상 3만큼 크다. 따라서 일차함수 $y=2x+3$의 그래프의 모든 점은 같은 x값에 대하여 일차함수 $y=2x$의 그래프의 모든 점과 비교해 y축 방향으로 3만큼 이동해 점을 찍어 그릴 수 있다. 즉, 오른쪽 그림과 같이 일차함수 $y=2x+3$의 그래프는 일차함수 $y=2x$의 그래프를 y축의 방향으로 3만큼 평행하게 이동한 것과 같음을 알 수 있다.

2. 평행이동은 그래프의 위치만 변할 뿐 방향이나 모양은 바뀌지 않는다.

3. 일차함수 $y=ax+b$의 그래프에서 $b>0$이면 $y=ax$의 그래프를 y축의 양의 방향으로($\Rightarrow$ 위로) $|b|$만큼 평행이동한 직선이 되고, $b<0$이면 $y=ax$의 그래프를 y축의 음의 방향으로($\Rightarrow$ 아래로) $|b|$만큼 평행이동한 직선이 된다.

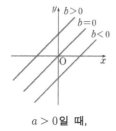

$a>0$일 때,

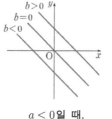

$a<0$일 때,

4. 일차함수 $y=ax+b$의 그래프를 y축의 방향으로 m만큼 평행이동한 그래프의 식
   $\Rightarrow y=ax+b+m$ (평행이동한 만큼 더한다)

(깊이보기!)

1. 일차함수의 그래프를 y축 방향으로 평행이동 하는 것뿐만 아니라 x축 방향으로 평행이동 하는 것도 생각해볼 수 있다. 다만 y축의 방향으로 평행이동 하는 경우보다 복잡해 잘 사용하지 않는다. 예를 들어 일차함수 $y=2x+3$의 그래프는 $y=2x$의 그래프를 y축 방향으로 3만큼 평행이동한 그래프라는 것을 상수항을 통해 쉽게 알 수 있다. 반면에 $y=2x$의 그래프를 x축 방향으로 평행이동 하려면 $y=2x+3$의 그래프의 x절편만큼 평행이동 해야 하는데 이때 x절편을 구하면 $0=2x+3$이 므로 $x=-\dfrac{3}{2}$이다. 따라서 x축 방향으로 $-\dfrac{3}{2}$만큼 평행이동한 그래프이다. 이렇게 x축 방향으로 평행이동하려면 x절편을 따로 계산해야 하는 불편함이 있다.

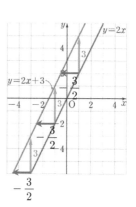

5.3 일차함수의 그래프와 절편

[1] 일차함수의 절편

1. x절편 : 그래프가 x축과 만나는 점의 x좌표 $\Rightarrow$ $y = 0$일 때의 x의 값

2. y절편 : 그래프가 y축과 만나는 점의 y좌표 $\Rightarrow$ $x = 0$일 때의 y의 값

3. 일차함수 $y = ax + b$에서

   (1) x절편 : $-\dfrac{b}{a}$

   (2) y절편 : b(상수항)

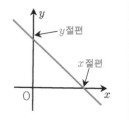

(이해하기!)

1. 절편을 한자로 나타내면 截(끊을 절), 片(조각 편)이다. 즉 직선으로 축을 끊어 축을 두 조각으로 나누는 지점이라고 생각하면 이해하기 쉽다.

2. x절편과 y절편은 그래프가 축과 만나는 점의 x, y값이다. 그래프가 축과 만나는 점이라고 생각해 순서쌍 (x, y)를 절편이라고 생각하면 안 된다.
   $\Rightarrow$ 오른쪽 그림에서 일차함수 $y = -2x + 4$의 x절편은 2, y절편은 4이다. x절편을 $(2, 0)$, y절편을 $(0, 4)$라고 하지 않는다.

3. 한편, 일차함수 $y = -2x + 4$의 x절편을 구할 때, $y = 0$을 대입하면 $x = 2$가 되므로 x절편을 $x = 2$라고 나타내는 경우가 있는데 $x = 2$는 y축에 평행한 직선의 방정식이므로 x절편인 2와 다르다. 따라서 x절편 값을 나타내려면 'x절편 : 2' 또는 'x절편은 2' 와 같이 직접 언급해야 한다.

[2] x절편, y절편을 이용하여 그래프 그리기

1. x절편, y절편을 구하여 x축, y축과 만나는 두 점을 좌표평면 위에 나타낸다.
2. 두 점을 직선으로 연결한다.

(이해하기!)

1. '직선의 결정조건($\Rightarrow$ 서로 다른 두 점을 지나는 직선은 유일하다)' 에 의해 그래프가 지나는 서로 다른 두 점을 알면 그래프를 그릴 수 있고, 이때, x절편과 y절편을 이용하면 이 그래프가 x축과 y축을 지나는 두 점을 찾을 수 있다. 이 두 점을 직선으로 이어 주면 일차함수 $y = ax + b$의 그래프를 간단하게 그릴 수 있다.

2. x절편과 y절편을 이용하여 일차함수 $y = -2x + 4$의 그래프를 그려보자.
   $\Rightarrow$ $y = -2x + 4$에서 $y = 0$일 때 $x = 2$이므로 x절편은 2이고 $x = 0$일 때 $y = 4$이므로 y절편은 4이다. 따라서 일차함수 $y = -2x + 4$의 그래프는 오른쪽 그림과 같이 두 점 $(2, 0)$, $(0, 4)$를 지나는 직선이다.

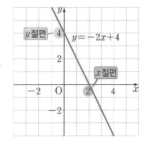

5.4 일차함수의 그래프와 기울기

[1] 일차함수의 기울기

1. **기울기를 배우는 이유** : 같은 모양을 갖는 직선들을 구분 짓는 요인

2. 일차함수 $y = ax + b$에서 x의 값의 증가량에 대한 y의 값의 증가량의 비율은 항상 일정하며, 그 비율은 x의 계수 a와 같다. 이 증가량의 비율 a를 일차함수 $y = ax + b$의 그래프의 기울기라고 한다.

   ⇨ 기울기 = $\dfrac{(y의\ 값의\ 증가량)}{(x의\ 값의\ 증가량)} = a$

3. **두 점 $(x_1, y_1), (x_2, y_2)$를 지나는 일차함수의 그래프의 기울기**

   ⇨ $\dfrac{y_2 - y_1}{x_2 - x_1} = \dfrac{y_1 - y_2}{x_1 - x_2}$ (단, $x_1 \neq x_2$)

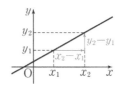

(이해하기!)

1. 기울기는 직선의 기울어진 정도를 나타내는 값으로 일상에서 경사진 곳을 생각해보면 이해하기 쉽다. 모든 직선은 모양이 같으므로 각 직선을 구분 지을 수 있는 요소는 기울기이다.

2. 일차함수 $y = 2x + 1$에서 x의 값이 정수일 때, x의 값에 따라 정해지는 y의 값을 구하여 표로 나타내면 다음과 같다.

x	$\cdots$	-2	-1	0	1	2	3	4	$\cdots$
$y = 2x + 1$	$\cdots$	-3	-1	1	3	5	7	9	$\cdots$

위의 표에서 x의 값이 1만큼 증가하면 y의 값은 2만큼 증가하고, x의 값이 2만큼 증가하면 y의 값은 4만큼 증가한다. 따라서 x의 값의 증가량에 대한 y의 값의 증가량의 비율은 항상 일정하며 이를 구하면 $\dfrac{(y의\ 값의\ 증가량)}{(x의\ 값의\ 증가량)} = \dfrac{2}{1} = \dfrac{4}{2} = 2$ 이고 이 값은 x의 계수와 같다. 이 증가량의 비율을 일차함수의 기울기라고 한다.

3. 일차함수의 그래프를 보고 기울기를 구하는 경우 x좌표, y좌표가 모두 정수인 점을 선택하여 $\dfrac{(y의\ 값의\ 증가량)}{(x의\ 값의\ 증가량)}$ 으로 기울기를 구한다. 이때, 그래프 위의 어떤 두 점을 택하여도 기울기는 항상 일정하다. (⇒ 왜냐하면 두 직각삼각형이 닮음이면 대응하는 변의 길이의 비가 같다.) 이는 그래프 위의 한 점에서 다른 한 점으로 이동하여 구할 수 있다. 오른쪽 그림에서 A→B 또는 B→C로 이동하면 일차함수 $y = 2x + 1$의 기울기는 $\dfrac{2}{1} = \dfrac{4}{2} = 2$ 이다.

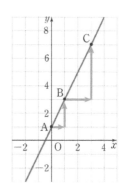

4. 두 점의 좌표가 주어졌을 때 일차함수의 그래프의 기울기를 공식을 통해 구할 수 있다. 일차함수의 그래프가 지나는 두 점이 (x_1, y_1), (x_2, y_2)일 때, 기울기는 $\dfrac{y_2 - y_1}{x_2 - x_1}$이다. 이때, 순서에 유의하여 기울기를 $\dfrac{y_1 - y_2}{x_2 - x_1}$와 같이 잘못 계산하지 않도록 주의해야 한다. 예를 들어, 두 점 $(1, -2)$, $(3, 5)$에 대하여 기울기 $= \dfrac{5 - (-2)}{3 - 1} = \dfrac{7}{2}$이다. 그런데 x의 값의 증가량을 $3 - 1 = 2$로 구했을 때, y의 값의 증가량을 $-2 - 5 = -7$로 구하면 기울기 $= -\dfrac{7}{2}$이 되어 틀린다. 반드시 두 점의 순서를 지켜야함을 기억하자.

(상단 주석: x의 값의 증가량, y의 값의 증가량)

5. **일차함수 $y = ax + b$의 기울기가 a값인 이유!**

: 일차함수 $y = ax + b$의 그래프 위의 임의의 두 점 $(x_1, ax_1 + b)$, $(x_2, ax_2 + b)$에서 $x_1 \neq x_2$일 때

$$\frac{(y\text{의 값의 증가량})}{(x\text{의 값의 증가량})} = \frac{(ax_2 + b) - (ax_1 + b)}{x_2 - x_1} = \frac{a(x_2 - x_1)}{x_2 - x_1} = a$$가 되어 점의 좌표에 관계없이

직선의 기울기는 항상 a이다.

---

[2] 기울기와 y절편을 이용하여 그래프 그리기

1. y절편을 이용하여 y축과 만나는 한 점을 좌표평면 위에 나타낸다.
2. 기울기를 이용하여 그래프가 지나는 다른 한 점을 찾는다.
   ⇨ 이때, 기울기를 $\dfrac{n}{m}$(m, n은 정수, $m \neq 0$)의 꼴로 바꾸어
   그래프가 y축과 만나는 점에서 x축 방향으로 m만큼 y축 방향으로 n만큼 증가한 점을 찾는다.
3. 찾은 두 점을 직선으로 연결한다.

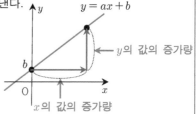

(이해하기!)

1. 기울기와 y절편을 이용하여 일차함수의 그래프를 그리는 방법도 결국 '직선의 결정조건(⇒ 서로 다른 두 점을 지나는 직선은 유일하다)' 를 이용해 직선 모양의 일차함수 그래프를 그리기 위해 두 점의 좌표를 찾는 것이 목적이다.

2. x절편이나 y절편을 이용하면 대부분의 일차함수의 그래프를 그릴 수 있지만 일차함수 $y = ax$와 같이 원점을 지나는 직선은 x절편과 y절편이 모두 0이기 때문에 일차함수의 그래프가 지나는 다른 한 점을 구해야 한다. 이때 그래프의 기울기를 알면 다른 한 점을 구할 수 있어 그래프를 그릴 수 있다.

3. 기울기와 y절편을 이용하여 일차함수 $y = -3x + 2$의 그래프를 그려보자.
   ⇨ 일차함수 $y = -3x + 2$의 그래프는 y절편이 2이므로 점 $(0, 2)$을 지난다.
   그리고 이 그래프는 기울기가 $-3 = -\dfrac{3}{1}$이므로 점 $(0, 2)$에서 x축의
   방향으로 1만큼 증가하고, y축의 방향으로 3만큼 감소한 점 $(1, -1)$
   을 지난다. 따라서 일차함수 $y = -3x + 2$의 그래프는 오른쪽 그림과
   같이 두 점 $(0, 2)$와 $(1, -1)$을 지나는 직선이다.

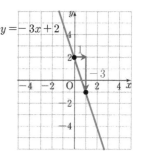

5.5 일차함수의 그래프의 성질

> ### [1] 일차함수 $y = ax + b$의 그래프
>
> 1. a의 부호 : 그래프의 모양 결정
>   (1) $a > 0$일 때 : x의 값이 증가하면 y의 값도 증가한다. ⇨ 오른쪽 위로 향하는 직선
>   ⇔ (= x의 값이 감소하면 y의 값도 감소한다. ⇨ 왼쪽 아래로 향하는 직선)
>   (2) $a < 0$일 때 : x의 값이 증가하면 y의 값은 감소한다. ⇨ 오른쪽 아래로 향하는 직선
>   ⇔ (= x의 값이 감소하면 y의 값은 증가한다. ⇨ 왼쪽 위로 향하는 직선)
>
>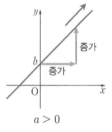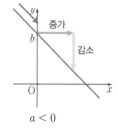
>
> 2. $y = ax + b$의 그래프에서 $|a|$의 값이 클수록 그래프는 y축에 가깝다.
> 3. b의 부호 : 그래프가 y축과 만나는 부분 결정
>   (1) $b > 0$일 때 : y축과 양의 부분에서 만난다. ⇨ y절편이 양수
>   (2) $b < 0$일 때 : y축과 음의 부분에서 만난다. ⇨ y절편이 음수

(이해하기!)

1. 일반적으로 왼쪽 아래나 왼쪽 위로 향한다는 것은 그래프의 방향 표현에 혼동을 줄 수 있으므로 x의 값이 증가하는 오른쪽을 기준으로 그래프의 방향을 정한다.

2. x값의 범위에 따라 x의 값이 증가(감소)할 때, y의 값이 증가(감소)하는지 여부 문제!

⇨ 함수의 그래프에서 이 문제를 따지는 경우들이 많은데 각 경우마다 외워 문제를 해결하기 보다는 이해를 통해 간단히 해결할 수 있다. 좌표 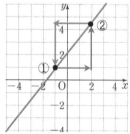 평면에서 점의 이동방향은 축에 평행하게 이동한다. 즉, 가로 또는 세로 방향으로 이동한다. 좌표평면에서 점이 대각선방향으로 이동하기 위해서는 가로방향으로 이동해 세로방향으로 연속해서 이동하는 경우이다. 흔히 좌표평면 그림을 보면 격자모양으로 각 축에 평행하게 선들이 그려져 있는데 이 선이 곧 점이 이동할 수 있는 길이라고 생각하면 된다. 그러면 어떻게 이 문제를 해결하는지 오른쪽 그림을 통해 살펴보자. 일단 그래프위에 임의의 두 점을 잡는다. 그래서 한 점에서 다른 한 점으로 가로, 세로 방향으로 이동하면 된다. x축방향 (가로방향)은 오른쪽으로 갈수록 값이 증가하고 왼쪽으로 갈수록 값이 감소한다. y축방향(세로방향)은 위로 갈수록 값이 증가하고 아래로 갈수록 값이 감소한다. 점①에서 점②로 이동하면 가로방향은 오른쪽으로 이동해 x값이 증가하고 세로방향은 위로 이동해 y값이 증가한다. 따라서 이 경우 x값이 증가할 때 y값이 증가한다고 한다. 반대로 점②에서 점①로 이동하는 경우 가로방향은 왼쪽으로 이동하고 세로방향은 아래쪽으로 이동하므로 x값이 감소할 때, y값도 감소한다고 한다. 결국 위 두 말은 같은 말이다. 모든 그래프에서 이와 같이 문제를 해결할 수 있다. 암기하지 말고 이해를 통해 문제를 해결하도록 한다.

3. 일차함수 $y = ax + b$의 그래프가 지나는 사분면

$a > 0, b > 0$	$a > 0, b < 0$	$a < 0, b > 0$	$a < 0, b < 0$
제 1, 2, 3사분면	제 1, 3, 4사분면	제 1, 2, 4사분면	제 2, 3, 4사분면
	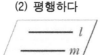	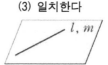	

[2] 일차함수의 그래프의 평행, 일치

1. 평면에서 두 직선의 위치관계

(1) 한 점에서 만난다   (2) 평행하다   (3) 일치한다

2. 두 일차함수 $y = ax + b$, $y = cx + d$에서

(1) $a \neq c$ (기울기가 다르다) $\Leftrightarrow$ 한 점에서 만난다.

(2) $a = c, b \neq d$ (기울기가 같고, y절편은 다르다) $\Leftrightarrow$ 평행하다.

(3) $a = c, b = d$ (기울기가 같고, y절편도 같다) $\Leftrightarrow$ 일치한다.

(이해하기!)

1. 일차함수 $y = ax + b$의 그래프의 모양은 직선이다. 따라서, 두 일차함수 $y = ax + b$, $y = cx + d$의 그래프를 좌표평면에 나타내면 두 직선이 그려진다. 중학교 1학년 과정에서 배웠던 '평면에서 두 직선의 위치관계' 는 3가지 경우가 있는데 각각 '한 점에서 만나는 경우', '평행한 경우', '일치하는 경우' 이다. 그러므로 두 일차함수의 그래프를 좌표평면에 나타내면 이 3가지 경우 중 하나로 정해지는데 각각의 경우 기울기와 y절편을 통해 결정이 된다.

(1) 우선 기울기가 다르면 평행하지 않기 때문에 두 일차함수의 그래프는 한 점에서 만난다. 또한 그 역도 성립해 두 일차함수의 그래프가 한 점에서 만나면 두 일차함수의 기울기가 같다.

(2) 기울기가 같은 두 일차함수의 그래프는 평행하거나 일치하는데 기울기가 같고 y절편의 값이 다르면 두 일차함수의 그래프는 평행하다. 또한 그 역도 성립해 두 일차함수의 그래프가 평행하면 두 일차함수의 기울기가 같고 y절편이 다르다.

(3) 기울기가 같고 y절편도 같은 두 일차함수의 그래프는 일치한다. 또한 그 역도 성립해 두 일차함수의 그래프가 일치하면 두 일차함수의 기울기와 y절편이 같다.

(깊이보기!)

1. 위에서 언급한 '역' 이라는 말은 어떤 '명제의 역' 을 의미한다. 명제란 '참 또는 거짓을 판단할 수 있는 문장이나 식 '으로서 '(가정)이면 (결론)이다' 와 같이 나타낼 수 있고 이때 명제의 역은 '가정' 과 '결론' 이 뒤바뀐 다른 명제이다. 명제와 명제의 역은 서로 독립된 것으로서 하나의 명제가 '참' 이라해서 그 명제의 역도 참이라는 보장이 없다. 따라서, 명제와 명제의 역을 각각 살펴봐야 한다. 자세한 내용은 다음 '삼각형과 사각형의 성질' 단원에서 소개한다.

2. 명제를 간단히 기호로 '$p \Rightarrow q$' 로 나타낼 때, 명제의 역은 '$q \Rightarrow p$' 로 나타내고 둘 모두 참이되는 경우 '$p \Leftrightarrow q$' 와 같이 나타낸다. 위의 경우에 해당한다.

5.6 일차함수의 식 구하기

---

[1] 기울기와 y절편이 주어지는 경우

1. 기울기가 a, y절편이 b인 직선을 그래프로 하는 일차함수의 식 구하기
   ⇨ $y = ax + b$

(이해하기!)

1. 예를 들어 기울기가 $\dfrac{2}{3}$이고 y절편이 -4인 직선을 그래프로 하는 일차함수의 식 ⇨ $y = \dfrac{2}{3}x - 4$

2. 이전까지는 일차함수의 식 $y = ax + b$가 주어졌을 때, 일차함수의 그래프를 그리고 성질을 이해하는 데 초점을 맞추었다면 이제 거꾸로 조건이 주어졌을 때 일차함수식 $y = ax + b$를 구하는 방법에 대해 학습한다. 일차함수의 식 $y = ax + b$를 구하는 것은 결국 상수 a, b가 얼마인지 구하는 것과 같은 내용이다. 그런 의미에서 위와 같이 기울기와 y절편이 주어진 경우는 일차함수의 식이 이미 주어진 경우와 같이 당연한 경우이다.

3. 다음과 같이 4가지 경우 기울기 a와 y절편 b를 구해 일차함수의 식 $y = ax + b$를 구할 수 있다.
   (1) 기울기와 y절편이 주어지는 경우
   (2) 기울기와 한 점의 좌표가 주어지는 경우
   (3) 서로 다른 두 점의 좌표가 주어지는 경우
   (4) x절편과 y절편이 주어지는 경우

---

[2] 기울기와 한 점의 좌표가 주어지는 경우

1. **기울기가 a이고, 한 점 (x_1, y_1)을 지나는 직선을 그래프로 하는 일차함수의 식 구하기**
   (1) 일차함수의 식을 $y = ax + b$라 한다.
   (2) $x = x_1, y = y_1$을 $y = ax + b$에 대입하여 b의 값을 구한다.

(이해하기!)

1. 그래프가 한 점 (x_1, y_1)을 지난다는 것은 그 점의 좌표 (x_1, y_1)을 그래프를 나타내는 식에 대입하면 참이 된다는 뜻이다.

2. 예를 들어 기울기가 -2이고 점 $(3, -1)$을 지나는 직선을 그래프로 하는 일차함수의 식을 구해보자.
   ⇨ 기울기가 -2인 일차함수의 식은 $y = -2x + b$이다. 이때 점 $(3, -1)$을 지나므로 $x = 3, y = -1$을 대입하면 $-1 = -2 \times 3 + b$ 이므로 $b = 5$이다. 따라서 $y = -2x + 5$이다.

(깊이보기!)

1. (고등수학) 기울기가 a이고, 한 점 (x_1, y_1)을 지나는 직선의 방정식 ⇨ $y - y_1 = a(x - x_1)$
   (1) 좌표평면에서 점 $A(x_1, y_1)$을 지나고 기울기가 a인 직선의 방정식을 구해 보자.
   ⇨ 구하는 직선 위의 한 점을 $P(x, y)\,(x \neq x_1)$라 하면 기울기 $a = \dfrac{y - y_1}{x - x_1}$이고, 양변에 $x - x_1$을 곱하면 $y - y_1 = a(x - x_1)$이다. 이 등식은 점 P가 A와 일치할 때, 즉 $x = x_1$일 때에도 성립한다.

(2) 직선의 방정식 공식을 활용해 일차함수의 식을 구할 수도 있다. 위 문제에서 기울기가 -2이고 점 $(3, -1)$을 지나는 직선의 방정식은 $y-(-1)=-2(x-3)$, $y+1=-2x+6$이다. 따라서 $y=-2x+5$ 이다.

(3) y축에 평행한 직선은 x의 값 하나에 y의 값이 무수히 많이 대응하므로 y는 x의 함수가 아니다. 이 경우를 제외한다면 일차함수의 그래프의 모양은 직선이므로 일차함수의 식과 직선의 방정식은 의미와 표현법의 차이가 있을 뿐 같다고 할 수 있다.

2. 점 $A(x_1, y_1)$을 지나고 x축에 평행한(y축에 수직인) 직선의 기울기는 0이므로 이 직선의 방정식은 $y-y_1=0 \times (x-x_1)$이다. 따라서 $y=y_1$이다.

---

[3] 서로 다른 두 점의 좌표가 주어지는 경우

1. 서로 다른 두 점 (x_1, y_1), (x_2, y_2)를 지나는 직선을 그래프로 하는 일차함수의 식 구하기

(1) 기울기 a를 구한다 $\Rightarrow a = \dfrac{y_2-y_1}{x_2-x_1} = \dfrac{y_1-y_2}{x_1-x_2}$

(2) 일차함수의 식을 $y=ax+b$라 한다.

(3) 두 점 중 한 점의 좌표를 $y=ax+b$에 대입하여 b의 값을 구한다.

(이해하기!)

1. (기울기)$= \dfrac{(y \text{의 값의 증가량})}{(x \text{의 값의 증가량})} = \dfrac{y_2-y_1}{x_2-x_1} = \dfrac{y_1-y_2}{x_1-x_2}$

$\Rightarrow$ 기울기를 구할 때 두 점의 x, y좌표 순서가 바뀌면 안 됨을 주의하자. 즉 기울기를 $\dfrac{y_1-y_2}{x_2-x_1}$ 또는 $\dfrac{y_2-y_1}{x_1-x_2}$ 과 같이 계산하면 안 된다.

2. 예를 들어 두 점 $(1, 2)$, $(3, -2)$를 지나는 직선을 그래프로 하는 일차함수의 식을 구해보자.

$\Rightarrow$ (기울기)$= \dfrac{-2-2}{3-1} = -2$이므로 구하는 일차함수의 식은 $y=-2x+b$이다. 이 그래프가 점 $(1, 2)$를 지나므로 $x=1, y=2$를 대입하면 $2=-2\times 1+b$ 이므로 $b=4$이다. 따라서, $y=-2x+4$이다.

3. 기울기를 구한 후 y절편을 구하기 위해 두 점의 좌표를 대입하는 경우 두 점 중 아무 점의 좌표를 대입해도 결과는 같다. 다만, 대입해서 계산이 편리한 경우를 대입하는 것이 좋다.

4. (다른 풀이) 두 점의 좌표가 주어진 경우 연립방정식을 활용해 문제를 해결할 수 있다.

(1) 일차함수 $y=ax+b$에 $x=x_1, y=y_1$을 대입하면 $y_1=ax_1+b \cdots$ ①, $x=x_2, y=y_2$을 대입하면 $y_2=ax_2+b \cdots$ ② 이고 ①, ②를 연립하여 풀어 a, b의 값을 구할 수도 있다.

(2) 위 문제에서 두 점 $(1, 2)$, $(3, -2)$의 x, y값을 각각 $y=ax+b$에 대입해 연립방정식을 만들면 $\begin{cases} a+b=2 & \cdots ① \\ 3a+b=-2 & \cdots ② \end{cases}$ 이고 ②식에서 ①식을 변끼리 빼면 $2a=-4, a=-2$ 이다. $a=-2$를 ① 식에 대입하면 $-2+b=2$ 이므로 $b=4$이다. 따라서 $y=-2x+4$이다.

(깊이보기!)

1. (고등수학) 두 점 (x_1, y_1), (x_2, y_2)를 지나는 직선의 방정식

(1) $x_1 \neq x_2$ 일 때 : $y - y_1 = \dfrac{y_2 - y_1}{x_2 - x_1}(x - x_1)$

⇨ 기울기가 a이고 한 점 (x_1, y_1)을 지나는 직선의 방정식 $y - y_1 = a(x - x_1)$에 의해 당연하다.

(2) $x_1 = x_2$ 일 때 : $x = x_1$ ⇨ y축에 평행한 직선으로 함수가 아니다.

2. 직선의 방정식 공식을 활용해 서로 다른 두 점의 좌표가 주어진 경우 일차함수의 식을 구할 수도 있다. 위 문제에서 두 점 $(1, 2), (3, -2)$을 지나는 직선의 방정식은 $y - 2 = \dfrac{-2-2}{3-1}(x-1)$, $y - 2 = -2x + 2$이다. 따라서, $y = -2x + 4$이다.

> **[4] x절편과 y절편이 주어지는 경우**

1. x절편이 m, y절편이 n인 직선을 그래프로 하는 일차함수의 식 구하기

⇨ $y = -\dfrac{n}{m}x + n$ (단, $m \neq 0$)

(이해하기!)

1. x절편이 m, y절편이 n인 직선은 두 점 $(m, 0), (0, n)$을 지난다.

따라서 기울기 $a = \dfrac{n-0}{0-m} = -\dfrac{n}{m}$ 이고 y절편이 n 이므로 $y = -\dfrac{n}{m}x + n$ 이다.

2. 예를 들어 x절편이 3, y절편이 1인 직선을 그래프로 하는 일차함수의 식을 구해보자.

⇨ 기울기$=-\dfrac{1}{3}$이므로 구하는 일차함수의 식은 $y = -\dfrac{1}{3}x + 1$이다.

(깊이보기!)

1. (고등수학) x절편이 m, y절편이 n인 직선의 방정식 : $\dfrac{x}{m} + \dfrac{y}{n} = 1$

(1) x절편이 m, y절편이 n인 직선은 두 점 $(m, 0), (0, n)$을 지나는 직선과 같으므로 그 방정식은 $y - 0 = \dfrac{n-0}{0-m}(x - m)$ 이므로 $y = -\dfrac{n}{m}x + n$이다. 양변을 n으로 나누면 $\dfrac{y}{n} = -\dfrac{1}{m}x + 1$ 이므로 $\dfrac{x}{m} + \dfrac{y}{n} = 1$ 이다.

(2) 직선의 방정식 공식을 활용해 x절편, y절편이 주어진 경우 일차함수의 식을 구할 수 있다. 위 문제에서 x절편이 3, y절편이 1인 직선의 방정식은 $\dfrac{x}{3} + \dfrac{y}{1} = 1$이다. 양변에 3을 곱하면 $x + 3y = 3$이고 x를 이항해 정리하면 $3y = -x + 3$이다. 양변을 3으로 나누면 $y = -\dfrac{1}{3}x + 1$이다.

2. 앞에서 소개한 직선의 방정식 공식은 고교 과정에서 소개되고 미리 알아두는 것도 좋다.

5.7 일차함수의 활용

[1] 일차함수의 활용

1. 일차함수의 활용 문제는 다음과 같은 순서로 푼다

   (1) **변수 x, y 정하기** : 문제의 뜻을 이해하고 변하는 두 양을 x, y로 놓는다.

   (2) **함수식 세우기** : x와 y 사이의 관계를 일차함수 $y = ax + b$로 나타낸다.

   (3) **답 구하기** : 일차함수의 식이나 그래프를 이용하여 필요한 함숫값을 찾는다.

   (4) **확인하기** : 구한 해가 문제의 뜻에 맞는지 확인한다.

(이해하기!)

1. 방정식의 활용 문제와 같이 함수의 활용 문제도 마지막에 '구하시오' 라는 단어로 끝난다. 그리고 '구하시오' 단어 앞에는 구해야하는 '무엇' 이 쓰여 있다. 함수는 두 변수 x, y사이의 관계를 아는 것이 주된 목적이지만 이 관계 속에서 특정한 경우의 값을 구하는 경우가 있는데 이 값이 함숫 값이다. 보통 함숫값은 변수 y의 값이다. 따라서, '무엇' 에 해당하는 변량을 변수 y로 놓고 나머지 변량에 대한 값을 변수 x로 놓는다고 생각한다면 변수 정하기를 쉽게 해결할 수 있다. 그리고 두 번째 단계인 식을 세울때 수가 필요함을 생각하면 활용문제에서 제시된 수를 잘 확인해볼 필요가 있다. 문제의 단서로 주어진 수가 의미하는 것이 무엇이며 그 수를 표현하기 위해 어떻게 식을 세워야 할지를 생각하면 두 번째 단계인 식 세우기 단계도 어렵지 않게 해결할 수 있다. 아래 문제의 경우를 보자.

식을 세우기 위한 '수'

2. 기온이 $0℃$일 때, 소리의 속력은 초속 331m이고, 기온이 $1℃$ 오를 때마다 소리의 속력은 초속 0.6m씩 증가한다고 한다. 기온이 15℃ 일 때, 소리의 속력은 초속 몇 m인지 구하시오.

다른 변량   구하려는 '무엇'

⇨ (1) **변수 x, y 정하기** : 기온이 $x℃$ 일 때의 소리의 속력을 초속 ym라고 하자.

   (2) **함수식 구하기** : 기온이 $0℃$ 일 때 소리의 속력이 초속 331m이고, 기온이 $1℃$ 오를 때마다 소리의 속력이 초속 0.6m씩 증가하므로 기온이 $x℃$ 오를 때 소리의 속력은 초속 $0.6x$m 증가한다. 따라서 x와 y사이의 관계를 식으로 나타내면 $y = 0.6x + 331$ 이다.

   (3) **답 구하기** : (2)의 식에 $x = 15$를 대입하면 $y = 0.6 \times 15 + 331 = 340$ 이다. 따라서 기온이 $15℃$ 일 때, 소리의 속력은 초속 340m이다.

   (4) **확인하기** : 기온이 $15℃$ 올라가면 소리의 속력은 초속 $0.6 \times 15 = 9$(m) 증가한다. 따라서 기온이 $15℃$ 일 때, 소리의 속력은 초속 $331 + 9 = 340$(m)이므로 (3)에서 구한 값이 문제의 뜻에 맞는다

5.8 일차함수와 미지수가 2개인 일차방정식의 관계

---

[1] 미지수가 2개인 일차방정식의 그래프

1. 미지수가 2개인 일차방정식 $ax + by + c = 0 (a, b, c$는 상수, $a \neq 0$ 또는 $b \neq 0)$의 해 (x, y)를 좌표로 하는 점을 좌표평면에 나타내면 직선모양의 그래프가 된다. 이때, 일차방정식 $ax + by + c = 0$ 을 **'직선의 방정식'** 이라고 한다.

(이해하기!)

1. x, y의 값이 정수일 때, 미지수가 2개인 일차방정식 $x + y - 2 = 0$의 해를 구하여 순서쌍으로 나타내면 $\cdots$, $(-2, 4)$, $(-1, 3)$, $(0, 2)$, $(1, 1)$, $(2, 0)$, $\cdots$ 이고 이를 좌표평면 위에 점으로 나타내면 [그림1]과 같다. 또, x, y의 값의 범위가 수 전체일 때, 일차방정식 $x + y - 2 = 0$의 해 (x, y)를 좌표평면 위에 나타내면 무수히 많은 점으로 나타내어 [그림2]와 같은 직선이 된다.

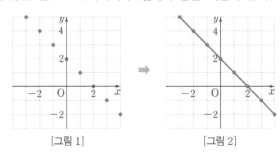

[그림 1]　　　　　[그림 2]

2. 일반적으로 x, y의 값의 범위가 수 전체일 때, 일차방정식 $ax + by + c = 0$ (a, b, c는 상수, $a \neq 0$ 또는 $b \neq 0$) 의 해는 무수히 많고, 그 해를 좌표평면 위에 나타내면 직선이 된다. 또, 이 직선 위의 모든 점의 좌표는 일차방정식 $ax + by + c = 0$의 해이다. 이때, 방정식 $ax + by + c = 0$을 **직선의 방정식**이라고 한다.

3. **'A 또는 B'** 는 다음과 같은 3가지 경우 중 한 가지를 만족하는 경우이다.
   (1) A만 만족하는 경우
   (2) B만 만족하는 경우
   (3) A와 B를 동시에 만족하는 경우

4. 직선의 방정식 $ax + by + c = 0$ (a, b, c는 상수, $a \neq 0$ 또는 $b \neq 0$)의 뜻을 살펴보자. 조건 중 '$a \neq 0$ 또는 $b \neq 0$' 는 위에서 언급한 'A 또는 B'의 의미에 의해 $a \neq 0$만 만족하는 경우, $b \neq 0$만 만족하는 경우, $a \neq 0$와 $b \neq 0$ 모두 만족하는 경우 중 한 가지를 의미한다. 따라서 아래와 같이 3가지 경우 모두 직선의 방정식이라 하고 이 방정식을 만족하는 해 (x, y)를 좌표로 하는 점을 좌표평면에 나타내면 직선이 된다.

   (1) $a \neq 0$, $b = 0$ **일 때** : $ax + c = 0$, $x = -\dfrac{c}{a}$이므로 $x = p(p$는 상수$)$ 이다.

   $\Rightarrow$ y축에 평행한 직선 (모든 y값에 대하여 x값은 고정)

(2) $a = 0$, $b \neq 0$ **일 때** : $by + c = 0$, $y = -\dfrac{c}{b}$ 이므로 $y = q(q$는 상수$)$ 이다.

⇨ x축에 평행한 직선 (모든 x값에 대하여 y값은 고정)

(3) $a \neq 0$, $b \neq 0$ **일 때**

: $ax + by + c = 0$, $y = -\dfrac{a}{b}x - \dfrac{c}{b}$ 이므로 $y = mx + n(m, n$은

상수$)$ 이다.

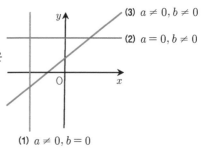

⇨ 기울기가 $-\dfrac{a}{b}$, y절편이 $-\dfrac{c}{b}$인 직선

(사선 방향, 축에 평행하지 않은 직선)

(4) 정리하면 좌표평면에 직선을 그릴 경우 y축에 평행한 직선(세로), x축에 평행한 직선(가로), 사선 방향(축에 평행하지 않은 직선)과 같이 3가지 모양의 직선을 그릴 수 있다. 이러한 직선들을 나타내는 방정식이 $ax + by + c = 0$ (a, b, c는 상수, $a \neq 0$ 또는 $b \neq 0$) 이다.

(깊이보기!)

1. 앞 단원에서 살펴보았듯이 미지수의 개수가 식의 개수보다 많으면 해가 무수히 많다. 직선의 방정식 $ax + by + c = 0$은 미지수가 2개, 식이 1개인 경우로 해가 무수히 많은 경우이다. 위의 예에서 미지수가 2개인 일차방정식 $x + y - 2 = 0$은 x, y값의 범위가 수 전체일 때, 이 방정식을 만족하는 해는 $\cdots$, $(-2, 4)$, $(-1, 3)$, $(0, 2)$, $(1, 1)$, $(2, 0)$, $\cdots$와 같이 무수히 많아 해 (x, y)를 좌표로 하는 점을 좌표평면에 나타내면 무수히 많은 점이 찍혀 직선이 된다.

---

[2] 일차함수와 미지수가 2개인 일차방정식의 관계

1. 미지수가 2개인 일차방정식 $ax + by + c = 0$ (a, b, c는 상수, $a \neq 0$, $b \neq 0$)의 그래프는

일차함수 $y = -\dfrac{a}{b}x - \dfrac{c}{b}$의 그래프와 같다.

2. 일차방정식 $ax + by + c = 0$의 그래프 그리기

⇨ 일차방정식 $ax + by + c = 0$을 y에 관해 풀어 일차함수 $y = -\dfrac{a}{b}x - \dfrac{c}{b}$로 나타내어 일차함수의

그래프를 그린다.

3. 일차방정식의 한 해가 $x = a, y = b$이다 ⇔ 일차함수의 그래프가 점 (a, b)를 지난다.

(이해하기!)

1. 미지수가 2개인 일차방정식 $ax + by + c = 0$ (a, b, c는 상수, $a \neq 0, b \neq 0$)을 y에 관해 정리해보자.

ax, c항을 우변으로 이항하면 $by = -ax - c$ 이고 양변을 b로 나누면 $y = -\dfrac{a}{b}x - \dfrac{c}{b}$이다. 따라서,

이 일차방정식의 그래프는 기울기가 $-\dfrac{a}{b}$이고 y절편이 $-\dfrac{c}{b}$인 일차함수의 그래프와 같다.

2. 조건 ' a, b, c는 상수, $a \neq 0$, $b \neq 0$ '에 주목해보자. $a \neq 0$, $b \neq 0$ 사이에 '또는' 이라는 말이 없다. 이것은 a, b값 모두 0이 아님을 의미한다. 즉, 앞에서 설명한 직선의 방정식에서 (3)의 경우로 변수 x, y가 모두 존재해 y에 관한 식으로 나타내면 일차함수가 되어 사선 방향(축에 평행하지 않은 직선) 모양의 그래프로 그릴 수 있다.

[3] 방정식 $x = p$, $y = q$의 그래프

1. 일차방정식 $ax + by + c = 0$에서

   (1) $a \neq 0$, $b = 0$일 때 : $ax + c = 0 \Rightarrow x = -\dfrac{c}{a} \Rightarrow x = p$

   ⇨ 일차방정식 $x = p$(p는 상수)는 모든 y에 대하여 x값이 p이므로
      그래프는 점 $(p, 0)$을 지나고, y축에 평행한 직선이다

   (2) $a = 0$, $b \neq 0$일 때 : $by + c = 0 \Rightarrow y = -\dfrac{c}{b} \Rightarrow y = q$

   ⇨ 일차방정식 $y = q$(q는 상수)는 모든 x에 대하여 y값이 q이므로
      그래프는 점 $(0, q)$를 지나고, x축에 평행한 직선이다.

2. 방정식 $x = 0$의 그래프는 y축을, 방정식 $y = 0$의 그래프는 x축을 나타낸다.

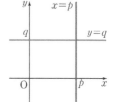

(이해하기!)

1. 일차방정식 $ax + by + c = 0$의 그래프를 그려 보자.

   (1) $a \neq 0$, $b = 0$일 때

   ⇨ 예를 들어 $a = 1$, $b = 0$, $c = -2$이면 $1 \times x + 0 \times y - 2 = 0$이고 정리하면
      $x = 2$이다. 즉, y의 값에 상관없이 x의 값은 항상 2이다. 따라서
      $x = 2$의 그래프는 오른쪽 그림과 같이 점 $(2, 0)$을 지나고 y축에 평행
      한 직선이다.

   (2) $a = 0$, $b \neq 0$일 때

   ⇨ 예를 들어 $a = 0$, $b = 1$, $c = -3$이면 $0 \times x + 1 \times y - 3 = 0$이고 정리하면
      $y = 3$이다. 즉, x의 값에 상관없이 y의 값은 항상 3이다. 따라서
      $y = 3$의 그래프는 오른쪽 그림과 같이 점 $(0, 3)$를 지나고 x축에 평행한 직선이다.

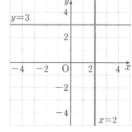

2. $x = m$의 표현

   ⇨ $x = m$은 2가지 의미로 생각할 수 있다. 우선 대수적으로 방정식 $x - m = 0$ 의 해를 나타내는 경우
      이다. 예를 들어 $2x - 4 = 0$의 해는 $x = 2$이다. 반면에 기하학적으로 접근하면 좌표평면에서는 x의
      좌표가 m인 모든 점, 즉 y축에 평행한 직선을 나타내는 경우이다. $x = m$는 $x - m = 0$으로 나타낼
      수 있고 이는 직선의 방정식 $ax + by + c = 0$에서 $a \neq 0$, $b = 0$일 때 이므로 직선을 나타내는 방정식
      으로 생각할 수 있다. 즉, 같은 표현이지만 경우에 따라 해의 값을 나타낼 수도 있고 방정식을 나타
      내는 표현일 수도 있음을 이해하자.

3. x축에 평행한 직선 $y = q$ 는 모든 x의 값에 대응하는 y의 값이 1개이므로 함수이지만
   $y = ax + b(a \neq 0)$의 꼴로 나타나지 않으므로 일차함수가 아니다. 참고로 이런 함수를 상수함수라
   고 한다. y축에 평행한 직선 $x = p$ 는 x의 값 p에 대응하는 y의 값이 무수히 많으므로 함수가 아
   니다.

5.9 연립방정식의 해와 일차함수의 그래프

[1] 연립일차방정식의 해와 두 직선의 교점

1. 연립방정식 $\begin{cases} ax+by=c \\ a'x+b'y=c' \end{cases}$ (단, $a \neq 0$, $b \neq 0$, $a' \neq 0$, $b' \neq 0$)의 해는 두 일차함수 $y = -\dfrac{a}{b}x + \dfrac{c}{b}$,

$y = -\dfrac{a'}{b'}x + \dfrac{c'}{b'}$의 그래프의 교점의 좌표와 같다.

⇨ 연립방정식의 해 : $x=a, y=b$ ⇔ 두 일차함수의 그래프의 교점의 좌표 : (a, b)

(이해하기!)

1. 두 일차함수의 그래프의 교점의 좌표는 미지수가 2개인 두 일차방정식을 모두 만족시키는 해이다. 따라서 연립방정식의 해가 된다. 그러므로 두 일차방정식에서 y를 x의 식으로 나타내어 일차함수의 그래프를 그린 후 교점의 좌표를 찾아 연립방정식의 해를 구할 수 있다.

2. 연립방정식의 해를 구할 때 그래프를 이용하는 방법은 교점의 좌표를 항상 정확히 읽을 수 있는 것은 아니므로 일반적인 연립방정식의 풀이법으로 볼 수는 없다. 다만 연립방정식의 해를 두 직선의 교점의 좌표로 해석할 수 있다는 점에서 의미가 있다.

[2] 연립일차방정식의 해의 개수와 그래프

1. 연립방정식 $\begin{cases} ax+by+c=0 \\ a'x+b'y+c'=0 \end{cases}$의 해의 개수는 두 일차방정식 $ax+by+c=0$, $a'x+b'y+c'=0$의
그래프의 교점의 개수와 같다.

(1) **연립방정식이 한 개의 해를 갖는다** ⇔ 한 점에서 만난다 ⇔ 기울기가 다르다 ⇔ $\dfrac{a}{a'} \neq \dfrac{b}{b'}$

(2) **연립방정식이 해가 없다** ⇔ 평행하다 ⇔ 기울기가 같고 y절편이 다르다 ⇔ $\dfrac{a}{a'} = \dfrac{b}{b'} \neq \dfrac{c}{c'}$

(3) **연립방정식의 해가 무수히 많다** ⇔ 일치한다 ⇔ 기울기가 같고 y절편도 같다 ⇔ $\dfrac{a}{a'} = \dfrac{b}{b'} = \dfrac{c}{c'}$

(이해하기!)

1. 연립방정식 $\begin{cases} ax+by+c=0 \\ a'x+b'y+c'=0 \end{cases}$의 해의 개수를 두 일차방정식의 계수의 비를 활용해 구할 수 있다.
이때, 기울기를 결정해주는 계수는 a, b이고 y절편을 결정해주는 계수는 상수항 c이다.

2. 두 일차방정식 $ax+by+c=0$, $a'x+b'y+c'=0$을 y에 대하여 정리해 일차함수 식으로 나타내면
$y = -\dfrac{a}{b}x + \dfrac{c}{b}$, $y = -\dfrac{a'}{b'}x + \dfrac{c'}{b'}$ 이다.

(1) 기울기가 같다

⇨ $-\dfrac{a}{b} = -\dfrac{a'}{b'}$이고 $\dfrac{a}{b} = \dfrac{a'}{b'}$이다. 따라서 $ab' = a'b$이고 양변을 $a'b'$로 나눠주면 $\dfrac{a}{a'} = \dfrac{b}{b'}$이다.

(2) y절편이 같다

⇒ $\dfrac{c}{b} = \dfrac{c'}{b'}$이고 $bc' = b'c$이다. 양변을 $b'c'$로 나눠주면 $\dfrac{b}{b'} = \dfrac{c}{c'}$이다.

2. 두 일차방정식 $ax + by + c = 0$, $a'x + b'y + c' = 0$은 미지수가 2개인 일차방정식으로 직선의 방정식이다. 따라서 방정식을 만족하는 해 (x, y)를 좌표평면에 나타내면 2개의 직선이 그려진다. 평면에서 직선의 위치관계에 따라 3가지 경우가 나오는데 각각 '한 점에서 만나는 경우', '평행한 경우', '일치하는 경우' 이다. 이때, 연립방정식의 해는 두 방정식을 공통으로 만족시키는 (x, y)값이고 이를 좌표평면에 나타내면 곧 두 직선의 교점의 좌표가 된다. 따라서, 연립방정식의 해의 개수가 곧 교점의 개수와 같다.

연립방정식의 그래프			
기울기와 y절편	기울기가 다르다	기울기가 같고 y절편은 다르다	기울기가 같고 y절편도 같다
두 직선의 위치 관계	한 점에서 만난다 (교점 1개)	평행하다 (교점이 없다)	일치한다 (교점이 무수히 많다)
연립방정식의 해의 개수	1개	없다	무수히 많다
두 일차방정식의 계수의 비	$\dfrac{a}{a'} \neq \dfrac{b}{b'}$	$\dfrac{a}{a'} = \dfrac{b}{b'} \neq \dfrac{c}{c'}$	$\dfrac{a}{a'} = \dfrac{b}{b'} = \dfrac{c}{c'}$

(확인하기!)

1. 다음 두 연립방정식의 교점의 개수를 구하시오.

(1) $\begin{cases} 3x - 2y = 5 \\ x + y = 5 \end{cases}$　　(2) $\begin{cases} x - 2y = 1 \\ 2x - 4y = 5 \end{cases}$

(풀이) (1) $\dfrac{3}{1} \neq -\dfrac{2}{1}$이므로 교점의 개수는 1개 이다.

(2) $\dfrac{1}{2} = \dfrac{-2}{-4} \neq \dfrac{1}{5}$이므로 평행하고 따라서 교점의 개수는 0개다.

2. 두 직선 $ax + y = 2$와 $by - 2x = -3$이 **일치할 때, ab의 값은?** (단, a, b는 상수)

(풀이) 두 직선이 일치하므로 $\dfrac{a}{-2} = \dfrac{1}{b} = \dfrac{2}{-3}$이다. 따라서, $\dfrac{a}{-2} = \dfrac{2}{-3}$이므로 $-3a = -4$이고 $a = \dfrac{4}{3}$이다. $\dfrac{1}{b} = \dfrac{2}{-3}$이므로 $2b = -3$이고 $b = -\dfrac{3}{2}$이다. 그러므로 $ab = \dfrac{4}{3} \times \left(-\dfrac{3}{2} \right) = -2$이다.

6.1 이등변삼각형의 성질

[1] 수학의 정의, 정리, 증명

1. 정의 : 용어의 뜻을 명확하게 정한 문장
2. 명제 : 참 또는 거짓임을 판별할 수 있는 문장이나 식
3. 정리 : 참이라고 증명된 명제 중 기본이 되고 중요한 것
4. 증명 : 명제가 참 또는 거짓임을 보이는 과정

(이해하기!)

1. 정의는 용어의 뜻을 명확하게 정한 것으로 용어의 뜻에 대한 약속이다. 약속은 참, 거짓의 문제가 아니므로 증명할 필요가 없다. 그냥 받아들이는 것이다. 앞으로 각 용어의 정의는 암기한다. 대부분의 용어의 정의는 그 용어를 뜻하는 한자의 의미에 내포되어 있다.
   ⇨ 예를 들어 이등변삼각형의 정의는 두 변의 길이가 같은 삼각형이고 평행사변형의 정의는 두 쌍의 대변이 평행한 사각형으로 암기하도록 한다.

2. 명제는 참인 명제와 거짓인 명제로 이루어져 있다. 보통 거짓인 명제의 경우 명제가 아니라고 생각하는데 거짓임을 판별할 수 있으면 이것도 역시 명제이다. 참, 거짓을 판단할 수 없는 경우는 명제라고 할 수 없다. 주로 추상적이고 주관적인 경우 명제가 아니다. 명제는 가정과 결론의 두 부분으로 구분된다. 일반적으로 명제는 '~이면 ~이다' 와 같은 문장으로 나타낼 수 있는데 이때 '~이면' 을 가정, '~이다' 를 결론이라고 한다. 이것을 간단히 'p이면 q이다' 로 표현하고 기호로 'p⇒q' 와 같이 나타낸다. 우리는 명제의 결론이 참이 됨을 증명을 통해 보이려는 것이 목적이고 이 과정에서 가정은 증명과정에서 사용하는 증명 도구라고 생각하면 된다.

   (1) 우리나라의 수도는 서울이다 ⇨ 참인 명제
   (2) 우리나라에서 인구가 가장 많은 도시는 부산이다 ⇨ 거짓인 명제
   (3) 가을하늘은 아름답다 ⇨ 참 또는 거짓을 판단할 수 없는 주관적인 문장으로 명제가 아니다.
   (4) $x+3=5$ ⇨ $x=2$이면 참이고 그 외의 x값에 대해서는 거짓이므로 참 또는 거짓을 판단할 수 없으므로 명제가 아니다.

3. 정리는 증명을 통해 참으로 밝혀진 중요하고 기본이 되는 명제를 말한다. 이런 정리는 다른 명제가 참임을 보이는 증명 과정에서 사용된다. 정의와 정리의 가장 큰 차이점은 증명의 필요성 유무이다. 정의는 그냥 받아들이지만 정리는 반드시 증명의 과정을 거쳐야 한다.

4. 증명은 정의 또는 이미 증명이 완료된 정리를 활용해 새로운 명제가 참 또는 거짓이 됨을 보이는 과정이다. 수학 이론은 수많은 정리들에 의해 만들어지고 이런 정리들은 반드시 증명 과정을 거쳐 참임을 보인 명제들이다. 그동안 우리가 당연하게 받아들였던 내용들이 사실 증명과정을 거친 것이었다고 생각하면 된다. 예를 들어 그동안 '삼각형의 세 내각의 크기의 합은 $180°$이다' 와 같은 정리를 당연하다고 받아들였지만 이 정리는 증명 과정을 거친 것이다. 우리는 앞으로 이 증명 과정을 공부할 것이다. 이제 정리를 당연하게 받아들이는 것이 아니라 이유를 설명해보려는 습관을 길러야 한다.

5. 앞으로 소개될 모든 정리들을 증명할 때 '가정', '결론', '증명'을 구분해서 설명할 것이다. 그 이유는 '가정'이 무엇인지 알아야 내가 출발하는 지점이 어디이고 무슨 도구를 증명에 활용할 수 있는지 분명히 알 수 있으며 '결론'이 무엇인지 알아야 내가 도착하는 지점이 어디인지 알 수 있기 때문이다. 이것이 분명해져야 '증명'을 잘 할 수 있다. 그리고 문장으로 표현된 정리에서 '가정', '결론'은 가급적 기호로 나타낼 것이다. 그래야 조금 더 추상적이지 않고 분명하기 때문이다.

(깊이보기!)

1. 우리는 어떤 범죄자가 범죄를 저지른 것 같다는 심증만으로 처벌을 할 수 없다. 이 경우 증거를 제시해야 처벌을 할 수 있다. 예를 들어 cctv에 범죄 영상이 찍혀 이를 증거물로 제시한다면 이 범죄자의 죄는 인정된다. 수학에서 그럴 것 같다는 명제를 증명을 통해 옳음을 보이는 과정이 이와 같다고 생각하면 이해하기 쉽다. 명제가 그럴 것 같다고 해서 그냥 사용하는 것은 심증만으로 죄를 처벌하는 위험한 상황과 같다고 보면 증명의 중요성을 이해할 수 있을 것이다.

2. 닭이 먼저인가? 아니면, 달걀이 먼저인가?

 : 중학교 1학년 자연수 단원에서도 다뤘던 이 문제에 대해 논의해보자. 닭이 먼저라고 주장하는 편에게 반대편은 그 닭은 달걀이 먼저 있어야 알이 부하하고 성장해 닭이 되므로 달걀이 먼저라고 주장할 수 있다. 반대로 달걀이 먼저라고 주장하는 편에게 반대편은 그 달걀이 생기려면 닭이 알을 낳아야 하므로 닭이 먼저라고 주장할 수 있다. 이렇게 되면 이 문제는 끝없는 논쟁만 있을 뿐 결론이 나지 않는다. 이 끝없는 논쟁을 끝낼 수 있는 좋은 방법이 있다. 바로 시작을 정해주는 것이다. 예를 들어, '최초의 닭이 먼저 존재했다'라고 시작을 정해주면 그 다음부터는 닭이 달걀을 낳고 달걀이 부하하고 커서 닭이 되고 이 과정이 계속 반복되는 것이다. 수학에서 이와 같은 최초의 출발점 역할을 담당하는 것이 유클리드가 정한 '공리', '공준'이다. 이것은 간단히 '진리'라고 생각하면 이해하기 쉽다. 즉, 당연한 내용으로 의심없이 받아들이면 되는 지식과 같은 것이다. 이 시점부터 시작해 명제가 만들어지고 증명을 통해 정리가 만들어진다. 그리고 이렇게 만들어진 정리는 또 다른 명제를 증명하는 과정에서 활용되어 또 다른 정리들을 만들어낸다. 이런 과정들이 오랜 시간 동안 누적되고 발전되어 지금의 수학 내용이 만들어졌다고 생각하면 된다. 그런 점에서 우리가 정리를 이해하고 증명하는 과정을 학습하는 것은 곧 수학의 역사적 발전 과정을 답습한다는 점에서 매우 중요하다고 할 수 있다.

---

[2] 이등변삼각형

1. **이등변 삼각형** : 두 변의 길이가 같은 삼각형 (**정의**) $\Rightarrow$ $\overline{AB}=\overline{AC}$
2. **꼭지각** : 길이가 같은 두 변이 이루는 각 $\Rightarrow$ $\angle A$
3. **밑변** : 꼭지각의 대변 $\Rightarrow$ $\overline{BC}$
4. **밑각** : 밑변의 양 끝 각 $\Rightarrow$ $\angle B$, $\angle C$

(이해하기!)

1. 이등변삼각형의 이등변(二: 둘 이, 等: 같을 등, 邊: 변 변)은 두 변이 같음을 의미한다.

2. 꼭지각과 밑각은 이등변삼각형에서만 사용하는 용어이다.

3. 밑변과 밑각을 각각 밑에 있는 변과 밑에 있는 각이라고 생각하지 않도록 주의하자. 이등변삼각형을 옆으로 눕히면 두 밑각이나 밑변이 위로 올라가기도 한다. 밑변과 밑각의 뜻을 기억하자.

[3] 이등변삼각형의 성질

1. 이등변삼각형의 두 밑각의 크기는 같다.
   ⇨ ∠B = ∠C

2. 이등변삼각형의 꼭지각의 이등분선은 밑변을 수직이등분한다.
   ⇨ $\overline{BD} = \overline{CD}$, $\overline{AD} \perp \overline{BC}$

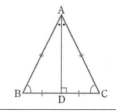

(이해하기!)

1. 이등변삼각형의 두 밑각의 크기는 같다.

   (가정) △ABC는 이등변삼각형이다. ⇨ $\overline{AB} = \overline{AC}$

   (결론) 두 밑각의 크기는 같다. ⇨ ∠B = ∠C

   (증명) 오른쪽 그림과 같은 이등변삼각형 ABC에서 ∠A의 이등분선을 그어
   $\overline{BC}$와 만나는 점을 D라고 하자. △ABD와 △ACD에서 $\overline{AB} = \overline{AC}$
   (∵ △ABC는 이등변삼각형, 가정) ······ ①
   $\overline{AD}$는 공통인 변 (∵ $\overline{AD}$는 ∠A의 이등분선) ······ ②
   ∠BAD = ∠CAD (∵ $\overline{AD}$는 ∠A의 이등분선) ······ ③ 이다.
   ①, ②, ③에 의해 두 쌍의 대응변의 길이가 각각 같고, 그 끼인각의 크기가 각각 같으므로
   △ABD ≡ △ACD(SAS합동) 이다.
   따라서 ∠B = ∠C이므로 이등변삼각형의 두 밑각의 크기는 같다.

   (다른증명) $\overline{BC}$의 중점을 D라고 하면 △ABD와 △ACD에서
   $\overline{AB} = \overline{AC}$ (∵ △ABC는 이등변삼각형, 가정) ······ ①
   $\overline{BD} = \overline{CD}$ (∵ 점D는 $\overline{BC}$의 중점) ······ ②
   $\overline{AD}$는 공통인 변 ······ ③ 이다.
   ①, ②, ③에 의해 세 대응변의 길이가 각각 같으므로
   △ABD ≡ △ACD(SSS합동)이다.
   따라서 ∠B = ∠C이므로 이등변삼각형의 두 밑각의 크기는 같다.

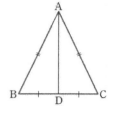

2. 이등변삼각형의 꼭지각의 이등분선은 밑변을 수직이등분한다.

   (가정) $\overline{AD}$는 이등변삼각형 △ABC의 꼭지각의 이등분선이다. ⇨ $\overline{AB} = \overline{AC}$, ∠BAD = ∠CAD

   (결론) 밑변을 수직이등분한다. ⇨ $\overline{AD} \perp \overline{BC}$, $\overline{BD} = \overline{CD}$

   (증명) 1. 의 증명에 의해 △ABD ≡ △ACD이므로 $\overline{BD} = \overline{CD}$ 이고
   ∠ADB = ∠ADC ······ ④ 이다.
   ∠ADB + ∠ADC = 180° (평각) 이므로 ∠ADB = ∠ADC = 90°이다.
   즉, $\overline{AD} \perp \overline{BC}$ ······ ⑤ 이다.
   따라서 ④, ⑤에 의해 $\overline{AD}$는 $\overline{BC}$를 수직이등분하므로 이등변삼각형의
   꼭지각의 이등분선은 밑변을 수직이등분한다.

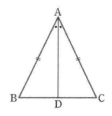

(깊이보기!)

1. 처음 접하는 정리의 증명이 비록 추상적이고 낯설지만 그리 어려워할 필요가 없다. 중학교 교육과
   정에서 나오는 거의 대부분의 정리의 증명은 중학교 1학년에서 배운 '삼각형의 합동조건' 을 활용

한 증명이기 때문이다. 왜냐하면 앞으로 나오는 대부분의 정리들이 '대응하는 변의 길이가 같고 대응하는 각의 크기가 같음'을 보이는 것이기 때문이다. '삼각형의 합동조건'을 활용하려면 2개의 삼각형이 필요한 것을 생각하면 보조선을 그리는 아이디어도 쉽게 이해될 것이다. 앞으로 꼭 증명 과정에서 '삼각형의 합동조건'을 기억하자!

---

[4] 이등변삼각형이 되는 조건

1. 두 내각의 크기가 같은 삼각형은 이등변삼각형이다.
 ⇨ △ABC에서 ∠B = ∠C이면 $\overline{AB} = \overline{AC}$ 이다.

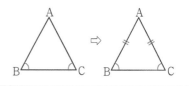

(이해하기!)

1. 두 내각의 크기가 같은 삼각형은 이등변삼각형이다.
 (가정) △ABC의 두 내각의 크기가 같다. ⇨ ∠B = ∠C
 (결론) △ABC는 이등변삼각형이다. ⇨ $\overline{AB} = \overline{AC}$
 (증명) 오른쪽 그림과 같은 △ABC에서 ∠B = ∠C일 때, ∠A의 이등분선을
    그어 $\overline{BC}$와의 교점을 D라고 하자. △ABD와 △ACD에서

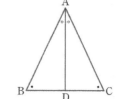

    ∠BAD = ∠CAD (∵ $\overline{AD}$는 ∠A의 이등분선) …… ①
    삼각형의 세 내각의 크기의 합은 180°이고 ∠B = ∠C(가정) 이므로
    ∠ADB = 180° − (∠BAD + ∠B)
       = 180° − (∠CAD + ∠C) = ∠ADC …… ②
    $\overline{AD}$는 공통인 변 …… ③ 이다.
    ①, ②, ③에 의해 한 쌍의 대응변의 길이가 같고, 그 양 끝각의 크기가 각각 같으므로
    △ABD ≡ △ACD(ASA합동) 이다.
    따라서, $\overline{AB} = \overline{AC}$이므로 △ABC는 이등변삼각형이다.

2. 이등변삼각형이 되는 조건에서 △ABC는 아직 이등변삼각형이 아니다. 그러므로 ∠B, ∠C를 두 밑각이라 하지 않고 두 내각이라고 한다.

3. 이등변삼각형에서 다음 직선들은 일치한다.
 (1) 꼭지각의 이등분선
 (2) 밑변의 수직이등분선
 (3) 꼭짓점에서 밑변에 내린 수선
 (4) 꼭짓점과 밑변의 중점을 지나는 직선

4. 두 내각의 크기가 같으면 이등변삼각형이므로 세 내각의 크기가 60°로 모두 같은 정삼각형은 이등변삼각형이다. 그러나 이등변삼각형은 정삼각형이 아니다.

(깊이보기!)

1. 이등변삼각형의 성질과 이등변삼각형이 되는 조건은 다르다. 이것은 명제와 명제의 역의 차이를 통해 알 수 있다. 명제의 역이란 명제 'p이면 q이다'에 대하여 가정 p와 결론 q를 뒤바꿔 'q이면 p이다'로 나타낸 다른 명제이다. 문제는 명제의 역이 명제가 참이라고 무조건 참이 되지는 않는다

는 것이다. 다시 말하면 명제와 명제의 역은 서로 독립적인 것으로 각각 증명을 통해 참 또는 거짓임을 보여야 한다는 것이다. 예를 들어 명제 'x, y가 짝수이면 $x + y$는 짝수이다.' 는 참인 명제이다. 그러나 이 명제의 역 ' $x + y$는 짝수이면 x, y가 짝수이다' 는 거짓이다. 반례로 '$x + y = 8$이면 $x = 3, y = 5$(홀수)이다' 를 제시할 수 있어 항상 참은 아니다. 앞에서 이등변삼각형의 성질은 '이등변삼각형이면 성질 1, 2를 만족한다.' 라는 명제이고 이등변삼각형이 되는 조건은 이 명제의 역에 해당하는 '성질 1을 만족하는 삼각형이면 이등변삼각형이다.' 라는 것으로 서로 구분해야 하고 각각 증명해야 하는 독립적인 명제이다. 앞으로 이렇게 언뜻 보면 같은 말처럼 보이는 정리들이 계속 나올 것이다. 이때 가정과 결론을 구분해 명제와 명제의 역의 차이를 알아 각각의 정리를 구분해 이해해야 한다.

[5] 폭이 일정한 종이 접기

1. 그림과 같이 폭이 일정한 직사각형 모양의 종이를 $\overline{BC}$를 접는 선으로 하여 접으면 △ABC는 이등변삼각형이다.

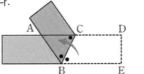 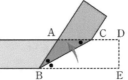

(이해하기!)

1. 직사각형 모양의 종이를 $\overline{BC}$를 접는 선으로 하여 접었을 때 ∠ABC = ∠EBC(접은각) …… ①
   직사각형은 대변이 평행하므로 ∠ACB = ∠EBC (엇각) …… ② 이다.
   ①, ②에 의해 △ABC는 두 내각의 크기가 같으므로 이등변삼각형이다.

[6] 정삼각형

1. **정삼각형** : 세 변의 길이가 모두 같은 삼각형 (**정의**) ⇨ $\overline{AB} = \overline{BC} = \overline{CA}$

2. **정삼각형의 세 내각의 크기는 모두 같다.**
   ⇨ △ABC에서 $\overline{AB} = \overline{BC} = \overline{CA}$이면 ∠A = ∠B = ∠C이다.

3. **세 내각의 크기가 같은 삼각형은 정삼각형이다.**
   ⇨ △ABC에서 ∠A = ∠B = ∠C이면 $\overline{AB} = \overline{BC} = \overline{CA}$이다.

(이해하기!)

1. **정삼각형의 세 내각의 크기는 모두 같다.**
   ⇨ 정삼각형은 이등변삼각형이므로 두 밑각의 크기가 같다. 따라서 꼭지각 ∠A에 대한 밑변 $\overline{BC}$의 양 끝각 ∠B = ∠C …… ① 이고 꼭지각 ∠B에 대한 밑변 $\overline{AC}$의 양 끝각 ∠A = ∠C ……②
   이다. 따라서, ①, ②에 의해 ∠A = ∠B = ∠C이다.

2. **세 내각의 크기가 같은 삼각형은 정삼각형이다.**
   ⇨ 이등변삼각형이 되는 조건에 의해 ∠A = ∠B = ∠C이면 ∠B = ∠C이므로 $\overline{AB} = \overline{AC}$ … ① 이고
   ∠A = ∠C이므로 $\overline{AB} = \overline{BC}$ … ② 이다. ①, ②에 의해 $\overline{AB} = \overline{BC} = \overline{CA}$ 이므로 △ABC는 정삼각형이다.

6.2 직각삼각형의 합동조건

---

[1] 직각삼각형의 용어

1. 빗변 : 직각삼각형에서 직각의 대변

2. 용어 설명
   (1) R : 직각(Right angle)
   (2) H : 빗변(Hypotenuse)
   (3) A : 각(Angle)
   (4) S : 변(Side)

빗변

(이해하기!)

1. 직각은 $\angle R$로 표현하기도 한다. 각 용어를 뜻하는 영어 단어의 첫 번째 알파벳을 기호로 사용한다.

---

[2] 직각삼각형의 합동조건 - RHA합동, RHS합동

두 직각삼각형은 다음 각 경우에 서로 합동이다.

1. 빗변의 길이와 한 예각의 크기가 각각 같을 때 (RHA합동)
   $\Rightarrow$ $\angle C = \angle F = 90°$, $\overline{AB} = \overline{DE}$, $\angle A = \angle D$이면 $\triangle ABC \equiv \triangle DEF$

2. 빗변의 길이와 다른 한 변의 길이가 각각 같을 때 (RHS합동)
   $\Rightarrow$ $\angle C = \angle F = 90°$, $\overline{AB} = \overline{DE}$, $\overline{AC} = \overline{DF}$이면 $\triangle ABC \equiv \triangle DEF$

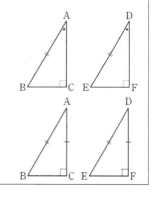

(이해하기!)

1. 빗변의 길이와 한 예각의 크기가 각각 같을 때 두 직각삼각형은 서로 합동이다.
   (가정) 직각삼각형의 빗변의 길이와 한 예각의 크기가 같다.
   $\quad\quad \Rightarrow \angle C = \angle F = 90°$, $\overline{AB} = \overline{DE}$, $\angle A = \angle D$
   (결론) $\triangle ABC \equiv \triangle DEF$
   (증명) 오른쪽 그림의 $\triangle ABC$와 $\triangle DEF$에서
   $\quad\quad \overline{AB} = \overline{DE}$ ($\because$ 가정) $\quad$ …… ①
   $\quad\quad \angle A = \angle D$ ($\because$ 가정) $\quad$ …… ②
   $\quad\quad \angle C = \angle F = 90°$이므로 $\angle B = 90° - \angle A = 90° - \angle D = \angle E$ …… ③
   이다. ①, ②, ③에 의해 한 쌍의 대응변의 길이가 같고, 그 양 끝 각
   의 크기가 각각 같으므로 $\triangle ABC \equiv \triangle DEF$ (ASA합동)이다.
   따라서 빗변의 길이와 한 예각의 크기가 각각 같은 두 직각삼각형은 서로 합동이다.

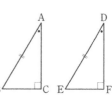

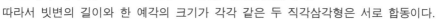

2. 빗변의 길이와 다른 한 변의 길이가 각각 같을 때 두 직각삼각형은 서로 합동이다.

    (가정) 직각삼각형의 빗변의 길이와 한 변의 길이가 같다.

        ⇨ $\angle C = \angle F = 90°$, $\overline{AB} = \overline{DE}$, $\overline{AC} = \overline{DF}$

    (결론) $\triangle ABC \equiv \triangle DEF$

    (증명) 오른쪽 그림과 같이 $\angle C = \angle F = 90°$, $\overline{AB} = \overline{DE}$, $\overline{AC} = \overline{DF}$인 두 직

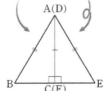

        각삼각형 ABC와 DEF에서 $\triangle DEF$를 뒤집어 $\overline{AC}$와 $\overline{DF}$가 겹치도

        록 그림과 같이 놓으면 $\angle ACB + \angle DFE = 90° + 90° = 180°$ 이므로

        세 점 B, C(F), E는 한 직선 위에 있게 된다.

        이때 $\overline{AB} = \overline{DE}$(∵ 가정)이다. …… ①

        따라서, $\triangle ABE$는 이등변삼각형이고 두 밑각의 크기가 같으므로

        $\angle B = \angle E$ 이다. …… ②

        그러므로 ①, ②에 의해 두 직각삼각형의 빗변의 길이와 한 예각의

        크기가 각각 같으므로 $\triangle ABC \equiv \triangle DEF$ (RHA합동)이다.

3. 직각삼각형도 삼각형이므로 직각삼각형의 합동조건을 증명하는 과정에서 삼각형의 합동조건을 활용해 증명한다.

4. **직각삼각형의 합동조건을 배우는 이유!**

    ⇨ 삼각형의 합동 조건은 세 쌍의 대응 요소(SSS, SAS, ASA)가 각각 같음을 보여야 두 삼각형이 합동임을 증명할 수 있는데 반해 직각삼각형의 합동 조건은 기본적으로 한 쌍의 대응하는 각의 크기가 직각으로 주어져 있으므로 나머지 두 쌍의 대응 요소(빗변, 나머지 대응하는 한 내각 또는 한 변)이 각각 같음을 보이면 두 삼각형이 합동임을 증명할 수 있다. 즉 3가지 대응 요소를 확인 할 것을 2가지만 확인해도 되는 편리함 때문에 직각삼각형의 합동조건을 배우는 것이다. 물론 직각삼각형도 삼각형이기 때문에 삼각형의 합동조건으로 두 직각삼각형이 합동임을 보일 수도 있다.

5. 직각삼각형의 합동조건 2가지 중 RHA합동을 먼저 증명하는 이유는 RHS합동의 증명과정에서 RHA합동조건이 사용되기 때문이다. 물론 앞 단원에서 배운 이등변삼각형의 성질도 사용된다. 이와 같이 먼저 증명 완료된 정리는 다른 정리의 증명과정에서 사용되므로 소개된 정리들의 순서를 생각하며 학습하는 것도 정리의 증명을 공부하는데 도움이 된다.

[3] 각의 이등분선의 성질

1. 각의 이등분선 위의 한 점에서 그 각의 두 변까지의 거리는 같다.

   ⇨ ∠AOP = ∠BOP이면 $\overline{PA} = \overline{PB}$

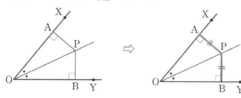

2. 각의 두 변에서 같은 거리에 있는 점은 그 각의 이등분선 위에 있다.

   ⇨ $\overline{PA} = \overline{PB}$이면 ∠AOP = ∠BOP

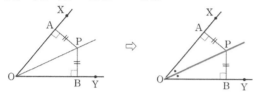

(이해하기!)

1. 각의 이등분선 위의 한 점에서 그 각의 두 변까지의 거리는 같다.

   (가정) 점 P는 각의 이등분선 위의 한 점이다. ⇨ ∠AOP = ∠BOP

   (결론) 점 P에서 각의 두 변까지의 거리는 같다. ⇨ $\overline{PA} = \overline{PB}$

   (증명) ∠AOB의 이등분선 위의 한 점 P에서 두 변에 내린 수선의 발을 각각 A, B라고 하자.

   이때, △AOP와 △BOP에서

   ∠PAO = ∠PBO = 90° (∵ 가정) …… ①

   $\overline{OP}$는 공통변 …… ②

   ∠AOP = ∠BOP (∵ 가정) …… ③ 이다.

   ①, ②, ③에 의해 △AOP ≡ △BOP(RHA합동) 이다.

   따라서 $\overline{PA} = \overline{PB}$ 이므로 각의 이등분선 위의 한 점에서 그 각의 두 변까지의 거리는 같다.

2. 각의 두 변에서 같은 거리에 있는 점은 그 각의 이등분선 위에 있다.

   (가정) 점 P는 각의 두 변에서 같은 거리에 있는 점이다. ⇨ $\overline{PA} = \overline{PB}$

   (결론) 점 P는 각의 이등분선 위에 있다. ⇨ ∠AOP = ∠BOP

   (증명) ∠AOB의 두 변에서 같은 거리에 있는 점 P에서 두 변에 내린 수선의 발을 각각 A, B라 하자.

   이때, △AOP와 △BOP에서

   ∠PAO = ∠PBO = 90° (∵ 가정) …… ①

   $\overline{OP}$는 공통변 …… ②

   $\overline{PA} = \overline{PB}$(∵ 가정) …… ③ 이다.

   ①, ②, ③에 의해 △AOP ≡ △BOP(RHS합동) 이다.

   따라서 ∠AOP = ∠BOP 이므로 각의 두 변에서 같은 거리에 있는 점은 그 각의 이등분선 위에 있다.

3. 위 두 정리는 서로 '가정' 과 '결론' 이 바뀐 '명제' 와 '명제의 역' 의 관계이다.

6.3 삼각형의 외심

[1] 선분의 수직이등분선의 성질

1. $\overline{AB}$의 수직이등분선 l위의 한 점 P에서 선분의 양 끝점 A, B에 이르는 거리는 서로 같다.
   ➪ $l \perp \overline{AB}$, $\overline{AM} = \overline{BM}$ 이면 $\overline{PA} = \overline{PB}$

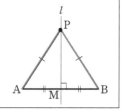

(이해하기!)

1. $\overline{AB}$의 수직이등분선 l위의 한 점 P에서 두 점 A, B에 이르는 거리는 서로 같다.

   (가정) 점 P는 $\overline{AB}$의 수직이등분선 l위의 한 점이다. ➪ $l \perp \overline{AB}$, $\overline{AM} = \overline{BM}$

   (결론) 점 P에서 선분의 양 끝점 A, B에 이르는 거리는 서로 같다. ➪ $\overline{PA} = \overline{PB}$

   (증명) 오른쪽 그림과 같이 $\overline{AB}$의 수직이등분선 l위의 한 점을 P라 하자.

   $\triangle PAM$과 $\triangle PBM$에서

   $\overline{AM} = \overline{BM}$ ($\because$ 가정) $\quad\cdots\cdots$ ①

   $\angle PMA = \angle PMB = 90°$ ($\because$ 가정) $\quad\cdots\cdots$ ②

   $\overline{PM}$은 공통변 $\quad\cdots\cdots$ ③ 이다.

   ①, ②, ③에 의해 $\triangle PAM \equiv \triangle PBM$(SAS합동) 이다. 따라서 $\overline{PA} = \overline{PB}$ 이므로 $\overline{AB}$의 수직이등분선 l위의 한 점 P에서 선분의 양 끝점 A, B에 이르는 거리는 서로 같다.

[2] 삼각형의 외심

1. $\triangle ABC$의 모든 꼭짓점이 원 O위에 있을 때, 이 원 O는 $\triangle ABC$에 외접한다고 하며 이 원을 $\triangle ABC$의 외접원이라고 한다.
2. 외심 : 외접원의 중심 (정의) ➪ 점 O
3. 삼각형의 외심 : 삼각형의 세 변의 수직이등분선의 교점

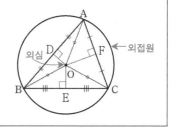

(이해하기!)

1. 삼각형의 외심을 대문자 O로 나타내는데 이는 외심을 의미하는 단어 **Outercenter**의 첫 글자이다.

2. 삼각형의 외심을 삼각형의 두 변의 수직이등분선의 교점이라고 해도 된다. 왜냐하면 나머지 한 변의 수직이등분선이 두 변의 수직이등분선을 지나기 때문이다.

---

[3] 삼각형의 외심의 성질

1. 삼각형의 세 변의 수직이등분선은 한 점(외심)에서 만난다.

2. 외심에서 삼각형의 세 꼭짓점에 이르는 거리는 같다. ⇨ $\overline{OA} = \overline{OB} = \overline{OC}$

3. $\triangle AOD \equiv \triangle BOD$, $\triangle BOE \equiv \triangle COE$, $\triangle COF \equiv \triangle AOF$

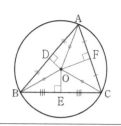

(이해하기!)

1. **삼각형의 세 변의 수직이등분선은 한 점(외심)에서 만난다.**

   (가정) 삼각형의 세 변의 수직이등분선을 그린다.

   (결론) 삼각형의 세 변의 수직이등분선이 한 점(외심)에서 만난다.

   (증명) 오른쪽 그림과 같은 △ABC에서 $\overline{BC}$와 $\overline{CA}$의 수직이등분선의 교점을 O라고 하자. (∵ $\overline{BC}$와 $\overline{CA}$는 평행하지 않으므로 수직이등분선도 평행하지 않아 교점이 존재한다.)

   점 O는 $\overline{BC}$, $\overline{CA}$의 수직이등분선 위에 있으므로

   $\overline{OB} = \overline{OC}$, $\overline{OC} = \overline{OA}$ ...... ① (∵ 선분의 수직이등분선 위의 한 점에서 선분의 양 끝점에 이르는 거리는 같다.)

   따라서 $\overline{OB} = \overline{OA}$ ...... ②

   이때 점 O에서 $\overline{AB}$에 내린 수선의 발을 D라고 하면 △AOD와 △BOD에서 $\angle ODA = \angle ODB = 90°$ ...... ③

   $\overline{OD}$는 공통인 변 ...... ④ 이다.

   ②, ③, ④에 의해 두 직각삼각형의 빗변의 길이와 다른 한 변의 길이가 각각 같으므로 △AOD ≡ △BOD(RHS합동)이다.

   따라서 $\overline{AD} = \overline{BD}$ 이므로 $\overline{OD}$는 $\overline{AB}$의 수직이등분선이다.

   그러므로 삼각형의 세 변의 수직이등분선은 한 점 O에서 만난다.

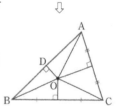

2. 한편, ①에서 $\overline{OA} = \overline{OB} = \overline{OC}$ 이므로 점 O에서 세 꼭짓점에 이르는 거리는 모두 같다. 따라서 점 O를 중심으로 하고 $\overline{OA}$를 반지름으로 하는 원 O를 그리면 원 O는 △ABC의 세 꼭짓점 A, B, C를 모두 지난다.

3. 점 O는 삼각형의 세 변의 수직이등분선의 교점이므로 △AOD와 △BOD에서

   $\overline{AD} = \overline{BD}$ ...... ①

   $\angle ADO = \angle BDO = 90°$ ...... ②

   $\overline{OD}$는 공통변 ...... ③ 이다.

   ①, ②, ③에 의해 △AOD ≡ △BOD(SAS합동) 이다.

   같은 방법으로 △BOE ≡ △COE, △COF ≡ △AOF(SAS합동) 이다.

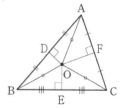

(깊이보기!)

1. 삼각형의 외심의 성질 중 '삼각형의 세 변의 수직이등분선은 한 점(외심)에서 만난다'를 증명하는 과정은 다음과 같이 이해하면 된다. 두 변의 수직이등분선은 평행하지 않으므로 교점이 존재한다. 이때, 이 교점에서 다른 한 변에 수직인 수선을 그었을 때 변을 이등분하면 수직이등분선이 되므로 세 변의 수직이등분선이 한 점에서 만나게 된다.

6.3

삼각형의 외심

[4] 삼각형의 외심의 위치

1. 예각삼각형 ⇨ 삼각형의 내부
2. 둔각삼각형 ⇨ 삼각형의 외부
3. 직각삼각형 ⇨ 빗변의 중점

[예각삼각형]　　　[둔각삼각형]　　　[직각삼각형]

(이해하기!)

1. 삼각형의 외심의 위치는 삼각형의 모양에 따라 위와 같이 달라진다. 이 중 직각삼각형의 외심의 위치가 빗변의 중점이라는 사실이 중요하며 거의 대부분의 외심의 위치 문제로 출제된다.

2. 예를 들어, 오른쪽 그림과 같이 $\angle B = 90°$인 직각삼각형 ABC에서 점 O는 $\overline{AC}$의 중점이고, $\overline{AC} = 12$cm이다. $\angle ABO = 60°$일 때, x, y의 값을 각각 구해보자.

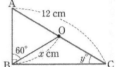

　⇨ 직각삼각형의 외심은 빗변의 중점이므로 점 O는 △ABC의 외심이다.

　　이때, △OAB와 △OBC는 이등변삼각형이므로 $x = \overline{OA} = \overline{OC} = 6$이고
　　$y = \angle OBC = 90 - 60 = 30$이다. 따라서 $x = 6, y = 30$이다.

[5] 삼각형의 외심의 활용

점 O가 삼각형 ABC의 외심일 때
1. △AOB, △BOC, △COA는 이등변삼각형이다.

2. $\angle x + \angle y + \angle z = 90°$

3. $\angle BOC = 2\angle A$

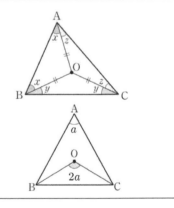

(이해하기!)

1. 삼각형의 외심에서 세 꼭짓점에 이르는 거리는 같으므로 △AOB, △BOC, △COA는 이등변삼각형이다.

2. 점 O가 삼각형 ABC의 외심이면 $\overline{OA} = \overline{OB} = \overline{OC}$이므로 △AOB, △BOC, △COA는 이등변삼각형이고 따라서 두 밑각의 크기는 같다. 즉, $\angle OAB = \angle OBA$, $\angle OBC = \angle OCB$, $\angle OCA = \angle OAC$ 이다. $\angle OAB = \angle OBA = \angle x$, $\angle OBC = \angle OCB = \angle y$, $\angle OCA = \angle OAC = \angle z$라 하면 △ABC에서 $2\angle x + 2\angle y + 2\angle z = 180°$ 이다. 따라서 $\angle x + \angle y + \angle z = 90°$이다.

3. 오른쪽 그림과 같이 점 A에서 점 O를 지나는 선이 $\overline{BC}$와 만나는 점을 D라 하자. 삼각형의 두 내각의 크기의 합은 다른 한 내각의 이웃하는 외각의 크기와 같으므로

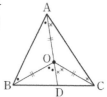

$\triangle OAB$에서 $\angle BOD = \angle OAB + \angle OBA = 2\angle OAB$

$\triangle OAC$에서 $\angle COD = \angle OAC + \angle OCA = 2\angle OAC$

따라서 $\angle BOC = \angle BOD + \angle COD = 2(\angle OAB + \angle OAC) = 2\angle A$ 이다.

(확인하기!)

1. 오른쪽 그림에서 점 O는 $\triangle ABC$의 외심이다. $\angle ABO = 14°$, $\angle ACO = 31°$일 때, $\angle A$의 크기를 구하시오.

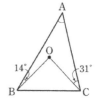

(풀이) $\overline{AO}$를 연결하면 $\triangle OAB$, $\triangle OAC$는 이등변삼각형이므로 두 밑각의 크기는 같다. 즉, $\angle OAB = 14°$, $\angle OAC = 31°$이다.

따라서 $\angle A = 14° + 31° = 45°$ 이다.

2. 오른쪽 그림에서 점 O는 $\triangle ABC$의 외심이고 $\angle A : \angle B : \angle C = 4 : 5 : 6$일 때, $\angle AOC$의 크기를 구하시오.

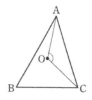

(풀이) $\angle B = \dfrac{5}{15} \times 180° = \dfrac{1}{3} \times 180° = 60°$ 이므로 $\angle AOC = 2 \times 60° = 120°$이다.

6.3

삼각형의 외심

6.4 삼각형의 내심

[1] 원의 접선과 접점

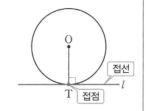

1. 접선 : 원과 직선이 한 점에서 만날 때 이 직선은 원에 접한다고 한다.
   이때 이 직선을 원의 접선 이라고 한다. ⇨ 직선 l
2. 접점 : 접선이 원과 만나는 점 ⇨ 점 T
3. **접선의 성질** : 원의 접선은 그 접점을 지나는 반지름에 수직이다.
   ⇨ $l \perp \overline{OT}$

[2] 삼각형의 내심

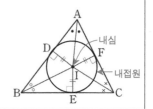

1. 원 I가 오른쪽 그림과 같이 △ABC의 세 변에 모두 접해 있을 때, 원 I는 △ABC에 내접한다고 하며 이 원을 △ABC의 내접원이라고 한다.
2. 내심 : 내접원의 중심 **(정의)**
3. 삼각형의 내심 : 삼각형의 세 내각의 이등분선의 교점

(이해하기!)

1. 삼각형의 내심을 대문자 I로 나타내는데 이는 내심을 의미하는 단어 Incenter 의 첫 글자이다.

2. 삼각형의 내심을 삼각형의 두 내각의 이등분선의 교점이라고 해도 된다. 왜냐하면 나머지 한 내각의 이등분선이 두 내각의 이등분선의 교점을 지나기 때문이다.

[3] 삼각형의 내심의 성질

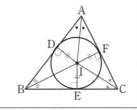

1. 삼각형의 세 내각의 이등분선은 한 점(내심)에서 만난다.
2. 삼각형의 내심에서 세 변에 이르는 거리는 모두 같다.
   ⇨ $\overline{ID} = \overline{IE} = \overline{IF}$
3. $\triangle AID \equiv \triangle AIF, \triangle BID \equiv \triangle BIE, \triangle CIE \equiv \triangle CIF$

(이해하기!)

1. 삼각형의 세 내각의 이등분선은 한 점(내심)에서 만난다.
   (가정) 삼각형의 세 내각의 이등분선을 그린다.
   (결론) 삼각형의 세 내각의 이등분선이 한 점(내심)에서 만난다.
   (증명) 오른쪽 그림과 같은 △ABC에서 ∠A와 ∠B의 이등분선의 교점을 I 라 하자. (∵ ∠A와 ∠B의 이등분선은 평행하지 않으므로 교점이 존재한다.) 점 I에서 $\overline{AB}, \overline{BC}, \overline{CA}$에 내린 수선의 발을 각각 D, E, F 라고 하자. 점 I는 ∠A, ∠B의 이등분선 위에 있으므로

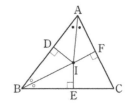

$\overline{ID} = \overline{IF}$, $\overline{ID} = \overline{IE}$ ...... ① 이다.

(∵ 각의 이등분선 위의 한 점에서 각의 두 변에 내린 수선의 발 까지의 거리는 같다. ⇒ 직각삼각형의 합동조건 단원에서 소개했다.)

따라서 $\overline{IE} = \overline{IF}$ ...... ②

이때 점 I와 점 C를 직선으로 연결하면 △ICE와 △ICF에서

∠IEC = ∠IFC = 90° ...... ③

$\overline{IC}$는 공통인 변 ...... ④ 이다.

②, ③, ④에 의해 두 직각삼각형의 빗변의 길이와 다른 한 변의 길이가 각각 같으므로 △ICE ≡ △ICF(RHS합동) 이다.

따라서 ∠ICE = ∠ICF이므로 $\overline{IC}$는 ∠C의 이등분선이다.

그러므로 삼각형의 세 내각의 이등분선은 한 점 I에서 만난다.

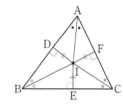

2. 한편, ①에서 $\overline{ID} = \overline{IE} = \overline{IF}$이므로 점 I에서 세 변에 이르는 거리는 모두 같다. 따라서 점 I를 중심으로 하고 $\overline{ID}$를 반지름으로 하는 원 I를 그리면 원 I는 △ABC의 세변 AB, BC, CA와 각각 점 D, E, F에서 만난다.

3. 점 I는 삼각형의 세 내각의 이등분선의 교점이므로 △AID와 △AIF에서

∠ADI = ∠AFI = 90° ...... ①

$\overline{AI}$는 공통변 ...... ②

∠IAD = ∠IAF ...... ③ 이다.

따라서, △AID ≡ △AIF(RHA합동) 이다.

같은 방법으로 △BID ≡ △BIE, △CIE ≡ △CIF(RHA합동) 이다.

(깊이보기!)

1. 삼각형의 외심과 내심의 성질에서 세 변의 수직이등분선, 세 내각의 이등분선이 한 점에서 만나는 것이 당연하다고 생각하여 앞의 증명과정에서 설명한 세 직선의 교점이 존재함을 보이는 과정의 필요성을 이해하지 못하는 경우가 있다. 평면에서 평행하지 않은 서로 다른 두 직선은 반드시 한 점에서 만나지만 오른쪽 그림과 같이 평행하지 않은 서로 다른 세 직선은 한 점에서 만나지 않을 수도 있다. 따라서 세 직선 중 서로 다른 두 직선을 각각 다르게 골라 (⇒ 예를 들어 l과 m, m과 n과 같이 고른다) 각 경우의 두 직선의 교점이 서로 일치하는지 확인하는 과정이 필요하다. 그렇게 서로 일치하는 두 교점이 세 직선의 교점이 된다.

---

[4] 삼각형의 내심의 위치

1. 삼각형의 내심은 삼각형의 모양(예각삼각형, 직각삼각형, 둔각삼각형)에 관계없이 항상 삼각형의 내부에 있다.

(이해하기!)

1. 삼각형의 내심은 내접원의 중심이고 내접원은 삼각형의 내부에 있는 원이므로 삼각형의 모양에 관계없이 항상 삼각형의 내부에 있다. 그렇기 때문에 삼각형의 내심의 위치는 외심의 위치와 비교해 중요성이 떨어진다.

[5] 삼각형의 내심의 활용

점 I가 삼각형 ABC의 내심일 때
1. $\angle x + \angle y + \angle z = 90°$

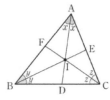

2. $\angle BIC = 90° + \dfrac{1}{2} \angle A$

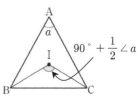

3. 내접원의 반지름의 길이를 r이라고 하면
⇨ (△ABC의 넓이)$= \dfrac{1}{2} r(\overline{AB} + \overline{BC} + \overline{CA}) = \dfrac{1}{2} r ×$(삼각형의 둘레의 길이)

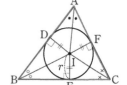

4. 내접원과 접선의 길이
⇨ $\overline{AD} = \overline{AF}, \overline{BD} = \overline{BE}, \overline{CE} = \overline{CF}$

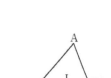

5. 내심과 평행선
⇨ 오른쪽 그림에서 점 I는 △ABC의 내심이고 $\overline{DE} /\!/ \overline{BC}$일 때,
(1) △DBI, △EIC는 이등변삼각형이다. ⇨ $\overline{DB} = \overline{DI}, \overline{EC} = \overline{EI}$
(2) (△ADE의 둘레의 길이) $= \overline{AB} + \overline{AC}$

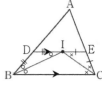

(이해하기!)
1. △ABC에서 점 I는 내심이므로 세 내각의 이등분선의 교점이다. 즉,
$\angle IAB = \angle IAC, \angle IBA = \angle IBC, \angle ICB = \angle ICA$ 이다.
$\angle IAB = \angle IAC = \angle x, \angle IBA = \angle IBC = \angle y, \angle ICB = \angle ICA = \angle z$라 하면
$2\angle x + 2\angle y + 2\angle z = 180°$이다. 따라서 $\angle x + \angle y + \angle z = 90°$이다.

2. 오른쪽 그림과 같이 $\overline{AI}$ 의 연장선과 $\overline{BC}$의 교점을 D 라 하자. 삼각형의 두 내
각의 크기의 합은 다른 한 내각의 이웃하는 외각의 크기와 같으므로
$\angle BIC = \angle BID + \angle CID = (\angle IAB + \angle IBA) + (\angle IAC + \angle ICA)$

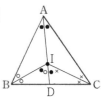

$= (\angle IAB + \angle IBA + \angle ICA) + \angle IAC = 90° + \dfrac{1}{2} \angle A$

3. $\triangle ABC = \triangle ABI + \triangle BCI + \triangle CAI = \dfrac{1}{2} r \overline{AB} + \dfrac{1}{2} r \overline{BC} + \dfrac{1}{2} r \overline{CA} = \dfrac{1}{2} r(\overline{AB} + \overline{BC} + \overline{CA})$

$= \dfrac{1}{2} r ×$(삼각형의 둘레의 길이)

4. 삼각형의 내심 I와 세 꼭지점을 연결하면 $\triangle AID \equiv \triangle AIF$, $\triangle BID \equiv \triangle BIE$, $\triangle CIE \equiv \triangle CIF$(RHA합동) 이므로 $\overline{AD} = \overline{AF}, \overline{BD} = \overline{BE}, \overline{CE} = \overline{CF}$ 이다. 이 내용은 중학교 3학년 과정에서 **'원 밖의 한 점에서 그은 두 접선의 길이는 같다'** 라는 정리로 다시 소개된다.

5. (1) 점 I는 $\triangle ABC$의 내심이고 $\overline{DE} /\!/ \overline{BC}$이므로 $\angle DBI = \angle CBI$, $\angle CBI = \angle DIB$(엇각) 이다. 따라서 $\angle DBI = \angle DIB$이고 $\triangle DBI$는 두 내각의 크기가 같으므로 이등변삼각형이다. 같은 방법으로 $\angle ECI = \angle BCI$, $\angle BCI = \angle EIC$(엇각) 이므로 $\angle ECI = \angle EIC$이다. 따라서 $\triangle EIC$는 두 내각의 크기가 같으므로 이등변삼각형이다. 그러므로 $\overline{DB} = \overline{DI}, \overline{EC} = \overline{EI}$ 이다.

(2) $\triangle ADE$의 둘레의 길이 $= \overline{AD} + \overline{DE} + \overline{AE}$
$= \overline{AD} + (\overline{DI} + \overline{EI}) + \overline{AE} = \overline{AD} + (\overline{DB} + \overline{EC}) + \overline{AE}$
$= (\overline{AD} + \overline{DB}) + (\overline{AE} + \overline{EC}) = \overline{AB} + \overline{AC}$

(확인하기!)

1. 오른쪽 그림에서 점 I가 $\triangle ABC$의 내심일 때, $\angle x$의 크기를 구하시오.

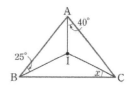

(풀이) $40° + 25° + x = 90°$이므로 $x = 25°$

2. 오른쪽 그림에서 점 I는 $\triangle ABC$의 내심이다. $\angle ACI = 40°$, $\angle IBC = 20°$일 때, $\angle x + \angle y$의 크기를 구하시오.

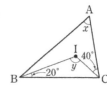

(풀이) $\angle ICB = 40°$이므로 $\angle y = 180° - (20° + 40°) = 120°$ 이다.

$\angle y = 90° + \dfrac{1}{2} \angle x$이므로 $120° = 90° + \dfrac{1}{2} \angle x$, $\angle x = 60°$ 이다.

따라서 $\angle x + \angle y = \angle 60° + 120° = 180°$ 이다.

3. 오른쪽 그림에서 점 I는 $\triangle ABC$의 내심이다. $\overline{AB} = 11\,\text{cm}$, $\overline{BC} = 12\,\text{cm}$, $\overline{CA} = 7\,\text{cm}$이고 $\triangle IBC$의 넓이가 $18\,\text{cm}^2$ 일 때, $\triangle ABC$의 넓이를 구하시오.

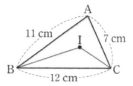

(풀이) 내접원의 반지름의 길이를 r이라 하면 $\triangle IBC = \dfrac{1}{2} \times 12 \times r$ 이므로

$\dfrac{1}{2} \times 12 \times r = 18$이고 정리하면 $r = 3$ 이다.

따라서 $\triangle ABC = \dfrac{1}{2} r(\overline{AB} + \overline{BC} + \overline{CA}) = \dfrac{1}{2} \times 3 \times (11 + 12 + 7) = \dfrac{1}{2} \times 3 \times 30 = 45(\text{cm}^2)$ 이다.

4. 오른쪽 그림에서 점 I는 $\triangle ABC$의 내심이고, 세 점 D, E, F는 각각 내접원과 세 변 AB, BC, CA의 접점이다. $\overline{AB} = 18$, $\overline{BD} = 10$, $\overline{CA} = 15$일 때, $\overline{BC}$의 길이를 구하시오.

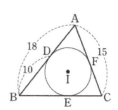

(풀이) $\overline{AF} = \overline{AD} = 18 - 10 = 8$, $\overline{BD} = \overline{BE} = 10$, $\overline{CE} = \overline{CF} = 15 - 8 = 7$ 이다.

따라서 $\overline{BC} = \overline{BE} + \overline{EC} = 10 + 7 = 17$ 이다.

5. 오른쪽 그림에서 점 I는 △ABC의 내심이고 $\overline{AB} = 12\,cm$, $\overline{AC} = 10\,cm$ 이다. $\overline{DE} /\!/ \overline{BC}$일 때, △ADE의 둘레의 길이를 구하시오.

(풀이) △ADE의 둘레의 길이 $= \overline{AB} + \overline{AC} = 12 + 10 = 22\,(cm)$

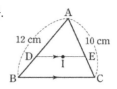

(깊이보기!)

1. 삼각형의 외심과 내심의 성질 기억하는 방법

⇨ 삼각형의 외심과 내심의 성질을 단순히 암기하려고 하면 내용이 비슷하여 어떤 성질이 삼각형의 외심의 성질인지 내심의 성질인지 구분하기 어렵고 암기했다고 해도 이내 잊어버릴 가능성이 크다. 이때 다음과 같은 방법으로 이해하면 구분하여 기억하기 쉽다. 우선 삼각형의 구성 성분으로 각과 변 두 가지를 생각해보자. 이때, 삼각형의 외심과 내심의 두 가지 성질 중 한 가지는 각에 관한 내용이라면 나머지 한 가지는 변에 관한 내용이다. 이 중 기억하기 쉬운 것을 기준으로 한다. 예를 들면 삼각형의 외심은 외접원의 중심이다. 머릿속에 삼각형과 외접원을 그려보자. 원이 삼각형의 바깥쪽에서 접하면서 그려지려면 외접원은 삼각형의 세 꼭짓점(각)을 지나고 원의 반지름의 길이는 같으므로 외심에서 삼각형의 세 꼭짓점(각)에 이르는 거리는 같다. 그리고 나머지 한 가지의 성질은 변에 관한 내용으로 세 변의 수직이등분선의 교점이 외심이 된다. 마찬가지 방법으로 삼각형의 내심은 내접원의 중심이다. 머릿속에 삼각형과 내접원을 그려보자. 그러면 내접원은 삼각형의 세 변을 지나고 원의 반지름의 길이는 같으므로 내심에서 삼각형의 세 변에 이르는 거리는 같다. 따라서 나머지 한 가지의 성질은 각에 관한 내용으로 세 내각의 이등분선의 교점이 내심이 된다.

[삼각형의 외심의 성질]

(1) 삼각형의 세 변의 수직이등분선은 한 점(외심)에서 만난다. (변)

(2) 외심에서 삼각형의 세 꼭짓점에 이르는 거리는 같다. (각)

⇨ $\overline{OA} = \overline{OB} = \overline{OC} =$ (외접원 O의 반지름의 길이)

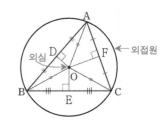

[삼각형의 내심의 성질]

(1) 삼각형의 세 내각의 이등분선은 한 점(내심)에서 만난다. (각)

(2) 삼각형의 내심에서 세 변에 이르는 거리는 모두 같다. (변)

⇨ $\overline{ID} = \overline{IE} = \overline{IF} =$ (내접원 I의 반지름의 길이)

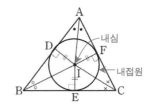

---

[6] 이등변삼각형과 정삼각형의 외심과 내심

1. **이등변삼각형** ⇨ 외심과 내심은 꼭지각의 이등분선 위에 있다.

2. **정삼각형** ⇨ 외심과 내심의 위치는 일치한다.

(이해하기!)

1. 삼각형의 내심은 세 내각의 이등분선의 교점이고, 외심은 세 변의 수직이등분선의 교점이다. 그런데 이등변삼각형의 꼭지각의 이등분선은 밑변을 수직이등분한다. 즉, 이등변삼각형의 꼭지각의 이등분선은 그 대변의 수직이등분선과 일치하므로 이등변삼각형의 외심과 내심은 꼭지각의 이등분선 위에 있다.

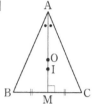

2. 삼각형의 내심은 세 내각의 이등분선의 교점이고, 외심은 세 변의 수직이등분선의 교점이다. 그런데 정삼각형은 이등변삼각형이므로 꼭지각의 이등분선은 밑변을 수직이등분한다. 즉, 정삼각형의 세 내각의 이등분선은 그 세 대변의 수직이등분선과 일치하고 한 점에서 만나므로 정삼각형의 내심과 외심은 일치한다.

6.4

삼각형의 내심

6.5 평행사변형

[1] 사각형 ABCD

1. **사각형** ABCD ⇨ □ABCD로 나타낸다.
2. **대변** : 사각형에서 마주 보는 변
3. **대각** : 사각형에서 마주 보는 각

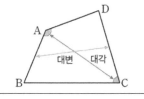

(이해하기!)

1. 대변과 대각의 '대(對)' 는 '마주하다' 는 의미로 반대편에서 마주보고 있다고 생각하면 된다.

[2] 평행사변형

1. **평행사변형** : 두 쌍의 대변이 각각 평행한 사각형 (정의)
   ⇨ $\overline{AB}$ ∥ $\overline{DC}$, $\overline{AD}$ ∥ $\overline{BC}$

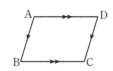

[3] 평행사변형의 성질

1. 두 쌍의 대변의 길이는 각각 같다. ⇨ $\overline{AB} = \overline{DC}$, $\overline{AD} = \overline{BC}$
2. 두 쌍의 대각의 크기는 각각 같다. ⇨ $\angle A = \angle C$, $\angle B = \angle D$
3. 두 대각선은 서로 다른 것을 이등분한다. ⇨ $\overline{AO} = \overline{CO}$, $\overline{BO} = \overline{DO}$
4. 이웃하는 두 내각의 크기의 합은 $180°$ 이다
   ⇨ $\angle A + \angle B = \angle B + \angle C = \angle C + \angle D = \angle D + \angle A = 180°$

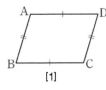 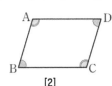 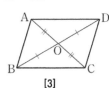 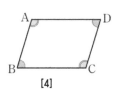

| [1] | [2] | [3] | [4] |

(이해하기!)

1. **평행사변형의 두 쌍의 대변의 길이는 각각 같다.**

   (가정) □ABCD는 평행사변형이다. ⇨ $\overline{AB}$ ∥ $\overline{DC}$, $\overline{AD}$ ∥ $\overline{BC}$

   (결론) 두 쌍의 대변의 길이는 각각 같다. ⇨ $\overline{AB} = \overline{DC}$, $\overline{AD} = \overline{BC}$

   (증명) 오른쪽 그림과 같이 평행사변형 ABCD에서 대각선 AC를 그으면

   　　　　△ABC와 △CDA에서 $\overline{AB}$ ∥ $\overline{DC}$ 이고 $\overline{AD}$ ∥ $\overline{BC}$ 이므로

   　　　　$\angle BAC = \angle DCA$ (엇각) ...... ①

   　　　　$\angle ACB = \angle CAD$ (엇각) ...... ②

   　　　　$\overline{AC}$는 공통인 변　　　　...... ③ 이다.

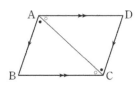

①, ②, ③에 의해 한 쌍의 대응변의 길이가 같고, 그 양 끝 각의 크기가 각각 같으므로 △ABC ≡ △CDA (ASA합동)이다.

따라서 $\overline{AB} = \overline{CD}$, $\overline{BC} = \overline{DA}$ 이므로 평행사변형 ABCD의 두 쌍의 대변의 길이는 각각 같다.

2. 평행사변형의 두 쌍의 대각의 크기는 각각 같다.

(가정) □ABCD는 평행사변형이다. ⇨ $\overline{AB} /\!/ \overline{DC}$, $\overline{AD} /\!/ \overline{BC}$

(결론) 두 쌍의 대각의 크기는 각각 같다. ⇨ $\angle A = \angle C$, $\angle B = \angle D$

(증명) $\overline{AB} /\!/ \overline{DC}$이고 $\overline{AD} /\!/ \overline{BC}$이므로

$\angle BAC = \angle DCA = \angle a$ (엇각), $\angle ACB = \angle CAD = \angle b$ (엇각)

이다. 이때 $\angle A = \angle a + \angle b = \angle C$ ······ ① 이다.

한편, 삼각형의 세 내각의 크기의 합은 $180°$이므로

$\angle B = 180° - \angle a - \angle b = \angle D$ ······ ② 이다.

①, ②에 의해 $\angle A = \angle C$, $\angle B = \angle D$이다.

따라서 평행사변형 ABCD의 두 쌍의 대각의 크기는 각각 같다.

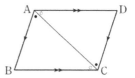

3. **평행사변형의 두 대각선은 서로 다른 것을 이등분한다.**

(가정) □ABCD는 평행사변형이다. ⇨ $\overline{AB} /\!/ \overline{DC}$, $\overline{AD} /\!/ \overline{BC}$

(결론) 두 대각선은 서로 다른 것을 이등분한다. ⇨ $\overline{AO} = \overline{CO}$, $\overline{BO} = \overline{DO}$

(증명) △OAB와 △OCD에서 $\overline{AB} /\!/ \overline{DC}$이므로

$\angle ABO = \angle CDO$ (엇각) ······ ①

$\angle BAO = \angle DCO$ (엇각) ······ ②

평행사변형에서 대변의 길이는 각각 같으므로

$\overline{AB} = \overline{CD}$ ······ ③ 이다.

①, ②, ③에 의해 한 쌍의 대응변의 길이가 같고, 그 양 끝 각의 크기가 각각 같으므로 △OAB ≡ △OCD (ASA합동)이다.

따라서 $\overline{OA} = \overline{OC}$, $\overline{OB} = \overline{OD}$ 이므로 평행사변형의 두 대각선 AC와 BD는 서로 다른 것을 이등분한다.

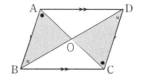

4. 평행사변형의 이웃하는 두 내각의 크기의 합은 $180°$ 이다

(가정) □ABCD는 평행사변형이다. ⇨ $\overline{AB} /\!/ \overline{DC}$, $\overline{AD} /\!/ \overline{BC}$

(결론) 두 내각의 크기의 합은 $180°$ ⇨ $\angle A + \angle B = \angle B + \angle C = \angle C + \angle D = \angle D + \angle A = 180°$

(증명) 평행사변형의 두 대각의 크기는 각각 같으므로 $\angle A = \angle C$, $\angle B = \angle D$

이고 $\angle A + \angle B + \angle C + \angle D = 2(\angle A + \angle B) = 360°$이므로

$\angle A + \angle B = 180°$ 이다. 같은 방법으로

$\angle B + \angle C = \angle C + \angle D = \angle D + \angle A = 180°$ 이다.

따라서 평행사변형의 이웃하는 두 내각의 크기의 합은 $180°$ 이다.

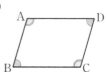

[4] 평행사변형이 되는 조건

다음 조건 중에서 어느 하나를 만족시키는 사각형은 평행사변형이다.

1. 두 쌍의 대변이 각각 평행하다. ⇨ $\overline{AB} /\!/ \overline{DC}, \overline{AD} /\!/ \overline{BC}$
2. 두 쌍의 대변의 길이가 각각 같다. ⇨ $\overline{AB} = \overline{DC}, \overline{AD} = \overline{BC}$
3. 두 쌍의 대각의 크기가 각각 같다. ⇨ $\angle A = \angle C, \angle B = \angle D$
4. 두 대각선이 서로 다른 것을 이등분한다. ⇨ $\overline{AO} = \overline{CO}, \overline{BO} = \overline{DO}$
5. 한 쌍의 대변이 평행하고, 그 길이가 같다. ⇨ $\overline{AD} /\!/ \overline{BC}, \overline{AD} = \overline{BC}$ (또는 $\overline{AB} /\!/ \overline{DC}, \overline{AB} = \overline{DC}$)

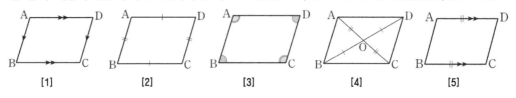

[1]　　　　[2]　　　　[3]　　　　[4]　　　　[5]

(이해하기!)

1. 두 쌍의 대변이 각각 평행한 사각형은 평행사변형이다.

   (가정) □ABCD의 두 쌍의 대변이 각각 평행하다. ⇨ $\overline{AB} /\!/ \overline{DC}, \overline{AD} /\!/ \overline{BC}$

   (결론) □ABCD는 평행사변형이다. ⇨ $\overline{AB} /\!/ \overline{DC}, \overline{AD} /\!/ \overline{BC}$

   (증명) 평행사변형의 정의에 의해 당연하다.

2. 두 쌍의 대변의 길이가 각각 같은 사각형은 평행사변형이다.

   (가정) □ABCD의 두 쌍의 대변의 길이가 각각 같다.⇨ $\overline{AB} = \overline{DC}, \overline{AD} = \overline{BC}$

   (결론) □ABCD는 평행사변형이다. ⇨ $\overline{AB} /\!/ \overline{DC}, \overline{AD} /\!/ \overline{BC}$

   (증명) 오른쪽 그림과 같이 두 쌍의 대변의 길이가 각각 같은 □ABCD에서 대각선 AC를 그으면
   △ABC와 △CDA에서

   $\overline{AB} = \overline{CD}$ (∵ 가정) …… ①

   $\overline{BC} = \overline{DA}$ (∵ 가정) …… ②

   $\overline{AC}$는 공통인 변 …… ③ 이다.

   ①, ②, ③에 의해 세 쌍의 대응변의 길이가 각각 같으므로
   △ABC ≡ △CDA(SSS합동)이다.

   따라서 $\angle BAC = \angle DCA$(엇각), $\angle BCA = \angle DAC$(엇각)이다.

   즉, 엇각의 크기가 각각 같으므로 $\overline{AB} /\!/ \overline{DC}, \overline{AD} /\!/ \overline{BC}$ 이다.

   그러므로 □ABCD는 두 쌍의 대변이 각각 평행하므로 평행사변형이다.

3. 두 쌍의 대각의 크기가 각각 같은 사각형은 평행사변형이다.

   (가정) □ABCD의 두 쌍의 대각의 크기가 각각 같다. ⇨ $\angle A = \angle C, \angle B = \angle D$

   (결론) □ABCD는 평행사변형이다. ⇨ $\overline{AB} /\!/ \overline{DC}, \overline{AD} /\!/ \overline{BC}$

   (증명) 오른쪽 그림의 □ABCD에서 $\angle A + \angle B + \angle C + \angle D = 360°$이고
   두 쌍의 대각의 크기가 각각 같으므로

   $\angle A + \angle B = 180°$ …… ①

   이때, $\overline{AB}$의 연장선 위에 점 E를 잡으면

   $\angle ABC + \angle CBE = 180°$ (∵ 평각) …… ② 이다.

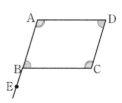

①, ②에 의해 ∠A = ∠CBE (동위각) 이다.

즉, 동위각의 크기가 같으므로 $\overline{AD}$ // $\overline{BC}$이고 같은 방법으로 $\overline{AB}$ // $\overline{DC}$이다.

따라서 □ABCD는 두 쌍의 대변이 각각 평행하므로 평행사변형이다.

4. 두 대각선이 서로 다른 것을 이등분하면 평행사변형이다.

(가정) □ABCD의 두 대각선이 서로 다른 것을 이등분한다. ⇨ $\overline{AO}=\overline{CO}, \overline{BO}=\overline{DO}$

(결론) □ABCD는 평행사변형이다. ⇨ $\overline{AB}$ // $\overline{DC}$, $\overline{AD}$ // $\overline{BC}$

(증명) 오른쪽 그림에서 두 대각선 AC, BD의 교점을 O라고 할 때,

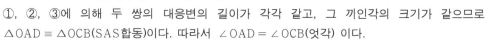

△OAD와 △OCB에서

$\overline{OA} = \overline{OC}$ (∵ 가정)   …… ①

$\overline{OB} = \overline{OD}$ (∵ 가정)   …… ②

∠AOD = ∠COB (맞꼭지각) …… ③ 이다.

①, ②, ③에 의해 두 쌍의 대응변의 길이가 각각 같고, 그 끼인각의 크기가 같으므로
△OAD ≡ △OCB(SAS합동)이다. 따라서 ∠OAD = ∠OCB(엇각) 이다.

즉, 엇각의 크기가 같으므로 $\overline{AD}$ // $\overline{BC}$ …… ④ 이다.

같은 방법으로 △OAB ≡ △OCD(SAS합동) 이므로 △OAB와 △OCD에서 ∠OAB = ∠OCD
(엇각) 이다. 즉, 엇각의 크기가 같으므로 $\overline{AB}$ // $\overline{DC}$ …… ⑤ 이다.

따라서 ④, ⑤에 의해 □ABCD는 두 쌍의 대변이 각각 평행하므로 평행사변형이다.

5. 한 쌍의 대변이 평행하고 그 길이가 같은 사각형은 평행사변형이다.

(가정) □ABCD의 한 쌍의 대변이 평행하고 그 길이가 같다. ⇨ $\overline{AD}$ // $\overline{BC}$, $\overline{AD}=\overline{BC}$

(결론) □ABCD는 평행사변형이다. ⇨ $\overline{AB}$ // $\overline{DC}$, $\overline{AD}$ // $\overline{BC}$

(증명) 오른쪽 그림과 같이 대각선 AC를 그으면 △ABC와 △CDA에서

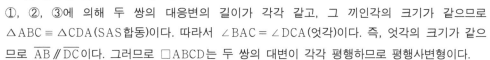

∠BCA = ∠DAC (∵ $\overline{AD}$ // $\overline{BC}$ 이므로 엇각의 크기는 같다) …… ①

$\overline{BC} = \overline{DA}$ (∵ 가정) …… ②

$\overline{AC}$는 공통인 변 …… ③ 이다.

①, ②, ③에 의해 두 쌍의 대응변의 길이가 각각 같고, 그 끼인각의 크기가 같으므로
△ABC ≡ △CDA(SAS합동)이다. 따라서 ∠BAC = ∠DCA(엇각)이다. 즉, 엇각의 크기가 같으
므로 $\overline{AB}$ // $\overline{DC}$이다. 그러므로 □ABCD는 두 쌍의 대변이 각각 평행하므로 평행사변형이다.

⇨ 평행사변형이 되기 위한 조건 5 에서 아래 그림과 같이 한 쌍의 대변이 평행하고 다른 한 쌍의
대변의 길이가 같은 경우 평행사변형이 되지 않음에 주의하자. 등변사다리꼴의 경우가 이 조건
에 해당하는데 등변사다리꼴은 평행사변형이 아니다. 반드시 평행한 대변의 길이가 동시에 같아
야 함을 기억하자.

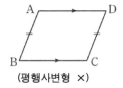

(평행사변형 ✕)

(평행사변형 ✕)

(깊이보기!)

1. 평행사변형의 성질과 평행사변형이 되는 조건을 보면 거의 유사해 언뜻 보면 같은 말을 반복한 것 같은 느낌이 든다. 실제로 학생들 중 둘의 차이점을 이해하지 못하는 경우들이 종종 있다. 앞에서 언급했던 명제와 명제의 역의 차이를 다시금 떠올려보자. 명제가 참이라고 해서 명제의 역도 참이 되지는 않는다고 했다. 둘은 독립적인 것으로 각각을 따로 증명해야하는 다른 명제들이다. 평행사변형의 성질은 '(평행사변형)이면 (성질 1, 2, 3, 4)이다' 로 평행사변형이라는 조건이 가정이고 4가지 성질이 결론이다. 반면에 평행사변형이 되는 조건(성질)은 평행사변형의 성질의 역으로 '(조건 1, 2, 3, 4, 5)이면 (평행사변형)이다' 로 5가지 조건(성질)이 가정이고 평행사변형이 결론이다. 이 차이를 구분해서 각 정리의 내용을 이해하도록 해야 한다.

---

[5] 평행사변형이 되는 조건의 활용

1. 평행사변형 $\square ABCD$에서 $\angle B$와 $\angle D$의 이등분선이 $\overline{AD}$, $\overline{BC}$와 만나는 점을 각각 E, F라고 할 때, $\square EBFD$는 평행사변형이다.

2. 평행사변형 $\square ABCD$에서 두 변 AB, CD에 $\overline{EB}=\overline{DF}$(또는 $\overline{AE}=\overline{CF}$)인 점 E, F에 대하여 $\square EBFD$는 평행사변형이다.

3. 평행사변형 $\square ABCD$에서 두 대각선의 교점을 O라 하고 $\overline{AO}$, $\overline{CO}$의 중점을 각각 점 E, F라고 할 때, $\square EBFD$는 평행사변형이다.

4. 평행사변형 $\square ABCD$의 두 꼭짓점 B, D에서 대각선 AC에 내린 수선의 발을 각각 E, F라고 할 때, $\square EBFD$는 평행사변형이다.

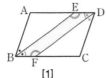 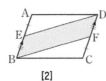 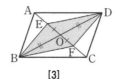 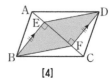

[1] [2] [3] [4]

(이해하기!)

1. 평행사변형은 두 쌍의 대각의 크기가 같으므로 $\angle EBF = \dfrac{1}{2}\angle ABC = \dfrac{1}{2}\angle CDA = \angle EDF$ ...... ①

   (⇒ •과 ×로 표시한 각의 크기가 서로 같다.)

   $\overline{ED} \parallel \overline{BF}$이므로 $\angle AEB = \angle EBF$(엇각) 이고 $\angle EDF = \angle DFC$(엇각)이다. $\angle EBF = \angle EDF$ 이므로 $\angle AEB = \angle DFC$이다. 따라서 $\angle DEB = 180° - \angle AEB = 180° - \angle DFC = \angle DFB$ ...... ② 이다.

   그러므로 ①, ②에 의해 $\square EBFD$는 두 쌍의 대각의 크기가 각각 같으므로 평행사변형이다.

2. 평행사변형 $\square ABCD$에서 $\overline{AB} \parallel \overline{DC}$ 이므로 $\overline{EB} \parallel \overline{DF}$ 이다. 두 변 AB, CD에 $\overline{EB}=\overline{DF}$점 E, F를 잡으면 $\square EBFD$는 한 쌍의 대변이 평행하고 그 길이가 같으므로 평행사변형이다.

3. 평행사변형은 두 대각선이 서로 다른 것을 이등분하므로 $\overline{AO}=\overline{CO}, \overline{BO}=\overline{DO}$ ...... ①

   점 E, F는 $\overline{AO}$, $\overline{CO}$의 중점이므로 $\overline{EO}=\dfrac{1}{2}\overline{AO}=\dfrac{1}{2}\overline{CO}=\overline{FO}$ ...... ② 이다.

   따라서 ①, ②에 의해 $\square EBFD$의 두 대각선은 서로 다른 것을 이등분하므로 평행사변형이다.

---

4. $\triangle$ABE와 $\triangle$CDF에서 $\angle$AEB $= \angle$CFD $= 90°(\because$ 조건) $\cdots\cdots$ ①

평행사변형의 대변의 길이는 같으므로 $\overline{AB} = \overline{CD}$ $\cdots\cdots$ ②

$\overline{AB} /\!/ \overline{CD}$이므로 $\angle$BAE $= \angle$DCF(엇각) $\cdots\cdots$ ③

①, ②, ③에 의해 $\triangle$ABE $\equiv \triangle$CDF(RHA합동)이다. 따라서 $\overline{BE} = \overline{DF}$ $\cdots\cdots$ ④

한편, $\angle$BEF $= \angle$DFE $= 90°$ 이므로 $\overline{BE} /\!/ \overline{DF}(\because$ 엇각) $\cdots\cdots$ ⑤ 이다.

그러므로 ④, ⑤에 의해 $\square$EBFD는 한 쌍의 대변이 평행하고 그 길이가 같으므로 평행사변형이다.

---

[6] 평행사변형과 넓이

1. **평행사변형의 넓이는 한 대각선에 의하여 이등분된다.**

   $\Rightarrow \triangle ABC = \triangle CDA = \dfrac{1}{2}\square ABCD$

   $\Rightarrow \triangle ABD = \triangle CDB = \dfrac{1}{2}\square ABCD$

2. **평행사변형의 넓이는 두 대각선에 의하여 사등분된다.**

   $\Rightarrow \triangle ABO = \triangle BCO = \triangle CDO = \triangle DAO = \dfrac{1}{4}\square ABCD$

3. **평행사변형의 내부의 임의의 점 P에 대하여**

   $\Rightarrow \triangle PAB + \triangle PCD = \triangle PAD + \triangle PBC = \dfrac{1}{2}\square ABCD$

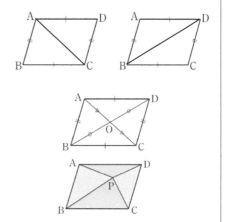

(이해하기!)

1. 평행사변형은 두 쌍의 대변의 길이가 같으므로 $\triangle$ABC와 $\triangle$CDA에서
   $\overline{AB} = \overline{CD}$, $\overline{BC} = \overline{AD}$이고 $\overline{AC}$는 공통변 이므로 $\triangle$ABC $\equiv \triangle$CDA(SSS합동)이다.
   따라서 두 삼각형은 넓이가 같으므로 $\triangle$ABC $= \triangle$CDA $= \dfrac{1}{2}\square$ABCD이다.
   같은 방법으로 $\triangle$ABD와 $\triangle$CDB에서 $\overline{AB} = \overline{CD}$, $\overline{AD} = \overline{BC}$이고 $\overline{BD}$는 공통변
   이므로 $\triangle$ABD $\equiv \triangle$CDB(SSS합동)이다. 따라서 두 삼각형은 넓이가 같으므로
   $\triangle$ABD $= \triangle$CDB $= \dfrac{1}{2}\square$ABCD이다.

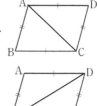

2. 평행사변형의 두 쌍의 대변의 길이가 같으므로 $\overline{AB} = \overline{CD}$, $\overline{BC} = \overline{AD}$이고, 두
   대각선은 서로 다른 것을 이등분하므로 $\overline{AO} = \overline{CO}$, $\overline{BO} = \overline{DO}$이다. 그러므로
   $\triangle$ABO $\equiv \triangle$CDO, $\triangle$BCO $\equiv \triangle$DAO(SSS합동) 이다. 이때, $\triangle$ABO와 $\triangle$DAO
   는 밑변의 길이가 같고 높이가 같으므로 넓이가 같다.

   따라서, $\triangle$ABO $= \triangle$BCO $= \triangle$CDO $= \triangle$DAO $= \dfrac{1}{4}\square$ABCD이다.

3. 오른쪽 그림과 같이 평행사변형의 내부의 임의의 점 P를 지나고 변 AB, BC에
   평행한 직선을 각각 그으면 네 개의 평행사변형이 생긴다. 이때, 점 P에서 네
   꼭지점을 연결하면 평행사변형의 넓이는 한 대각선에 의하여 이등분되므로

   $\triangle$PAB $+ \triangle$PCD $= ① + ② + ③ + ④ = \triangle$PDA $+ \triangle$PBC $= \dfrac{1}{2}\square$ABCD 이다.

(확인하기!)

1. 다음 그림과 같은 평행사변형 ABCD에서 두 대각선의 교점을 O라 하고, △AOD의 넓이가 9cm^2 일 때, 평행사변형 ABCD의 넓이는?

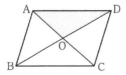

(풀이) $\square\text{ABCD} = 4 \times \triangle\text{AOD} = 4 \times 9 = 36(\text{cm}^2)$

2. 다음 그림과 같은 평행사변형 ABCD의 내부에 한 점 P가 있다. $\square\text{ABCD} = 50\text{cm}^2$, $\triangle\text{PBC} = 11\text{cm}^2$ 일 때, △PAD의 넓이를 구하시오.

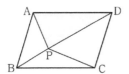

(풀이) $\triangle\text{PAD} + \triangle\text{PBC} = \dfrac{1}{2} \times \square\text{ABCD} = \dfrac{1}{2} \times 50 = 25$ 이므로 $\triangle\text{PAD} = 25 - 11 = 14(\text{cm}^2)$

6.6 여러 가지 사각형

[1] 직사각형

1. **직사각형** : 네 각이 모두 직각인 사각형 **(정의)**

2. **직사각형의 성질**
   : **직사각형의 두 대각선은 길이가 같고 서로 다른 것을 이등분한다.**
   $\Rightarrow$ $\overline{AC} = \overline{BD}$, $\overline{AO} = \overline{BO} = \overline{CO} = \overline{DO}$

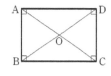

(이해하기!)

1. **직사각형의 두 대각선은 길이가 같고 서로 다른 것을 이등분한다.**

   (가정) □ABCD는 직사각형이다. $\Rightarrow$ $\angle A = \angle B = \angle C = \angle D = 90°$

   (결론) 두 대각선은 길이가 같고 서로 다른 것을 이등분한다. $\Rightarrow$ $\overline{AC} = \overline{BD}$, $\overline{AO} = \overline{BO} = \overline{CO} = \overline{DO}$

   (증명) 오른쪽 그림과 같은 직사각형 ABCD에서 두 대각선 AC, BD를 그으면
   $\triangle ABC$와 $\triangle DCB$에서 $\overline{AB} = \overline{DC}$ (∵ 직사각형은 평행사변형이므로 대변의 길이가 같다) ...... ①

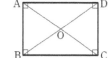

   $\angle ABC = \angle DCB = 90°$ (∵ 직사각형의 정의) ...... ②
   $\overline{BC}$는 공통인 변 ...... ③ 이다.
   ①, ②, ③에 의해 두 쌍의 대응변의 길이가 각각 같고 그 끼인각의 크기가 같으므로
   $\triangle ABC \equiv \triangle DCB$(SAS합동) 이다.
   따라서 $\overline{AC} = \overline{BD}$이므로 직사각형의 두 대각선은 길이가 같다.
   또, 직사각형은 평행사변형이므로 두 대각선은 서로 다른 것을 이등분한다.
   따라서 $\overline{AO} = \overline{BO} = \overline{CO} = \overline{DO}$ 이다.

2. 직사각형은 두 쌍의 대각의 크기가 각각 같으므로 평행사변형이다.

[2] 평행사변형이 직사각형이 되는 조건

다음 중 어느 한 조건을 만족시키는 평행사변형은 직사각형이다.
1. **한 내각이 직각이다.**
2. **두 대각선의 길이가 같다.**

(이해하기!)

1. **한 내각이 직각인 평행사변형은 직사각형이다.**
   $\Rightarrow$ 평행사변형은 두 쌍의 대각의 크기가 같으므로 한 내각이 직각이면 그 대각도 직각이다. 또한 나머지 두 내각의 크기의 합은 $180°$이고 서로 크기가 같으므로 나머지 두 내각도 직각이다. 따라서 한 내각이 직각이면 네 각이 모두 직각이 되므로 직사각형이 된다.

2. 두 대각선의 길이가 같은 평행사변형은 직사각형이다.

(1) △ABC와 △DCB에서 $\overline{AB}=\overline{DC}$ (∵ □ABCD는 평행사변형) …… ①

$\overline{AC}=\overline{DB}$ (∵ 가정) …… ②

$\overline{BC}$는 공통인 변 …… ③ 이다.

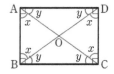

①, ②, ③에 의해 대응하는 세 변의 길이가 각각 같으므로 △ABC ≡ △DCB(SSS합동)이다.

즉, ∠B = ∠C이다. □ABCD는 평행사변형이므로 두 쌍의 대각의 크기가 각각 같고 ∠B = ∠C

이므로 ∠A = ∠B = ∠C = ∠D이다.

따라서 네 내각의 크기가 모두 같으므로 □ABCD는 직사각형이다.

(2) **(다른 증명)** 오른쪽 그림과 같은 평행사변형 ABCD에서 두 대각선 AC, BD

의 길이가 같고 두 대각선 AC, BD 교점을 O라고 하면 평행사변형은 두

대각선이 서로 다른 것을 이등분하므로 $\overline{AO}=\overline{BO}=\overline{CO}=\overline{DO}$ 이다.

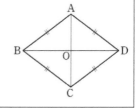

또한 ∠AOB = ∠COD(맞꼭지각) 이므로 △OAB ≡ △OCD(SAS합동) 이고

∠AOD = ∠COB(맞꼭지각) 이므로 △OAD ≡ △OCB(SAS합동) 이다.

△OAB, △OBC, △OCD, △ODA는 이등변삼각형이므로 ∠OAB = ∠x, ∠OAD = ∠y라고 하면

∠OAB = ∠OBA = ∠OCD = ∠ODC = ∠x, ∠OAD = ∠ODA = ∠OBC = ∠OCB = ∠y 이다.

즉, ∠A + ∠B + ∠C + ∠D = 4(∠x + ∠y) = 360°이므로 ∠x + ∠y = 90°이다.

따라서, ∠A = ∠B = ∠C = ∠D = 90°이므로 두 대각선의 길이가 같은 평행사변형은 직사각형이다.

---

[3] 마름모

1. **마름모** : 네 변의 길이가 모두 같은 사각형 (정의)
2. **마름모의 성질** : 마름모의 두 대각선은 서로 다른 것을 수직이등분한다.

   ⇨ $\overline{AC} \perp \overline{BD}$, $\overline{AO}=\overline{CO}$, $\overline{BO}=\overline{DO}$

(이해하기!)

1. 마름모의 두 대각선은 서로 다른 것을 수직이등분한다.

   (가정) □ABCD는 마름모이다. ⇨ $\overline{AB}=\overline{BC}=\overline{CD}=\overline{DA}$

   (결론) 두 대각선은 서로 다른 것을 수직이등분한다. ⇨ $\overline{AC} \perp \overline{BD}$, $\overline{AO}=\overline{CO}$, $\overline{BO}=\overline{DO}$

   (증명) 오른쪽 그림과 같은 마름모 ABCD에서 두 대각선 AC와 BD의 교점을

   O라고 하면 △OAB와 △OAD에서 $\overline{OB}=\overline{OD}$ (∵ 마름모는 평행사변형

   이므로 두 대각선은 서로 다른 것을 이등분한다) …… ①

   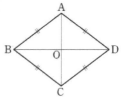

   $\overline{AB}=\overline{AD}$ (∵ 마름모의 정의) …… ②

   $\overline{OA}$는 공통인 변 …… ③ 이다.

   ①, ②, ③에 의해 세 쌍의 대응변의 길이가 각각 같으므로 △OAB ≡ △OAD(SSS합동)이다.

   이때, ∠AOB = ∠AOD, ∠AOB + ∠AOD = 180° 이므로 ∠AOB = ∠AOD = 90° 이다.

   즉, $\overline{AC} \perp \overline{BD}$이다. 한편, 마름모는 평행사변형이므로 두 대각선은 서로 다른 것을 이등분한

   다. 따라서 마름모의 두 대각선은 서로 다른 것을 수직이등분한다.

---

2. 마름모는 두 쌍의 대변의 길이가 각각 같으므로 평행사변형이다.

3. 마름모에서 네 개의 삼각형은 모두 합동인 직각삼각형이다.
   ⇨ 마름모의 정의와 성질에 의해 $\overline{AB}=\overline{BC}=\overline{CD}=\overline{DA}$, $\overline{AO}=\overline{CO}$, $\overline{BO}=\overline{DO}$ 이므로
   $\triangle AOB \equiv \triangle BOC \equiv \triangle COD \equiv \triangle DOA$(SSS합동) 이고 $\angle AOB = \angle BOC = \angle COD = \angle DOA = 90°$
   이다.

---

[4] 평행사변형이 마름모가 되는 조건

다음 중 어느 한 조건을 만족시키는 평행사변형은 마름모이다.
1. 이웃하는 두 변의 길이가 같다.
2. 두 대각선이 수직으로 만난다.

(이해하기!)
1. **이웃하는 두 변의 길이가 같은 평행사변형은 마름모이다.**
   ⇨ 평행사변형은 두 쌍의 대변의 길이가 같으므로 이웃하는 두 변의 길이가 같으면 네 변의 길이가
   모두 같다. 따라서 이웃하는 두 변의 길이가 같은 평행사변형은 마름모가 된다.

2. **두 대각선이 수직으로 만나는 평행사변형은 마름모이다.**
   ⇨ 오른쪽 그림과 같은 평행사변형 ABCD에서 두 대각선 AC, BD 교점을 O
   라고 하면 평행사변형은 두 대각선이 서로 다른 것을 이등분하므로
   $\overline{AO}=\overline{CO}$, $\overline{BO}=\overline{DO}$이다. 두 대각선 AC, BD가 수직으로 만나므로
   $\triangle ABO$와 $\triangle ADO$에서 $\angle AOB = \angle AOD = 90°$이고 $\overline{AO}$는 공통변이므로
   $\triangle ABO \equiv \triangle ADO$(SAS합동)이다. 따라서 $\overline{AB}=\overline{AD}$이다. 또 사각형 ABCD는
   평행사변형이므로 대변의 길이가 같다. 따라서 $\overline{AB}=\overline{CD}$, $\overline{BC}=\overline{AD}$ 이므로 $\overline{AB}=\overline{BC}=\overline{CD}=\overline{DA}$
   이다. 그러므로 네 변의 길이가 같으므로 사각형 ABCD는 마름모이다.

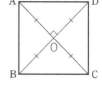

---

[5] 정사각형

1. **정사각형** : 네 내각의 크기가 모두 같고 네 변의 길이가 모두 같은 사각형 **(정의)**
        (직사각형)   +   (마름모)

2. **정사각형의 성질**
   : 정사각형의 **두 대각선은 길이가 같고 서로 다른 것을 수직이등분**한다.
        (직사각형)   +   (마름모)
   ⇨ $\overline{AC}=\overline{BD}$, $\overline{AC}\perp\overline{BD}$, $\overline{AO}=\overline{BO}=\overline{CO}=\overline{DO}$

(이해하기!)
1. 정사각형의 정의에 의해 정사각형은 직사각형인 동시에 마름모이다. 그러므로 정사각형은 직사각형
   과 마름모의 성질을 모두 만족한다.

2. '(정사각형)=(직사각형)+(마름모)' 와 같은 형식으로 기억하면 정사각형의 정의와 성질을 기억하
   는데 효과적이다.

---

[6] 직사각형과 마름모가 정사각형이 되는 조건

1. 직사각형이 정사각형이 되는 조건
다음 중 어느 한 조건을 만족시키는 직사각형은 정사각형이다.
(1) 이웃하는 두 변의 길이가 같다.
(2) 두 대각선이 수직으로 만난다. ⎫ ⇨ 마름모의 성질

2. 마름모가 정사각형이 되는 조건
다음 중 어느 한 조건을 만족시키는 마름모는 정사각형이다.
(1) 한 내각이 직각이다.
(2) 두 대각선의 길이가 같다. ⎫ ⇨ 직사각형의 성질

(이해하기!)

1. 정사각형의 정의는 직사각형의 정의와 마름모의 정의를 동시에 만족하는 경우이다. 따라서
'(정사각형)=(직사각형)+(마름모)' 와 같은 형식으로 기억하고 이해하면 직사각형이 마름모의 성질을 만족하거나(더해주거나), 마름모가 직사각형의 성질을 만족하면(더해주면) 정사각형이 된다고 이해할 수 있다.

---

[7] 사다리꼴

1. 사다리꼴 : 한 쌍의 대변이 평행한 사각형 **(정의)**

2. 등변사다리꼴 : 밑변의 양 끝 각의 크기가 같은 사다리꼴 **(정의)** ⇨ $\angle B = \angle C$

3. 등변사다리꼴의 성질
(1) 평행하지 않은 한 쌍의 대변의 길이가 같다. ⇨ $\overline{AB} = \overline{DC}$
(2) 두 대각선의 길이가 같다. ⇨ $\overline{AC} = \overline{BD}$
(3) $\angle A + \angle B = \angle C + \angle D = 180°$이다.

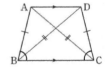

(이해하기!)

1. 등변사다리꼴의 평행하지 않은 한 쌍의 대변의 길이가 같다.

(가정) □ABCD는 등변사다리꼴이다. ⇨ $\overline{AD}$ ∥ $\overline{BC}$, $\angle B = \angle C$
(결론) 평행하지 않은 한 쌍의 대변의 길이가 같다. ⇨ $\overline{AB} = \overline{DC}$
(증명) 오른쪽 그림과 같은 등변사다리꼴 ABCD에서 점 D를 지나고, $\overline{AB}$에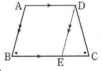
평행한 직선을 그어 $\overline{BC}$와 만나는 점을 E라고 하면 $\overline{AB}$ ∥ $\overline{DE}$이므로
$\angle B = \angle DEC$ (동위각) ······ ①
$\angle B = \angle C$ (∵ 등변사다리꼴의 정의) 이므로 $\angle DEC = \angle C$ ······ ② 이다.
①, ②에 의해 △DEC는 두 내각의 크기가 같은 삼각형이므로 이등변삼각형이다.
즉, $\overline{DE} = \overline{DC}$ ······ ③ 이다.
□ABED는 평행사변형이므로 $\overline{AB} = \overline{DE}$ ······ ④ 이다.
따라서 ③, ④에 의해 $\overline{AB} = \overline{DC}$이므로 등변사다리꼴의 평행하지 않은 한 쌍의 대변의 길이는 같다.

2. 등변사다리꼴의 두 대각선의 길이는 같다.

   (가정) □ABCD는 등변사다리꼴이다. ⇨ $\overline{AD} /\!/ \overline{BC}$, ∠B = ∠C

   (결론) 두 대각선의 길이는 같다. ⇨ $\overline{AC} = \overline{BD}$

   (증명) 오른쪽 그림과 같은 등변사다리꼴 ABCD에서 두 대각선을 그리면 △ABC와 △DCB에서

   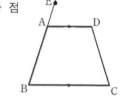

   $\overline{AB} = \overline{DC}$ (∵ 등변사다리꼴의 성질) ······ ①

   ∠ABC = ∠DCB (∵ 등변사다리꼴의 정의) ······ ②

   $\overline{BC}$는 공통인 변 ······ ③ 이다.

   ①, ②, ③에 의해 △ABC ≡ △DCB(SAS합동) 이므로 $\overline{AC} = \overline{DB}$이다.

   따라서 등변사다리꼴의 두 대각선의 길이는 서로 같다.

3. 등변사다리꼴에서 ∠A + ∠B = ∠C + ∠D = 180°이다.

   (가정) □ABCD는 등변사다리꼴이다. ⇨ $\overline{AD} /\!/ \overline{BC}$, ∠B = ∠C

   (결론) ∠A + ∠B = ∠C + ∠D = 180°

   (증명) 오른쪽 그림과 같은 등변사다리꼴 ABCD에서 $\overline{AB}$의 연장선 위의 한 점

   E에 대하여 $\overline{AD} /\!/ \overline{BC}$이므로 ∠EAD = ∠B (∵ 동위각) ······ ①

   ∠EAD + ∠DAB = 180° ······ ② 이다.

   ①, ②에 의해 ∠DAB + ∠B = 180°이다.

   그리고 ∠C + ∠D = 360° − (∠A + ∠B) = 360° − 180° = 180°이다.

   따라서, ∠A + ∠B = ∠C + ∠D = 180° 이다.

   ⇨ 일반적인 사다리꼴에서도 ∠A + ∠B = ∠C + ∠D = 180° 임을 만족한다.

4. 보통 용어의 정의는 용어의 한자의 뜻에 포함되어 있는 경우들이 대부분이다. 그러나 등변사다리꼴의 정의는 예외적이다. 등변사다리꼴에서 '등변(等邊)'은 '같은 변'을 의미한다. 그래서 학생들이 등변사다리꼴의 정의를 평행하지 않은 한 쌍의 대변의 길이가 같은 사다리꼴로 잘못 알고 있는 경우가 많다. 앞에서 살펴봤듯이 이것은 등변사다리꼴의 성질로 그 이유를 증명해야 하는 것이다. 등변사다리꼴의 정의는 밑변의 양 끝 각의 크기가 같은 사다리꼴임을 기억하자.

[8] 여러 가지 사각형사이의 관계

1. 여러 가지 사각형 사이의 관계

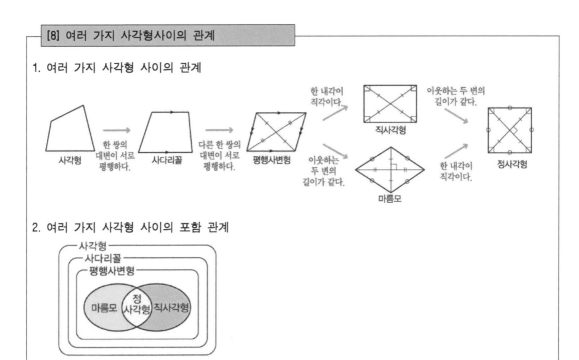

2. 여러 가지 사각형 사이의 포함 관계

(깊이보기!)

1. 여러 가지 사각형의 대각선의 성질

성질 사각형	서로 다른 것을 이등분한다.	길이가 같다.	서로 수직이다.
평행사변형	○	×	×
직사각형	○	○	×
마름모	○	×	○
정사각형	○	○	○
등변사다리꼴	×	○	×

2. 위에서 여러 가지 사각형 사이의 포함 관계를 나타낸 그림을 벤다이어그램이라고 한다. 고등학교 교육과정의 '집합' 단원에서 집합들 사이의 포함관계를 나타낼 때 사용하는 그림이다. 즉, 사각형들 중 한 쌍의 대변이 평행한 사각형들을 모아 사다리꼴이라는 이름을 붙였고 그 중에서 나머지 한 쌍의 대변이 평행한 사각형들을 모아 평행사변형이라는 이름을 붙였다. 그리고 그 중에서 한 내각이 직각인 사각형들을 모아 직사각형, 이웃하는 두 변의 길이가 같은 사각형들을 모아 마름모라 이름을 붙였고 이들 중 직사각형과 마름모에 공통되게 속하는 사각형들을 모아 정사각형이라고 이름을 붙인 것이다. 무수히 많은 사각형들을 공통된 특성에 맞게 분류하고 정리하며 포함관계를 살펴보는 것은 수학적으로 의미 있는 활동임을 기억하자. 마치 도서관에서 흩어져 있는 수많은 책들 중 특성이 유사한 책들(예를 들면, 수학책, 과학책, 소설책, 만화책 등)을 구분해서 정리해두면 내가 어떤 상황에서 읽고 싶은 책들이 생겼을 때(⇒ 문제 상황이 발생했을 때) 쉽게 책을 찾을 수 있다(⇒ 문제의 해결 방법을 찾을 수 있다)는 장점을 생각해보면 여러 가지 사각형을 특성에 맞게 분류하고 성질을 배우는 목적이 이해 갈 것이다.

---

[9] 사각형의 각 변의 중점을 연결하여 만든 사각형

여러 가지 사각형의 각 변의 중점을 연결하여 만든 사각형은 다음과 같다.

1. 사각형 ⇨ 평행사변형

2. 평행사변형 ⇨ 평행사변형

3. 직사각형 ⇨ 마름모

4. 마름모 ⇨ 직사각형

5. 정사각형 ⇨ 정사각형

6. 등변사다리꼴 ⇨ 마름모

(이해하기!)

1. 오른쪽 그림과 같이 두 대각선을 그리면 '삼각형의 중점연결 정리' (⇒ 다음
   단원인 '도형의 닮음'의 '삼각형과 평행선의 성질'에서 소개한다)에 의해

   $\triangle ABD$와 $\triangle CBD$에서 $\overline{EH}=\dfrac{1}{2}\overline{BD}=\overline{FG}$이고 $\triangle ABC$와 $\triangle ADC$에서

   $\overline{EF}=\dfrac{1}{2}\overline{AC}=\overline{HG}$이므로 $\square EFGH$의 두 쌍의 대변의 길이는 같다.

   따라서 $\square EFGH$는 평행사변형이다.

2. $\square ABCD$는 평행사변형이므로 두 쌍의 대각의 크기는 각각 같고 네 변의 중점
   을 연결해 만들어지는 삼각형들은 두 쌍의 대응변의 길이가 각각 같다.
   따라서 $\triangle AEH \equiv \triangle CGF$, $\triangle EBF \equiv \triangle GDH$(SAS합동)이므로
   $\overline{EH}=\overline{FG}$, $\overline{EF}=\overline{HG}$이다. 즉, $\square EFGH$의 두 쌍의 대변의 길이는 같으므로
   평행사변형이다.

3. $\square ABCD$는 직사각형이므로 두 쌍의 대변의 길이가 같으므로 네 변의 중점을
   연결해 만들어지는 삼각형들은 두 쌍의 대응변의 길이가 각각 같다. 그리고 네
   내각이 직각이므로 $\triangle AEH \equiv \triangle BEF \equiv \triangle CGF \equiv \triangle DGH$(SAS합동)이다.
   따라서 $\overline{HE}=\overline{EF}=\overline{FG}=\overline{GH}$이다. 즉, $\square EFGH$는 네 변의 길이가 같으므로
   마름모이다.

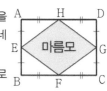

4. $\triangle AEH$와 $\triangle BEF$에서 $(\angle A+\angle AEH+\angle AHE)+(\angle B+\angle BEF+\angle BFE)=360°$이다.
   평행사변형 $\square ABCD$는 이웃하는 두 내각의 크기의 합이 $180°$이므로
   $\angle A+\angle B=180°$이다. 따라서 $\angle AEH+\angle AHE+\angle BEF+\angle BFE=180°$이고
   $\triangle AEH$와 $\triangle BEF$는 이등변삼각형이므로 두 밑각의 크기는 같으므로
   $\angle AEH+\angle BEF=90°$이다. 이때, $\angle HEF=180°-(\angle AEH+\angle BEF)=90°$
   이다. 같은 방법으로 $\angle EFG=\angle FGH=\angle GHE=90°$이다.
   따라서 $\square EFGH$는 네 내각의 크기가 모두 직각이므로 직사각형이다.

5. 정사각형 □ABCD는 네 변의 길이가 모두 같고 네 내각의 크기가 모두 직각이 므로 네 변의 중점을 연결해 만들어지는 삼각형들은 두 쌍의 대응변의 길이가 각각 같고 그 끼인각의 크기가 같다.

따라서, $\triangle AEH \equiv \triangle BFE \equiv \triangle CGF \equiv \triangle DHG$(SAS합동) 이고 네 삼각형은 모두 직각이등변삼각형 이므로 두 밑각의 크기는 $45°$ 이다. 그러므로 □EFGH에서 $\overline{EF} = \overline{FG} = \overline{GH} = \overline{HE}$이고 네 내각의 크기는 $90°$이므로 □EFGH는 정사각형이 다.

6. □ABCD는 등변사다리꼴이므로 두 대각선의 길이가 같아 $\overline{AC} = \overline{BD}$이고 '삼각 형의 중점연결 정리' ($\Rightarrow$ 다음 단원인 '도형의 닮음' 의 '삼각형과 평행선의 성 질' 에서 소개한다)에 의해 $\triangle ABD$와 $\triangle CBD$에서 $\overline{EH} = \frac{1}{2}\overline{BD} = \overline{FG}$ 이고

$\triangle ABC$와 $\triangle ADC$에서 $\overline{EF} = \frac{1}{2}\overline{AC} = \overline{HG}$이므로 $\overline{EF} = \overline{FG} = \overline{GH} = \overline{HE}$이다. 따라서 □EFGH는 네 변의 길이가 같으므로 마름모이다.

---

[10] 평행선과 넓이

1. 평행선과 삼각형의 넓이

: 두 직선 l, m에 대하여 $l /\!/ m$, $\overline{BC}$는 공통 $\Rightarrow$ $\triangle ABC = \triangle DBC$

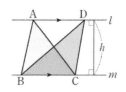

2. 높이가 같은 삼각형의 넓이의 비

: 오른쪽 그림의 $\triangle ABD$와 $\triangle ACD$에서 $\overline{BD} : \overline{CD} = a : b$ 이면
$\Rightarrow \triangle ABD : \triangle ACD = a : b$
$\Rightarrow$ 높이가 같은 두 삼각형의 넓이의 비는 밑변의 길이의 비와 같다.

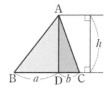

(이해하기!)

1. $\triangle ABC$의 넓이$= \frac{1}{2} \times \overline{BC} \times h$, $\triangle DBC$의 넓이$= \frac{1}{2} \times \overline{BC} \times h$ 이므로 $\triangle ABC = \triangle DBC$이다. 즉, $\triangle ABC$와 $\triangle DBC$는 밑변이 공통이고, 높이가 같으므로 그 넓이가 서로 같다.

2. $\triangle ABD : \triangle ACD = \frac{1}{2} \times a \times h : \frac{1}{2} \times b \times h = a : b$ 이다. 즉, 높이가 같은 두 삼각형의 넓이의 비는 밑변 의 길이의 비와 같다.

(확인하기!)

1. 다음 그림에서 $l /\!/ m$일 때, $\triangle ABP = \triangle CDP$임을 설명하시오.

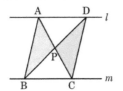

(풀이) △ABC와 △DBC는 $\overline{BC}$를 밑변으로 공유하고 높이가 같으므로 △ABC = △DBC이다. 그런데 △ABC = △ABP + △PBC 이고 △DBC = △CDP + △PBC 이므로 △ABP = △CDP이다.

2. 다음 그림과 같이 평행사변형 ABCD에서 $\overline{BC}$, $\overline{CD}$ 위에 $\overline{BD}$ ∥ $\overline{EF}$가 되도록 두 점 E, F를 잡는다. △ABE의 넓이가 $14\,\mathrm{cm}^2$일 때, △DAF의 넓이를 구해보자.

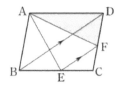

(풀이) 오른쪽 그림과 같이 $\overline{BF}$, $\overline{DE}$를 그리면

△ABE = △DBE (∵ $\overline{AD}$ ∥ $\overline{BE}$, $\overline{BE}$는 공통)

△DBE = △DBF (∵ $\overline{BD}$ ∥ $\overline{EF}$, $\overline{BD}$는 공통)

△DBF = △DAF (∵ $\overline{AB}$ ∥ $\overline{DC}$, $\overline{DF}$는 공통)

∴ △ABE = △DAF = $14\,\mathrm{cm}^2$

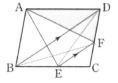

3. 다음 그림과 같이 넓이가 $42\,\mathrm{cm}^2$인 평행사변형 ABCD의 변 AD 위에 $\overline{AE} : \overline{DE} = 4 : 3$이 되도록 점 E를 잡을 때, △ABE의 넓이를 구하시오.

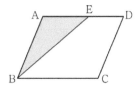

(풀이) □ABCD가 평행사변형이므로 $\triangle ABD = \dfrac{1}{2}\square ABCD = \dfrac{1}{2} \times 42 = 21\,(\mathrm{cm}^2)$

△ABD에서 $\overline{AE} : \overline{DE} = 4 : 3$이므로 $\triangle ABE = \dfrac{4}{7}\triangle ABD = \dfrac{4}{7} \times 21 = 12\,(\mathrm{cm}^2)$

6.7 피타고라스 정리

[1] 피타고라스 정리

1. **직각삼각형**ABC에서 **직각을 낀 두 변의 길이를 각각** a, b라 **하고,**
   빗변의 길이를 c라고 **하면** $a^2 + b^2 = c^2$ **이다.**

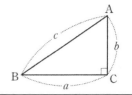

[2] 피타고라스 정리의 증명법

1. **유클리드의 방법**
   : $\overline{AC} = a$, $\overline{BC} = b$, $\overline{AB} = c$ 라고 할 때, $\square EACD + \square CBHI = \square AFGB$
   $\Rightarrow a^2 + b^2 = c^2$

2. **피타고라스의 방법**
   : $\square EFCD = \square HBAG + 4\triangle ABC$

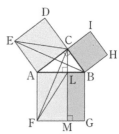

3. **바스카라의 방법**
   : $\square EABD = \square HCFG + 4\triangle ABC$

4. **월러스의 방법**
   : $\triangle CAB \backsim \triangle DAC \backsim \triangle DCB$

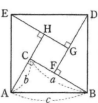
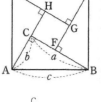

5. **가필드의 방법**
   : $\square ABDE = 2\triangle ABC + \triangle ACE$

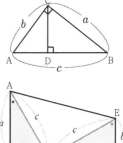

(이해하기!)

1. 유클리드의 방법

⇨ 평행선 사이에 밑변이 공통인 두 삼각형의 넓이가 같음을 이용하면

$\triangle \text{EAC} = \triangle \text{EAB}(\because \overline{\text{EA}} /\!/ \overline{\text{DB}}, \overline{\text{EA}}$ 는 공통$)$, $\triangle \text{EAB} \equiv \triangle \text{CAF}(\text{SAS합동})$,

$\triangle \text{CAF} = \triangle \text{LAF}(\because \overline{\text{AF}} /\!/ \overline{\text{CM}}, \overline{\text{AF}}$ 는 공통$)$이므로 $\triangle \text{EAC} = \triangle \text{LAF}$이다.

$\square \text{EACD} = 2\triangle \text{EAC} = 2\triangle \text{LAF} = \square \text{AFML}$이다.

같은 방법으로 $\square \text{CBHI} = \square \text{LMGB}$이다.

따라서 $\square \text{EACD} + \square \text{CBHI} = \square \text{AFML} + \square \text{LMGB} = \square \text{AFGB}$이므로

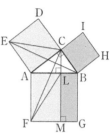

$\overline{\text{AC}} = a$, $\overline{\text{BC}} = b$, $\overline{\text{AB}} = c$라고 할 때, $a^2 + b^2 = c^2$ 이다.

2. 피타고라스의 방법

⇨ 오른쪽 그림과 같이 직각삼각형 ABC의 두 변 CA, CB를 연장하여 한 변의 길이가 $a+b$인 정사각형 EFCD를 그리면 $\triangle \text{ABC} \equiv \triangle \text{BHF} \equiv \triangle \text{HGE} \equiv \triangle \text{GAD}$ (SAS합동)이고 $\square \text{HBAG}$는 한 변의 길이가 c인 정사각형이다.

$\square \text{EFCD} = \square \text{HBAG} + 4\triangle \text{ABC}$ 이므로 $(a+b)^2 = c^2 + 4 \times \dfrac{1}{2} \times a \times b$ 이고

양변을 정리하면 $a^2 + 2ab + b^2 = c^2 + 2ab$ 이다. 따라서 양변에서 $2ab$를 빼면

$a^2 + b^2 = c^2$ 이다. ($\Rightarrow (a+b)^2 = a^2 + 2ab + b^2$이 됨은 중학교 3학년 과정의 곱셈공식에 의해서이다.)

3. 바스카라의 방법

⇨ 오른쪽 그림과 같이 합동인 직각삼각형 ABC 4개를 그려 한 변의 길이가 c인 정사각형 EABD를 그리면 $\square \text{EABD} = \square \text{HCFG} + 4\triangle \text{ABC}$ 이므로

$c^2 = (a-b)^2 + 4 \times \dfrac{1}{2} \times a \times b$이고 양변을 정리하면 $c^2 = a^2 - 2ab + b^2 + 2ab$이다.

따라서 $a^2 + b^2 = c^2$ 이다. ($\Rightarrow (a-b)^2 = a^2 - 2ab + b^2$이 됨은 중학교 3학년 과정의 곱셈공식에 의해서이다.)

4. 월러스의 방법

⇨ 오른쪽 그림과 같이 직각삼각형 ABC에서 직각을 끼고 있는 꼭짓점 C에서 빗변 AB에 내린 수선의 발을 D라 하자.

$\triangle \text{CAB} \backsim \triangle \text{DAC}$ 이므로 $c : b = b : \overline{\text{AD}} \Rightarrow b^2 = c \times \overline{\text{AD}}$ ...... ①

$\triangle \text{CAB} \backsim \triangle \text{DCB}$ 이므로 $c : a = a : \overline{\text{DB}} \Rightarrow a^2 = c \times \overline{\text{DB}}$ ...... ②

①+② 하면 $a^2 + b^2 = c \times \overline{\text{AD}} + c \times \overline{\text{DB}} = c \times (\overline{\text{AD}} + \overline{\text{DB}}) = c \times c$ 이다.

따라서 $a^2 + b^2 = c^2$ 이다.

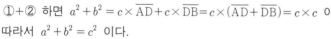

5. 가필드의 방법

⇨ 오른쪽 그림과 같이 합동인 직각삼각형 ABC 2개를 그려 사다리꼴 ABDE를 그리면 $\square \text{ABDE} = 2\triangle \text{ABC} + \triangle \text{ACE}$ 이므로

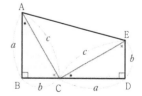

$\dfrac{1}{2}(a+b)^2 = \dfrac{1}{2}ab \times 2 + \dfrac{1}{2}c^2$이다. 양변에 2를 곱하면

$(a+b)^2 = 2ab + c^2$ 이고 양변을 정리하면

$a^2 + 2ab + b^2 = 2ab + c^2$ 이다. 따라서 $a^2 + b^2 = c^2$ 이다.

6. 피타고라스 정리의 증명법은 300여 가지 이상이 있다고 알려진다. 우리는 그 중에서 유명한 증명법 몇 가지를 살펴봤다. 누구의 증명인지가 중요한 것이 아니라 다양한 증명을 통해 논리적 사고력을 키우는 것이 중요하다. 피타고라스 정리는 증명 자체보다는 정리를 활용해 문제를 푸는데 초점을 맞춘다.

7. 위에서 소개한 피타고라스 정리의 증명과정에는 중학교 3학년 과정에서 배우는 곱셈공식과 다음 단원에서 배우는 삼각형의 닮음 내용을 활용했으므로 참고해서 보면 좋을 것 같다.

---

[3] 직각삼각형이 되기 위한 조건 (피타고라스 정리의 역)

1. 세 변의 길이가 각각 a, b, c인 $\triangle ABC$에서 $a^2 + b^2 = c^2$인 관계가 성립하면 이 삼각형은 빗변의 길이가 c인 **직각삼각형**이다.

2. **피타고라스의 수** : $a^2 + b^2 = c^2$을 만족하는 세 자연수 a, b, c
   $\Rightarrow (3, 4, 5), (5, 12, 13), (6, 8, 10), (8, 15, 17)$ …

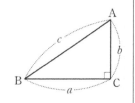

(이해하기!)

1. 직각삼각형이 되기 위한 조건을 **'피타고라스 정리의 역'** 이라고 한다.
   (1) **피타고라스의 정리** : $\triangle ABC$는 직각삼각형 $\Rightarrow a^2 + b^2 = c^2$ (단, c는 빗변)
   (2) **피타고라스의 정리의 역** : $a^2 + b^2 = c^2$ (단, c는 가장 긴 변) $\Rightarrow \triangle ABC$는 직각삼각형

2. 피타고라스의 수는 무수히 많은데 위에 소개된 피타고라스의 수는 문제로 많이 출제되므로 암기해두는 것이 좋다.

3. 세 변의 길이 a, b, c 중 c는 가장 긴 변을 의미한다. 빗변이라고 하지 않은 이유는 아직 삼각형이 직각삼각형이라는 보장이 없기 때문이다. $a^2 + b^2 = c^2$인 관계를 만족할 때 가장 긴 변 c는 빗변이 된다.

---

[4] 삼각형의 모양 (삼각형의 변과 각 사이의 관계)

$\triangle ABC$의 세 변의 길이가 a, b, c이고 c가 가장 긴 변의 길이일 때,

1. $a^2 + b^2 = c^2 \Rightarrow \angle C = 90°$ 인 **직각삼각형** (빗변의 길이가 c인 **직각삼각형**)
2. $a^2 + b^2 > c^2 \Rightarrow \angle C < 90°$ 인 **예각삼각형**
3. $a^2 + b^2 < c^2 \Rightarrow \angle C > 90°$ 인 **둔각삼각형**

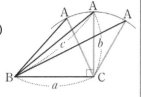

(이해하기!)

1. $\triangle ABC$의 세 변의 길이가 a, b, c이고 c가 가장 긴 변의 길이일 때, $a^2 + b^2 = c^2$ 이면 $\triangle ABC$는 $\angle C = 90°$ 인 직각삼각형이 된다. 그렇다면 이는 $a^2 + b^2 \neq c^2$ 이면 $\triangle ABC$는 직각삼각형이 되지 않는다는 결론을 유추할 수 있다. $a^2 + b^2 \neq c^2$ 이면 $a^2 + b^2 > c^2$ 이거나 $a^2 + b^2 < c^2$ 가 되고 삼각형은 직각삼각형이 아니면 예각삼각형 또는 둔각삼각형이 되므로 두 조건이 각각 예각삼각형 또는 둔각삼각형이 된다. 각각을 살펴보면 $a^2 + b^2 > c^2$인 경우 예각삼각형이 되고 $a^2 + b^2 < c^2$인 경우 둔각삼각형이 된다.

2. 예각삼각형과 둔각삼각형이 되는 조건을 다음과 같이 기억하면 좋을 것 같다. 일반적으로 학생들에게 삼각형을 그려보라고 하면 대부분 예각삼각형을 그린다. a^2, b^2 둘을 합한 것이 c^2 하나의 값보다 크다는 것이 일반적이므로 이 경우를 일반적인 삼각형인 예각삼각형이 되는 경우로 기억하자. a^2, b^2 둘을 합한 것이 c^2 하나의 값보다 작다는 것은 일반적이지 않으니 둔각삼각형이 되는 경우로 기억하자. 다소 유치하지만 기억하는데 도움이 될 것이다.

6.7

피타고라스 정리

6.8 피타고라스 정리의 활용

[1] 피타고라스 정리의 활용

1. 직각삼각형의 세 반원 사이의 관계

: 직각삼각형 ABC에서 직각을 낀 두 변을 지름으로 하는 반원의 넓이를 각각 P, Q, 빗변을 지름으로 하는 반원의 넓이를 R이라 할 때

⇨ $P + Q = R$

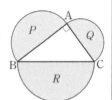

2. 히포크라테스의 원의 넓이

: 오른쪽 그림과 같이 직각삼각형 ABC의 세 변을 각각 지름으로 하는 반원에서

⇨ (색칠한 부분의 넓이)$= \triangle ABC = \dfrac{1}{2}bc$

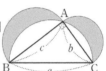

3. 두 대각선이 직교하는 사각형의 성질

: □ABCD에서 두 대각선이 직교할 때,

⇨ $\overline{AB}^2 + \overline{CD}^2 = \overline{BC}^2 + \overline{DA}^2$

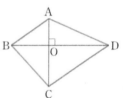

4. 직사각형에서의 활용

: 직사각형 ABCD의 내부에 있는 임의의 점 P에 대하여

⇨ $\overline{AP}^2 + \overline{CP}^2 = \overline{BP}^2 + \overline{DP}^2$

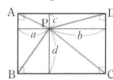

5. 직각삼각형에서의 활용

: $\angle A = 90°$인 직각삼각형 ABC에서 두 점 D, E가 각각 $\overline{AB}, \overline{AC}$위에 있을 때,

⇨ $\overline{DE}^2 + \overline{BC}^2 = \overline{BE}^2 + \overline{CD}^2$

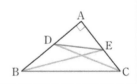

(이해하기!)

1. 직각삼각형의 세 반원 사이의 관계

⇨ 직각삼각형 ABC에서 직각을 낀 두 변의 길이를 각각 a, b, 빗변의 길이를 c라고 하면 피타고라스의 정리에 의해 $a^2 + b^2 = c^2$ 이다. 직각을 낀 두 변의 길이 a, b를 지름으로 하는 반원의 넓이를 각각 P, Q, 빗변의 길이 c를 지름으로 하는 반원의 넓이를 R이라 할 때

$$P = \dfrac{1}{2}\pi\left(\dfrac{1}{2}a\right)^2, \ Q = \dfrac{1}{2}\pi\left(\dfrac{1}{2}b\right)^2, \ R = \dfrac{1}{2}\pi\left(\dfrac{1}{2}c\right)^2 \ \text{이다.}$$

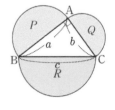

$$P + Q = \dfrac{1}{2}\pi\left(\dfrac{1}{2}a\right)^2 + \dfrac{1}{2}\pi\left(\dfrac{1}{2}b\right)^2$$

$$= \dfrac{1}{2}\pi\left\{\dfrac{1}{4}(a^2 + b^2)\right\} = \dfrac{1}{2}\pi\left(\dfrac{1}{4}c^2\right) = \dfrac{1}{2}\pi\left(\dfrac{1}{2}c\right)^2 = R \ (\because \ a^2 + b^2 = c^2) \ \text{이다.}$$

$$\therefore \ P + Q = R$$

2. 히포크라테스의 원의 넓이

⇨ 색칠한 부분의 넓이=전체 넓이$(P+Q+\triangle ABC) - R$ 이다.

이때 $P+Q=R$ (∵ 1. 직각삼각형의 세 반원 사이의 관계) 이므로 전체 넓이는 $R+\triangle ABC$ 이다.

∴ 색칠한 부분의 넓이= $\triangle ABC = \dfrac{1}{2}bc$

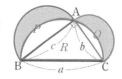

3. 두 대각선이 직교하는 사각형의 성질

⇨ $\triangle AOB, \triangle BOC, \triangle COD, \triangle DOA$ 는 직각삼각형이므로 피타고라스 정리에 의해

$$\overline{AB}^2 + \overline{CD}^2 = (\overline{AO}^2 + \overline{BO}^2) + (\overline{CO}^2 + \overline{DO}^2)$$
$$= (\overline{BO}^2 + \overline{CO}^2) + (\overline{AO}^2 + \overline{DO}^2)$$
$$= \overline{BC}^2 + \overline{DA}^2$$
∴ $\overline{AB}^2 + \overline{CD}^2 = \overline{BC}^2 + \overline{DA}^2$

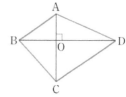

4. 직사각형에서의 활용

⇨ 직사각형 ABCD의 내부에 있는 임의의 한 점 P에서 네 변에 수선의 발까지의 선분의 길이를 각각 a, b, c, d 라고 하면 피타고라스 정리에 의해

$$\overline{AP}^2 + \overline{CP}^2 = (a^2 + c^2) + (b^2 + d^2) = (a^2 + d^2) + (b^2 + c^2) = \overline{BP}^2 + \overline{DP}^2$$
∴ $\overline{AP}^2 + \overline{CP}^2 = \overline{BP}^2 + \overline{DP}^2$

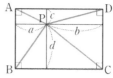

5. 직각삼각형에서의 활용

⇨ $\angle A = 90°$ 인 직각삼각형 ABC에서 두 점 D, E가 각각 $\overline{AB}, \overline{AC}$ 위에 있을 때, 각 점을 연결하여 만들어지는 4개의 $\triangle ADE, \triangle ABC, \triangle ABE, \triangle ACD$ 는 직각삼각형이므로 피타고라스 정리에 의해

$$\overline{DE}^2 + \overline{BC}^2 = (\overline{AD}^2 + \overline{AE}^2) + (\overline{AB}^2 + \overline{AC}^2)$$
$$= (\overline{AB}^2 + \overline{AE}^2) + (\overline{AD}^2 + \overline{AC}^2)$$
$$= \overline{BE}^2 + \overline{CD}^2$$
∴ $\overline{DE}^2 + \overline{BC}^2 = \overline{BE}^2 + \overline{CD}^2$

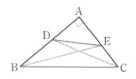

6.8

피타고라스 정리의 활용

(확인하기!)

1. 오른쪽 그림은 직각삼각형 ABC의 세 변을 각각 지름으로 하는 세 반원을 그린 것이다. 색칠한 부분의 넓이를 구하시오.

(풀이) (색칠한 부분의 넓이)$= 15\pi + 50\pi = 65\pi (\text{cm}^2)$

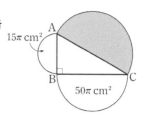

2. 오른쪽 그림은 직각삼각형 ABC의 세 변을 각각 지름으로 하는 세 반원을 그린 것이다. 색칠한 부분의 넓이를 구하시오.

(풀이) 색칠한 부분의 넓이는 $\triangle ABC$의 넓이와 같으므로

(색칠한 부분의 넓이)$= \triangle ABC = \dfrac{1}{2} \times 12 \times 5 = 30 (\text{cm}^2)$

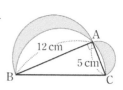

3. 오른쪽 그림과 같은 사각형 ABCD에서 $\overline{AC} \perp \overline{BD}$일 때, x^2의 값을 구하시오.

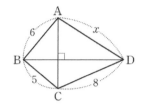

(풀이) $\overline{AB}^2 + \overline{CD}^2 = \overline{AD}^2 + \overline{BC}^2$ 이므로 $6^2 + 8^2 = x^2 + 5^2$ 이다.

$\therefore x^2 = 100 - 25 = 75$

4. 오른쪽 그림에서 직사각형 ABCD의 내부에 점 P가 있을 때, x^2의 값을 구하시오.

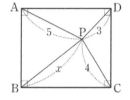

(풀이) $\overline{AP}^2 + \overline{CP}^2 = \overline{BP}^2 + \overline{DP}^2$ 이므로 $5^2 + 4^2 = x^2 + 3^2$ 이다.

$\therefore x^2 = 41 - 9 = 32$

5. 오른쪽 그림과 같이 $\angle A = 90°$인 직각삼각형 ABC에서 x^2의 값을 구하시오.

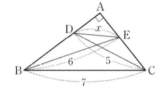

(풀이) $\overline{DE}^2 + \overline{BC}^2 = \overline{BE}^2 + \overline{CD}^2$ 이므로 $x^2 + 7^2 = 6^2 + 5^2$ 이다.

$\therefore x^2 = 61 - 49 = 12$

7.1 도형의 닮음

[1] 닮은 도형

1. 닮음 : 한 도형을 일정한 비율로 확대 또는 축소한 도형이 다른 도형과 합동일 때, 이 두 도형은 **닮음인 관계**에 있다고 한다.

2. **닮은 도형** : 닮음인 관계에 있는 두 도형

3. **도형의 대응**

   : 합동 또는 닮음인 두 도형을 포개었을 때, 같은 위치에 있는
   꼭짓점, 각, 변을 각각 대응점, 대응각, 대응변 이라고 한다.

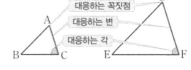

4. △ABC와 △DEF가 닮은 도형일 때, 기호 ∽를 사용하여 다음과 같이 나타낸다.
   ⇨ △ABC ∽ △DEF (대응하는 꼭짓점 순서대로 쓴다.)

(이해하기!)

1. 일상에서 두 대상이 비슷한 경우 닮았다고 한다. 부모와 자식이 닮았다고 하는 경우를 생각하면 이해하기 쉽다. 닮음은 '모양'이 같고 '크기'는 같거나 달라도 상관없다. 합동은 '모양'과 '크기'가 모두 같아야 한다. 따라서 합동은 닮음의 특별한 경우라고 생각할 수 있다. 닮음은 도형의 모양과 관계가 있는 개념으로 도형의 위치나 크기, 방향과는 관계가 없다.

2. 원, 구, 정사각형과 같은 변의 개수가 같은 정다각형, 정사면체와 같은 정다면체, 직각이등변삼각형, 중심각의 크기가 같은 부채꼴 … 등은 항상 닮음이다.

3. 닮음 기호 ∽는 닮음을 뜻하는 영어단어 similar의 첫 글자 s를 옆으로 뉘어서 쓴 것이다. 이때, ∾와 같이 쓰지 않도록 주의한다.

4. 기호 비교
   (1) △ABC와 △DEF가 합동 ⇨ △ABC ≡ △DEF
   (2) △ABC와 △DEF가 닮음 ⇨ △ABC ∽ △DEF
   (3) △ABC와 △DEF가 넓이가 같다 ⇨ △ABC = △DEF

[2] 평면도형에서의 닮음의 성질

1. 평면도형에서의 닮음의 성질 : 서로 닮은 두 평면도형에서
  (1) 대응하는 변의 길이의 비는 일정하다.
   ⇨ $\overline{AB} : \overline{DE} = \overline{BC} : \overline{EF} = \overline{AC} : \overline{DF}$

  (2) 대응각의 크기는 각각 같다.
   ⇨ $\angle A = \angle D, \angle B = \angle E, \angle C = \angle F$

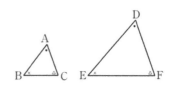

2. 닮음비 : 대응하는 변의 길이의 비
  (1) 닮음비는 가장 간단한 자연수의 비로 나타낸다.
  (2) 닮음비가 $1 : 1$인 두 도형은 합동이다.

3. 서로 닮은 두 평면도형의 닮음비가 $m : n$일 때,
  (1) **둘레의 길이의 비** ⇨ $m : n$
  (2) **넓이의 비** ⇨ $m^2 : n^2$

(이해하기!)

1. 두 닮은 평면도형에서는 대응각의 크기가 같고, 대응변의 길이의 비가 일정하다. 이 일정한 값인 대응변의 길이의 비를 닮음비라고 한다.

2. 합동인 두 도형은 닮음비가 $1 : 1$인 닮은 도형이라고 할 수 있다.

3. 원과 구와 같이 선분이 없는 경우 반지름의 길이의 비를 닮음비라고 한다.

4. 서로 닮은 두 평면도형의 닮음비가 $m : n$일 때, 둘레의 길이의 비는 $m : n$이고 넓이의 비는 $m^2 : n^2$임을 그림을 통해 다음과 같이 설명할 수 있다.
  (1) **둘레의 길이의 비는 $m : n$ 이다.**
   ⇨ 오른쪽 그림과 같이 닮음비가 $m : n$인 두 삼각형 ABC와
    DEF의 세 변의 길이를 각각 ma, mb, mc와 na, nb, nc라고

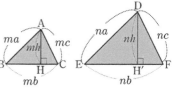

하자. 두 삼각형의 둘레의 길이는 각각 $ma + mb + mc$,
$na + nb + nc$이므로 둘레의 길이의 비는
$ma + mb + mc : na + nb + nc = m(a + b + c) : n(a + b + c) = m : n$ 이다.
따라서 두 평면도형의 닮음비가 $m : n$일 때, 둘레의 길이의 비는 $m : n$ 이다.

  (2) **넓이의 비는 $m^2 : n^2$ 이다.**
   ⇨ 위 그림과 같이 닮음비가 $m : n$인 두 삼각형 ABC와 DEF의 밑변의 길이, 높이를 각각
    mb, mh와 nb, nh라고 하자. 이때, 두 삼각형의 넓이는 각각 $\triangle ABC = \dfrac{1}{2} \times mb \times mh$,

    $\triangle DEF = \dfrac{1}{2} \times nb \times nh$이므로 넓이의 비는 $\dfrac{1}{2} bh m^2 : \dfrac{1}{2} bh n^2 = m^2 : n^2$ 이다.
    따라서 두 평면도형의 닮음비가 $m : n$일 때, 넓이의 비는 $m^2 : n^2$ 이다.

---

[3] 입체도형에서의 닮음의 성질

1. 서로 닮은 두 입체도형에서
   (1) 대응하는 모서리의 길이의 비는 일정하다.
   (2) 대응하는 면은 닮은 도형이다.

2. 닮음비 : 대응하는 모서리의 길이의 비

3. 서로 닮은 두 입체도형의 닮음비가 $m:n$일 때,
   (1) **겉넓이의 비** $\Rightarrow m^2:n^2$
   (2) **부피의 비** $\Rightarrow m^3:n^3$

(이해하기!)

1. 서로 닮은 두 입체도형의 닮음비가 $m:n$일 때, 겉넓이의 비는 $m^2:n^2$이고 부피의 비는 $m^3:n^3$임을 그림을 통해 다음과 같이 설명할 수 있다.

   (1) **겉넓이의 비는 $m^2:n^2$ 이다.**

   $\Rightarrow$ 오른쪽 그림과 같이 닮음비가 $m:n$인 두 직육면체의 가로의 길이, 세로의 길이, 높이를 각각 ma, mb, mc와 na, nb, nc라고 하자. 이때, 두 직육면체의 겉넓이는 각각 $2(m^2ab + m^2bc + m^2ca)$, $2(n^2ab + n^2bc + n^2ca)$이므로 겉넓이의 비는
   $2(m^2ab + m^2bc + m^2ca) : 2(n^2ab + n^2bc + n^2ca) = 2m^2(ab + bc + ca) : 2n^2(ab + bc + ca) = m^2 : n^2$이다. 따라서 두 입체도형의 닮음비가 $m:n$일 때, 겉넓이의 비는 $m^2:n^2$ 이다.

   (2) **부피의 비는 $m^3:n^3$ 이다.**

   $\Rightarrow$ 위 그림과 같이 닮음비가 $m:n$인 두 직육면체의 가로의 길이, 세로의 길이, 높이가 각각 ma, mb, mc와 na, nb, nc라고 하자. 이때, 두 직육면체의 부피는 각각 m^3abc, n^3abc이므로 부피의 비는 $m^3abc : n^3abc = m^3 : n^3$ 이다.
   따라서 두 입체도형의 닮음비가 $m:n$일 때, 부피의 비는 $m^3:n^3$ 이다.

(깊이보기!)

1. 앞에서 설명한 두 평면도형의 닮음비가 $m:n$일 때, 둘레의 길이의 비는 $m:n$, 넓이의 비는 $m^2:n^2$이고 두 입체도형의 닮음비가 $m:n$일 때, 겉넓이의 비는 $m^2:n^2$, 부피의 비는 $m^3:n^3$임을 설명한 내용은 일반적인 증명과정이라고 할 수는 없다. 다만 삼각형, 직육면체라는 구체적인 도형을 통해 이해할 뿐이다.

2. 넓이의 비와 부피의 비를 외울 때, 보통 넓이와 부피의 단위를 생각하면 쉽다. 넓이의 단위는 제곱을 사용하고 부피의 단위는 세제곱을 사용함을 생각하면 넓이의 비와 부피의 비를 이해하기 쉽다.

7.1

도형의 닮음

7.2 삼각형의 닮음 조건

[1] 삼각형의 닮음 조건

두 삼각형은 다음 각 경우에 닮은 도형이다.

1. 세 쌍의 대응변의 길이의 비가 같을 때 (SSS 닮음) ⇨ $a : a' = b : b' = c : c'$

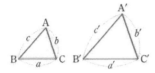

2. 두 쌍의 대응변의 길이의 비가 같고, 그 끼인 각의 크기가 같을 때 (SAS 닮음)
   ⇨ $a : a' = c : c'$, $\angle B = \angle B'$

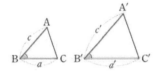

3. 두 쌍의 대응각의 크기가 각각 같을 때 (AA 닮음) ⇨ $\angle B = \angle B'$, $\angle C = \angle C'$

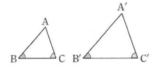

(이해하기!)

1. 삼각형의 닮음 조건을 설명하기 위해서는 조금 엄밀한 논리적 전개가 필요하다. 우선 △ABC와 닮음인 △DEF가 있다. 그리고 위 삼각형의 닮음 조건 3가지 중 1가지를 만족하는 △ABC와 △A′B′C′가 주어진다. 이때 △DEF ≡ △A′B′C′이 됨을 보이면 △ABC∽△A′B′C′이 된다. 삼각형의 닮음 조건의 각 경우를 구체적으로 살펴보자.

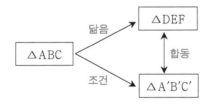

2. 세 쌍의 대응변의 길이의 비가 같은 두 삼각형은 서로 닮은 도형이다.
   ⇨ 처음 그림은 닮음비가 1 : 2인 닮은 도형 △ABC와 △DEF이다. 이때, △ABC의 세 변의 길이를 각각 2배로 하여 작도한 △A′B′C′은 △DEF와 대응하는 세 변의 길이가 각각 같으므로 △DEF ≡ △A′B′C′(SSS합동) 이다. 따라서 △ABC∽△A′B′C′(SSS닮음) 이다.

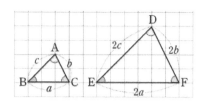 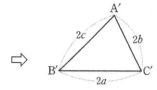

3. 두 쌍의 대응변의 길이의 비가 같고 그 끼인각의 크기가 같은 두 삼각형은 서로 닮은 도형이다.
   ⇨ 처음 그림은 닮음비가 1:2인 닮은 도형 △ABC와 △DEF이다. 이때, △ABC의 두 변의 길이를 각각 2배로 하고, 그 끼인각의 크기를 같도록 하여 작도한 △A′B′C′은 △DEF와 대응하는 두 변의 길이가 각각 같고 그 끼인각의 크기가 같으므로 △DEF ≡ △A′B′C′(SAS합동)이다. 따라서 △ABC∽△A′B′C′(SAS닮음)이다.

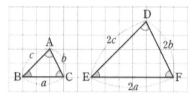 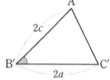

4. 두 쌍의 대응각의 크기가 각각 같은 두 삼각형은 서로 닮은 도형이다.
   (1) 처음 그림은 닮음비가 1:2인 닮은 도형 △ABC와 △DEF이다. 이때, △ABC의 한 변의 길이를 2배로 하고, 그 양 끝 각의 크기를 각각 같도록 하여 작도한 △A′B′C′은 △DEF와 대응하는 한 변의 길이가 같고 그 양 끝각의 크기가 같으므로 △DEF ≡ △A′B′C′(ASA합동)이다. 따라서 △ABC∽△A′B′C′(AA닮음)이다.

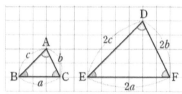 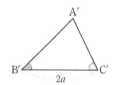

   (2) 한편, 두 삼각형의 대응하는 두 쌍의 각의 크기가 각각 같으면 삼각형의 세 내각의 크기의 합이 180°임을 활용하면 나머지 한 쌍의 대응하는 각의 크기도 같으므로 두 삼각형의 크기와 상관없이 모양이 같다. 즉, 변의 길이는 확인할 필요가 없다. 따라서 이 경우 'ASA닮음'이라고 하지 않고 'AA닮음'이라고 한다.

5. '닮음'의 뜻을 생각해보자. 두 삼각형이 닮음이려면 한 삼각형을 일정한 비율로 확대 또는 축소하여 만든 삼각형이 다른 한 삼각형과 합동이어야 한다. 위 세 가지 경우 각각의 조건을 만족시키는 두 삼각형 중 한 삼각형을 일정한 비율로 확대 또는 축소해서 만든 삼각형이 나머지 한 삼각형과 합동이 됨을 확인해봄으로써 각 조건이 두 삼각형이 닮음인지를 판단하는 조건이 될 수 있는지를 알아보는 과정이다. 이 과정에서 세 가지 삼각형의 합동조건을 활용한다. 삼각형의 합동조건과 닮음조건은 거의 유사하나 구분할 줄 알아야 한다.

6. 변을 의미하는 단어 Side와 각을 의미하는 단어 Angle의 첫 글자를 사용하여 삼각형의 닮음 조건을 간단히 SSS닮음, SAS닮음, AA닮음으로 나타낸다.

---

[2] 삼각형의 닮음 조건과 합동 조건의 비교

닮음조건	합동조건
세 쌍의 대응변의 길이의 비가 같다. (SSS 닮음)	세 쌍의 대응변의 길이가 같다. (SSS 합동)
두 쌍의 대응변의 길이의 비가 같고, 그 끼인각의 크기가 같다. (SAS 닮음)	두 쌍의 대응변의 길이가 각각 같고, 그 끼인각의 크기가 같다. (SAS 합동)
두 쌍의 대응각의 크기가 각각 같다. (AA 닮음)	한 쌍의 대응변의 길이가 같고, 그 양 끝각의 크기가 각각 같다. (ASA 닮음)

(이해하기!)

1. 삼각형의 닮음조건을 배우는 목적은 삼각형의 합동조건을 배우는 목적과 같다. 한 도형을 일정한 비율로 확대하거나 축소하여 얻은 도형은 처음 도형과 서로 닮은 도형인데 이 경우 대응하는 3쌍의 길이의 비가 같고 대응하는 3쌍의 각의 크기가 같다. 따라서 두 삼각형이 닮음임을 보일 경우 이 3쌍의 대응하는 변의 길이의 비가 같고 3쌍의 대응하는 각의 크기가 같은 6가지 조건을 만족함을 보여야 하는데 삼각형의 닮음조건을 활용하면 이 중 일부인 2, 3가지 조건(SSS, SAS, AA)만 만족시켜도 두 삼각형이 닮음이 되는지 보일 수 있으므로 그 효율성과 편리성에 의의가 있다.

---

[3] 직각삼각형의 닮음

1. $\angle A = 90°$ 인 직각삼각형 ABC 의 꼭짓점 A에서 빗변 BC에 내린 수선의 발을 H라 할 때,
   $\triangle ABC \backsim \triangle HBA \backsim \triangle HAC$ (AA 닮음) 이다.

   (1) $\overline{AB}^2 = \overline{BH} \times \overline{BC}$

   (2) $\overline{AC}^2 = \overline{CH} \times \overline{CB}$

   (3) $\overline{AH}^2 = \overline{BH} \times \overline{CH}$

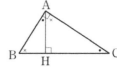

(이해하기!)

1. 한 예각의 크기가 같은 두 직각삼각형은 대응하는 두 내각의 크기가 같으므로 닮은 도형이다. 그림에서 우리는 3개의 직각삼각형을 찾을 수 있는데 모두 닮음임을 알 수 있다.

   즉, $\triangle ABC \backsim \triangle HBA \backsim \triangle HAC$ (AA 닮음) 이다. 이때, 두 닮음인 직각삼각형의 대응하는 변의 길이의 비가 같음을 활용하면 3가지 공식을 얻을 수 있다. 공식을 이해하는 것도 중요하지만 공식을 외워서 문제풀이에 활용하는 것이 더욱 중요하다. 각각의 경우 다음과 같다.

   (1) $\overline{AB}^2 = \overline{BH} \times \overline{BC}$

   ⇨ 두 직각삼각형 $\triangle ABC$와 $\triangle HBA$에서 $\angle B$는 공통각 이므로
   $\triangle ABC \backsim \triangle HBA$ (AA 닮음)이다. 따라서 $\overline{AB} : \overline{HB} = \overline{BC} : \overline{BA}$ 이므로
   $\overline{AB}^2 = \overline{BH} \times \overline{BC}$ 이다.

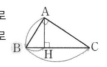

(2) $\overline{AC}^2 = \overline{CH} \times \overline{CB}$

$\Rightarrow$ 두 직각삼각형 $\triangle ABC$와 $\triangle HAC$에서 $\angle C$는 공통각 이므로 $\triangle ABC \backsim \triangle HAC$(AA닮음)이다. 따라서 $\overline{AC} : \overline{HC} = \overline{BC} : \overline{AC}$ 이므로 $\overline{AC}^2 = \overline{CH} \times \overline{CB}$ 이다.

(3) $\overline{AH}^2 = \overline{BH} \times \overline{CH}$

$\Rightarrow$ 두 직각삼각형 $\triangle HBA$와 $\triangle HAC$에서 $\angle HBA = \angle HAC$ 이므로 $\triangle HBA \backsim \triangle HAC$(AA닮음)이다. 따라서 $\overline{BH} : \overline{AH} = \overline{AH} : \overline{CH}$ 이므로 $\overline{AH}^2 = \overline{BH} \times \overline{CH}$ 이다.

2. 위 공식들을 외울 때 설명한 그림처럼 변의 위치를 고려해 다음과 같이 외우면 이해하기 쉽다. 위 그림은 전체 직각삼각형 ABC의 가운데 위치한 수선 $\overline{AH}$를 기준으로 왼쪽과 오른쪽의 두 직각삼각형으로 나뉘는데 왼쪽과 오른쪽의 변의 위치를 생각하면 각각 다음과 같다.

(1) (왼쪽 빗변)^2 =(왼쪽 밑변)×(전체 밑변)

(2) (오른쪽 빗변)^2 =(오른쪽 밑변)×(전체 밑변)

(3) (가운데 변)^2 =(왼쪽 밑변)×(오른쪽 밑변)

$\Rightarrow$ 다소 유치하다고 생각할 수도 있으나 공식을 암기하는데 도움이 될 수 있다.

---

[4] 접은 도형에서의 닮음

1. **정삼각형 모양의 종이접기**

$\Rightarrow \triangle BA'D \backsim \triangle CEA'$ (AA 닮음)

2. **직사각형 모양의 종이접기**

$\Rightarrow \triangle AEB' \backsim \triangle DB'C$ (AA 닮음)

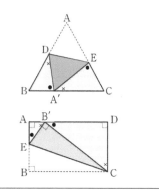

(이해하기!)

1. $\triangle ABC$는 정삼각형이므로 $\triangle BA'D$ 와 $\triangle CEA'$에서 $\angle B = \angle C = 60°$ $\cdots$ ①

$\angle BDA' + \angle BA'D = 180° - \angle B = 120°$ 이고

$\angle BA'D + \angle CA'E = 180° - \angle DA'E = 180° - \angle A = 120°$ 이므로 $\angle BDA' = \angle CA'E$ $\cdots$ ② 이다.

따라서 ①, ②에 의해 $\triangle BA'D \backsim \triangle CEA'$ (AA 닮음) 이다.

2. $\square ABCD$는 직사각형이므로 $\triangle AEB'$ 와 $\triangle DB'C$에서 $\angle A = \angle D = 90°$ $\cdots$ ①

$\angle AEB' + \angle AB'E = 90°$ 이고 $\angle DB'C + \angle AB'E = 180° - 90° = 90°$ 이므로 $\angle AEB' = \angle DB'C$ $\cdots$ ② 이다.

따라서 ①, ②에 의해 $\triangle AEB' \backsim \triangle DB'C$ (AA 닮음) 이다.

7.2

삼각형의 닮음 조건

(확인하기!)

1. 오른쪽 그림은 정삼각형 ABC의 꼭짓점 A가 $\overline{BC}$ 위의 점 E에 오도록 접은 것이다. $\overline{BE}=2$ cm, $\overline{AF}=7$ cm, $\overline{FC}=3$ cm일 때, $\overline{BD}$의 길이를 구하시오.

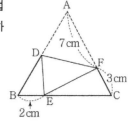

   (풀이) △BED와 △CFE에서 $\angle B = \angle C = 60°$ ··· ①
        $\angle DEC = \angle B + \angle BDE = 60° + \angle BDE$ 이고
        $\angle DEC = \angle DEF + \angle CEF = 60° + \angle CEF$ 이므로
        $\angle BDE = \angle CEF$ ··· ② 이다.
        ①, ②에 의해 두 쌍의 대응하는 각의 크기가 각각 같으므로 △BED∽△CFE(AA 닮음)
        $\overline{BD} : \overline{CE} = \overline{BE} : \overline{CF}$에서 $\overline{BD} : (10-2) = 2 : 3$ 이므로 $3 \times \overline{BD} = 16$ 이다.
        $\therefore \overline{BD} = \dfrac{16}{3}$ (cm)

2. 오른쪽 그림과 같이 $\overline{AB}$, $\overline{BC}$의 길이가 각각 8cm, 10cm인 직사각형 ABCD에서 $\overline{BE}$를 접는 선으로 하여 꼭짓점 C가 $\overline{AD}$ 위의 점 F에 오도록 접었더니 $\overline{AF}$의 길이가 6cm가 되었다. 점 D에서 $\overline{EF}$에 내린 수선의 발을 H라고 할 때, $\overline{EH}$의 길이를 구하시오.

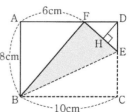

   (풀이) $\overline{FD}=4$cm이고 점 C가 점 F에 오도록 접었으므로 $\overline{BF}=10$cm이다.
        △ABF와 △DFE에서 $\angle FAB = \angle EDF = 90°$, $\angle ABF = 90° - \angle AFB = \angle DFE$이므로
        △ABF∽△DFE(AA 닮음) 이다.
        즉, $\overline{AF} : \overline{DE} = \overline{BF} : \overline{FE} = \overline{AB} : \overline{DF} = 2 : 1$이므로 $\overline{DE}=3$(cm), $\overline{DF}=4$(cm), $\overline{FE}=5$(cm)이다.
        한편, △FED∽△DEH(AA 닮음)이므로 $\overline{ED}^2 = \overline{EH} \times \overline{EF}$이고 $9 = \overline{EH} \times 5$ 이다.
        $\therefore \overline{EH} = \dfrac{9}{5}$ (cm)

7.3 삼각형과 평행선

[1] 삼각형에서 평행선과 선분의 길이의 비(1)

1. △ABC에서 변 BC에 평행한 직선과 두 변 AB, AC 또는 그 연장선의 교점을 각각 D, E 라고
   할 때, $\overline{BC} /\!/ \overline{DE}$ 이면 $\overline{AB}:\overline{AD}=\overline{AC}:\overline{AE}=\overline{BC}:\overline{DE}$ 이다.

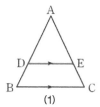
(1)

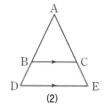
(2)

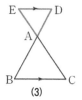
(3)

2. △ABC에서 변 BC에 평행한 직선과 두 변 AB, AC 또는 그 연장선의 교점을 각각 D, E라고
   할 때, $\overline{AB}:\overline{AD}=\overline{AC}:\overline{AE}$ 이면 $\overline{BC} /\!/ \overline{DE}$ 이다.

(이해하기!)

1. $\overline{BC} /\!/ \overline{DE}$ 이면 $\overline{AB}:\overline{AD}=\overline{AC}:\overline{AE}=\overline{BC}:\overline{DE}$ 이다.

   ⇨ △ABC에서 변 BC에 평행한 직선을 그리는 경우 삼각형의 내부, 같은 방향의 외부, 반대 방향의
   외부와 같이 모두 3가지 경우가 있으며 각 경우 다음과 같이 설명할 수 있다.

   (1) 그림과 같이 △ABC의 변 BC에 평행한 직선이 두 변 AB, AC와 만나는 점을 각각 D, E라고 하
   면 △ABC와 △ADE에서 ∠A는 공통각, $\overline{BC} /\!/ \overline{DE}$ (∵ 가정) 이므로 평행선과 동위각의 성질에
   의하여 ∠ABC = ∠ADE 이다. 따라서 두 쌍의 대응각의 크기가 각각 같으므로 △ABC∽△ADE
   (AA닮음) 이다. 이때 닮은 두 삼각형에서 세 쌍의 대응변의 길이의 비는 같으므로
   $\overline{AB}:\overline{AD}=\overline{AC}:\overline{AE}=\overline{BC}:\overline{DE}$ 이다.

   (2) 그림의 △ABC와 △ADE에서 ∠A는 공통인 각, $\overline{BC} /\!/ \overline{DE}$ (∵ 가정) 이므로 평행선과 동위각의
   성질에 의하여 ∠ABC = ∠ADE 이다. 즉, 두 쌍의 대응각의 크기가 각각 같으므로
   △ABC∽△ADE(AA닮음) 이다. 따라서 $\overline{AB}:\overline{AD}=\overline{AC}:\overline{AE}=\overline{BC}:\overline{DE}$ 이다.

   (3) 그림의 △ABC와 △ADE에서 ∠BAC = ∠DAE(맞꼭지각), $\overline{BC} /\!/ \overline{DE}$ (∵ 가정) 이므로 평행선과
   엇각의 성질에 의하여 ∠ABC = ∠ADE 이다. 즉, 두 쌍의 대응각의 크기가 각각 같으므로
   △ABC∽△ADE(AA닮음) 이다. 따라서 $\overline{AB}:\overline{AD}=\overline{AC}:\overline{AE}=\overline{BC}:\overline{DE}$ 이다.

2. $\overline{AB}:\overline{AD}=\overline{AC}:\overline{AE}$ 이면 $\overline{BC} /\!/ \overline{DE}$ 이다.

   ⇨ △ABC와 △ADE에서 $\overline{AB}:\overline{AD}=\overline{AC}:\overline{AE}$ 이고 ∠A는 공통인 각 (단, (3)의 경우는 맞꼭지각
   으로 ∠BAC = ∠DAE) 이므로 두 쌍의 대응변의 길이의 비가 같고, 그 끼인각의 크기가 같으므
   로 △ABC∽△ADE(SAS닮음) 이다. 즉, 대응각 ∠ABC = ∠ADE이다. 따라서 동위각 또는 엇
   각의 크기가 같으므로 $\overline{BC} /\!/ \overline{DE}$ 이다.

3. 위 두 가지 정리는 언뜻 보면 같은 말처럼 보이지만 서로 역의 관계로 전혀 다른 정리이다. 각 정
   리의 가정과 결론을 구분해서 이해한다. 또한, 공식을 그대로 외우려하기 보다는 △ABC∽△ADE
   임을 떠올려 공식에서 말하는 변들의 위치를 외우는 것이 효과적이다.

[2] 삼각형에서 평행선과 선분의 길이의 비(2)

1. △ABC에서 변 BC에 평행한 직선과 두 변 AB, AC 또는 그 연장선의 교점을 각각 D, E라고 할 때, $\overline{BC} /\!/ \overline{DE}$ 이면 $\overline{AD} : \overline{DB} = \overline{AE} : \overline{EC}$ 이다.이다.

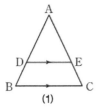
(1)

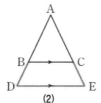
(2)

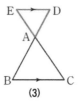
(3)

2. △ABC에서 변 BC에 평행한 직선과 두 변 AB, AC 또는 그 연장선의 교점을 각각 D, E라고 할 때, $\overline{AD} : \overline{DB} = \overline{AE} : \overline{EC}$ 이면 $\overline{BC} /\!/ \overline{DE}$ 이다.

(이해하기!)

1. $\overline{BC} /\!/ \overline{DE}$ 이면 $\overline{AD} : \overline{DB} = \overline{AE} : \overline{EC}$ 이다.

⇨ △ABC에서 변 BC에 평행한 직선을 그리는 경우 삼각형의 내부, 같은 방향의 외부, 반대 방향의 외부와 같이 모두 3가지 경우가 있으며 각 경우 다음과 같이 설명할 수 있다.

(1) 오른쪽 그림과 같이 △ABC의 변 BC에 평행한 직선이 두 변 AB, AC와 만나는 점을 각각 D, E라 하고, 점 E를 지나면서 변 AB와 평행한 직선이 변 BC와 만나는 점을 F라고 하자.

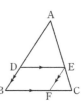

△ADE와 △EFC에서 ∠AED = ∠ECF(∵ $\overline{BC} /\!/ \overline{DE}$, 동위각),

∠DAE = ∠FEC(∵ $\overline{AB} /\!/ \overline{EF}$, 동위각)이다. 즉, 두 쌍의 대응각의 크기가

각각 같으므로 △ADE∽△EFC(AA닮음)이다. 따라서, $\overline{AD} : \overline{EF} = \overline{AE} : \overline{EC}$이다. 한편, □DBFE는

평행사변형이므로 $\overline{DB} = \overline{EF}$이다. 따라서 $\overline{AD} : \overline{DB} = \overline{AE} : \overline{EC}$이다.

(2) 오른쪽 그림에서 △ABC의 두 변 AB, AC의 연장선과 변 BC에 평행한 직선이 만나는 점을 각각 D, E라 하고, 점 C를 지나고 변 AD에 평행한 직선이 변 DE와 만나는 점을 F라고 하자.

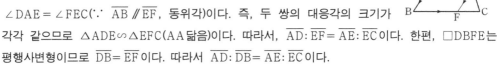

△ADE와 △CFE에서 ∠E는 공통인 각, ∠ADE = ∠CFE(∵ $\overline{AD} /\!/ \overline{CF}$, 동위각)

이다. 즉, 두 쌍의 대응각의 크기가 각각 같으므로 △ADE∽△CFE(AA닮음)

이다. 따라서 $\overline{AD} : \overline{CF} = \overline{AE} : \overline{CE}$이다. 한편, □BDFC는 평행사변형이므로 $\overline{BD} = \overline{CF}$ 이다. 따라서, $\overline{AD} : \overline{DB} = \overline{AE} : \overline{EC}$이다.

(3) 오른쪽 그림에서 △ABC의 두 변 AB, AC의 연장선과 변 BC에 평행한 직선이 만나는 점을 각각 D, E라 하고, 점 E를 지나 변 DB에 평행한 직선이 변 BC의 연장선과 만나는 점을 F라고 하자.

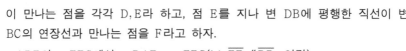
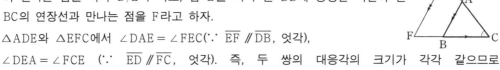

△ADE와 △EFC에서 ∠DAE = ∠FEC(∵ $\overline{EF} /\!/ \overline{DB}$, 엇각),

∠DEA = ∠FCE (∵ $\overline{ED} /\!/ \overline{FC}$, 엇각). 즉, 두 쌍의 대응각의 크기가 각각 같으므로

△ADE∽△EFC(AA닮음)이다. 따라서 $\overline{AD} : \overline{EF} = \overline{AE} : \overline{EC}$이다. 한편, □EFBD는 평행사변형이

므로 $\overline{EF} = \overline{DB}$이다. 따라서, $\overline{AD} : \overline{DB} = \overline{AE} : \overline{EC}$이다.

2. $\overline{AD} : \overline{DB} = \overline{AE} : \overline{EC}$ 이면 $\overline{BC} /\!/ \overline{DE}$ 이다.

(1) $\triangle ABC$의 두 변 AB, AC 위에 각각 점 D, E가 있고 $\overline{AD} : \overline{DB} = \overline{AE} : \overline{EC}$이면

$\dfrac{\overline{DB}}{\overline{AD}} = \dfrac{\overline{EC}}{\overline{AE}}$ 이므로 $\dfrac{\overline{DB}}{\overline{AD}} + 1 = \dfrac{\overline{EC}}{\overline{AE}} + 1$이다. 양변에서 1을 빼면

$\dfrac{\overline{DB} + \overline{AD}}{\overline{AD}} = \dfrac{\overline{EC} + \overline{AE}}{\overline{AE}}$ 이므로 $\dfrac{\overline{AB}}{\overline{AD}} = \dfrac{\overline{AC}}{\overline{AE}}$ 이다. 따라서 $\overline{AD} : \overline{AB} = \overline{AE} : \overline{AC}$이므

로 '삼각형에서 평행선과 선분의 길이의 비(1)' 에 의해 $\overline{BC} /\!/ \overline{DE}$이다.

(2) $\triangle ABC$에서 변 BC에 평행한 직선과 두 변 AB, AC의 연장선의 교점을 각각 점 D, E라고 할 때 $\overline{AD} : \overline{DB} = \overline{AE} : \overline{EC}$이면 $\overline{AD} : \overline{AD} - \overline{AB} = \overline{AE} : \overline{AE} - \overline{AC}$이다.

$\dfrac{\overline{AD} - \overline{AB}}{\overline{AD}} = \dfrac{\overline{AE} - \overline{AC}}{\overline{AE}}$ 이므로 $1 - \dfrac{\overline{AB}}{\overline{AD}} = 1 - \dfrac{\overline{AC}}{\overline{AE}}$ 이다. 양변에서 1을 빼면

$\dfrac{\overline{AB}}{\overline{AD}} = \dfrac{\overline{AC}}{\overline{AE}}$이므로 $\overline{AB} : \overline{AD} = \overline{AC} : \overline{AE}$이다. 따라서, '삼각형에서 평행선과 선

분의 길이의 비(1)' 에 의해 $\overline{BC} /\!/ \overline{DE}$이다.

(3) $\triangle ABC$에서 변 BC에 평행한 직선과 두 변 AB, AC의 연장선의 교점을 각각 점 D, E라고 할 때 $\overline{AD} : \overline{DB} = \overline{AE} : \overline{EC}$이면 $\overline{AD} : \overline{AD} + \overline{AB} = \overline{AE} : \overline{AE} + \overline{AC}$이다.

$\dfrac{\overline{AD} + \overline{AB}}{\overline{AD}} = \dfrac{\overline{AE} + \overline{AC}}{\overline{AE}}$ 이므로 $1 + \dfrac{\overline{AB}}{\overline{AD}} = 1 + \dfrac{\overline{AC}}{\overline{AE}}$ 이다. 양변에서 1을 빼면

$\dfrac{\overline{AB}}{\overline{AD}} = \dfrac{\overline{AC}}{\overline{AE}}$이므로 $\overline{AB} : \overline{AD} = \overline{AC} : \overline{AE}$이다. 따라서, '삼각형에서 평행선과 선분

의 길이의 비(1)' 에 의해 $\overline{BC} /\!/ \overline{DE}$이다.

3. 위 두 가지 정리는 언뜻 보면 같은 말처럼 보이지만 서로 역의 관계로 전혀 다른 정리이다. 각 정리의 가정과 결론을 구분해서 이해한다. 또한, 공식을 그대로 외우려하기 보다는 $\triangle ABC \backsim \triangle ADE$임을 떠올려 공식에서 말하는 변들의 위치를 외우는 것이 효과적이다.

(깊이보기!)

1. '삼각형에서 평행선과 선분의 길이의 비' 의 정리 내용은 외울 것이 아니라 이해하는 것이 중요하다. 특히 비례 관계에 나와 있는 선분의 의미(선분의 위치)를 그림으로 이해하는 것이 좋다. 이때, '삼각형에서 평행선과 선분의 길이의 비(1)' 은 큰 삼각형과 작은 삼각형의 대응하는 변 사이의 길이의 비를 나타내고 '삼각형에서 평행선과 선분의 길이의 비(2)' 는 한 변의 전체와 부분 사이의 길이의 비를 나타낸다고 구분해서 이해하면 좋다.

7.3

삼각형과 평행선

[3] 삼각형의 중점연결 정리

1. △ABC에서 $\overline{AB}, \overline{AC}$의 중점을 각각 M, N이라 하면

   (1) $\overline{MN} \parallel \overline{BC}$

   (2) $\overline{MN} = \dfrac{1}{2}\overline{BC}$

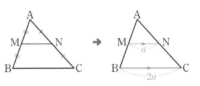

2. △ABC에서 $\overline{AB}$의 중점 M을 지나고 $\overline{BC}$에 평행한 직선과
   $\overline{AC}$의 교점을 N이라 하면
   ⇨ $\overline{AN} = \overline{NC}$

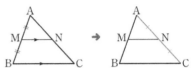

(이해하기!)

1. △ABC의 두 변 AB와 AC의 중점을 각각 M, N이라고 하면 $\overline{AB} : \overline{AM} = \overline{AC} : \overline{AN}$이므로 '삼각형에서 평행선과 선분의 길이의 비(1)'에 의하여 $\overline{MN} \parallel \overline{BC}$이다. 한편, △AMN∽△ABC(SAS닮음)이고, $\overline{AM} : \overline{AB} = 1 : 2$이므로 $\overline{MN} : \overline{BC} = 1 : 2$ 이다. 따라서 $\overline{MN} = \dfrac{1}{2}\overline{BC}$ 이다.

2. △ABC의 변 AB의 중점 M을 지나고 변 BC에 평행한 직선이 변 AC와 만나는 점을 N이라고 하면 '삼각형에서 평행선과 선분의 길이의 비(2)'에 의해 $\overline{AM} : \overline{MB} = \overline{AN} : \overline{NC}$이다. 따라서 $\overline{AN} = \overline{NC}$이다.

   ⇨ **(다른증명)** 한편, △AMN과 △ABC에서 ∠A는 공통각, $\overline{MN} \parallel \overline{BC}$이므로 ∠AMN = ∠ABC(동위각)이다. 즉, △AMN∽△ABC(AA닮음)이고 닮음비는 $1 : 2$이다. 따라서 $\overline{AN} : \overline{AC} = 1 : 2$이므로 $\overline{AN} = \overline{NC}$이다.

[4] 사각형의 네 변의 중점을 연결한 사각형의 둘레의 길이

1. □ABCD에서 $\overline{AB}, \overline{BC}, \overline{CD}, \overline{DA}$의 중점을 각각 P, Q, R, S라 하면
   ⇨ □PQRS의 둘레의 길이 $= \overline{AC} + \overline{BD}$

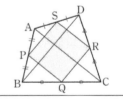

(이해하기!)

1. '삼각형의 중점연결 정리'에 의해 $\overline{AC} \parallel \overline{PQ} \parallel \overline{SR}$ 이므로 $\overline{PQ} = \overline{SR} = \dfrac{1}{2}\overline{AC}$ 이고 $\overline{BD} \parallel \overline{PS} \parallel \overline{QR}$ 이므로 $\overline{PS} = \overline{QR} = \dfrac{1}{2}\overline{BD}$이다.

   따라서 □PQRS의 둘레의 길이 $= (\overline{PQ} + \overline{SR}) + (\overline{PS} + \overline{QR}) = 2 \times \dfrac{1}{2}\overline{AC} + 2 \times \dfrac{1}{2}\overline{BD} = \overline{AC} + \overline{BD}$ 이다.

(확인하기!)

1. 오른쪽 그림과 같이 □ABCD에서 네 변의 중점을 각각 P, Q, R, S라 하자.
   $\overline{AC} = 20\text{cm}$, $\overline{BD} = 16\text{cm}$일 때, □PQRS의 둘레의 길이를 구하시오.

   (풀이) $\overline{PS} = \dfrac{1}{2}\overline{BD} = \overline{QR} = 8(\text{cm})$이고 $\overline{PQ} = \dfrac{1}{2}\overline{AC} = \overline{SR} = 10(\text{cm})$이므로
   □PQRS의 둘레의 길이는 $2(8 + 10) = 36(\text{cm})$이다.

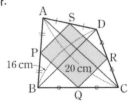

[5] 삼각형의 각의 이등분선

1. 삼각형의 내각의 이등분선의 성질

: $\triangle ABC$에서 $\angle A$의 이등분선과 $\overline{BC}$의 교점을 D라 하면

$\Rightarrow \overline{AB} : \overline{AC} = \overline{BD} : \overline{CD}$

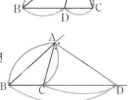

2. 삼각형의 외각의 이등분선의 성질

: $\triangle ABC$에서 $\angle A$의 외각의 이등분선과 $\overline{BC}$의 연장선의 교점을 D라 하면

$\Rightarrow \overline{AB} : \overline{AC} = \overline{BD} : \overline{CD}$

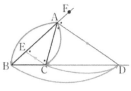

(이해하기!)

1. 오른쪽 그림과 같이 $\overline{AB}$의 연장선과 점 C를 지나며 $\overline{AD}$와 평행한 직선이 만

나는 점을 E라고 하자.

$\overline{AD} /\!/ \overline{EC}$이므로 $\angle ACE = \angle DAC$(엇각), $\angle AEC = \angle BAD$(동위각)이다.

이때, $\angle BAD = \angle DAC$($\because \overline{AD}$는 $\angle A$의 이등분선)이므로 $\angle ACE = \angle AEC$이다.

즉, $\triangle ACE$는 두 내각의 크기가 같으므로 이등변삼각형이고 $\overline{AC} = \overline{AE}$이다.

$\overline{AD} /\!/ \overline{EC}$이므로 삼각형에서 평행선과 선분의 길이의 비에 의해 $\overline{AB} : \overline{AE} = \overline{BD} : \overline{CD}$이고 이때, $\overline{AC} = \overline{AE}$이므로 $\overline{AB} : \overline{AC} = \overline{BD} : \overline{CD}$이다.

2. 오른쪽 그림에서 점 C를 지나고 $\overline{AD}$에 평행한 직선을 그어 $\overline{AB}$와 만나는 교점을 E라고 하자. $\overline{AD} /\!/ \overline{EC}$이므로 $\angle AEC = \angle FAD$(동위각), $\angle ACE = \angle DAC$(엇각)이다. 이때, $\angle FAD = \angle DAC$ ($\because \overline{AD}$는 $\angle A$의 외각의 이등분선)이므로 $\angle AEC = \angle ACE$이다. 따라서 $\triangle AEC$는 두 내각의 크기가 같으므로 이등변삼각형이다. 즉, $\overline{AE} = \overline{AC}$이다.

$\overline{AD} /\!/ \overline{EC}$이므로 삼각형과 평행선 사이의 선분의 길이의 비에 의해 $\overline{AB} : \overline{AE} = \overline{BD} : \overline{CD}$이고 $\overline{AE} = \overline{AC}$이므로 $\overline{AB} : \overline{AC} = \overline{BD} : \overline{CD}$이다.

7.3

삼각형과 평행선

(확인하기!)

1. 다음 그림에서 $\overline{AM}$은 $\angle A$의 이등분선이고 $\overline{AD}$는 $\angle A$의 외각의 이등분선이다. $\triangle AMB$의 넓이가 $9\mathrm{cm}^2$일 때, $\triangle ACD$의 넓이를 구하시오.

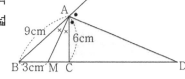

(풀이) $\triangle ABC$에서 $\overline{AM}$은 $\angle A$의 이등분선이므로

$\overline{AB} : \overline{AC} = \overline{BM} : \overline{CM} = 9 : 6 = 3 : 2$ 이다.

$\triangle ABM$과 $\triangle ACM$은 높이가 같으므로 넓이의 비는 밑변의 길이의 비와 같다.

$\triangle ABM : \triangle ACM = 3 : 2$이므로 $3 : 2 = 9 : \triangle ACM$ 이고 $\triangle AMC = 6(\mathrm{cm}^2)$이다.

즉, $\triangle ABC = 9 + 6 = 15(\mathrm{cm}^2)$이다.

또, $\overline{AB} : \overline{AC} = \overline{BD} : \overline{CD} = 9 : 6 = 3 : 2$이므로 $\overline{BC} : \overline{CD} = 1 : 2$ 이다.

$\triangle ABC$과 $\triangle ACD$은 높이가 같으므로 넓이의 비는 밑변의 길이의 비와 같다.

$\triangle ABC : \triangle ACD = 1 : 2$이므로 $1 : 2 = 15 : \triangle ACD$이다. 따라서 $\triangle ACD = 30(\mathrm{cm}^2)$이다.

7.4 평행선 사이의 선분의 길이의 비

[1] 평행선 사이의 선분의 길이의 비

1. 세 개 이상의 평행선이 다른 두 직선과 만날 때, 평행선 사이에 생기는 선분의 길이의 비는 같다.
   ⇨ $l \mathbin{/\mkern-4mu/} m \mathbin{/\mkern-4mu/} n$이면 $a : b = a' : b'$ ($\Leftrightarrow a : a' = b : b'$)

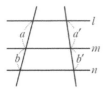 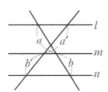

(이해하기!)

1. 오른쪽 그림과 같이 평행한 세 직선 l, m, n과 두 직선 a, b의 교점을 각각
   A, B, C, A′, B′, C′이라 하고, 점 A를 지나고 직선 b에 평행한 직선을 그어
   서 두 직선 m, n과 만나는 점을 각각 D, E라고 하자.
   $\triangle$ACE에서 $\overline{BD} \mathbin{/\mkern-4mu/} \overline{CE}$이므로 $\overline{AB} : \overline{BC} = \overline{AD} : \overline{DE}$ …… ①
   또, $\square$ADB′A′와 $\square$DEC′B′는 모두 평행사변형이므로
   $\overline{AD} = \overline{A'B'}$, $\overline{DE} = \overline{B'C'}$ …… ② 이다.
   따라서, ①, ②에 의하여 $\overline{AB} : \overline{BC} = \overline{A'B'} : \overline{B'C'}$ 이다.

2. 평행선 사이의 선분의 길이의 비 $a : b = a' : b'$ 을 풀면 내항의 곱과 외항의 곱은 같으므로 $a'b = ab'$
   이고 이는 $a : a' = b : b'$ 을 푼 결과와 같으므로 $a : b = a' : b'$과 $a : a' = b : b'$ 은 같은 결과이다. 이
   것을 각각 '같은 직선위의 선분의 길이의 비가 같다' 와 '평행선 사이에 마주보는 선분의 길이
   의 비가 같다' 로 이해하는 것도 좋다.

(깊이보기!)

1. 평행선 사이의 선분의 길이의 비의 역은 성립하지 않는다는 점을 주의하자.
   예를 들어, 오른쪽 그림은 $6 : 10 = 3 : 5$이지만 l, m, n은 서로 평행하지 않다.

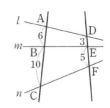

[2] 사다리꼴에서 평행선 사이의 길이의 비

1. 사다리꼴 ABCD에서 $\overline{AD} \mathbin{/\mkern-4mu/} \overline{EF} \mathbin{/\mkern-4mu/} \overline{BC}$이고
   $\overline{AD} = a$, $\overline{BC} = b$, $\overline{AE} = m$, $\overline{EB} = n$ 일 때,
   ⇨ $\overline{EF} = \dfrac{mb + na}{m + n}$

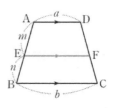

(이해하기!)
[증명1 : 평행사변형 이용]
1. 오른쪽 그림과 같이 점 A를 지나고 $\overline{DC}$에 평행한 선이 $\overline{BC}$와 만나는 점을 Q라고 하자. 이때, □AQCD는 평행사변형이 되므로 $\overline{AD}=\overline{PF}=\overline{QC}=a$ 이다.

$\triangle ABQ$에서 $m:(m+n)=\overline{EP}:(b-a)$이므로 $\overline{EP}\times(m+n)=m(b-a)$ 이고

$\overline{EP}=\dfrac{m(b-a)}{m+n}$ 이다.

따라서 $\overline{EF}=\overline{EP}+\overline{PF}=\dfrac{m(b-a)}{m+n}+a=\dfrac{mb-ma+ma+na}{m+n}=\dfrac{mb+na}{m+n}$ 이다.

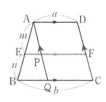

[증명2 : 대각선 이용]
2. 오른쪽 그림에서 평행선 사이의 선분의 길이의 비에 의해 $\overline{AE}:\overline{EB}=\overline{DF}:\overline{FC}=m:n$ 이다.

대각선 AC를 그리면 $\triangle ABC$에서 평행선과 선분의 길이의 비에 의해 $m:m+n=\overline{EP}:b$이고 $\triangle CDA$에서 $n:m+n=\overline{FP}:a$ 이다. 비례식을 각각 풀면

$(m+n)\overline{EP}=mb$ 이므로 $\overline{EP}=\dfrac{mb}{m+n}$ 이고 $(m+n)\overline{FP}=na$ 이므로 $\overline{FP}=\dfrac{na}{m+n}$

이다. 따라서 $\overline{EF}=\overline{EP}+\overline{PF}=\dfrac{mb}{m+n}+\dfrac{na}{m+n}=\dfrac{mb+na}{m+n}$ 이다.

3. 위 정리는 공식을 암기하는 것도 좋지만 공식을 유도하는 과정을 이해해 문제풀이 과정에 적용하는 것이 좋다.

(확인하기!)
1. 오른쪽 그림과 같은 사다리꼴 ABCD에서 $\overline{AD}\,/\!/\,\overline{EF}\,/\!/\,\overline{BC}$일 때, $\overline{EF}$의 길이를 구하시오.

(풀이) 점 A에서 $\overline{DC}$와 평행한 선분을 그려 $\overline{EF}$, $\overline{BC}$와 만나는 점을 각각 P, Q라 하자. $\overline{PF}=\overline{QC}=\overline{AD}=5$, $\overline{BQ}=\overline{BC}-\overline{QC}=7-5=2$이다.
$\triangle ABQ$에서 $\overline{AE}:\overline{AB}=\overline{EP}:\overline{BQ}$이므로

$3:(3+2)=\overline{EP}:2$, $5\overline{EP}=6$이고 $\overline{EP}=\dfrac{6}{5}$이다.

따라서 $\overline{EF}=\overline{EP}+\overline{PF}=\dfrac{6}{5}+5=\dfrac{31}{5}$이다.

(공식을 이용한 풀이) $\overline{EF}=\dfrac{3\times7+2\times5}{3+2}=\dfrac{21+10}{5}=\dfrac{31}{5}$

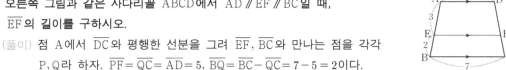

[3] 사다리꼴에서 두 변의 중점을 연결한 선분의 성질

$\overline{AD}\,/\!/\,\overline{BC}$인 사다리꼴 ABCD에서 $\overline{AB}$, $\overline{DC}$의 중점을 각각 M, N이라 하면
1. $\overline{AD}\,/\!/\,\overline{MN}\,/\!/\,\overline{BC}$
2. $\overline{MN}=\dfrac{1}{2}(\overline{AD}+\overline{BC})$
3. $\overline{PQ}=\dfrac{1}{2}(\overline{BC}-\overline{AD})$ (단, $\overline{BC}>\overline{AD}$)

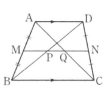

(이해하기!)

1. $\overline{AD} \, / \! / \, \overline{MN} \, / \! / \, \overline{BC}$

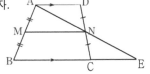

⇨ 오른쪽 그림과 같이 $\overline{AN}$의 연장선과 $\overline{BC}$의 연장선의 교점을 E라 하자.

△AND와 △ENC에서 $\angle AND = \angle ENC$ (∵ 맞꼭지각) ⋯ ①

$\overline{CN} = \overline{DN}$ (∵ N은 $\overline{CD}$의 중점) ⋯ ②

$\angle ADN = \angle ECN$ (∵ $\overline{AD} \, / \! / \, \overline{CE}$, 엇각) ⋯ ③

①, ②, ③에 의하여 △AND ≡ △ENC(ASA합동)이므로 $\overline{AN} = \overline{EN}$이다. 따라서 △ABE에서 '삼각형의 중점연결 정리'에 의해 M, N은 두 변의 중점이므로 $\overline{MN} \, / \! / \, \overline{BC}$이다. 따라서 $\overline{AD} \, / \! / \, \overline{BC}$이므로 $\overline{AD} \, / \! / \, \overline{MN} \, / \! / \, \overline{BC}$이다.

2. $\overline{MN} = \dfrac{1}{2}(\overline{AD} + \overline{BC})$

⇨ 사다리꼴에서 평행선 사이의 선분의 길이의 비에 의해 $\overline{MN} = \dfrac{1 \times \overline{AD} + 1 \times \overline{BC}}{1+1} = \dfrac{1}{2}(\overline{AD} + \overline{BC})$이다.

또는 삼각형의 중점연결 정리에 의해 $\overline{MN} = \overline{MP} + \overline{PN} = \dfrac{1}{2}\overline{AD} + \dfrac{1}{2}\overline{BC} = \dfrac{1}{2}(\overline{AD} + \overline{BC})$ 이다.

3. $\overline{PQ} = \dfrac{1}{2}(\overline{BC} - \overline{AD})$ (단, $\overline{BC} > \overline{AD}$)

⇨ 삼각형의 중점연결 정리에 의해 $\overline{PQ} = \overline{MQ} - \overline{MP} = \dfrac{1}{2}\overline{BC} - \dfrac{1}{2}\overline{AD} = \dfrac{1}{2}(\overline{BC} - \overline{AD})$ 이다.

4. 위 정리는 공식을 암기하는 것도 좋지만 공식을 유도하는 과정을 이해해 문제풀이 과정에 적용하는 것이 좋다.

(확인하기!)

1. 오른쪽 그림과 같은 사다리꼴 ABCD에서 $\overline{AD} \, / \! / \, \overline{EF} \, / \! / \, \overline{BC}$이고 $\overline{AE} : \overline{EB} = 3 : 1$이다. $\overline{AD} = 12$, $\overline{BC} = 16$일 때, $\overline{PQ}$의 길이를 구하시오.

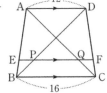

(풀이) $\overline{AE} : \overline{EB} = 3 : 1$이므로 $\overline{AE} : \overline{AB} = 3 : 4$이다. △ABC에서 $\overline{EQ} : \overline{BC} = 3 : 4$

이므로 $3 : 4 = \overline{EQ} : 16$이고 $\overline{EQ} = 12$이다.

$\overline{AE} : \overline{EB} = 3 : 1$이므로 $\overline{BE} : \overline{BA} = 1 : 4$이다. △BAD에서 $\overline{EP} : \overline{AD} = 1 : 4$

이므로 $1 : 4 = \overline{EP} : 12$이고 $\overline{EP} = 3$이다.

따라서, $\overline{PQ} = \overline{EQ} - \overline{EP} = 12 - 3 = 9$이다.

---

[4] 평행선 사이의 선분의 길이의 비의 활용

1. $\overline{AC}$와 $\overline{BD}$의 교점을 E라 할 때, $\overline{AB} \, / \! / \, \overline{EF} \, / \! / \, \overline{DC}$이고 $\overline{AB} = a$, $\overline{CD} = b$ 이면

(1) $\overline{EF} = \dfrac{ab}{a+b}$

(2) $\overline{BF} : \overline{FC} = a : b$

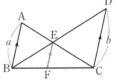

(이해하기!)

1. $\triangle ABE$와 $\triangle CDE$에서 $\angle ABE = \angle CDE$ ($\because$ $\overline{AB} /\!/ \overline{DC}$, 엇각), $\angle AEB = \angle CED$ ($\because$ 맞꼭지각)이므로 $\triangle ABE \backsim \triangle CDE$(AA닮음)이고 닮음비는 $a:b$이다. $\triangle BCD$에서 '삼각형에서 평행선과 선분의 길이의 비(1)'에 의해 $\overline{BE}:\overline{BD} = a:a+b = \overline{EF}:b$ 이다. 따라서 $\overline{EF}(a+b) = ab$ 이고 $\overline{EF} = \dfrac{ab}{a+b}$ 이다.

2. $\triangle ABE \backsim \triangle CDE$(AA닮음)이고 닮음비는 $a:b$이므로 $\overline{BE}:\overline{ED} = a:b$ 이다. 따라서 $\triangle BCD$에서 '삼각형에서 평행선과 선분의 길이의 비(2)'에 의해 $\overline{BF}:\overline{FC} = a:b$ 이다.

3. 위 정리는 공식을 암기하는 것도 좋지만 공식을 유도하는 과정을 이해해 문제풀이 과정에 적용하는 것이 좋다.

(확인하기!)

1. **오른쪽 그림에서 $\overline{AB} /\!/ \overline{EF} /\!/ \overline{DC}$일 때, $\overline{EF}$와 $\overline{BF}$의 길이를 각각 구하시오.**

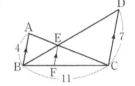

(풀이) (1) $\triangle ABE \backsim \triangle CDE$(AA닮음)이므로 $\overline{AE}:\overline{CE} = \overline{AB}:\overline{CD} = 4:7$

   $\triangle CAB$에서 $\overline{CE}:\overline{CA} = \overline{EF}:\overline{AB}$이므로

   $7:(7+4) = \overline{EF}:4$, $11\overline{EF} = 28$이다.

   따라서 $\overline{EF} = \dfrac{28}{11}$이다.

(2) $\triangle ABE \backsim \triangle CDE$(AA닮음)이므로 $\overline{BE}:\overline{DE} = \overline{AB}:\overline{CD} = 4:7$

   $\triangle BCD$에서 $\overline{BF}:\overline{BC} = \overline{BE}:\overline{BD}$이므로

   $4:(4+7) = \overline{BF}:11$, $11\overline{BF} = 44$이다.

   따라서 $\overline{BF} = \dfrac{44}{11} = 4$이다.

(공식을 이용한 풀이) $\overline{EF} = \dfrac{4 \times 7}{4+7} = \dfrac{28}{11}$ 이다.

   한편, $\overline{BF}:\overline{FC} = 4:7$이므로 $\overline{BF} = \dfrac{4}{11} \times 11 = 4$이다.

7.5 삼각형의 무게중심

[1] 삼각형의 중선

1. **중선** : 삼각형에서 한 꼭짓점과 그 대변의 중점을 이은 선분

2. **삼각형의 중선의 성질**
   : 삼각형의 한 중선은 그 삼각형의 넓이를 이등분한다.

   ⇨ $\overline{AD}$가 △ABC의 중선이면 △ABD = △ACD = $\dfrac{1}{2}$△ABC

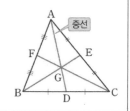

(이해하기!)

1. 세 꼭짓점에서 각각 하나의 중선을 그을 수 있으므로 한 삼각형에는 세 개의 중선이 있다. 중선의 '중(中)' 은 가운데를 의미한다.

2. △ABD와 △ACD는 밑변의 길이와 높이가 같으므로 △ABD = △ACD = $\dfrac{1}{2}$△ABC 이다.

[2] 삼각형의 무게중심

1. **삼각형의 무게중심** : **삼각형의 세 중선의 교점**

2. **삼각형의 무게중심의 성질**
   (1) 삼각형의 세 중선은 한 점(무게중심)에서 만난다.
   (2) 삼각형의 무게중심은 세 중선의 길이를 각 꼭짓점으로부터 각각 2 : 1로
       나눈다.

   ⇨ △ABC의 무게중심을 G라고 하면 $\overline{AG} : \overline{GD} = \overline{BG} : \overline{GE} = \overline{CG} : \overline{GF} = 2 : 1$

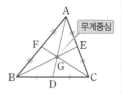

(이해하기!)

1. 삼각형의 무게중심은 세 중선의 길이를 각 꼭짓점으로부터 각각 2 : 1로 나눈다.

   (1) 오른쪽 그림과 같이 △ABC의 두 중선 AD, BE의 교점을 G라고 하자.
       두 점 D, E는 각각 $\overline{BC}, \overline{CA}$의 중점이므로 '삼각형의 중점 연결정리' 에
       의해 $\overline{AB} /\!/ \overline{ED}$, $\overline{AB} : \overline{ED} = 2 : 1$이다.
       따라서 ∠ABG = ∠DEG (∵ $\overline{AB} /\!/ \overline{ED}$, 엇각), ∠AGB = ∠DGE (∵ 맞
       꼭지각)이므로 △GAB∽△GDE(AA닮음)이고 그 닮음비는 2 : 1이다.
       그러므로 $\overline{AG} : \overline{GD} = \overline{BG} : \overline{GE} = 2 : 1$이므로 점 G는 두 중선 AD와 BE를 각 꼭짓점으로부터 그
       길이가 각각 2 : 1이 되도록 나누는 점이다.

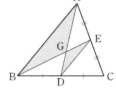

   (2) 같은 방법으로 오른쪽 그림과 같이 △ABC의 두 중선 CF, AD의 교점을 G′이라고 하자. 두 점
       F, D는 각각 $\overline{AB}, \overline{BC}$의 중점이므로 '삼각형의 중점 연결정리' 에 의해 $\overline{FD} /\!/ \overline{AC}$,
       $\overline{AC} : \overline{FD} = 2 : 1$이다. 따라서 ∠ACG′ = ∠DFG′(∵ $\overline{FD} /\!/ \overline{AC}$, 엇각), ∠AG′C = ∠DG′F(∵ 맞꼭지
       각)이므로 △G′AC∽△G′DF(AA닮음)이고 $\overline{AG′} : \overline{G′D} = \overline{CG′} : \overline{G′F} = 2 : 1$이다. 점 G′은 두 중선

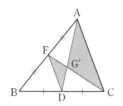

AD와 CF를 각 꼭짓점으로부터 그 길이가 각각 2:1이 되도록 나누는 점이다. 이때, 두 점 G, G'은 모두 중선 AD를 꼭짓점 A로부터 그 길이가 2:1이 되도록 나누는 점이므로 두 점 G와 G'은 동일한 점이다.

따라서 △ABC의 세 중선은 한 점 G에서 만나고, 점 G는 세 중선을 각 꼭짓점으로부터 그 길이가 각각 2:1이 되도록 나눈다.

(깊이보기!)

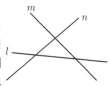

1. 삼각형의 외심과 내심의 성질에서 설명했던 것처럼 삼각형의 세 중선이 한 점에서 만나는 것이 당연하다고 생각하여 앞의 증명과정에서 설명한 세 중선의 교점이 존재함을 보이는 과정의 필요성을 이해하지 못하는 경우가 있다. 평면에서 평행하지 않은 서로 다른 두 직선은 반드시 한 점에서 만나지만 오른쪽 그림과 같이 평행하지 않은 서로 다른 세 직선은 한 점에서 만나지 않을 수도 있다. 따라서 세 직선 중 서로 다른 두 직선을 각각 다르게 골라(⇒ 예를 들어 l과 m, m과 n과 같이 고른다.) 각 경우의 두 직선의 교점이 서로 일치하는지 확인하는 과정이 필요하다. 그렇게 서로 일치하는 두 교점이 세 중선의 교점이 된다.

2. **이등변삼각형의 외심, 내심, 무게중심은 모두 꼭지각의 이등분선위에 있다.**

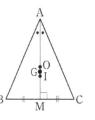

⇨ 오른쪽 그림과 같이 $\overline{AB} = \overline{AC}$인 이등변삼각형 ABC에서 ∠A의 이등분선 $\overline{AM}$은 밑변 $\overline{BC}$를 수직이등분한다. 이때 $\overline{AM}$은 ∠A의 이등분선이므로 세 내각의 이등분선의 교점인 삼각형의 내심은 $\overline{AM}$위에 있다. 또한 $\overline{AM}$은 밑변 $\overline{BC}$를 수직이등분하므로 세 변의 수직이등분선의 교점인 삼각형의 외심은 $\overline{AM}$위에 있다. 마지막으로 $\overline{AM}$은 삼각형의 중선이므로 세 중선의 교점인 무게중심은 $\overline{AM}$위에 있다. 따라서 이등변삼각형의 외심, 내심, 무게중심은 모두 꼭지각의 이등분선위에 있다.

3. **정삼각형의 외심, 내심, 무게중심은 모두 일치한다.**

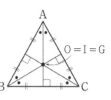

⇨ 정삼각형은 이등변삼각형이므로 세 내각의 이등분선은 대변인 밑변을 수직이등분한다. 즉, 오른쪽 그림과 같이 세 내각의 이등분선은 동시에 세 변의 수직이등분선이고 또한 세 중선이다. 세 내각의 이등분선의 교점은 내심인 동시에 외심이고 또한 무게중심이다. 따라서 정삼각형의 외심, 내심, 무게중심은 모두 일치한다.

---

[3] 삼각형의 무게중심과 넓이

1. **삼각형의 세 중선은 삼각형의 넓이를 6등분한다.**

⇨ $S_1 = S_2 = S_3 = S_4 = S_5 = S_6 = \dfrac{1}{6} \triangle \text{ABC}$

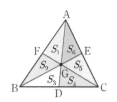

(이해하기!)

1. 오른쪽 그림에서 점 G가 △ABC의 무게중심일 때, △ABD와 △ACD에서

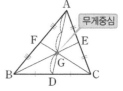

$\overline{BD} = \overline{CD}$ 이고 두 삼각형의 높이가 같으므로 $\triangle ABD = \triangle ACD = \dfrac{1}{2}\triangle ABC$

이다. 그리고 △GAB와 △GBD에서 점 G는 △ABC의 무게중심이므로
$\overline{AG} : \overline{GD} = 2 : 1$ 이고 두 삼각형의 높이는 같으므로 $\triangle GAB = 2\triangle GBD$ 이다.
이때, △GBF와 △GAF에서 $\overline{AF} = \overline{BF}$ 이고 두 삼각형의 높이가 같으므로
$\triangle GBF = \triangle GAF = \triangle GBD$ 이다. 같은 방법으로 $\triangle GAE = \triangle GCE = \triangle GDC$ 이다. 따라서

$\triangle GBD = \triangle GDC$ 이므로 $\triangle GAF = \triangle GBF = \triangle GBD = \triangle GDC = \triangle GAE = \triangle GCE = \dfrac{1}{6}\triangle ABC$ 이다.

---

[4] 평행사변형에서 삼각형의 무게중심의 응용

1. 오른쪽 그림과 같은 평행사변형 ABCD에서

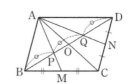

(1) $\overline{BP} = \overline{PQ} = \overline{QD}$

(2) $\triangle ABP = \triangle APQ = \triangle AQD = \dfrac{1}{3}\triangle ABD = \dfrac{1}{6}\square ABCD$

(이해하기!)

1. 평행사변형의 두 대각선은 서로 다른 것을 이등분하므로 $\overline{BO} = \overline{DO}$, $\overline{AO} = \overline{CO}$ 이다. 그러므로 △ABC와 △CDA에서 각각 점 P는 두 중선 $\overline{BO}$ 와 $\overline{AM}$ 의 교점이고 점 Q는 두 중선 $\overline{DO}$ 와 $\overline{AN}$ 의 교점이므로 무게중심이다. 따라서 $\overline{BP} : \overline{PO} = \overline{DQ} : \overline{QO} = 2 : 1$ 이고 $\overline{BO} = \overline{DO}$ 이므로 $\overline{PO} = \overline{QO}$ 이다. 그러므로 $\overline{BP} = \overline{PQ} = \overline{QD}$ 이다.

2. △ABP, △APQ, △AQD는 밑변의 길이와 높이가 각각 같으므로 넓이가 같다.

따라서 $\triangle ABP = \triangle APQ = \triangle AQD = \dfrac{1}{3}\triangle ABD = \dfrac{1}{6}\square ABCD$ 이다.

3. 삼각형의 외심과 내심에서처럼 삼각형의 무게중심을 두 중선의 교점이라고 해도 된다. 왜냐하면 나머지 한 중선이 두 중선의 교점을 지나기 때문이다.

(확인하기!)

1. 오른쪽 그림과 같은 평행사변형 ABCD에서 두 점 E, F는 각각 $\overline{BC}$, $\overline{CD}$ 의 중점이고, 두 점 P, Q는 각각 대각선 BD와 $\overline{AE}$, $\overline{AF}$ 의 교점이다.
$\square ABCD = 72\,cm^2$ 일 때, 색칠한 부분의 넓이를 구하시오.

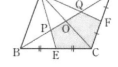

(풀이) $\triangle ABC = \triangle ACD = \dfrac{1}{2}\square ABCD = \dfrac{1}{2} \times 72 = 36\,(cm^2)$

점 P는 △ABC의 무게중심이므로 $\triangle PEC = \triangle POC = \dfrac{1}{6}\triangle ABC = \dfrac{1}{6} \times 36 = 6\,(cm^2)$

점 Q는 △ACD의 무게중심이므로 $\triangle QOC = \triangle QFC = \dfrac{1}{6}\triangle ACD = \dfrac{1}{6} \times 36 = 6\,(cm^2)$

따라서 색칠한 부분의 넓이는 $6 \times 4 = 24\,(cm^2)$ 이다.

8.1 경우의 수

[1] 경우의 수

1. **사건** : 동일한 조건 아래에서 여러 번 반복할 수 있는 **실험**이나 **관찰**을 통해 얻어지는 결과

2. **경우의 수** : 사건이 일어날 수 있는 가짓수

(이해하기!)

1. 사건의 예

   (1) <u>주사위를 던져</u> <u>짝수의 눈이 나온다.</u>
         (실험)   (관찰한 결과-사건)

   (2) <u>동전을 던져</u> <u>앞면이 나온다.</u>
         (실험)   (관찰한 결과-사건)

2. 경우의 수 구하기

   (1) 한 개의 주사위를 던져 짝수의 눈이 나오는 경우는 $2, 4, 6$으로 경우의 수는 3이다.

   (2) 동전 2개를 동시에 던져 서로 같은 면이 나오는 경우는 (앞, 앞), (뒤, 뒤)로 경우의 수는 2이다.

3. 오른쪽 그림과 같은 모양의 '주사위를 던져 짝수의 눈이 나온다' 는 사건이라고 할 수 없다. 이유는 각 눈의 면적이 다르게 때문에 눈이 나올 수 있는 가능성이 '동일한 조건' 이라고 할 수 없기 때문이다.

[2] 사건 A 또는 사건 B 가 일어나는 경우의 수 (합의 법칙)

1. 사건 A와 사건 B가 동시에 일어나지 않을 때, 사건 A가 일어나는 경우의 수가 m이고 사건 B가 일어나는 경우의 수가 n이면

   $\Rightarrow$ (사건 A 또는 사건B가 일어나는 경우의 수) $= m + n$

(이해하기!)

1. 두 사건 A, B가 동시에 일어나지 않는다는 것은 사건 A가 일어나면 사건 B가 일어나지 않고, 사건 B가 일어나면 사건 A가 일어나지 않는다는 의미이다. 이 조건을 만족할 때 합의 법칙을 만족한다.

2. 한 개의 주사위를 던질 때

   (1) 2이하의 눈이 나오는 경우의 수는 2이다.

   (2) 6의 배수의 눈이 나오는 경우의 수는 1이다.

   (3) 2이하의 눈 또는 6의 배수의 눈이 나오는 경우의 수는 $2 + 1 = 3$이다.

   $\Rightarrow$ 이 경우 '2이하의 눈이 나오는 경우' 와 '6의 배수의 눈이 나오는 경우' 는 동시에 일어나지 않기 때문에 합의 법칙을 만족한다.

3. 한 개의 주사위를 던질 때
   (1) 소수의 눈이 나오는 경우의 수는 3이다.
   (2) 6의 약수의 눈이 나오는 경우의 수는 4이다.
   (3) 소수의 눈 또는 6의 약수의 눈이 나오는 경우의 수는 5이다.
   ⇨ 이 경우 소수의 눈 또는 6의 약수의 눈이 나오는 경우는 1, 2, 3, 5, 6으로 경우의 수는 5이다. 각 경우의 수의 합인 $3+4=7$이 아닌 이유는 '소수의 눈이 나오는 경우'와 '6의 약수의 눈이 나오는 경우'가 동시에 일어나는 경우로 2, 3이 있기 때문이다. 이와 같이 두 사건이 동시에 일어나지 않는다는 조건이 없을 경우 합의 법칙을 적용해 경우의 수를 구하면 안 된다.

4. 일반적으로 동시에 일어나지 않는 두 사건에 대하여 '또는', '~이거나'와 같은 표현이 있으면 각 사건이 일어나는 경우의 수를 각각 구해 더한다. 이것을 '합의 법칙'이라고 한다.

---

[3] 사건 A 와 사건 B 가 동시에 일어나는 경우의 수 (곱의 법칙)

1. 사건 A가 일어나는 경우의 수가 m이고 그 각각에 대하여 사건 B가 일어나는 경우의 수가 n이면
   ⇨ (사건 A와 사건 B가 동시에 일어나는 경우의 수) $= m \times n$

(이해하기!)

1. 사건 A와 사건 B가 **동시에** 일어나는 경우는 사건 A가 일어나는 각각의 경우에 대하여 사건 B가 일어나는 경우를 생각해야 하므로 두 사건이 동시에 일어나는 경우의 수는 각 사건이 일어나는 경우의 수의 곱이다.

2. 동전 한 개와 주사위 한 개를 동시에 던질 때
   (1) 동전의 앞면이 나오는 경우의 수는 1이다.
   (2) 주사위의 2의 배수의 눈이 나오는 경우의 수는 3이다.
   (3) 동전의 앞면과 주사위의 2의 배수의 눈이 동시에 나오는 경우의 수는 $1 \times 3 = 3$이다.

3. 일반적으로 '동시에', '그리고', '~고', '~와(과)', '모두(함께)', '짝지어', '연속해서'와 같은 표현이 문제에 있으면 각 사건이 일어나는 경우의 수를 각각 구해 곱한다. 이것을 '곱의 법칙'이라고 한다.

[4] 여러 가지 경우의 수

1. 일렬로 세우는 경우의 수

(1) n명을 일렬로 세우는 경우의 수 ⇨ $n \times (n-1) \times (n-2) \cdots 2 \times 1$

(2) n명 중 2명을 뽑아 일렬로 세우는 경우의 수 ⇨ $n(n-1)$

(3) n명 중 3명을 뽑아 일렬로 세우는 경우의 수 ⇨ $n(n-1)(n-2)$

(4) n명 중 $r(r \leq n)$명을 뽑아 일렬로 세우는 경우의 수 ⇨ $n \times (n-1) \times (n-2) \cdots (n-r+1)$

2. 이웃하여 일렬로 세우는 경우의 수

(1) 이웃하는 대상을 하나로 묶어서 일렬로 세우는 경우의 수를 구한다.

(2) 묶음 안의 이웃하는 대상을 일렬로 세우는 경우의 수를 구한다.

(3) (1)과 (2)에서 각각 구한 경우의 수를 곱한다.

3. 특정한 사람의 자리를 정하여 일렬로 세우는 경우의 수

(1) 자리가 정해진 사람을 먼저 고정한다.

(2) 나머지 사람을 일렬로 세우는 경우의 수를 구한다.

4. 자연수의 개수

(1) 0을 포함하지 않는 경우, 서로 다른 한 자리 숫자가 각각 하나씩 적힌 n장의 카드 중에서

① 2장을 뽑아 만들 수 있는 두 자리 자연수의 개수 ⇨ $n(n-1)$

② 3장을 뽑아 만들 수 있는 세 자리 자연수의 개수 ⇨ $n(n-1)(n-2)$

(2) 0을 포함하는 경우, 서로 다른 한 자리 숫자가 각각 하나씩 적힌 n장의 카드 중에서

① 2장을 뽑아 만들 수 있는 두 자리 자연수의 개수 ⇨ $(n-1)(n-1)$

② 3장을 뽑아 만들 수 있는 세 자리 자연수의 개수 ⇨ $(n-1)(n-1)(n-2)$

⇨ 맨 앞자리수로 0은 될 수 없으므로 맨 앞자리 카드를 뽑는 경우의 수는 $n-1$이다.

5. 대표를 뽑는 경우의 수

(1) 자격이 다른 대표를 뽑는 경우

① n명 중 자격이 다른 대표 2명을 뽑는 경우의 수 ⇨ $n(n-1)$

② n명 중 자격이 다른 대표 3명을 뽑는 경우의 수 ⇨ $n(n-1)(n-2)$

(2) 자격이 같은 대표를 뽑는 경우

① n명 중 자격이 같은 대표 2명을 뽑는 경우의 수 ⇨ $\dfrac{n(n-1)}{2}$

② n명 중 자격이 같은 대표 3명을 뽑는 경우의 수 ⇨ $\dfrac{n(n-1)(n-2)}{3 \times 2 \times 1}$

---

[4] 여러 가지 경우의 수

6. 자격이 같은 대표를 뽑는 경우와 같은 유형의 문제

(1) (n명 중 자격이 같은 대표 2명을 뽑는 경우의 수)

= (n명 중 두 명이 악수하는 경우의 수)

= (n개의 팀 중 두 팀이 시합하는 경우의 수)

= (n개의 점 중 두 점을 이어 선분을 만드는 경우의 수)

⇨ n개의 점 중에서 순서에 상관없이 2개를 뽑는 경우의 수와 같다.

⇨ $\dfrac{n(n-1)}{2}$

(2) (n명 중 자격이 같은 대표 3명을 뽑는 경우의 수)

= (어느 세 점도 한 직선 위에 있지 않은 $n(n \geq 3)$개의 점 중에서 세 점을 연결하여 만들 수 있는 삼각형의 개수)

⇨ n개의 점 중에서 순서에 상관없이 3개를 뽑는 경우의 수와 같다.

⇨ $\dfrac{n(n-1)(n-2)}{3 \times 2 \times 1}$

(이해하기!)

1. 일렬로 세우는 경우의 수

(1) n명을 일렬로 세우는 경우의 수 : $n \times (n-1) \times (n-2) \cdots 2 \times 1$

⇨ 예를 들어, A, B, C 3명을 일렬로 세우는 경우의 수는 $3 \times 2 \times 1 = 6$(가지) 이다. 실제로 $(A{\to}B{\to}C)$, $(A{\to}C{\to}B)$, $(B{\to}A{\to}C)$, $(B{\to}C{\to}A)$, $(C{\to}A{\to}B)$, $(C{\to}B{\to}A)$와 같이 6가지를 구해서 확인할 수 있다.

(2) n명 중 2명을 뽑아 일렬로 세우는 경우의 수 : $n(n-1)$

⇨ 예를 들어, 5명 중 2명을 뽑아 한 줄로 세우는 경우의 수는 $5 \times 4 = 20$(가지) 이다.

(3) n명 중 $r(r \leq n)$명을 뽑아 일렬로 세우는 경우의 수 : $n \times (n-1) \times (n-2) \cdots (n-r+1)$

⇨ 일반화해 공식화 할 수 있다. 예를 들어, 5명 중 3명을 뽑아 한 줄로 세우는 경우의 수는 $5 \times 4 \times (5-3+1) = 5 \times 4 \times 3 = 60$(가지) 이다.

2. 이웃하여 일렬로 세우는 경우의 수

⇨ 예를 들어, A, B, C, D, E, F 6명 중 A, B, C 3명을 이웃하여 세우는 경우의 수를 구해보자.

① A, B, C 3명을 하나로 묶어서 일렬로 세우는 경우의 수는 4명을 일렬로 세우는 경우의 수와 같으므로 $4 \times 3 \times 2 \times 1 = 24$(가지) 이다.

② A, B, C 3명을 일렬로 세우는 경우의 수는 $3 \times 2 \times 1 = 6$(가지) 이다.

③ 따라서 A, B, C 3명을 하나로 묶어서 일렬로 세우는 경우의 수 $24 \times 6 = 144$(가지) 이다.

3. 특정한 사람의 자리를 정하여 일렬로 세우는 경우의 수

⇨ 예를 들어, A, B, C, D, E 5명을 일렬로 자리에 앉힐 때 A 가 첫째 자리, C 가 마지막 자리에 앉는 경우의 수는 A, C 를 제외한 나머지 3명을 일렬로 세워 순서를 정하면 되므로 $3 \times 2 \times 1 = 6$(가지) 이다.

---

4. 자연수의 개수
(1) 0을 포함하지 않는 경우

⇨ 예를 들어, $2, 3, 4, 5, 6$의 숫자가 각각 하나씩 적힌 5장의 카드 중에서 서로 다른 2장을 뽑아 만들 수 있는 두 자리 자연수의 개수는 $5 \times 4 = 20$(가지) 이고 서로 다른 3장을 뽑아 만들 수 있는 세 자리 자연수의 개수는 $5 \times 4 \times 3 = 60$(가지) 이다.

(2) 0을 포함하는 경우

⇨ 예를 들어, $0, 1, 2, 3, 4$의 숫자가 각각 하나씩 적힌 5장의 카드 중에서(0을 포함하는 경우) 서로 다른 2장을 뽑아 만들 수 있는 두 자리 자연수의 개수는 $4 \times 4 = 16$(가지) 이고 서로 다른 3장을 뽑아 만들 수 있는 세 자리 자연수의 개수는 $4 \times 4 \times 3 = 48$(가지) 이다.

⇨ 맨 앞자리 수로 0을 뽑을 수 없으므로 맨 앞자리 카드를 뽑는 경우의 수는 $5 - 1 = 4$이다. 그 다음 자리부터는 0을 사용할 수 있으므로 두 번째 자리 카드를 뽑는 경우의 수는 다시 4이다.

5. 대표를 뽑는 경우의 수
(1) 자격이 다른 대표를 뽑는 경우

⇨ 예를 들어, 네 명의 후보 A, B, C, D 중에서 대표를 뽑을 때, 회장 1명, 부회장 1명을 뽑는 경우의 수는 $4 \times 3 = 12$(가지) 이다.

(2) 자격이 같은 대표를 뽑는 경우

① 예를 들어, 네 명의 후보 A, B, C, D 중에서 대표를 뽑을 때, 대표 2명을 뽑는 경우의 수는 $\dfrac{4 \times 3}{2} = 6$(가지) 이다. 자격이 같기 때문에 A를 뽑고 B를 뽑는 경우와 B를 뽑고 A를 뽑는 경우가 같다. 즉, $(A, B), (B, A)$ 2가지가 중복되어 같은 경우이다. 따라서 중복된 2가지가 1가지 경우가 되므로 2로 나누어준다.

② 예를 들어, 다섯 명의 후보 A, B, C, D, E 중에서 대표를 뽑을 때, 대표 3명을 뽑는 경우의 수는 $\dfrac{5 \times 4 \times 3}{6} = 10$(가지) 이다. 자격이 같기 때문에 대표 3명을 뽑는 순서는 상관없다. 따라서 $(A, B, C), (A, C, B), (B, A, C), (B, C, A), (C, A, B), (C, B, A)$ 6가지가 중복되어 같은 경우이다. 그러므로 중복된 6가지가 1가지 경우가 되므로 6으로 나누어 준다.

(3) 고등학교 과정에서 자격이 다른 대표를 뽑는 경우를 '순열', 자격이 같은 대표를 뽑는 경우를 '조합' 이라고 한다. 두 경우의 차이는 '순서가 있느냐 없느냐' 이다.

6. 자격이 같은 대표를 뽑는 경우와 같은 유형의 문제
(1) (n명 중 자격이 같은 대표 2명을 뽑는 경우의 수)

= (n명 중 2명이 악수하는 경우의 수)

= (n개의 팀 중 2팀이 시합하는 경우의 수)

= (n개의 점 중 2개의 점을 이어 선분을 만드는 경우의 수)

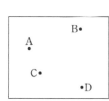

⇨ 예를 들어, 오른쪽 그림에서 A, B, C, D를 사람으로 생각해 서로 악수하는 경우의 수

= 오른쪽 그림에서 A, B, C, D 를 팀으로 생각해 시합하는 경우의 수

= 오른쪽 그림에서 A, B, C, D 를 점으로 생각한 선분의 수

= $\dfrac{4 \times 3}{2} = 6$(가지)

(2) (n명 중 자격이 같은 대표 3명을 뽑는 경우의 수)

= 어느 세 점도 한 직선 위에 있지 않은 $n(n \geq 3)$개의 점 중에서 세 점을 연결하여 만들 수 있는 삼각형의 개수

= n개의 점 중에서 순서에 상관없이 3개를 뽑는 경우의 수

⇨ 예를 들어, 위쪽 그림과 같은 네 개의 점 A, B, C, D 중 세 점을 연결하여 만들 수 있는 삼각형의 개수는 $\dfrac{4 \times 3 \times 2}{6} = 4$(가지) 이다.

(확인하기!)

1. 준호는 국어, 영어, 수학, 사회, 과학 5권의 교과서를 책꽂이에 꽂으려고 한다. 이 교과서 5권을 책꽂이에 꽂는 방법은 모두 몇 가지 인지 구하시오.

   (풀이) 5권의 교과서를 한 줄로 나열하는 경우의 수와 같으므로 $5 \times 4 \times 3 \times 2 \times 1 = 120$(가지)

2. 사과, 배, 딸기, 포도, 수박 중에서 3가지를 골라 A, B, C 세 사람에게 한 가지씩 줄 때, 나누어 줄 수 있는 모든 경우의 수를 구하시오.

   (풀이) 5가지 과일 중에서 3가지를 골라 한 줄로 나열하는 경우의 수와 같으므로 $5 \times 4 \times 3 = 60$(가지)

3. 남학생 3명, 여학생 3명을 한 줄로 세울 때 남학생은 남학생끼리, 여학생은 여학생끼리 이웃하여 서는 경우의 수를 구하시오.

   (풀이) 남학생 3명과 여학생 3명을 각각 하나로 묶어서 생각하면 2명을 한 줄로 세우는 경우의 수는 $2 \times 1 = 2$(가지)이고 남학생 3명끼리, 여학생 3명끼리 자리를 바꾸어 한 줄로 서는 경우의 수는 각각 $3 \times 2 \times 1 = 6$(가지) 이므로 구하는 경우의 수는 $2 \times 6 \times 6 = 72$(가지)

4. 부모님과 3명의 자녀가 나란히 서서 사진을 찍으려고 한다. 이때, 부모님이 양 끝에 서는 경우의 수를 구하시오.

   (풀이) 부모님을 제외한 3명을 나란히 세우는 경우의 수는 $3 \times 2 \times 1 = 6$(가지), 부모님을 양 끝에 세우는 경우의 수는 $2 \times 1 = 2$(가지)이므로 구하는 경우의 수는 $6 \times 2 = 12$(가지)

5. $0, 1, 2, 3, 4, 5$의 6개의 숫자가 적힌 카드 중에서 3장을 골라 만들 수 있는 세 자리 정수의 개수를 구하시오.

   (풀이) 백의 자리에 올 수 있는 숫자는 5개 (⇒ 0을 제외)
   십의 자리에 올 수 있는 숫자는 5개 (⇒ 0을 포함, 백의 자리에서 사용한 수 제외)
   일의 자리에 올 수 있는 숫자는 4개 (⇒ 백의 자리, 십의 자리에서 사용한 수 제외)
   따라서 만들 수 있는 세 자리 정수의 개수는 $5 \times 5 \times 4 = 100$(가지)

6. 어느 축구대회에 참가한 5개 팀 중 우승 1팀, 준우승 1팀이 결정되는 경우의 수를 구하시오.

   (풀이) 5명 중에서 자격이 다른 대표 2명을 뽑는 경우의 수와 같으므로 $5 \times 4 = 20$(가지)

7. 미술반 학생 9명이 서로 빠짐없이 한 번씩 악수를 할 때, 악수를 하는 총 횟수를 구하시오.

   (풀이) 9명 중에서 악수를 할 2명을 뽑는 경우의 수와 같으므로 $\dfrac{9 \times 8}{2} = 36$(번)

8.2 확률의 뜻

[1] 확률

1. **확률** : 어떤 사건이 일어날 가능성을 수로 나타낸 것
   ⇨ 동일한 조건에서 실험이나 관찰을 여러 번 반복할 때, 반복 횟수가 많아짐에 따라 어떤 사건 A가 일어나는 상대도수가 일정한 값에 가까워지면 이 일정한 값을 사건 A가 일어날 확률이라 한다.

(이해하기!)

1. 상대도수$= \dfrac{(계급의\ 도수)}{(도수의\ 총합)} = \dfrac{f}{n}$

2. 한 개의 동전을 $200, 400, 600, 800, 1000$회 던지는 실험을 세 번 반복하여 앞면이 나온 횟수의 상대도수를 나타낸 그래프가 아래와 같다. 그래프에서 동전을 던진 횟수가 많아질수록 앞면이 나온 횟수의 상대도수는 일정한 값 0.5로 다가감을 알 수 있다. 이때, 상대도수가 다가가는 값 0.5를 동전의 앞면이 나오는 사건이 일어날 '확률'이라고 한다. 그리고 이렇게 구한 값은 각 경우가 일어날 가능성이 같은 어떤 실험이나 관찰에서 일어날 수 있는 모든 경우의 수에 대한 사건이 일어나는 경우의 수의 비율과 같다.

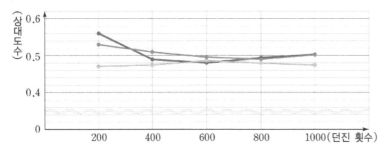

[2] 확률 구하기

1. **사건 A가 일어날 확률**
   : 어떤 실험이나 관찰에서 일어나는 모든 경우의 수가 n이고 각 경우가 일어날 가능성이 모두 같을 때, 사건 A가 일어나는 경우의 수가 a이면 사건 A가 일어날 확률 p는

   $$p = \dfrac{(사건\ A가\ 일어나는\ 경우의\ 수)}{(일어나는\ 모든\ 경우의\ 수)} = \dfrac{a}{n}$$

(이해하기!)

1. 통계적 확률(경험적 확률)과 수학적 확률
   (1) **통계적 확률(경험적 확률)**
   ⇨ 일정한 조건에서 n회의 시행을 반복하여 어떤 사건 A가 a번 일어났다고 할 때, n을 충분히 크게 하면 상대도수 $\dfrac{a}{n}$가 일정한 값 p에 점점 가까워지는데, 이 값 p를 사건 A의 통계적 확률(경험적 확률)이라고 한다. 앞의 [1]에서의 확률을 의미한다.

(2) 수학적 확률

⇨ 사건이 일어나는 모든 경우의 수가 n이고, 어느 두 경우도 동시에 일어나지 않고 각 경우가 일어날 가능성이 같다고 할 때, 사건 A가 일어나는 경우의 수가 a이면 사건 A가 일어날 수학적 확률 p는 $\dfrac{a}{n}$이다. 앞의 [2]에서의 확률을 의미한다.

(3) 시행 횟수가 많아질수록 통계적 확률(경험적 확률)은 수학적 확률에 가까워진다. 시행 횟수가 많아질수록 상대도수 값이 경우의 수의 비율 값에 가까워진다. 위 경우와 같이 동전을 천 번씩 던져 앞면이 나올 확률값을 상대도수로 구하는 활동은 현실적으로 어려움이 있다. 따라서 앞으로 실험이나 관찰을 통해 상대도수가 다가가는 일정한 값으로 확률값을 구하기보다는 경우의 수의 비율 값으로 확률값을 구한다. 즉 우리가 일반적으로 말하는 확률이란 수학적 확률을 의미한다.

2. 경우의 수의 비율로 구한 동전의 앞면이 나올 확률이 $\dfrac{1}{2}$이라는 것은 동전을 10번 던지면 앞면이 반드시 총 던진 횟수의 $\dfrac{1}{2}$인 5번이 나온다는 것이 아니라, 던진 횟수의 약 50% 또는 $\dfrac{1}{2}$에 해당하는 정도는 앞면이 나올 것이라고 기대할 수 있다는 의미임을 주의하자.

3. 확률을 뜻하는 영어 단어 probability의 첫 글자 p를 확률로 나타낸다.

8.3 확률의 성질

---

[1] 확률의 성질

1. 어떤 사건이 일어날 확률을 p라고 하면 $0 \leq p \leq 1$ 이다.
2. 절대로 일어나지 않는 사건의 확률은 0이다. ⇨ 불가능한 경우!
3. 반드시 일어나는 사건의 확률은 1이다.

(이해하기!)

1. 서로 다른 두 개의 주사위를 동시에 던질 때,
   (1) 나오는 두 눈의 수의 합이 6일 확률
      ⇨ 서로 다른 두 개의 주사위를 동시에 던질 때 나오는 모든 경우의 수는 $6 \times 6 = 36$이고 두 눈의 수의 합이 6인 경우는 $(1,5), (2,4), (3,3), (4,2), (5,1)$로 5가지 이므로 구하는 확률 $p = \dfrac{5}{36}$ 이다.
   (2) 나오는 두 눈의 수의 합이 1일 확률
      ⇨ 두 눈의 수의 합이 1인 경우는 없으므로 불가능한 경우로 구하는 확률 $p = 0$이다.
   (3) 나오는 두 눈의 수의 합이 2이상일 확률
      ⇨ 두 개의 주사위를 던질 때 두 눈의 수의 합은 반드시 2이상이므로 구하는 확률 $p = 1$이다.

---

[2] 어떤 사건이 일어나지 않을 확률

1. 사건 A가 일어날 확률을 p일 때,
   ⇨ 사건 A가 일어나지 않을 확률 $= 1 - p$

(이해하기!)

1. 사건 A가 일어날 확률이 $\dfrac{2}{3}$이면 사건 A가 일어나지 않을 확률은 $1 - \dfrac{2}{3} = \dfrac{1}{3}$이다.

2. '적어도 ~일', '적어도 한 개' 와 같은 '적어도' 라는 단어가 나오는 확률문제에서 활용한다.
   (1) '적어도 한 개' 는 '한 개 이상' 을 의미한다. 이런 경우에는 사건의 경우의 수가 많기 때문에 어떤 사건이 일어나지 않는 경우의 확률을 이용하여 문제를 푸는 것이 편리하다.
   (2) 주사위 2개를 동시에 던질 때, 적어도 1개는 짝수의 눈이 나올 확률
      ⇨ $1 - (2$개 모두 홀수의 눈이 나올 확률$) = 1 - \dfrac{9}{36} = \dfrac{3}{4}$
   (3) 동전 3개를 동시에 던질 때, 적어도 1개는 앞면이 나올 확률
      ⇨ $1 - (3$개 모두 뒷면이 나올 확률$) = 1 - \dfrac{1}{8} = \dfrac{7}{8}$
   (4) 남학생 3명, 여학생 2명 중에서 2명의 대표를 뽑을 때, 적어도 1명은 남학생이 뽑힐 확률
      ⇨ $1 - (2$명의 대표 모두 여학생일 확률$) = 1 - \dfrac{1}{10} = \dfrac{9}{10}$

8.4 확률의 계산

[1] 사건 A 또는 사건 B가 일어날 확률 (합의 법칙)

1. 두 사건 A, B가 동시에 일어나지 않을 때, 사건 A가 일어날 확률을 p, 사건 B가 일어날 확률을 q라 하면
   ⇨ (사건 A 또는 사건 B가 일어날 확률) $= p + q$

(이해하기!)

1. 한 개의 주사위를 던질 때, 2의 배수의 눈 또는 1이하의 눈이 나올 확률
   (1) 확률의 계산을 이용한다.
      ⇨ 2의 배수의 눈이 나올 확률 $p = \dfrac{1}{2}$이고 1이하의 눈이 나올 확률 $p = \dfrac{1}{6}$이므로

      2의 배수의 눈 또는 1이하의 눈이 나올 확률 $= \dfrac{1}{2} + \dfrac{1}{6} = \dfrac{2}{3}$ 이다.

   (2) 경우의 수의 계산을 이용한다.
      ⇨ 2의 배수의 눈이 나오는 경우의 수는 3가지, 1이하의 눈이 나오는 경우의 수는 1가지 이므로
      2의 배의 눈 또는 1이하의 눈이 나올 확률

      $$p = \frac{(\text{사건 } A \text{ 또는 사건 } B\text{가 일어나는 경우의 수})}{(\text{모든 경우의 수})} = \frac{3+1}{6} = \frac{4}{6} = \frac{2}{3}$$

2. 사건 A 또는 사건 B가 일어날 확률을 구할 때, 무조건 각 사건의 확률을 더하는 것은 아님을 주의하자. 사건 A 또는 사건 B가 일어날 확률이 각 사건이 일어날 확률의 합과 같은 경우는 두 사건 A, B가 동시에 일어나지 않을 경우이다.

   (1) 예를 들어, 주사위 한 개를 던질 때, 나온 눈의 수가 홀수 또는 3의 배수일 확률을 구해보자.
      ⇨ 주사위 눈이 홀수인 경우는 $1, 3, 5$의 3가지 이므로 확률 $p = \dfrac{3}{6} = \dfrac{1}{2}$이고 주사위 눈이 3의 배수인 경우는 $3, 6$의 2가지 이므로 확률 $p = \dfrac{2}{6} = \dfrac{1}{3}$이다. 이때, 두 확률값의 합을 구하면
      $\dfrac{1}{2} + \dfrac{1}{3} = \dfrac{5}{6}$ 이다. 그런데 주사위 눈이 홀수 또는 3의 배수인 경우는 $1, 3, 5, 6$의 4가지 이므로
      확률 $p = \dfrac{4}{6} = \dfrac{2}{3}$이다. 즉, $\dfrac{1}{2} + \dfrac{1}{3} \neq \dfrac{2}{3}$이므로 각 사건의 확률의 합과 같지 않다.

   (2) 이는 두 사건이 동시에 일어나는 경우(⇒ 주사위 눈이 3인 경우는 홀수인 동시에 3의 배수인 경우)가 있기 때문이다. 즉, 동시에 일어나는 경우가 있으면 확률의 계산 법칙(합의 법칙)을 사용해 문제를 해결하면 안된다.

3. 일반적으로 동시에 일어나지 않는 두 사건에 대하여 '또는', '~이거나' 와 같은 표현이 있으면 각 사건이 일어날 확률을 더한다. 이것을 '합의 법칙' 이라고 한다.

[2] 사건 A와 사건 B가 동시에 일어날 확률 (곱의 법칙)

1. 두 사건 A, B가 서로 영향을 끼치지 않을 때, 사건 A가 일어날 확률을 p, 사건 B가 일어날 확률을 q라 하면
   ⇨ (사건 A 와 사건 B가 동시에 일어날 확률) $= p \times q$

(이해하기!)

1. 동전 1개와 주사위 1을 동시에 던질 때, 동전은 앞면, 주사위는 2의 배수의 눈이 나올 확률
  (1) 확률의 계산을 이용한다.

   ⇨ 동전의 앞면이 나올 확률 $p = \dfrac{1}{2}$이고 주사위의 눈이 2의 배수일 확률 $p = \dfrac{3}{6} = \dfrac{1}{2}$이므로

   동전은 앞면, 주사위는 2의 배수의 눈이 나올 확률 $p = \dfrac{1}{2} \times \dfrac{1}{2} = \dfrac{1}{4}$이다.

  (2) 경우의 수를 이용한다.

   ⇨ 동전의 앞면이 경우의 수는 1가지, 주사위의 눈이 2의 배수인 경우의 수는 3가지 이므로
   동전은 앞면, 주사위는 2의 배수의 눈이 나올 확률

   $$p = \frac{(\text{사건 } A\text{와 사건 } B\text{가 동시에 일어나는 경우의 수})}{(\text{모든 경우의 수})} = \frac{1 \times 3}{2 \times 6} = \frac{3}{12} = \frac{1}{4}$$

2. 두 사건 A, B가 서로 영향을 끼치지 않을 때, 두 사건을 독립사건 이라고 한다. 두 사건 A, B가 서로 독립일 때에만 두 사건이 동시에 일어날 확률이 각 사건의 확률의 곱과 같다.

3. 일반적으로 '동시에', '그리고', '~고', '~와(과)', '모두(함께)', '짝지어', '연속해서' 와 같은 표현이 있으면 각 사건의 확률을 곱한다. 이것을 '곱의 법칙' 이라고 한다.

┌─ **[3] 연속하여 뽑는 경우의 확률** ─────────────────────┐

1. 꺼낸 것을 다시 넣는 경우
 ⇨ 처음에 꺼낼 때와 나중에 꺼낼 때의 조건이 같으므로 처음 사건과 나중 사건의 확률이 같다.

2. 꺼낸 것을 다시 넣지 않는 경우
 ⇨ 처음에 꺼낼 때와 나중에 꺼낼 때의 조건이 다르므로 처음 사건과 나중 사건의 확률이 다르다.

└──┘

(이해하기!)

1. 꺼낸 것을 다시 넣는 경우
  (1) 흰공 6개와 검은공 4개가 들어있는 주머니에서 1개의 공을 꺼내어 색을 확인한 후 다시 넣고, 연속해서 한 개의 공을 꺼낼 때, 2개 모두 흰공일 확률을 구해보자.

   ⇨ 첫 번째 공이 흰 공일 확률 $p = \dfrac{6}{10} = \dfrac{3}{5}$이고 두 번째 공이 흰 공일 확률 $p = \dfrac{6}{10} = \dfrac{3}{5}$이다.

   따라서 2개 모두 흰 공일 확률 $p = \dfrac{3}{5} \times \dfrac{3}{5} = \dfrac{9}{25}$이다.

2. 꺼낸 것을 다시 넣지 않는 경우
  (1) 흰공 6개와 검은공 4개가 들어있는 주머니에서 1개의 공을 꺼내어 색을 확인한 후 다시 넣지 않고, 연속해서 한 개의 공을 꺼낼 때, 2개 모두 흰공일 확률을 구해보자.

   ⇨ 첫 번째 공이 흰 공일 확률 $p = \dfrac{6}{10} = \dfrac{3}{5}$이고 두 번째 공이 흰 공일 확률 $p = \dfrac{5}{9}$($\because$ 주머니에서 흰공 1개가 줄어들었다)이다.

   따라서, 2개 모두 흰 공일 확률 $p = \dfrac{3}{5} \times \dfrac{5}{9} = \dfrac{1}{3}$이다.

3학년
개념노트

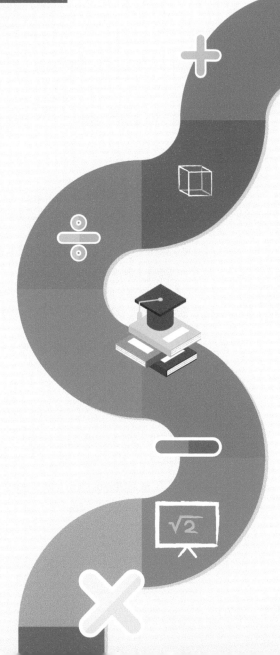

1.1 제곱근의 뜻

[1] 제곱근의 뜻

1. 어떤 수 x를 제곱하면 $a(a \geq 0)$가 될 때, x를 a의 제곱근이라 한다.
   $\Rightarrow$ 제곱하여 a가 되는 수
   $\Rightarrow$ $x^2 = a$를 만족하는 x의 값

(이해하기!)

1. 양수의 제곱근은 양수와 음수 2개가 있고, 그 절댓값은 서로 같다.
   $\Rightarrow$ $3^2 = 9$, $(-3)^2 = 9$ 이므로 $3, -3$은 9의 제곱근이다.

2. 제곱하면 음수가 되는 수는 없으므로 음수의 제곱근은 생각하지 않는다.

3. 제곱해서 0이 되는 수는 0뿐이므로 0의 제곱근은 0 하나뿐이다.

4. 제곱근의 개수에 따른 분류 $\begin{cases} \text{양수의 제곱근 : 2개} \\ \text{0의 제곱근 : 1개} \\ \text{음수의 제곱근 : 0개 (없다)} \end{cases}$

(깊이보기!)

1. 제곱근이라는 용어
   $\Rightarrow$ $x^2 = a$에서 a를 좌변으로 이항하면 $x^2 - a = 0$과 같은 이차방정식이 된다. 따라서 방정식을 만족하는 x값을 근이라고 하는데 제곱하여 얻은 근이므로 제곱근이라고 생각하면 된다.

2. 0을 제외한 모든 양수 a의 제곱근이 2개인 이유
   $\Rightarrow$ $x^2 = a$에서 a를 좌변으로 이항하면 $x^2 - a = 0$과 같은 이차방정식이 된다. 이때, 대수학의 기본정리('n차 방정식의 해의 개수는 n개다.')에 의해 이차방정식의 해는 2개이므로 $x^2 - a = 0$을 만족하는 x의 값은 2개다. 따라서, 0을 제외한 모든 양수 a의 제곱근은 2개다.

3. $a \geq 0$ 조건은 어떤 수 x의 범위를 복소수(허수)까지 확장할 경우(고교과정) 필요 없다. 고교과정에서 제곱하면 음수가 되는 수인 허수를 다루므로 고교과정에서는 음수의 제곱근도 다룬다.

[2] 제곱근의 표현

1. 양수 a의 제곱근은 양수와 음수 2개가 있다. 이때, 양수인 것을 양의 제곱근, 음수인 것을 음의 제곱근이라 하고 양의 제곱근을 $\sqrt{a}$, 음의 제곱근을 $-\sqrt{a}$로 나타낸다.

2. $\sqrt{a}$와 $-\sqrt{a}$를 한꺼번에 $\pm\sqrt{a}$로 나타내기도 한다. 이때, 기호 $\sqrt{}$를 근호 라고 한다.
   $\Rightarrow$ $x^2 = a(a > 0) \Leftrightarrow x = \pm\sqrt{a}$

(이해하기!)

1. $\pm\sqrt{a}$는 ' $+\sqrt{a}$이고 $-\sqrt{a}$ ' 를 뜻하는 것이 아니라 ' $+\sqrt{a}$ 또는 $-\sqrt{a}$ ' 를 뜻한다.

2. 제곱근은 $\sqrt{}$ (근호)를 사용하여 나타내고 **'제곱근'** 또는 **'root'** 라고 읽는다. 즉, 양수 a의 제곱근은 $\sqrt{a}$ 로 나타내고 $\sqrt{a}$ 를 '제곱근 a' 또는 '루트 a' 로 읽는다.

3. a의 제곱근과 제곱근 a의 차이
  (1) a의 제곱근은 $\pm\sqrt{a}$ 이고, 제곱근 a는 $\sqrt{a}$ 이다. 즉 a의 제곱근은 2개 이고 제곱근 a는 1개다.
  (2) 단, $a = 0$일 때, 0의 제곱근은 0 하나뿐이므로 a의 제곱근과 제곱근 a는 같다.

4. $\sqrt{}$ (근호)의 필요성
  (1) $1, 4, 9, 16, \cdots$ 과 같이 자연수의 제곱인 수를 제곱수라고 한다.
  (2) 근호안의 수가 제곱수이면 근호를 사용하지 않고 제곱근을 구할 수 있다.
  (3) 제곱수가 아닌 3이나 5와 같은 수의 제곱근은 유리수 범위에서 찾을 수 없다. 즉, $x^2 = 3$, $x^2 = 5$와 같은 식을 만족하는 유리수 x값은 존재하지 않는다. 그러므로 제곱하여 3이나 5가 되는 수인 3의 제곱근이나 5의 제곱근을 나타내는 방법이 필요하다. 이 과정에서 $\sqrt{}$ (근호)를 사용해 제곱근을 표현한다.

(깊이보기!)

1. $\sqrt{}$ 는 뿌리(root, 根)를 의미하는 라틴어 radix의 첫 글자인 r을 변형하여 만든 기호이다.

2. 고교과정에서 제곱하여 -1이 되는 새로운 수 $= i$(허수단위) 로 나타낸다.
  (1) $i^2 = -1$ (단, $i = \sqrt{-1}$)
  (2) $x^2 + 1 = 0$, $x^2 = -1$ 의 근 $\Rightarrow x = \sqrt{-1} = i$ 또는 $x = -\sqrt{-1} = -i$

3. 음수의 제곱근 (고교과정)
  : 임의의 양수 a에 대하여
  (1) $\sqrt{-a} = \sqrt{a}\,i$ (정의)
  (2) $-a$의 제곱근은 $\pm\sqrt{a}\,i$이다.
      따라서, $a > 0$일 때, $-a$의 제곱근은 $\pm\sqrt{-a} = \pm\sqrt{a}\,i$
      이 정의에 의하여 a가 양수, 0, 음수인 것에 관계없이 a의 제곱근은 $\pm\sqrt{a}$이다.

1.2 제곱근의 성질과 대소 관계

---

[1] 제곱근의 성질

$a > 0$일 때

1. $a > 0$일 때

(1) $(\sqrt{a})^2 = a$, $(-\sqrt{a})^2 = a$

(2) $\sqrt{a^2} = a$, $\sqrt{(-a)^2} = a$

2. $\sqrt{a^2} = |a| = \begin{cases} a \ (a \geq 0) \\ -a \ (a < 0) \end{cases}$

(이해하기!)

1. $a > 0$일 때

(1) $(\sqrt{a})^2 = a$, $(-\sqrt{a})^2 = a$

⇨ $x^2 = a(a > 0)$일 때, $x = \pm\sqrt{a}$라는 제곱근의 정의에 의해 당연하다.

(2) $\sqrt{a^2} = a$, $\sqrt{(-a)^2} = a$

⇨ 양수 a에 대해 제곱해서 a^2이 되는 수는 a이고 a^2의 양의 제곱근은 $\sqrt{a^2}$이므로 $\sqrt{a^2} = a$

⇨ $\sqrt{(-a)^2} = \sqrt{a^2} = a$

2. $\sqrt{a^2} = |a| = \begin{cases} a \ (a \geq 0) \\ -a \ (a < 0) \end{cases}$

⇨ $\sqrt{a^2}$은 제곱해서 a^2이 되는 양수이므로 $\sqrt{a^2} = |a|$ 이다.

⇨ '$a > 0$' 라는 조건이 없을 경우 a값의 부호가 $a \geq 0$ 또는 $a < 0$에 따라 값이 달라진다.

① $a \geq 0$인 경우 : $a = 5$이면, $\sqrt{5^2} = 5$

② $a < 0$인 경우 : $a = -5$이면, $\sqrt{(-5)^2} = \sqrt{5^2} = 5$인데 $5 = -(-5)$이므로 a가 음수인 경우 a에 '$-$' 부호를 붙인 결과와 같다. $a < 0$일 때, $\sqrt{a^2} = -a$임을 주의하자.

(깊이보기!)

1. $a = -5$일 때, $\sqrt{(-5)^2} = 5 \neq -5$, $\sqrt{\{-(-5)\}^2} = \sqrt{(-5)^2} = 5 \neq -5$ 이므로 음수 a에 대해 위 성질 1-(2)는 성립하지 않는다. '$a > 0$일 때' 라는 조건을 기억하자.

(확인하기!)

1. $0 < a < 2$일 때, $\sqrt{a^2} + \sqrt{(a-2)^2}$ 를 계산하시오.

(풀이) $0 < a < 2$일 때, $a > 0, a - 2 < 0$이므로 $\sqrt{a^2} + \sqrt{(a-2)^2} = a - (a-2) = 2$ 이다.

[2] 제곱근이 자연수가 될 조건

1. $\sqrt{Ax}$, $\sqrt{\dfrac{A}{x}}$ (A는 자연수)가 자연수가 되도록 하는 자연수 x의 값 구하기

   (1) A를 소인수분해한다.

   (2) 소인수의 지수가 모두 짝수가 되도록 하는 자연수 x의 값을 구한다.

2. $\sqrt{A+x}$ 또는 $\sqrt{A-x}$ (A는 자연수)가 자연수가 되도록 하는 자연수 x의 값 구하기

   ⇨ $A+x =$ 'A보다 큰 (자연수)^2' 또는 $A-x =$ 'A보다 작은 (자연수)^2' 이 되는 자연수 x의 값을 구한다.

(이해하기!)

1. 근호를 사용하여 나타낸 수가 자연수가 되려면 근호 안의 수가 제곱수이어야 한다. 그런데 $1, 4, 9, 16, 25, \cdots$와 같은 제곱수들을 각각 소인수분해하면 $1 = 1^2, 4 = 2^2, 9 = 3^2, 16 = 2^4, 25 = 5^2, \cdots$ 과 같이 각 소인수의 지수가 모두 짝수이다. 즉, 근호 안의 자연수를 소인수분해 하였을 때, 각 소인수의 지수가 모두 짝수이어야 그 수가 제곱수가 된다. 따라서, 근호 안의 자연수를 소인수분해 하였을 때, 곱하거나 나누어서 각 소인수의 지수가 모두 짝수가 되도록 하는 자연수 x의 값을 구하는 것이다.

2. $\sqrt{Ax}$, $\sqrt{\dfrac{A}{x}}$ 가 자연수가 되려면 Ax의 소인수의 지수가 모두 짝수가 되어야 하므로 x의 값은 A의 소인수 중에서 지수가 홀수인 수들의 곱이다.

   ⇨ (예) $\sqrt{18x}$ 가 자연수가 되기 위한 가장 작은 자연수 x의 값은 $18 = 2 \times 3^2$이므로 $x = 2$이다.

   ⇨ (예) $\sqrt{\dfrac{12}{x}}$ 가 자연수가 되기 위한 가장 작은 자연수 x의 값은 $12 = 2^2 \times 3$이므로 $x = 3$이다.

(확인하기!)

1. $\sqrt{48a}$ 가 정수가 되도록 하는 자연수 a의 값 중에서 가장 작은 수를 구하시오.

   (풀이) $\sqrt{A}$ 가 정수가 되려면 A는 제곱수가 되어야 한다. $48a = 2^4 \times 3 \times a$이므로 $48a$가 제곱수이려면 $a = 3 \times$(자연수)^{2}의 꼴이 되어야 한다. 따라서, 가장 작은 자연수 $a = 3$ 이다.

2. $\sqrt{\dfrac{450}{x}}$ 이 자연수가 되도록 하는 가장 작은 자연수를 구하시오.

   (풀이) $\dfrac{450}{x} = \dfrac{2 \times 3^2 \times 5^2}{x}$이므로 $\sqrt{\dfrac{450}{x}}$ 이 자연수가 되려면 x는 450의 약수이면서 $2 \times$(자연수)^{2}의 꼴이 되어야 한다. 따라서, 가장 작은 자연수 $x = 2$ 이다.

3. $\sqrt{26-x}$ 가 자연수가 되도록 하는 자연수 x의 값 중 **최댓값**을 a, **최솟값**을 b라 할 때, $a+b$의 값을 구하시오.

   (풀이) $\sqrt{26-x}$ 가 자연수가 되려면 $26-x$가 제곱수가 되어야 한다. $26-x < 26$이므로 26보다 작은 가장 큰 제곱수는 25이고 가장 작은 제곱수는 1이므로 $\sqrt{26-x} = 5$일 때 $x = 1$, $\sqrt{26-x} = 1$ 일 때 $x = 25$ 이다. 따라서, $a = 25$, $b = 1$ 이므로 $a+b = 26$ 이다.

[3] 제곱근의 대소관계

$a > 0$, $b > 0$일 때

1. $a < b$이면 $\sqrt{a} < \sqrt{b}$
2. $\sqrt{a} < \sqrt{b}$이면 $a < b$

(이해하기!)

1. 정사각형의 넓이를 활용한 직관적 이해

    ⇨ 오른쪽 그림과 같이 넓이가 $5\,\mathrm{cm}^2$인 정사각형의 한 변의 길이는 $\sqrt{5}\,\mathrm{cm}$이고, 넓이가 $10\,\mathrm{cm}^2$인 정사각형의 한 변의 길이는 $\sqrt{10}\,\mathrm{cm}$이므로 정사각형의 넓이가 크면 정사각형의 한 변의 길이가 길고 그 역도 성립해 위와 같은 대소관계를 만족함을 알 수 있다.

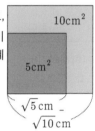

2. $a > 0$, $b > 0$일 때, a와 $\sqrt{b}$의 대소관계 (근호가 없는 수와 있는 수의 크기 비교!)

    (1) [방법1] 근호가 없는 수를 근호가 있는 수로 바꾸어 비교한다.

    ⇨ $\sqrt{a^2}$과 $\sqrt{b}$를 비교한다.

    (2) [방법2] 각 수를 제곱하여 비교한다.

    ⇨ a^2과 $(\sqrt{b})^2$을 비교한다.

    (3) 예를 들어 4와 $\sqrt{15}$의 크기를 비교할 때 $4 = \sqrt{16} > \sqrt{15}$(⇨ 방법1)와 같이 비교해도 되고 $4^2 = 16 > (\sqrt{15})^2 = 15$이므로 $4 > \sqrt{15}$(⇨ 방법2)와 같이 비교해도 된다.

(깊이보기!)

1. 일반적으로 양수 a에 대하여 $\sqrt{}$를 사용하여 나타낸 수 $\sqrt{a}$는 크기가 작아진다고 생각한다. 예를 들어 $3 > \sqrt{3}$과 같은 경우를 생각하면 그렇다. 그러나 양수 a의 값의 범위에 따라 a와 $\sqrt{a}$의 대소관계는 달라진다. $a = \dfrac{1}{2}$일 때, $\dfrac{1}{2} = \sqrt{\dfrac{1}{4}} < \sqrt{\dfrac{1}{2}}$이므로 $\dfrac{1}{2} < \sqrt{\dfrac{1}{2}}$이 되어 $a > \sqrt{a}$가 성립하지 않는다. $0 < a < 1$인 경우 양수 a에 대하여 $a < \sqrt{a}$임을 주의하자. 일반적으로 a가 양수일 때 a와 $\sqrt{a}$의 대소관계는 다음과 같다.

    (1) $a > 1$일 때 ⇨ $a > \sqrt{a}$ ($\because$ $a^2 > a$이므로 $\sqrt{a^2} > \sqrt{a}$이다)

    (2) $a = 1$일 때 ⇨ $a = \sqrt{a}$ ($\because$ $a^2 = a$이므로 $\sqrt{a^2} = \sqrt{a}$이다)

    (3) $0 < a < 1$일 때 ⇨ $a < \sqrt{a}$ ($\because$ $a^2 < a$이므로 $\sqrt{a^2} < \sqrt{a}$이다)

1.3 무리수와 실수

[1] 유리수와 무리수

1. **유리수** : 분수 $\dfrac{a}{b}$ (단, a, b는 정수, $b \neq 0$)로 나타낼 수 있는 수
2. **무리수** : 유리수가 아닌 수, 순환하지 않는 무한소수
   (예) $\sqrt{2}, \sqrt{5}, \pi, \cdots$

(이해하기!)

1. 유리수를 분수 또는 분수로 나타낼 수 있는 수라 하면 안된다. 왜냐하면 $\dfrac{\pi}{2}, \dfrac{\sqrt{3}}{2}$ 은 분수지만 분자가 정수가 아니므로 유리수가 아니다. 유리수는 수의 분류이지만 분수는 수의 표현방법이다.

2. 유리수는 분자를 분모로 나누어 소수로 나타내면 유한소수 또는 순환소수로 나타낼 수 있다.

3. 무리수는 유리수가 아니므로 유한소수 또는 순환소수로 나타낼 수 없다. 따라서, 무리수를 순환하지 않는 무한소수라고 한다.

[2] 무리수의 발견

1. 제곱근의 대소 관계를 이용하여 $\sqrt{2}$ 의 값을 소수로 나타내보기
   (1) $1^2 < 2 < 2^2$이므로 $\sqrt{1^2} < \sqrt{2} < \sqrt{2^2}$ 이다.
       따라서, $1 < \sqrt{2} < 2$ 이다.
   (2) $1.4^2 = 1.96,\ 1.5^2 = 2.25$이고 $1.4^2 < 2 < 1.5^2$ 이므로
       $\sqrt{1.4^2} < \sqrt{2} < \sqrt{1.5^2}$ 이다.
       따라서, $1.4 < \sqrt{2} < 1.5$ 이다.
   (3) $1.41^2 = 1.9881,\ 1.42^2 = 2.0164$ 이고 $1.41^2 < 2 < 1.42^2$ 이므로
       $\sqrt{1.41^2} < \sqrt{2} < \sqrt{1.42^2}$
       따라서, $1.41 < \sqrt{2} < 1.42$ 이다.
   (4) $1.414^2 = 1.999396,\ 1.415^2 = 2.002225$ 이고 $1.414^2 < 2 < 1.415^2$ 이므로
       $\sqrt{1.414^2} < \sqrt{2} < \sqrt{1.415^2}$
       따라서, $1.414 < \sqrt{2} < 1.415$ 이다.
   (5) 이와 같은 방법으로 계속하면 다음과 같다.
       $1.4142 < \sqrt{2} < 1.4143$
       $\vdots$

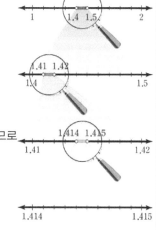

2. $\sqrt{2}$ 를 소수로 나타내면 $\sqrt{2} = 1.4142135623730950488801 \cdots$ 과 같이 **순환하지 않는 무한소수**이다.

(이해하기!)

1. $\sqrt{2} \doteqdot 1.414,\ \sqrt{3} \doteqdot 1.732,\ \sqrt{5} \doteqdot 2.236$ 정도는 자주 나오는 무리수이므로 소수 셋째 자리값까지는 암기해두는 것이 좋다.

(깊이보기!)

1. $\sqrt{2}$ 는 무리수임을 증명하기

⇨ $\sqrt{2}$ 가 유리수라고 가정하자. 그러면 유리수의 정의에 의해 $\sqrt{2} = \dfrac{a}{b}(a, b$ 는 0이 아닌 서로소인 정수)라고 할 수 있다. 이때, $a = \sqrt{2}b$ 이고 양변을 제곱하면 $a^2 = 2b^2$ 이므로 a^2 은 2의 배수이고 따라서 a 는 2의 배수이다. 그러므로 $a = 2k(k$ 는 0이 아닌 정수)이다. $a = 2k$ 를 대입하면, $4k^2 = 2b^2$ 이고, $b^2 = 2k^2$ 이므로 b^2 은 2의 배수이고 따라서 b 는 2의 배수이다. 이때, a, b 는 모두 2의 배수이므로 서로소가 아니다. 이는 a, b 가 0이 아닌 서로소인 정수라는 가정에 모순이므로 $\sqrt{2}$ 는 유리수가 아니다. 따라서 $\sqrt{2}$ 는 무리수이다.

2. 귀류법

⇨ 어떤 명제가 참임을 증명할 때 그 명제의 결론을 부정하여 '모순'이 생김을 보임으로써 간접적으로 그 결론이 성립함을 증명하는 '간접증명법'을 뜻한다. 이치에 어긋나게 하는 방법이라하여 '배리법(背理法)'이라고도 한다. 명제의 결론을 부정하며 증명을 시작하기 때문에 증명의 출발점이 비교적 자명하다는 장점이 있다. 위의 '$\sqrt{2}$ 는 무리수임을 증명하기'에서 사용된 증명 방법이 귀류법이다. 귀류법은 증명방법 중 가장 많이 활용하는 중요한 방법 중 한 가지이므로 기억해두는 것이 필요하다.

---

[3] 무리수의 판별

1. **자연수 p 에 대하여 p 가 자연수의 제곱이 아니면 $\sqrt{p}$ 는 무리수이다.**
   (1) $\sqrt{2}, \sqrt{3}, \sqrt{5}, \cdots$ 등은 $\sqrt{}$ 안의 수가 자연수의 제곱이 아니기 때문에 무리수이다.
   (2) $\sqrt{1}, \sqrt{4}, \sqrt{9}, \cdots$ 등은 $\sqrt{}$ 안의 수가 자연수의 제곱이기 때문에 무리수가 아니다.

2. **근호 안의 수가 어떤 유리수의 제곱이 되는 수는 유리수이다.**
   ⇨ 근호 안의 수가 어떤 유리수의 제곱이 되지 않는 수는 무리수이다.

3. **유리수와 무리수의 덧셈과 뺄셈 결과는 무리수이다.**
   ⇨ (유리수)+(무리수)=(무리수), (유리수)−(무리수)=(무리수)

(이해하기!)

1. **자연수 p 에 대하여 p 가 자연수의 제곱이 아니면 $\sqrt{p}$ 는 무리수이다.**

⇨ 자연수 p 에 대하여 p 가 자연수의 제곱이 아닐 때, $\sqrt{p}$ 가 유리수라고 가정하자. 그러면, $\sqrt{p} = \dfrac{a}{b}(a, b$ 는 0이 아닌 서로소인 정수) 이다. 양변을 제곱하면 $p = \dfrac{a^2}{b^2}$ 이고, a, b 는 서로소이므로 a^2, b^2 은 서로소이다. p 는 자연수이므로 $b^2 = 1$ 이다. 따라서, $p = a^2$ 이므로 p 가 자연수의 제곱이 아닌 수라는 가정에 모순이다. 따라서 $\sqrt{p}$ 는 무리수이다.

2. **근호 안의 수가 유리수의 제곱이 되지 않는 수는 무리수이다.**

⇨ 유리수의 제곱이 되지 않는 유리수 p 에 대하여 $\sqrt{p}$ 가 유리수라고 가정하자. 그러면, $\sqrt{p} = \dfrac{a}{b}$ $(a, b$ 는 0이 아닌 서로소인 정수) 이다. 양변을 제곱하면 $p = \left(\dfrac{a}{b}\right)^2$ 이므로 p 는 유리수 $\dfrac{a}{b}$ 의 제곱이 되어 p 는 유리수의 제곱이 되지 않는 유리수라는 가정에 모순이다.
따라서, $\sqrt{p}$ 는 무리수이다.

⇨ $\sqrt{\dfrac{16}{25}} = \sqrt{\left(\dfrac{4}{5}\right)^2} = \dfrac{4}{5}$ 와 같이 근호안의 수가 어떤 유리수의 제곱이 되는 경우 $\sqrt{}$ 가 사라지고 유리수가 된다.

3. 유리수와 무리수의 덧셈과 뺄셈 결과는 무리수이다.

(1) a는 무리수이고 b는 유리수이면 $a+b$는 무리수이다.

⇨ a는 무리수이고 b는 유리수일 때, $a+b$는 유리수 c라고 가정하자. 즉, $a+b=c$이다. 이때, $a=c-b$ 이고 유리수는 뺄셈에 관해 닫혀있으므로 $c-b$는 유리수이다. 따라서 $c-b$와 같은 a도 유리수이다. 이는 a는 무리수라는 가정에 모순이므로 $a+b$는 유리수가 아니다.

(2) a는 무리수이고 b는 유리수이면 $a-b$는 무리수이다.

⇨ a는 무리수이고 b는 유리수일 때, $a-b$는 유리수 c라고 가정하자. 즉, $a-b=c$이다. 이때, $a=c+b$ 이고 유리수는 덧셈에 관해 닫혀있으므로 $c+b$는 유리수이다. 따라서 $c+b$와 같은 a도 유리수이다. 이는 a는 무리수라는 가정에 모순이므로 $a-b$는 유리수가 아니다.

(깊이보기!)

1. 집합 A에서 연산 $\circ$이 정의되어 있을 때, A의 부분집합 $M(M \neq \varnothing)$이 $a \in M, b \in M$ 이면 $a \circ b \in M$ 을 만족시키면 집합M은 연산 $\circ$에 대하여 '닫혀있다' 고 한다.

연산 집합	덧셈	뺄셈	곱셈	나눗셈
자연수	O	X	O	X
정수	O	O	O	X
유리수	O	O	O	O
무리수	X	X	X	X
실수	O	O	O	O

(1) '닫혀있다' 라는 의미는 간단히 두 수의 연산 결과가 두 수가 속한 수의 범위를 벗어나지 않는다는 것이다.

(2) 유리수는 사칙연산에 대해 닫혀있으므로 (유리수)와 (유리수)의 사칙연산 결과는 당연히 (유리수)가 되므로 결과가 정해진 문제로 문제로서 의미가 없다. 반면에 무리수는 사칙연산에 대해 닫혀있지 않다. (무리수)와 (무리수)의 사칙연산 결과는 보통 (무리수)가 되지만 (유리수)가 되는 경우도 있어 그 결과가 정해지지 않아 역시 문제로서 의미가 없다.

(3) (유리수)×(무리수), (유리수)÷(무리수)도 (유리수) 또는 (무리수)인지 정해지지 않아 역시 문제로서 의미 없다.

(4) 반면에 (유리수)+(무리수)=(무리수), (유리수)−(무리수)=(무리수) 와 같이 결과가 (무리수)로 정해져 의미 있는 경우가 되기 때문에 이러한 경우의 문제들이 출제되는 것이다.

⇨ 예를 들어, $2+\sqrt{5}$, $1-\sqrt{3}$과 같은 수는 무리수이다.

2. '(유리수)+(무리수)=(무리수) '라는 사실에서 무리수의 개수가 유리수의 개수보다 많음을 알 수 있다. 칸토어는 집합론에서 대각선논법을 이용하여 실수와 유리수를 일대일로 대응시킬 수 없음을 보였다. 즉, 유리수, 무리수, 실수는 모두 무한집합이지만 그 개수가 차이가 있음을 알 수 있다.

[4] 실수

1. 유리수와 무리수를 통틀어 **실수**라고 한다.
2. **실수의 분류**

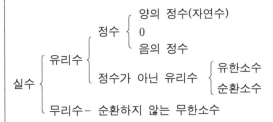

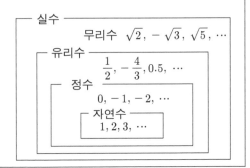

(이해하기!)

1. 중학교 2학년에서 배운 유리수와 중학교 3학년에서 배운 무리수를 통틀어 실수라고 한다. 중학교 과정에서 수라고 하면 실수를 의미한다. 실수의 분류를 통해 중학교에서 배우는 수 전체에 대한 개념을 이해해야 한다. 앞으로 '수' 라고 하면 실수를 뜻하는 것이다.

[5] 무리수를 수직선위에 나타내기

1. 무리수 $\sqrt{2}$, $-\sqrt{2}$ 를 수직선위에 나타내기
   ⇨ 오른쪽 그림과 같이 직각이등변삼각형 OAB에서 $\overline{OA}=x$ 라 하면 $x^2=1^2+1^2=2$ 이므로 $x=\sqrt{2}(\because x>0)$이다. 점 O 를 중심으로 하고 $\overline{OA}$ 를 반지름으로 하는 원을 그려 수직선과 만나는 점을 P, Q라고 하면 $\overline{OP}=\overline{OQ}=\overline{OA}=\sqrt{2}$ 이므로 두 점 P, Q에 대응하는 수는 각각 $\sqrt{2}$, $-\sqrt{2}$이다.

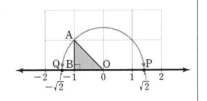

2. 무리수를 수직선위에 나타내기
   (1) **수직선의 좌표의 의미** : '기준점' + '방향' + '이동거리'
   (2) 모눈을 이용하여 정사각형의 넓이 S 를 구한다.
      ⇨ 정사각형의 한 변의 길이는 $\sqrt{S}$이다.
   (3) 기준점(p)에서 오른쪽에 있으면 $p+\sqrt{S}$, 왼쪽에 있으면 $p-\sqrt{S}$이다.
      ⇨ 수직선의 의미 : 기준점에서 움직인 이동거리 만큼 오른쪽은 +, 왼쪽은 −로 나타낸다.
      ⇨ P에 대응하는 수는 $1+\sqrt{2}$이고 Q에 대응하는 수는 $1-\sqrt{2}$이다.

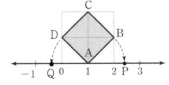

(이해하기!)

1. 직선위의 점에 실수를 대응시켜 나타낸 직선을 수직선이라고 한다. 일반적으로 수직선은 원점(0)을 기준점으로 하여 오른쪽으로 이동하면 +, 왼쪽으로 이동하면 −이고 이동거리 만큼을 원점의 좌표에 더해주어 각 점의 좌표를 나타낸다. 이때, 기준점은 꼭 원점(0)이 아니어도 된다.

2. 수직선의 좌표의 의미는 '기준점 + 방향 + 이동거리' 임을 기억하자. 아래 수직선 위의 점 A의 좌표 −3은 원점 0을 기준으로 왼쪽(−)으로 3만큼 이동한 지점이므로 $0-3=-3$이다. 마찬가지로 점 B의 좌표 3은 원점 0을 기준으로 오른쪽(+)으로 3만큼 이동한 지점이므로 $0+3=3$이 된다. 한편 기준점을 1로 정해보자. 그러면 점 A는 기준점으로부터 왼쪽(−)으로 4만큼 이동한 지점이므로 $1-4=-3$이 되고 점 B는 기준점 1로부터 오른쪽(+)으로 2만큼 이동한 지점이므로 $1+2=3$이 되어 기준점을 0으로 정한 경우와 결과가 같다.

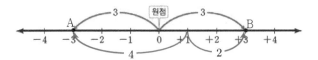

[6] 유리수, 무리수와 수직선

1. 모든 유리수와 무리수는 각각 수직선 위의 한 점에 대응한다.
2. 서로 다른 두 유리수(또는 무리수) 사이에는 무수히 많은 유리수와 무리수가 존재한다.
3. 유리수(또는 무리수)에 대응하는 점들만으로 수직선을 완전히 메울 수 없다.

(깊이보기!)

1. 유리수는 사칙연산에 대하여 닫혀있으므로 두 유리수 $a, b\,(a < b)$에 대해 $a + b$는 유리수이고 $a + b$를 유리수 2로 나눈 $\dfrac{a+b}{2}$는 유리수이다. $a < \dfrac{a+b}{2} < b$이므로 두 유리수 a, b사이에는 $\dfrac{a+b}{2}$라는 다른 유리수가 항상 존재한다. 이를 '유리수의 조밀성'이라 한다.

[7] 실수와 수직선

1. 모든 실수는 각각 수직선 위의 한 점에 대응한다.
2. 서로 다른 두 실수 사이에는 무수히 많은 실수가 존재한다.
3. 실수에 대응하는 점들로 수직선을 완전히 메울 수 있다.

(깊이보기!)

1. 실수는 사칙연산에 대하여 닫혀있으므로 두 실수 $a, b\,(a < b)$에 대해 $a + b$는 실수이고 $a + b$를 실수 2로 나눈 $\dfrac{a+b}{2}$는 실수이다. $a < \dfrac{a+b}{2} < b$이므로 두 실수 a, b사이에는 $\dfrac{a+b}{2}$라는 다른 실수가 항상 존재한다.

2. 수직선은 무수히 많은 점들이 모여 만들어진 도형이다. 이때 실수의 개수와 직선 위의 점들의 개수는 같으므로 실수에 대응하는 점들로 수직선을 완전히 메울 수 있고 이를 '실수의 완비성'이라고 한다.

[8] 제곱근의 값

1. 제곱근표

: 1.00부터 99.9까지의 수의 양의 제곱근의 값을 반올림하여 소수점 아래 셋째 자리까지 나타낸 표

2. 제곱근표 보는 법

: 처음 두 자리 수의 가로줄과 끝자리 수의 세로줄이 만나는 곳에 있는 수를 읽는다.

수	0	1	2	3	4	5	6	7	8	9
1.0	1.000	1.005	1.010	1.015	1.020	1.025	1.030	1.034	1.039	1.044
1.1	1.049	1.054	1.058	1.063	1.068	1.072	1.077	1.082	1.086	1.091
1.2	1.095	1.100	1.105	1.109	1.114	1.118	1.122	1.127	1.131	1.136
1.3	1.140	1.145	1.149	1.153	1.158	1.162	1.166	1.170	1.175	1.179
⋮	⋮	⋮	⋮	⋮	⋮	⋮	⋮	⋮	⋮	⋮

(이해하기!)

1. 위에서 $\sqrt{1.26} = 1.122$이다. 제곱근표에 있는 제곱근의 값은 대부분 반올림한 값이지만 '='를 사용하여 참값처럼 나타낸다.

2. 제곱근표에 나온 범위의 수가 아닌 0이상 1미만이거나 100이상인 수의 제곱근은 뒤에 다시 설명한다.

[9] 실수의 대소관계 (1)

1. 양수는 0보다 크고, 음수는 0보다 작다.

2. 양수는 음수보다 크다.

3. 두 양수에서는 절댓값이 큰 수가 크다.

4. 두 음수에서는 절댓값이 큰 수가 작다.

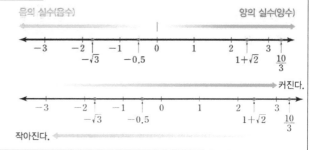

(이해하기!)

1. 실수를 수직선 위에 나타내면 오른쪽에 있는 수가 왼쪽에 있는 수보다 크다. 따라서, 수직선 위에서 음수는 0의 왼쪽에 있으므로 0보다 작고, 양수는 0의 오른쪽에 있으므로 0보다 크다. 또, 양수는 음수보다 오른쪽에 있으므로 양수는 음수보다 크다.

2. 실수를 수직선 위에 나타내면 양수끼리는 원점에서 멀리 떨어져 있는 수가 오른쪽에 있으므로 절 댓값이 큰 수가 더 크다. 반면에 음수끼리는 원점에서 멀리 떨어져 있는 수가 왼쪽에 있으므로 절 댓값이 큰 수가 더 작다.

[10] 실수의 대소 관계 (2)

1. 두 실수 a, b에 대하여

   (1) $a-b>0$이면 $a>b$ (2) $a-b=0$이면 $a=b$ (3) $a-b<0$이면 $a<b$

2. 세 실수 a, b, c에 대하여 $a<b$이고 $b<c$이면 $a<b<c$이다.

(이해하기!)

1. 제곱근의 값을 이용해 실수의 대소 관계 확인하기

   (1) $n<\sqrt{a}<n+1$을 이용하여 $\sqrt{a}$의 근삿값을 구해 비교한다.

   (2) 예를 들어, 4와 $1+\sqrt{7}$의 대소 관계를 비교하는 경우 $2<\sqrt{7}<3$이므로 $4>1+\sqrt{7}$이다.

2. 부등식의 성질을 이용해 실수의 대소 관계 확인하기

   (1) 양변에 적당한 수를 더하거나 뺀다.

   (2) 예를 들어, $\sqrt{3}-2$와 $\sqrt{5}-2$의 대소 관계를 비교하는 경우 각각 2를 더하면 $\sqrt{3}<\sqrt{5}$이므로 $\sqrt{3}-2<\sqrt{5}-2$이다.

3. 두 수의 차 이용하기

   (1) 두 수를 직접 비교해 대소관계를 확인하기 어려운 경우 두 수의 차의 결과가 0과 비교해 클 때, 같을 때, 작을 때를 확인한다.

   (2) $2\sqrt{3}+3\sqrt{5}$와 $3\sqrt{3}+2\sqrt{5}$ 중 어느 수가 더 클까?

   ⇨ 두 수의 크기 비교는 바로 알기 어렵다. 이 경우 두 수를 빼서 0과 크기 비교를 함으로써 두 수 중 큰 수를 알 수 있다. $(2\sqrt{3}+3\sqrt{5})-(3\sqrt{3}+2\sqrt{5})=-\sqrt{3}+\sqrt{5}>0$ 이므로 $2\sqrt{3}+3\sqrt{5}>3\sqrt{3}+2\sqrt{5}$ 이다.

1.4 제곱근의 곱셈

[1] 제곱근의 곱셈

1. $a > 0$, $b > 0$일 때, $\sqrt{a}\,\sqrt{b} = \sqrt{ab}$
2. $a > 0$, $b > 0$일 때, $\sqrt{a^2 b} = a\sqrt{b}$

(이해하기!)

1. $a > 0, b > 0$일 때, $\sqrt{a}\,\sqrt{b} = x$라 하자. 양변을 제곱하면 — 곱셈의 교환법칙, 결합법칙

   $x^2 = (\sqrt{a}\,\sqrt{b})^2 = (\sqrt{a}\,\sqrt{b})(\sqrt{a}\,\sqrt{b}) = (\sqrt{a})^2(\sqrt{b})^2 = ab$ 이다. 즉, $x^2 = ab$이고 $x = \sqrt{a}\,\sqrt{b}\,(x > 0)$
   이므로 x는 ab의 양의 제곱근이다. 따라서 $x = \sqrt{ab}$ 이다. 그러므로 $\sqrt{a}\,\sqrt{b} = \sqrt{ab}$ 이다.

2. 제곱근의 곱셈 1.에 의해 $\sqrt{a^2 b} = \sqrt{a^2}\,\sqrt{b} = a\sqrt{b}$

   (1) 근호 안에 제곱인 인수가 있으면 근호 밖으로 꺼낼 수 있다.

   (2) 근호 밖의 양수는 제곱하여 근호 안으로 넣을 수 있다.

   (3) 근호 안에 제곱인 인수가 있으면 대부분 근호 밖으로 꺼내어 계산하는 것이 편리하다. $\sqrt{}$ 안의
   수가 작을수록 계산이 편리하기 때문이다.

3. **(주의!)** 근호 밖에 음수가 있는 경우 양수만 제곱하여 근호 안에 넣어 계산한다.

   예를 들어 $-5\sqrt{3} = \sqrt{(-5)^2 \times 3} = \sqrt{25 \times 3} = \sqrt{75}$ 와 같이 계산하면 $-5\sqrt{3}$은 음수이고 $\sqrt{75}$ 는 양
   수인데 서로 같다는 오류를 범하게 된다. $-5\sqrt{3} = -\sqrt{5^2 \times 3} = -\sqrt{25 \times 3} = -\sqrt{75}$ 와 같이 계산해야
   함을 주의하자.

4. 곱셈규칙은 확장 가능하다. 즉, $a > 0$, $b > 0, c > 0$일 때, $\sqrt{a}\,\sqrt{b}\,\sqrt{c} = \sqrt{abc}$ 이다.

(깊이보기!)

1. $\sqrt{a}\,\sqrt{b} = \sqrt{ab}$ 는 $a = 0, b = 0$일 때도 성립한다.

2. $a > 0, b < 0$, $a < 0, b > 0$ 일 경우도 위 곱셈 규칙은 성립한다. 그러나 $a < 0, b < 0$인 경우 성립하지
   않는다. **(고교과정)**

   (1) $a > 0, b < 0$인 경우 증명해보자. $b < 0$이므로 $-b > 0$이다.
   따라서, $\sqrt{a}\,\sqrt{b} = \sqrt{a}\,\sqrt{-(-b)} = \sqrt{a}\,\sqrt{-b}\,i = \sqrt{-ab}\,i = \sqrt{-(-ab)} = \sqrt{ab}$ 이다.
   $a < 0, b > 0$인 경우 마찬가지로 증명 가능하다. $(\because -ab > 0)$

   (2) $a < 0, b < 0$ 일 경우 $\sqrt{a}\,\sqrt{b} = -\sqrt{ab}$이다. **(음수의 제곱근의 성질) (고교과정)**
   $\Rightarrow$ $a < 0, b < 0$이므로 $-a > 0$, $-b > 0$ 이다. 따라서 제곱근의 곱셈(1)에 의해
   $\sqrt{a}\,\sqrt{b} = \sqrt{-(-a)}\,\sqrt{-(-b)} = \sqrt{-a}\,i\,\sqrt{-b}\,i = \sqrt{(-a)(-b)}\,i^2 = -\sqrt{ab}$ 이다.

3. 즉, 위 1.의 제곱근의 곱셈은 $a < 0, b < 0$인 경우를 제외하고 모든 경우에 성립한다.

1.5 제곱근의 나눗셈

[1] 제곱근의 나눗셈

1. $a > 0$, $b > 0$일 때, $\dfrac{\sqrt{a}}{\sqrt{b}} = \sqrt{\dfrac{a}{b}}$

(이해하기!)

1. $a > 0, b > 0$일 때, $\dfrac{\sqrt{a}}{\sqrt{b}} = x$라 하자. 양변을 제곱하면 $x^2 = \left(\dfrac{\sqrt{a}}{\sqrt{b}}\right)^2 = \dfrac{\sqrt{a}}{\sqrt{b}}\dfrac{\sqrt{a}}{\sqrt{b}} = \dfrac{(\sqrt{a})^2}{(\sqrt{b})^2} = \dfrac{a}{b}$ 이다.

즉, $x^2 = \dfrac{a}{b}$이고 $x = \dfrac{\sqrt{a}}{\sqrt{b}} \ (x > 0)$이므로 x는 $\dfrac{a}{b}$의 양의 제곱근이다. 따라서 $x = \sqrt{\dfrac{a}{b}}$ 이다. 그러므로

$\dfrac{\sqrt{a}}{\sqrt{b}} = \sqrt{\dfrac{a}{b}}$ 이다.

(깊이보기!)

1. $a < 0, b < 0$, $a < 0, b > 0$일 때도 위 성질은 성립한다. **(고교과정)**

   (1) $a < 0, b < 0$일 때, $-a > 0, -b > 0$이므로 $\dfrac{\sqrt{a}}{\sqrt{b}} = \dfrac{\sqrt{-(-a)}}{\sqrt{-(-b)}} = \dfrac{\sqrt{-a}\,i}{\sqrt{-b}\,i} = \sqrt{\dfrac{-a}{-b}} = \sqrt{\dfrac{a}{b}}$ 이다.

   (2) $a < 0, b > 0$일 때, $-a > 0$이므로 $\dfrac{\sqrt{a}}{\sqrt{b}} = \dfrac{\sqrt{-(-a)}}{b} = \dfrac{\sqrt{-a}\,i}{\sqrt{b}} = \sqrt{\dfrac{-a}{b}}\,i = \sqrt{-\left(-\dfrac{a}{b}\right)} = \sqrt{\dfrac{a}{b}}$ 이다.

   $\left(\because \dfrac{-a}{b} > 0\right)$

2. $a > 0, b < 0$일 때, $\dfrac{\sqrt{a}}{\sqrt{b}} = -\sqrt{\dfrac{a}{b}}$ 이다. **(음수의 제곱근의 성질)**

   $\Rightarrow$ $a > 0, b < 0$ 이므로 $-b > 0$이다. 양수의 제곱근의 성질에 의해

   $\dfrac{\sqrt{a}}{\sqrt{b}} = \dfrac{\sqrt{a}}{\sqrt{-(-b)}} = \dfrac{\sqrt{a}}{\sqrt{-b}\,i} = \sqrt{\dfrac{a}{-b}}\dfrac{1}{i} = \sqrt{\dfrac{a}{-b}}\dfrac{i}{i^2} = -\sqrt{\dfrac{a}{-b}}\,i = -\sqrt{-\left(\dfrac{a}{-b}\right)} = -\sqrt{\dfrac{a}{-b}}$

   $\left(\because \dfrac{a}{-b} > 0\right)$

3. 즉, 제곱근의 나눗셈의 성질은 $a > 0, b < 0$인 경우를 제외하고 모두 성립한다.

4. 두 제곱근을 곱하거나 나눌 때, 근호 안의 수의 부호에 따라 제곱근의 성질을 각각 적용하여 계산하는 것은 복잡하다. 음수의 제곱근의 성질을 잘 이해하되 실제 계산은 $\sqrt{-a} = \sqrt{a}\,i\,(a > 0)$를 이용하여 근호 안의 수가 모두 양수가 되도록 한 후 양수의 계산 법칙을 이용하여 계산한다.

[2] 제곱근표에 없는 수의 제곱근의 값

1. **100이상인 수의 제곱근의 값**

   (1) 근호 안의 수를 $10^2, 10^4, \cdots$과의 곱으로 나타낸 후 $\sqrt{a^2 b} = a\sqrt{b}$임을 이용한다.

   (2) 100이상인 수 $\Rightarrow \sqrt{100a} = 10\sqrt{a}$, $\sqrt{10000a} = 100\sqrt{a}, \cdots$

2. **0이상 1미만인 수의 제곱근의 값**

   (1) 근호 안의 수를 $\dfrac{1}{10^2}, \dfrac{1}{10^4}, \cdots$과의 곱으로 나타낸 후 $\sqrt{\dfrac{a}{b^2}} = \dfrac{\sqrt{a}}{b}$임을 이용한다.

   (2) 0이상 1미만인 수 $\Rightarrow \sqrt{\dfrac{a}{100}} = \dfrac{\sqrt{a}}{10}$, $\sqrt{\dfrac{a}{10000}} = \dfrac{\sqrt{a}}{100}, \cdots$

(이해하기!)

1. 제곱근표에 나와 있지 않은 1보다 작은 수의 제곱근의 값이나 100보다 큰 수의 제곱근의 값을 구할 경우 근호 안의 수를 제곱근표에 나오는 수로 나타내 구한다.

2. 100이상인 수의 경우 지수가 짝수인 10의 거듭제곱의 곱으로 나타내고 0이상 1미만인 수의 경우 $\dfrac{1}{\text{지수가 짝수인 10의 거듭제곱}}$ 의 곱으로 나타내야 한다.

   (1) 100이상인 수의 제곱근의 값

   $\Rightarrow \sqrt{123} = \sqrt{1.23 \times 100} = 10\sqrt{1.23} = 10 \times 1.109 = 11.09$

   (2) 0이상 1미만인 수의 제곱근의 값

   $\Rightarrow \sqrt{0.0142} = \sqrt{\dfrac{1.42}{100}} = \dfrac{\sqrt{1.42}}{10} = \dfrac{1.192}{10} = 0.1192$

---

[3] 분모의 유리화

1. $a > 0$, $b > 0$일 때, $\dfrac{a}{\sqrt{b}} = \dfrac{a \times \sqrt{b}}{\sqrt{b} \times \sqrt{b}} = \dfrac{a\sqrt{b}}{b}$, $\dfrac{\sqrt{a}}{\sqrt{b}} = \dfrac{\sqrt{a} \times \sqrt{b}}{\sqrt{b} \times \sqrt{b}} = \dfrac{\sqrt{ab}}{b}$

(이해하기!)

1. 분모에 근호가 있는 무리수가 있을 때, 분모와 분자에 0이 아닌 같은 수를 곱하여 분모를 유리수로 고치는 것을 '분모의 유리화' 라고 한다. 분모와 분자에 같은 수를 곱해야 원래 분수와 같음을 주의하자.

2. '유리화' 는 유리수와 화(化: 되다)를 합해 만든 말로 '유리수가 되다' 의 의미이다.

3. 분모의 근호 안에 제곱인 인수가 있으면 $\sqrt{a^2 b} = a\sqrt{b}$를 이용하여 인수를 근호 밖으로 꺼낸 후 분모를 유리화한다. 한편, 제곱인 인수를 근호 밖으로 꺼내지 않고서도 분모를 유리화 할 수 있지만 이 경우 수가 커서 계산이 불편하다.

   (1) 제곱인 인수를 근호 밖으로 꺼내지 않고 유리화한 경우 ($\Rightarrow$ 계산이 불편하다.)

   $\Rightarrow \dfrac{1}{\sqrt{24}} = \dfrac{1}{\sqrt{24}} \times \dfrac{\sqrt{24}}{\sqrt{24}} = \dfrac{\sqrt{24}}{24} = \dfrac{2\sqrt{6}}{24} = \dfrac{\sqrt{6}}{12}$

   (2) 제곱인 인수를 근호 밖으로 꺼내어 유리화한 경우 ($\Rightarrow$ 계산이 편리하다.)

   $\Rightarrow \dfrac{1}{\sqrt{24}} = \dfrac{1}{2\sqrt{6}} \times \dfrac{\sqrt{6}}{\sqrt{6}} = \dfrac{\sqrt{6}}{12}$

4. $\dfrac{c}{a\sqrt{b}}$를 유리화하는 경우 분자, 분모에 $a\sqrt{b}$를 곱하는 것이 아니라 $\sqrt{b}$를 곱하는 것이 수가 작아 계산이 편리하다. 그리고 분자, 분모에 $a\sqrt{b}$를 곱하여 유리화할 경우 대부분 마지막에 약분을 해야 하는 결과가 발생하는데 이런 부분을 미리 예방할 수 있다.

   (1) 분모를 모두 곱해 유리화한 경우 $\Rightarrow \dfrac{1}{2\sqrt{3}} = \dfrac{1}{2\sqrt{3}} \times \dfrac{2\sqrt{3}}{2\sqrt{3}} = \dfrac{2\sqrt{3}}{4\sqrt{9}} = \dfrac{2\sqrt{3}}{12} = \dfrac{\sqrt{3}}{6}$

(2) 분모의 무리수부분만 곱해 유리화한 경우 $\Rightarrow \dfrac{1}{2\sqrt{3}} = \dfrac{1}{2\sqrt{3}} \times \dfrac{\sqrt{3}}{\sqrt{3}} = \dfrac{\sqrt{3}}{2\sqrt{9}} = \dfrac{\sqrt{3}}{6}$

5. 곱셈공식 $(a+b)(a-b) = a^2 - b^2$을 이용하여 분모에 근호가 있는 다항식인 분수의 분모를 유리화할 수 있다. 곱셈공식을 이용한 분모의 유리화 내용은 곱셈공식 단원에서 다시 다룬다.

(깊이보기!)

1. 분모의 유리화 필요성

(1) 무리수의 덧셈, 뺄셈에서 계산의 편리성

$\Rightarrow \dfrac{1}{\sqrt{2}} + \dfrac{1}{\sqrt{3}}$을 계산하기는 어렵지만 각각 유리화해서 $\dfrac{\sqrt{2}}{2} + \dfrac{\sqrt{3}}{3} = \dfrac{3\sqrt{2} + 2\sqrt{3}}{6}$으로 계산할 수 있다.

$\Rightarrow$ 무리수의 곱셈과 나눗셈의 경우 오히려 유리화를 하지 않고 계산하는 것이 편리한 경우가 많다.

(2) 무리수를 소수로 나타낼 때의 편리성

: $\dfrac{1}{\sqrt{2}}$과 $\dfrac{\sqrt{2}}{2}$ 중 어느 것이 그 값을 소수로 나타내기 쉬울까?

$\Rightarrow \dfrac{1}{\sqrt{2}}$은 나누는 수가 $\sqrt{2}$인 무한소수이므로 아예 나눗셈을 하지 못해 소수로 나타낼 수 없지만 $\dfrac{\sqrt{2}}{2}$는 비록 똑같이 무한소수로 소수로 나타낼 수 없더라도 나누는 수가 2이어서 적어도 근삿값으로 나타낼 수 있다.

---

[4] 제곱근의 곱셈과 나눗셈의 혼합계산

1. 나눗셈은 역수의 곱셈으로 고쳐 계산한다.
2. 곱셈과 나눗셈은 앞에서부터 순서대로 계산한다.
3. 제곱근의 성질과 분모의 유리화를 이용한다.

(이해하기!)

1. 예를 들어 $\dfrac{\sqrt{28}}{\sqrt{12}} \times (-\sqrt{15}) \div \dfrac{\sqrt{7}}{3}$을 간단히 해보자.

$\Rightarrow \dfrac{\sqrt{28}}{\sqrt{12}} \times (-\sqrt{15}) \div \dfrac{\sqrt{7}}{3}$ 나눗셈은 역수의 곱셈으로 고쳐 계산한다.

$= \dfrac{\sqrt{28}}{\sqrt{12}} \times (-\sqrt{15}) \times \dfrac{3}{\sqrt{7}}$ 제곱근의 곱셈과 나눗셈을 이용한다.

$= -3\sqrt{\dfrac{28}{12} \times 15 \times \dfrac{1}{7}}$

$= -3\sqrt{5}$

---

[5] 제곱근의 활용 – 대각선의 길이

1. 직사각형의 대각선의 길이

  (1) **직사각형의 대각선의 길이**

    : 가로의 길이가 a, 세로의 길이가 b인 직사각형의 대각선의 길이를 x라

    하면 $\Rightarrow$ $x = \sqrt{a^2 + b^2}$

  (2) **정사각형의 대각선의 길이**

    : 한 변의 길이가 a인 정사각형의 대각선의 길이는 $\Rightarrow$ $\sqrt{2}\,a$

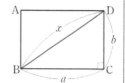

2. 직육면체의 대각선의 길이

  (1) **직육면체의 대각선의 길이**

    : 세 모서리의 길이가 각각 a, b, c인 직육면체의 대각선의 길이를 x라 하면

    $\Rightarrow$ $x = \sqrt{a^2 + b^2 + c^2}$

  (2) **정육면체의 대각선의 길이**

    : 한 모서리의 길이가 a인 정육면체의 대각선의 길이는 $\Rightarrow$ $\sqrt{3}\,a$

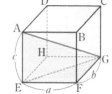

(이해하기!)

1. **직사각형의 대각선의 길이**

  (1) 피타고라스 정리에 의해 $x^2 = a^2 + b^2$ 이고 $x = \pm\sqrt{a^2 + b^2}$인데 x는 길이이므로 양수가 된다.

    따라서, $x = \sqrt{a^2 + b^2}$ 이다.

  (2) 정사각형은 $a = b$이므로 $x = \sqrt{a^2 + b^2} = \sqrt{a^2 + a^2} = \sqrt{2a^2} = \sqrt{2}\,a$ 이다.

2. **직육면체의 대각선의 길이**

  (1) 위 그림에서 밑면의 대각선의 길이는 $\sqrt{a^2 + b^2}$이고 높이는 c이므로 피타고라스 정리에 의해

    $x^2 = a^2 + b^2 + c^2$ 이고 $x = \pm\sqrt{a^2 + b^2 + c^2}$인데 x는 길이이므로 양수가 된다.

    따라서, $x = \sqrt{a^2 + b^2 + c^2}$ 이다.

  (2) 정육면체는 $a = b = c$이므로 $x = \sqrt{a^2 + b^2 + c^2} = \sqrt{a^2 + a^2 + a^2} = \sqrt{3a^2} = \sqrt{3}\,a$ 이다.

3. 정사각형은 평면도형이므로 평면이 2차원임을 생각하면 정사각형의 대각선의 공식을 $\sqrt{}$ 안의 수가 2이고 정육면체의 경우 입체도형이므로 공간이 3차원임을 생각하면 정육면체의 대각선의 공식을 $\sqrt{}$ 안의 수가 3임을 상기해 공식을 외우면 도움이 된다.

(확인하기!)

1. **오른쪽 그림과 같은 직육면체에서** $\overline{EF} = 5\,\text{cm}$, $\overline{FG} = 2\,\text{cm}$, $\overline{CE} = 3\sqrt{5}\,\text{cm}$**일 때,** $\overline{CG}$**의 길이를 구하시오.**

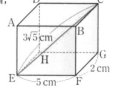

  (풀이) 피타고라스 정리에 의해 $\overline{EG} = \sqrt{5^2 + 2^2} = \sqrt{25 + 4} = \sqrt{29}$ 이다.

      $\triangle CEG$는 직각삼각형이므로 피타고라스 정리에 의해

      $\overline{CG} = \sqrt{(3\sqrt{5})^2 - (\sqrt{29})^2} = \sqrt{45 - 29} = \sqrt{16} = 4\,(\text{cm})$ 이다.

  (공식을 이용한 풀이) $\sqrt{5^2 + 2^2 + \overline{CG}^2} = 3\sqrt{5}$이므로 $\sqrt{29 + \overline{CG}^2} = \sqrt{45}$이고 $29 + \overline{CG}^2 = 45$이다.

      $\overline{CG}^2 = 45 - 29 = 16$이므로 $\overline{CG} = 4\,(\text{cm})\,(\because \overline{CG} > 0)$ 이다.

[6] 제곱근의 활용 – 정삼각형의 높이와 넓이

1. 한 변의 길이가 a인 정삼각형의 높이를 h, 넓이를 S 라 하면

   (1) $h = \dfrac{\sqrt{3}}{2}a$

   (2) $S = \dfrac{\sqrt{3}}{4}a^2$

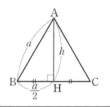

(이해하기!)

1. 정삼각형의 높이와 넓이

(1) $\triangle ABH$는 직각삼각형이므로 피타고라스의 정리에 의해 $h^2 = a^2 - \left(\dfrac{a}{2}\right)^2 = \dfrac{3}{4}a^2$ 이고

$h = \pm\sqrt{\dfrac{3}{4}a^2} = \pm\dfrac{\sqrt{3}}{2}a$ 이다. h는 길이 이므로 $h > 0$이다. 따라서, $h = \dfrac{\sqrt{3}}{2}a$ 이다.

(2) 정삼각형의 넓이는 $\dfrac{1}{2}ah = \dfrac{1}{2}a \times \dfrac{\sqrt{3}}{2}a = \dfrac{\sqrt{3}}{4}a^2$ 이다.

2. 위 공식을 암기할 때 정삼각형의 변의 수를 생각하면 분자에서 $\sqrt{\ }$안의 수가 3이다. 한편 보통 넓이를 나타내는 단위는 제곱이므로 이를 고려하면 정삼각형의 높이 구하는 공식의 분모와 비교해 넓이 공식의 분모를 2대신 2^2으로 a대신 a^2을 곱했다는 점을 상기해 공식을 외우면 좋다.

(확인하기!)

1. 오른쪽 그림과 같이 한 변의 길이가 6cm인 **정삼각형 ABC의 넓이**를 구하시오.

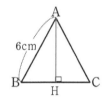 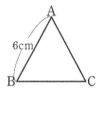

(풀이) 꼭짓점 A에서 밑변 BC에 수선을 내려 그어 만나는 수선의 발을 H라 하자. $\overline{BH} = 3\text{cm}$이고 $\triangle ABH$는 직각삼각형이므로 피타고라스 정리에 의해

$\overline{AH} = \sqrt{6^2 - 3^2} = \sqrt{36 - 9} = \sqrt{27} = 3\sqrt{3}$ 이다.

따라서, $\triangle ABC = \dfrac{1}{2} \times 6 \times 3\sqrt{3} = 9\sqrt{3}\,(\text{cm}^2)$

(공식을 이용한 풀이) 한 변의 길이가 a인 정삼각형의 넓이 $S = \dfrac{\sqrt{3}}{4}a^2$이므로

$$\triangle ABC = \dfrac{\sqrt{3}}{4} \times 6^2 = 9\sqrt{3}\,(\text{cm}^2) \text{ 이다.}$$

1.6 제곱근의 덧셈과 뺄셈

[1] 제곱근의 덧셈과 뺄셈

1. $a > 0$이고 l, m, n이 유리수일 때,

(1) $m\sqrt{a} + n\sqrt{a} = (m+n)\sqrt{a}$

(2) $m\sqrt{a} - n\sqrt{a} = (m-n)\sqrt{a}$

(3) $m\sqrt{a} + n\sqrt{a} - l\sqrt{a} = (m+n-l)\sqrt{a}$

(이해하기!)

1. 제곱근의 덧셈과 뺄셈

(1) 오른쪽 그림과 같은 직사각형에서 (A의 넓이)+(B의 넓이)=(전체넓이)
이므로 $5\sqrt{3} + 2\sqrt{3} = 7\sqrt{3}$ 이다.

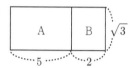

(2) $a\sqrt{b} = a \times \sqrt{b}$를 의미하므로 분배법칙에 의해
$5\sqrt{3} + 2\sqrt{3} = 5 \times \sqrt{3} + 2 \times \sqrt{3} = (5+2)\sqrt{3} = 7\sqrt{3}$ 이다.

(3) 다항식의 덧셈과 뺄셈에서 동류항을 계산하는 것과 같이 근호를 포함한 식의 덧셈과 뺄셈도 근
호 안의 수가 같은 것끼리 모아서 계산한다. 즉, 제곱근의 무리수 부분을 문자로 생각하고 동류
항을 계산하는 방법과 같은 방법으로 계산하면 된다.

$$5\sqrt{3} + 2\sqrt{3} = (5+2)\sqrt{3} = 7\sqrt{3}$$
$$\downarrow \qquad \downarrow \qquad \qquad \downarrow \qquad \quad \downarrow$$
$$5a + 2a = (5+2)\,a = 7a$$

2. 다항식에서 동류항이 아니면 덧셈과 뺄셈을 할 수 없는 것과 같이 근호 안의 수가 다르면 제곱근
의 덧셈과 뺄셈을 할 수 없다.

⇨ $\sqrt{2} + \sqrt{3} = \sqrt{5}$ 이라고 계산하면 안된다. 왜냐하면 $\sqrt{2} + \sqrt{3} = 1.414\cdots + 1.732\cdots = 3.146\cdots$ 이
지만 $\sqrt{5} = 2.236\cdots$ 이므로 결과가 다르다. $\sqrt{2} + \sqrt{3} \neq \sqrt{5}$ 임을 주의하자!

3. $\sqrt{a^2 b}$ 꼴의 경우는 $a\sqrt{b}$ 꼴로 근호 안을 가장 작은 자연수로 바꾼 후 계산한다.

⇨ $\sqrt{}$ 안의 수가 작을수록 계산이 편리하기 때문에 $\sqrt{}$ 안의 수는 인수분해해서 제곱수가 있는 경
우는 반드시 밑을 $\sqrt{}$ 밖으로 꺼내야 한다.

---

[2] 근호가 있는 식의 혼합계산

1. 실수에서도 유리수의 경우에서와 마찬가지로 다음 계산법칙이 성립한다.
   a, b, c가 실수일 때,
   (1) **교환법칙** : $a+b=b+a$, $ab=ba$
   (2) **결합법칙** : $(a+b)+c=a+(b+c)$, $(ab)c=a(bc)$
   (3) **분배법칙** : $a(b+c)=ab+ac$, $(a+b)c=ac+bc$

2. **근호를 포함한 식이 복잡한 경우**
   (1) 괄호가 있으면 분배법칙을 이용하여 괄호를 푼다.
   (2) 근호 안의 제곱인 수는 근호 밖으로 꺼낸다.
   (3) 분모에 무리수가 있으면 분모를 유리화한다.
   (4) 덧셈, 뺄셈보다 곱셈, 나눗셈을 먼저 계산한다.
   (5) 근호 안의 수가 같은 것끼리 모아서 덧셈, 뺄셈을 계산한다.

(이해하기!)

1. $3\sqrt{2}(\sqrt{3}-2)+\dfrac{\sqrt{18}+2\sqrt{3}}{\sqrt{2}}$ 을 간단히 해보자.

$$\Rightarrow \quad 3\sqrt{2}(\sqrt{3}-2)+\frac{\sqrt{18}+2\sqrt{3}}{\sqrt{2}}$$

$$=3\sqrt{6}-6\sqrt{2}+\frac{3\sqrt{2}+2\sqrt{3}}{\sqrt{2}}$$

분배법칙을 이용하여 괄호를 풀고 근호 안의 제곱인 수는 근호 밖으로 꺼낸다.

$$=3\sqrt{6}-6\sqrt{2}+\frac{6+2\sqrt{6}}{2}$$

분모에 무리수가 있으면 분모를 유리화한다.

$$=3\sqrt{6}-6\sqrt{2}+3+\sqrt{6}$$

덧셈, 뺄셈보다 곱셈, 나눗셈을 먼저 계산한다.

$$=3-6\sqrt{2}+4\sqrt{6}$$

근호 안의 수가 같은 것끼리 모아서 덧셈, 뺄셈을 계산한다.

---

[3] 유리수가 되는 조건, 두 무리수가 같을 조건

1. a, b, c, d가 유리수이고 $\sqrt{m}$, $\sqrt{n}$이 무리수 일 때,
   (1) $a+b\sqrt{m}$이 유리수 $\Rightarrow b=0$
   (2) $a+b\sqrt{m}=0 \Leftrightarrow a=0, b=0$
   (3) $a+b\sqrt{m}=c+d\sqrt{m} \Leftrightarrow a=c, b=d$

(이해하기!)

1. 유리수 전체와 무리수 전체는 서로소와 같다고 할 수 있으므로 두 무리수가 서로 같으려면 유리수 부분은 유리수 부분끼리, 무리수 부분은 무리수 부분끼리 같아야 한다.
   (1) 유리수와 무리수의 합은 무리수이므로 $a+b\sqrt{m}$이 유리수가 되려면 $b=0$ 이다.

   (2) 만약 $b\neq0$이면 $a+b\sqrt{m}=0$에서 $b\sqrt{m}=-a$ 이고 $\sqrt{m}=-\dfrac{a}{b}$ 이다. 이때, $\sqrt{m}$은 무리수 이므로 $-\dfrac{a}{b}$도 무리수가 되는데 이는 $-\dfrac{a}{b}$가 유리수라는 가정에 모순이 된다. 역으로 $a=0, b=0$이면, $a+b\sqrt{m}=0$은 당연하다.

(3) $a+b\sqrt{m}=c+d\sqrt{m}$ 에서 $c+d\sqrt{m}$ 을 좌변으로 이항하면 $(a-c)+(b-d)\sqrt{m}=0$ 이고 (2)에 의해 $a-c=0, b-d=0$ 이므로 $a=c, b=d$ 이다. 역으로 $a=c, b=d$ 이면 $a+b\sqrt{m}=c+d\sqrt{m}$ 는 당연하다.

(확인하기!)

1. $\sqrt{3}(5\sqrt{3}-6)-a(1-\sqrt{3})$ 이 유리수가 되기 위한 유리수 a 의 값을 구하시오.

(풀이) $\sqrt{3}(5\sqrt{3}-6)-a(1-\sqrt{3})=15-6\sqrt{3}-a+a\sqrt{3}$

$$=(15-a)+(a-6)\sqrt{3} \text{ 이다.}$$

$(15-a)+(a-6)\sqrt{3}$ 이 유리수가 되려면 $a-6=0$ 이어야 하므로 $a=6$ 이다.

---

[4] 무리수의 정수부분과 소수부분

1. 무리수는 순환하지 않는 무한소수로 나타내어지는 수이므로 정수부분과 소수부분으로 구분하여 나타낼 수 있다.

   ⇨ **(무리수)=(정수부분)+(소수부분)**

2. (소수부분)=(무리수)−(정수부분)

   ⇨ $a>0$ 이고 n 이 정수일 때,

   $$n<\sqrt{a}<n+1 \quad \Rightarrow \quad \begin{cases} (\sqrt{a}\text{의 정수부분}) = n \\ (\sqrt{a}\text{의 소수부분}) = \sqrt{a}-n \end{cases}$$

(이해하기!)

1. 예를 들어 $\sqrt{2}=1.414\cdots=1+0.414\cdots$ 로 정수부분 1과 소수부분 $0.414\cdots$ 의 합으로 나타낼 수 있다.

2. $\sqrt{2}=1+0.414\cdots$ 이므로 우변의 1을 좌변으로 이항하면 $0.414\cdots=\sqrt{2}-1$ 이다. 무리수의 소수부분을 무리수에서 정수부분을 뺀 값으로 나타내는 이유는 그 값이 정확한 값이기 때문이다. $0.414\cdots$ 는 무한소수로 그 끝을 알 수 없는 불분명한 값이지만 $\sqrt{2}-1$ 은 분명한 참값이다. 이는 곧 연산을 할 수 있으며 정확한 해를 구할 수 있다는 것을 의미한다.

(확인하기!)

1. $4-\sqrt{5}$ 의 정수부분을 a, 소수부분을 b 라고 할 때, $a-b$ 의 값을 구하여라.

(풀이) $-3<-\sqrt{5}<-2$ 이므로 $4-3<4-\sqrt{5}<4-2$ 이고 $1<4-\sqrt{5}<2$ 이다.

따라서, 정수부분 $a=1$ 이다.

(소수부분)=(무리수)−(정수부분)이므로 $b=(4-\sqrt{5})-1=3-\sqrt{5}$ 이다.

그러므로 $a-b=1-(3-\sqrt{5})=-2+\sqrt{5}$ 이다.

2.1 다항식의 곱셈

[1] 학년별 식의 연산 학습내용

1. 1학년

(1) 일차식과 수의 곱셈, 나눗셈

① (단항식)×(수) : 수끼리 곱한 후 문자 앞에 쓴다. ⇨ ex) $2x \times 3$

② (단항식)÷(수) : 나눗셈을 곱셈으로 바꾸어 계산한다. ⇨ ex) $2x \div 3$

③ (일차식)×(수) : 일차식의 각 항에 수를 곱한다. ⇨ ex) $(2x+3) \times 4$

④ (일차식)÷(수) : 나눗셈을 곱셈으로 바꾸어 계산한다. ⇨ ex) $(2x+3) \div 4$

(2) 일차식의 덧셈과 뺄셈, 단항식의 덧셈과 뺄셈

: 동류항끼리 덧셈과 뺄셈을 한다. ⇨ ex) $2x + (3x+1)$

2. 2학년

(1) (단항식)×(단항식), (단항식)÷(단항식) ⇨ ex) $2x \times 3y,\ 4x \div 2x$

(2) (다항식)×(단항식), (다항식)÷(단항식) ⇨ ex) $2x(3x+5y),\ (4x^2+6x) \div 2x$

(3) 다항식의 덧셈과 뺄셈 ⇨ ex) $(2x+3y) + (-x+4y)$

(4) 이차식의 덧셈과 뺄셈 ⇨ ex) $(-x^2+3x+4) - (2x^2-1)$

3. 3학년

(1) (다항식)×(다항식) ⇨ ex) $(2x+y)(x-3y)$

(2) 곱셈공식

(이해하기!)

1. '식의 연산' 학습과정에서 학년별 학습내용을 전체적으로 확인해보는 것이 이 단원을 학습하는데 도움이 된다. 학년이 올라감에 따라 단항식에서 다항식으로 수에서 일차식을 거쳐 이차식으로 학습 내용의 범위와 깊이가 확장됨을 알 수 있다. 자세히 살펴보면 위 내용 중 식의 사칙연산에서 '(다항식)÷(다항식)' 은 빠져있음을 알 수 있다. 이 내용은 고교과정에서 소개된다.

[2] 다항식의 곱셈

1. 전개(줒: 펴다 전, 開: 열다 개)

: 한자의 의미를 풀면 괄호를 열어 펼친다는 것으로 다항식의 곱셈을 단항식의 합과 차로 푸는 것

2. 다항식의 곱셈

$$(a+b)(c+d) = \underset{①}{ac} + \underset{②}{ad} + \underset{③}{bc} + \underset{④}{bd}$$

(이해하기!)

1. 다항식의 곱셈 $(a+b)(c+d) = ac+ad+bc+bd$ **증명하기**

  (1) 기하학적 증명

    ⇨ 오른쪽 그림에서 가로의 길이는 $(a+b)$, 세로의 길이는 $(c+d)$

      이므로 전체 사각형의 넓이는 $(a+b)(c+d)$ 이다.

      한편, 전체 사각형의 넓이는 오른쪽 그림에서 4개의 사각형의

      넓이의 합과 같으므로 $ac+ad+bc+bd$ 이다.

      따라서, $(a+b)(c+d)=ac+ad+bc+bd$ 이다.

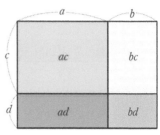

  (2) 대수적 증명

    ⇨ $(a+b)(c+d)$에서 $c+d$를 한 문자 X으로 치환하고 분배법칙을 이용해 전개하면

      $(a+b)(c+d)=(a+b)X=aX+bX$ 이다. 이때 X에 $c+d$를 대입하고 분배법칙을 이용해 전개하면

      $aX+bX=a(c+d)+b(c+d)=ac+ad+bc+bd$ 이다.

2. 기본적인 다항식의 곱셈은 분배법칙을 이용해 전개하고, 동류항이 있으면 동류항끼리 더하거나 빼서 간단히 한다. 이때, 한 문자에 관해 내림차순으로 정리한다. 결론적으로 각 다항식의 각각의 항끼리 곱하는 모든 경우를 나열하면 된다.

3. 전개는 인수분해와 서로 반대의 과정이라고 생각하면 된다.

    ⇨ $x^2+3x+2 \underset{\text{전개}}{\overset{\text{인수분해}}{\rightleftarrows}} (x+1)(x+2)$

(깊이보기!)

1. 다항식의 곱셈을 활용해 두 홀수의 곱이 홀수임을 증명하기

    ⇨ 두 홀수 $2m+1, 2n+1$ (단, m, n은 정수) 에 대해

      $(2m+1) \times (2n+1) = 4mn+2m+2n+1 = 2(2mn+m+n)+1 = 2k+1$(단, k는 정수) 이므로 두 홀수의 곱은 홀수이다.

2.2 다항식의 제곱의 전개 (곱셈공식1)

[1] 다항식의 제곱의 전개 (곱셈공식1)

1. $(a+b)^2 = a^2 + 2ab + b^2$
2. $(a-b)^2 = a^2 - 2ab + b^2$

(이해하기!)

1. **다항식의 제곱** $(a+b)^2 = a^2 + 2ab + b^2$ **증명하기**

   (1) 기하학적 증명

   ⇨ 오른쪽 정사각형의 한 변의 길이는 $a+b$이므로 넓이는 $(a+b)^2$이다.
   한편, 정사각형의 넓이는 4개의 사각형의 넓이의 합과 같으므로
   $a^2 + ab + ab + b^2 = a^2 + 2ab + b^2$ 이다.
   따라서, $(a+b)^2 = a^2 + 2ab + b^2$ 이다.

   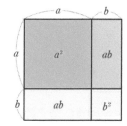

   (2) 대수적 증명

   ⇨ $(a+b)^2 = (a+b)(a+b) = a^2 + ab + ab + b^2 = a^2 + 2ab + b^2$

2. **다항식의 제곱** $(a-b)^2 = a^2 - 2ab + b^2$ **증명하기**

   (1) 기하학적 증명

   ⇨ 오른쪽 그림과 같이 한 변의 길이가 a인 정사각형에서 색칠한 부분의 넓이는 $(a-b)^2$이다. 한편, 색칠한 부분의 넓이는 전체 정사각형에서 색칠하지 않은 직사각형의 넓이인 ①+③, ②+③의 넓이를 빼는데 이때 ③의 넓이를 두 번 빼게 되므로 ③의 넓이를 한 번 더해야 한다. 즉, 색칠한 부분의 넓이는 $a^2 - ab - ab + b^2$ 이다.
   따라서 $(a-b)^2 = a^2 - 2ab + b^2$ 이다.

   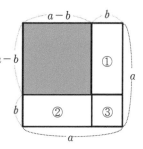

   (2) 대수적 증명

   ⇨ $(a-b)^2 = (a-b)(a-b) = a^2 - ab - ab + b^2 = a^2 - 2ab + b^2$

3. 다항식의 제곱으로 된 식 또는 이 식에 상수를 곱한 식을 완전제곱식이라고 한다.

   ⇨ 예를 들어 $(a+b)^2$, $(2a+3b)^2$, $2(x+5)^2$ 와 같은 식을 완전제곱식이라고 한다.

4. 곱셈공식을 지수법칙 $(ab)^2 = a^2 b^2$ 과 같이 생각하여 $(a+b)^2 = a^2 + b^2$, $(a-b)^2 = a^2 - b^2$ 으로 잘못 전개하지 않도록 주의하자.

(깊이보기!)

1. 곱셈공식은 다항식의 곱셈을 편리하게 하기 위한 공식이다. 식을 전개할 때 앞 단원에서 학습했던 다항식의 곱셈 방법을 활용하면 분배법칙을 통해 모든 다항식의 곱셈을 할 수 있기 때문에 사실 곱셈공식을 외워 사용하지 않아도 된다. 그러나 다항식의 항이 많은 경우 전개 과정이 복잡하고 계산이 어려운 단점이 있다. 따라서 특정한 유형의 다항식의 곱셈의 경우 공식을 암기해두어 다항식의 곱셈을 보다 쉽고 편리하게 하기 위한 도구로 생각하면 된다.

---

[2] 곱셈공식1 의 변형

1. $a^2 + b^2 = (a+b)^2 - 2ab$

2. $a^2 + b^2 = (a-b)^2 + 2ab$

3. $(a+b)^2 = (a-b)^2 + 4ab$

4. $(a-b)^2 = (a+b)^2 - 4ab$

(이해하기!)

1. 곱셈공식의 변형

(1) 곱셈공식 $(a+b)^2 = a^2 + 2ab + b^2$ 에서 $2ab$를 좌변으로 이항하면 $a^2 + b^2 = (a+b)^2 - 2ab$ 이다.

(2) 곱셈공식 $(a-b)^2 = a^2 - 2ab + b^2$ 에서 $-2ab$를 좌변으로 이항하면 $a^2 + b^2 = (a-b)^2 + 2ab$ 이다.

(3) $(a+b)^2 = a^2 + 2ab + b^2 = a^2 - 2ab + b^2 + 4ab = (a-b)^2 + 4ab$ 이므로 $(a+b)^2 = (a-b)^2 + 4ab$ 이다.

(4) $(a-b)^2 = a^2 - 2ab + b^2 = a^2 + 2ab + b^2 - 4ab = (a+b)^2 - 4ab$ 이므로 $(a-b)^2 = (a+b)^2 - 4ab$ 이다.

2. 곱셈공식의 변형은 외우려하기 보다는 위 과정을 이해하여 적용하는 것이 좋다.

(확인하기!)

1. $a+b=2,\ ab=-5$일 때, 다음 식의 값을 구하시오.

(1) $a^2 + b^2$ (2) $(a-b)^2$

(풀이) (1) $a^2 + b^2 = (a+b)^2 - 2ab = 2^2 - 2 \times (-5) = 14$

        (2) $(a-b)^2 = (a+b)^2 - 4ab = 2^2 - 4 \times (-5) = 24$

2. $x+y=6,\ x-y=4$일 때, $x^2 - xy + y^2$ 의 값을 구하시오.

(풀이) $(x+y)^2 = (x-y)^2 + 4xy$ 이므로 $36 = 16 + 4xy,\ 4xy = 20$이고 $xy = 5$ 이다.

      $\therefore\ x^2 - xy + y^2 = (x-y)^2 + xy = 16 + 5 = 21$

---

[3] 곱셈공식1 의 변형의 활용

1. 두 수의 곱이 1인 식의 변형 : $x + \dfrac{1}{x}$ 또는 $x - \dfrac{1}{x}$의 값이 주어질 때

(1) $x^2 + \dfrac{1}{x^2} = \left(x + \dfrac{1}{x}\right)^2 - 2$

(2) $x^2 + \dfrac{1}{x^2} = \left(x - \dfrac{1}{x}\right)^2 + 2$

(3) $\left(x + \dfrac{1}{x}\right)^2 = \left(x - \dfrac{1}{x}\right)^2 + 4$

(4) $\left(x - \dfrac{1}{x}\right)^2 = \left(x + \dfrac{1}{x}\right)^2 - 4$

(이해하기!)

1. 두 수의 곱이 1인 식의 변형

(1) $\left(x + \dfrac{1}{x}\right)^2 = x^2 + 2 \times x \times \dfrac{1}{x} + \left(\dfrac{1}{x}\right)^2 = x^2 + \dfrac{1}{x^2} + 2$ 이므로 2를 좌변으로 이항하면

$x^2 + \dfrac{1}{x^2} = \left(x + \dfrac{1}{x}\right)^2 - 2$ 이다.

(2) $\left(x - \dfrac{1}{x}\right)^2 = x^2 - 2 \times x \times \dfrac{1}{x} + \left(\dfrac{1}{x}\right)^2 = x^2 + \dfrac{1}{x^2} - 2$ 이므로 -2를 좌변으로 이항하면

$x^2 + \dfrac{1}{x^2} = \left(x - \dfrac{1}{x}\right)^2 + 2$ 이다.

(3) $\left(x + \dfrac{1}{x}\right)^2 = x^2 + \dfrac{1}{x^2} + 2 = x^2 + \dfrac{1}{x^2} - 2 + 4 = \left(x - \dfrac{1}{x}\right)^2 + 4$ 이므로 $\left(x + \dfrac{1}{x}\right)^2 = \left(x - \dfrac{1}{x}\right)^2 + 4$ 이다.

(4) $\left(x - \dfrac{1}{x}\right)^2 = x^2 + \dfrac{1}{x^2} - 2 = x^2 + \dfrac{1}{x^2} + 2 - 4 = \left(x + \dfrac{1}{x}\right)^2 - 4$ 이므로 $\left(x - \dfrac{1}{x}\right)^2 = \left(x + \dfrac{1}{x}\right)^2 - 4$ 이다.

(확인하기!)

1. $x - \dfrac{1}{x} = 2$일 때, 다음 식의 값을 구하시오.

(1) $x^2 + \dfrac{1}{x^2}$ 　　　　　　　　　　　(2) $\left(x + \dfrac{1}{x}\right)^2$

(풀이) (1) $x^2 + \dfrac{1}{x^2} = \left(x - \dfrac{1}{x}\right)^2 + 2 = 2^2 + 2 = 6$

(2) $\left(x + \dfrac{1}{x}\right)^2 = \left(x - \dfrac{1}{x}\right)^2 + 4 = 2^2 + 4 = 8$

2. $x^2 - 5x + 1 = 0$일 때 $x^2 + \dfrac{1}{x^2}$의 값을 구하시오. (단, $x \neq 0$)

(풀이) $x^2 - 5x + 1 = 0$에서 $x \neq 0$이므로 양변을 x로 나누면 $x - 5 + \dfrac{1}{x} = 0$이고 $x + \dfrac{1}{x} = 5$이다.

$\therefore\ x^2 + \dfrac{1}{x^2} = \left(x + \dfrac{1}{x}\right)^2 - 2 = 5^2 - 2 = 23$

---

[4] 다항식의 제곱의 전개의 활용

1. **수의 제곱의 계산**

: 곱셈공식 $(a + b)^2 = a^2 + 2ab + b^2$, $(a - b)^2 = a^2 - 2ab + b^2$ 을 활용해 수의 제곱의 계산을 편리하게 할 수 있다.

(이해하기!)

1. 수의 제곱의 계산

(1) 예를 들어 $1003^2 = 1003 \times 1003$과 같이 계산하면 복잡하고 어렵지만,

$1003^2 = (1000 + 3)^2 = 1000^2 + 2 \times 1000 \times 3 + 3^2 = 1006009$와 같이 계산하면 쉽고 편리하다.

(2) 마찬가지로 $998^2 = 998 \times 998$과 같이 계산하면 복잡하고 어렵지만,

$998^2 = (1000 - 2)^2 = 1000^2 - 2 \times 1000 \times 2 + 2^2 = 996{,}004$와 같이 계산하면 쉽고 편리하다.

2.3 합과 차의 곱의 전개 (곱셈공식2)

[1] 합차 공식(곱셈공식2)

1. $(a+b)(a-b) = a^2 - b^2$

(이해하기!)

1. 합차 공식 $(a+b)(a-b) = a^2 - b^2$ 증명하기

   (1) 기하학적 증명

   ⇨ 오른쪽 [그림1] 과 같이 한 변의 길이가 a인 정사각
   형의 가로의 길이는 b만큼 늘리고, 세로의 길이는 b
   만큼 줄여 만들어진 직사각형의 가로의 길이는 $a+b$이고, 세로의 길이는 $a-b$이므로 그 넓이는
   $(a+b)(a-b)$이다. 한편, [그림2] 에서 회색 직사각형
   을 이동해 만든 도형의 넓이를 두 정사각형의 넓이의
   차를 이용하여 구하면 $a^2 - b^2$ 이고 이것은 [그림1] 도형의 넓이와 같다.
   따라서 $(a+b)(a-b) = a^2 - b^2$ 이다.

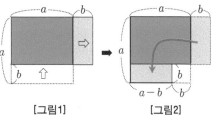

[그림1]　　　[그림2]

   (2) 대수적 증명

   ⇨ $(a+b)(a-b) = a^2 - ab + ab - b^2 = a^2 - b^2$

2. 합차공식은 다항식의 항이 2개이고 두 다항식의 항이 같은 경우 활용한다. 한 다항식은 두 항을 더
   하고 다른 다항식은 두 항을 뺀 다항식의 곱을 전개할 때 매우 편리하게 사용하는 공식이다.

3. 다음과 같은 경우도 합차공식을 이용해 전개함을 이해한다.

   (1) $(a-b)(a+b) = (a+b)(a-b) = a^2 - b^2$

   (2) $(-a+b)(-a-b) = (-a)^2 - b^2 = a^2 - b^2$

   (3) $(a+b)(-a+b) = (b+a)(b-a) = b^2 - a^2$

   (4) $(a-b)(-a-b) = -(a-b)(a+b) = -(a^2 - b^2) = b^2 - a^2$

[2] 합차 공식의 활용

1. **분모의 유리화** : 분모가 다항식인 무리수의 경우 합차 공식을 활용하여 분모의 유리화를 할 수 있다.
2. **두 수의 곱의 계산**

   : 합차공식 $(a+b)(a-b) = a^2 - b^2$를 활용해 두 수의 곱의 계산을 편리하게 할 수 있다.

(이해하기!)

1. $(a+b)(a-b) = a^2 - b^2$ 에서 a 또는 b가 무리수일지라도 a^2, b^2은 유리수이므로 $a^2 - b^2$은 유리수임을
   활용해 분모를 유리화할 수 있다.

2. 분모의 유리화

(1) 예를 들어 $\dfrac{2}{2+\sqrt{3}}$ 의 경우 분모의 항이 2개인데 분모를 유리화하기 위해 무리수 $\sqrt{3}$ 을 분자와 분모에 곱하면 $\dfrac{2}{2+\sqrt{3}} \times \dfrac{\sqrt{3}}{\sqrt{3}} = \dfrac{2\sqrt{3}}{2\sqrt{3}+3}$ 이 되어 여전히 분모가 무리수이다. 이 경우 합차 공식을 활용해 항은 같고 부호가 다른 수를 분자 분모에 곱하면 분모를 유리화할 수 있다.

(2) $\dfrac{2}{2+\sqrt{3}} = \dfrac{2}{2+\sqrt{3}} \times \dfrac{2-\sqrt{3}}{2-\sqrt{3}} = \dfrac{4-2\sqrt{3}}{2^2 - (\sqrt{3})^2} = 4 - 2\sqrt{3}$ 이다.

3. 두 수의 곱의 계산

(1) 예를 들어 196×204 를 직접 계산하는 것은 복잡하고 어렵지만,

$196 \times 204 = (200-4)(200+4) = 200^2 - 4^2 = 40000 - 16 = 39984$ 와 같이 계산하면 쉽고 편리하다.

(2) 마찬가지 방법으로 $19.8 \times 20.2 = (20-0.2)(20+0.2) = 20^2 - 0.2^2 = 400 - 0.04 = 399.96$ 과 같이 계산하면 쉽고 편리하다.

2.4 두 일차식의 곱의 전개 (곱셈공식3, 곱셈공식4)

[1] 두 일차식의 곱의 전개 (곱셈공식3)

1. 일차항의 계수가 1인 경우
   $\Rightarrow (x+a)(x+b) = x^2 + (a+b)x + ab$

(이해하기!)

1. **일차항의 계수가 1인 두 일차식의 곱** $(x+a)(x+b) = x^2 + (a+b)x + ab$ **증명하기**

   (1) 기하학적 증명

   $\Rightarrow$ 오른쪽 그림에서 가로의 길이는 $x+a$, 세로의 길이는 $x+b$ 이므로
   전체 사각형의 넓이는 $(x+a)(x+b)$이다. 한편, 전체 사각형의 넓이
   는 4개의 사각형의 넓이의 합과 같으므로
   $x^2 + ax + bx + ab = x^2 + (a+b)x + ab$이다.
   따라서, $(x+a)(x+b) = x^2 + (a+b)x + ab$ 이다.

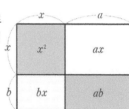

   (2) 대수적 증명

   $\Rightarrow (x+a)(x+b) = x^2 + bx + ax + ab = x^2 + (a+b)x + ab$

2. 일차항의 계수가 1인 두 일차식의 곱의 전개는 두 상수항의 합이 전개식의 x의 계수, 두 상수항의
   곱이 전개식의 상수항이 된다고 이해하면 좋다.

[2] 두 일차식의 곱의 전개 (곱셈공식4)

1. **일차항의 계수가 1이 아닌 경우**
   $\Rightarrow (ax+b)(cx+d) = acx^2 + (ad+bc)x + bd$

(이해하기!)

1. **두 일차식의 곱** $(ax+b)(cx+d) = acx^2 + (ad+bc)x + bd$ **증명하기**

   (1) 기하학적 증명

   $\Rightarrow$ 오른쪽 그림에서 가로의 길이는 $ax+b$, 세로의 길이는 $cx+d$ 이므
   로 전체 사각형의 넓이는 $(ax+b)(cx+d)$ 이다. 한편, 전체 사각형의
   넓이는 4개의 사각형의 넓이의 합과 같으므로
   $acx^2 + bcx + adx + bd = acx^2 + (ad+bc)x + bd$ 이다.
   따라서, $(ax+b)(cx+d) = acx^2 + (ad+bc)x + bd$ 이다.

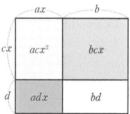

   (2) 대수적 증명

   $\Rightarrow (ax+b)(cx+d) = ax \times cx + ax \times d + b \times cx + b \times d = acx^2 + adx + bcx + bd = acx^2 + (ad+bc)x + bd$

2. 곱셈공식 $(ax+b)(cx+d) = acx^2 + (ad+bc)x + bd$는 두 일차식의 곱의 전개의 일반적인 경우로 공식이 복잡해 외우는 것이 어렵다. 따라서 분배법칙을 활용해 그냥 전개하는 것도 좋은 방법이다.

---

[3] 두 일차식의 곱의 전개의 활용

1. 수의 계산
   : 두 일차식의 곱의 전개를 이용해 수의 계산을 편리하게 할 수 있다.

(이해하기!)

1. 수의 계산
   (1) 예를 들어 107×96을 직접 계산하는 것은 복잡하고 어렵지만
   $107 \times 96 = (100+7)(100-4) = 100^2 + (7-4) \times 100 - 7 \times 4 = 10000 + 300 - 28 = 10272$ 와 같이 계산하면 쉽고 편리하다.
   (2) 마찬가지 방법으로 $203 \times 301 = (2 \times 100 + 3)(3 \times 100 + 1)$
   $$= 2 \times 3 \times 100^2 + (2 \times 1 + 3 \times 3) \times 100 + 3 \times 1$$
   $$= 60000 + 1100 + 3$$
   $$= 61103$$
   과 같이 계산하면 쉽고 편리하다.

---

[4] 곱셈공식의 활용 - 치환을 이용한 복잡한 식의 전개

1. 공통부분이 있는 복잡한 식의 전개 방법
   (1) 공통 부분을 한 문자로 치환한 후 곱셈 공식을 이용하여 전개한다.
   (2) 치환하기 전의 공통부분을 전개한 식에 대입한다.
   (3) 식을 전개한 후 동류항끼리 정리한다.

(이해하기!)

1. 예를 들어 $(x+y+z)(x+y-z)$을 전개하는 경우 공통부분 $x+y = A$로 치환해 정리하면
   $(A+z)(A-z) = A^2 - z^2 = (x+y)^2 - z^2 = x^2 + 2xy + y^2 - z^2$ 이다.

2. 4개의 일차식의 곱 $(\quad)(\quad)(\quad)(\quad)$의 꼴의 전개
   ⇨ **일차식의 상수항의 합이 같아지도록** 2개씩 짝지어 전개한 후 공통 부분을 치환해 전개한다.

(확인하기!)

1. $(x-1)(x-2)(x+4)(x+5)$**를 전개하시오.**
   (풀이) 일차식의 상수항의 합이 같아지도록 2개씩 짝지으면
   $$(x-1)(x-2)(x+4)(x+5) = \{(x-1)(x+4)\}\{(x-2)(x+5)\}$$
   $$= (x^2 + 3x - 4)(x^2 + 3x - 10)$$
   $x^2 + 3x = A$로 치환해 정리하면
   $$(A-4)(A-10) = A^2 - 14A + 40 = (x^2 + 3x)^2 - 14(x^2 + 3x) + 40$$
   $$= x^4 + 6x^3 + 9x^2 - 14x^2 - 42x + 40$$
   $$= x^4 + 6x^3 - 5x^2 - 42x + 40$$

2.5 인수분해의 뜻

[1] 인수분해의 뜻

1. **인수** : 1개의 다항식을 2개 이상의 다항식의 곱으로 나타낼 때, 곱해진 이들 각각의 식
2. **인수분해** : 1개의 다항식을 2개 이상의 인수의 곱으로 나타내는 것
3. **인수분해의 기본** : 공통인수로 묶기

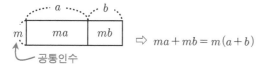

$$\Rightarrow ma + mb = m(a+b)$$

공통인수

(이해하기!)

1. 두 일차식의 곱 $(x+1)(x+2)$을 전개한 식은 $(x+1)(x+2) = x^2 + 3x + 2$ 이다. 이 식의 좌변과 우변을 바꾸어 놓으면 $x^2 + 3x + 2 = (x+1)(x+2)$와 같이 다항식 $x^2 + 3x + 2$은 $x+1$과 $x+2$의 곱으로 나타낼 수 있다. 이와 같이 하나의 다항식을 2개 이상의 다항식의 곱으로 나타낼 때 각각의 식을 처음 식의 '인수' 라고 한다. 그리고 다항식을 2개 이상의 인수의 곱으로 나타내는 것을 다항식을 '인수분해' 한다고 한다.

$$x^2 + 3x + 2 \quad \xrightarrow[\text{전개}]{\text{인수분해}} \quad \underbrace{(x+1)(x+2)}_{\text{인수}}$$

2. 전개와 인수분해는 등식의 좌변과 우변을 서로 바꾼 관계이다.

3. $x(x+1)$의 인수는 $1, x, x+1, x(x+1)$이다. 즉, 모든 다항식에서 1과 자기 자신은 항상 그 다항식의 인수이고 인수들끼리의 곱 역시 인수가 된다. 인수와 약수는 곱셈에 관한 개념이냐 나눗셈에 관한 개념이냐의 차이일 뿐 같은 말이다. 모든 자연수는 1과 자기 자신을 반드시 약수로 갖고 있으며 두 약수의 곱 역시 약수가 될 수 있는 약수의 개념을 생각하면 인수의 개념이 쉽게 이해될 것이다.

4. 모든 인수분해의 기본은 분배법칙을 활용한 공통인수로 묶기이다. 따라서, 인수분해 문제를 풀 경우 가장 먼저 공통인수가 있는지, 있으면 무엇인지 확인하는 것이 중요하다. 공통인 인수로 묶어내어 인수분해할 때는 공통인 인수가 남지 않도록 모두 묶어 내어야 한다.
   $\Rightarrow 3x^2 + 6xy$와 같은 다항식을 인수분해 할 때, $3x^2 + 6xy = 3(x^2 + 2xy)$ 또는 $3x^2 + 6xy = x(3x + 6y)$ 같이 인수분해하는 오류를 범하는 경우가 있다. 이 다항식에서 두 항 $3x^2$과 $6xy$의 공통인수는 $3x$이므로 공통인수가 남지 않도록 $3x^2 + 6xy = 3x(x + 2y)$와 같이 인수분해 해야 한다.

(깊이보기!)

1. '소인수분해' 와 '인수분해' 의 비교
   $\Rightarrow$ '분해' 라는 의미는 원래의 크기보다 작은 것들로 쪼개 나누는 것을 말한다. 자연수의 소인수분해는 자연수를 보다 작은 소인수들의 곱으로 분해하는 과정이다. 그런데 다항식은 크기 비교를

할 수 없으므로 크기의 개념 대신 차수를 고려할 수 있다. 다항식의 인수분해는 다항식을 차수가 보다 작거나 같은 다항식의 곱으로 나타내는 과정이다. 수를 작게 하거나 식의 차수를 작게 하면 계산의 편리성, 문제 해결의 편리성, 성질 파악의 용이성 등 여러 장점들이 있다. 이런 이유로 자연수의 소인수분해와 다항식의 인수분해를 배우게 되는 것이다.

2. 다항식의 인수분해의 유일성 (참고자료)

(1) 다항식의 나눗셈 정리

: 다항식 $f(x)(\neq 0), g(x)$에 대하여

$g(x) = f(x) \cdot q(x) + r(x)$, ($r(x)$의 차수)$<$($f(x)$의 차수) 인 다항식 $q(x), r(x)$가 존재한다.

⇨ 수의 나눗셈과 같이 다항식도 나눗셈을 할 수 있다. 수를 나누었을 경우 나머지는 나누는 수보다 작아야 하는 것과 같이 다항식을 나누었을 경우 나머지는 나누는 다항식의 차수보다 작아야 한다.

(2) 가약(可約), 기약(期約)

: $g(x) = f(x) \cdot h(x)$ (단, ($f(x)$의 차수)≥ 1, ($h(x)$의 차수)≥ 1)를 만족하는 다항식 $f(x), h(x)$가 존재하면, $g(x)$는 체 F 위에서 가약이라 하고, 그렇지 않은 경우를 기약이라 한다.

일반적으로 임의의 다항식은 기약인 다항식들의 곱으로 나타낼 수 있다.

⇨ 간단히 기약다항식이란 최고차항의 차수가 1인 다항식들의 곱으로 나타낼 수 없는 다항식이라고 생각하면 된다. 자연수의 소인수분해에서 소수와 같은 개념이라고 할 수 있다.

(3) 유일 인수분해 정리

: 1차 이상인 다항식 $f(x)$는 다음과 같이 인수분해된다.

$f(x) = ap_1(x)p_2(x) \cdots p_k(x)$ 여기서 $a \neq 0$이고, $p_i(x)$는 최고차항의 계수가 1인 기약다항식이다.

또, $f(x)$의 기약인 인수 $p_1(x), \cdots, p_k(x)$의 순서를 무시하면 이와 같은 인수분해는 유일하다.

⇨ 1차 이상인 다항식은 더 이상 분해할 수 없는 최고차항의 계수가 1인 기약다항식의 곱으로 유일하게 인수분해 된다.

3. 다항식의 인수분해 방법이 무수히 많다면 곤란한 문제상황이 될 것이다. 어떤 다항식을 인수분해하려는데 무수히 많은 정답을 갖는다면 정답을 정할 수 없을 것이다. 그러나 다항식의 인수분해는 유일한 성질을 갖고 있어 그 자체로 의미있는 문제가 된다. 자연수의 인수분해 방법은 무수히 많아 다루지 않지만 소인수분해 방법은 유일해 소인수분해 문제를 다루는 것과 같은 맥락이라고 생각하면 된다.

2.6 $a^2 + 2ab + b^2$, $a^2 - 2ab + b^2$ 의 인수분해

[1] $a^2 + 2ab + b^2$, $a^2 - 2ab + b^2$의 인수분해 – 완전제곱식을 이용한 인수분해

1. $a^2 + 2ab + b^2 = (a+b)^2$
2. $a^2 - 2ab + b^2 = (a-b)^2$

(이해하기!)

1. $a^2 + 2ab + b^2$, $a^2 - 2ab + b^2$의 인수분해 증명하기

   (1) 기하학적 증명

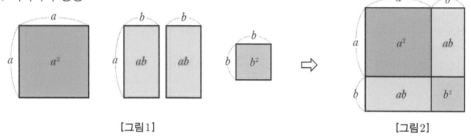

      [그림1]   [그림2]

   ⇨ [그림1]의 직사각형 4개의 넓이는 a^2, ab, ab, b^2이므로 넓이의 합은

     $a^2 + ab + ab + b^2 = a^2 + 2ab + b^2$이다. 한편, [그림2]에서 만든 정사각형의 한 변의 길이는 $a+b$

     이므로 그 넓이는 $(a+b)^2$이다. 따라서, $a^2 + 2ab + b^2 = (a+b)^2$임을 알 수 있다.

   (2) 대수적 증명

     ⇨ 곱셈 공식 $(a+b)^2 = a^2 + 2ab + b^2$ 의 좌변과 우변을 서로 바꾸어 놓은 것과 같다. 따라서 다항

     식 $a^2 + 2ab + b^2$을 $a^2 + 2ab + b^2 = (a+b)^2$ 과 같이 인수분해할 수 있다. 마찬가지로 곱셈 공식

     $(a-b)^2 = a^2 - 2ab + b^2$에서 좌변과 우변을 서로 바꾸어 놓으면 $a^2 - 2ab + b^2 = (a-b)^2$ 임을 알

     수 있다.

   (3) 공통인수를 이용한 증명

     ① $a^2 + 2ab + b^2 = a^2 + ab + ab + b^2$

                  $= a(a+b) + b(a+b)$

                  $= (a+b)(a+b)$

                  $= (a+b)^2$

     ② $a^2 - 2ab + b^2 = a^2 - ab - ab + b^2$

                  $= a(a-b) - b(a-b)$

                  $= (a-b)(a-b)$

                  $= (a-b)^2$

2. 다항식의 제곱으로 된 식 또는 이 식에 상수를 곱한 식을 완전제곱식이라고 한다.

   ⇨ 예를 들어 $(a+b)^2$, $(2a+3b)^2$, $2(x+5)^2$ 와 같은 식을 완전제곱식이라고 한다.

---

[2] 완전제곱식이 되기 위한 조건

1. $x^2 + ax + b$가 완전제곱식이 되기 위한 조건

    $\Rightarrow b = \left(\dfrac{a}{2}\right)^2$

2. x에 대한 이차식 $ax^2 + bx + c \,(a > 0, c > 0)$가 완전제곱식이 되기 위한 조건

    $\Rightarrow b^2 - 4ac = 0,\ b^2 = 4ac$

(이해하기!)

1. 완전제곱식을 이용한 인수분해공식 $a^2 + 2ab + b^2 = (a + b)^2$, $a^2 - 2ab + b^2 = (a - b)^2$ 에서 $a = x$라 하면 $x^2 + 2bx + b^2 = (x + b)^2$, $x^2 - 2bx + b^2 = (x - b)^2$ 이고 상수항 b^2은 x의 계수 $2b$를 2로 나눈 수의 제곱인 $\left(\dfrac{2b}{2}\right)^2$이다. 따라서, $x^2 + ax + b$가 완전제곱식이 되려면 상수항 b는 x의 계수 a를 2로 나눈 수의 제곱이어야 하므로 $b = \left(\dfrac{a}{2}\right)^2$이다.

2. x에 대한 이차식 $ax^2 + bx + c \,(a > 0, c > 0)$ 가 완전제곱식으로 인수분해 된다면 $ax^2 + bx + c = (\sqrt{a}\,x \pm \sqrt{c})^2$ 이어야 한다. 이때, $(\sqrt{a}\,x \pm \sqrt{c})^2$를 전개하면 $ax^2 \pm 2\sqrt{ac}\,x + c^2$ 이므로 $b = \pm 2\sqrt{ac}$ 이다. 따라서, $b^2 = 4ac$ 이다.

3. 위의 완전제곱식이 되기 위한 조건은 공식으로 외워도 좋고 그렇지 않은 경우 완전제곱식을 이용한 인수분해공식을 활용해 문제를 해결하는 것도 좋다.

4. $x^2 + ax + b$가 완전제곱식이 되기 위한 조건 $b = \left(\dfrac{a}{2}\right)^2$을 정리하면 $a^2 = 4b$, $a = \pm 2\sqrt{b}$이므로 x의 계수 a의 부호는 $+$와 $-$ 모두 될 수 있음을 주의하자. 아래와 같은 문제에서 (1) 문제는 마지막 항을 구하는 경우로 답이 1개지만 (2) 문제는 가운데 항인 x의 계수를 구하는 경우로 답이 2개임을 주의하자. 실제로 (1)에서 $\square = 36$, (2)에서 $\square = \pm 8$이다.

> 1. 다음 식이 완전제곱식이 되도록 □안에 알맞은 수를 구하시오.
>
>   (1) $a^2 + 12a + \square$　　　　　　　(2) $a^2 + \square + 16$

(확인하기!)

1. $x^2 - 16x + \square$가 완전제곱식이 되도록 하는 □안에 알맞은 수를 구하시오.

    (풀이) $\square = \left(\dfrac{-16}{2}\right)^2 = 64$

2. $4x^2 + 2kx + 9$가 완전제곱식이 되도록 하는 모든 상수 k의 값을 구하시오.

    (풀이) $4x^2 + 2kx + 9 = (2x)^2 + 2kx + 3^2$ 이므로 $2kx = \pm 2 \times 2x \times 3 = \pm 12x$, $2k = \pm 12$ 이다.

    따라서, $k = \pm 6$ 이다.

    (공식을 이용한 풀이) $(2k)^2 = 4 \times 4 \times 9 = 144$ 이므로 $2k = \pm 12$ 이다. 따라서, $k = \pm 6$ 이다.

(깊이보기!)

1. x에 대한 이차식 $ax^2 + bx + c\,(a > 0, c > 0)$가 완전제곱식이 되기 위한 조건인 $b^2 = 4ac$에서 $4ac$를 좌변으로 이항하면 $b^2 - 4ac = 0$이므로 이차방정식의 판별식이 0이 되는 경우이다. 이차방정식에서 판별식이 0이 되는 경우 중근을 갖게 되는데 이차방정식이 중근을 가지려면 이차식이 완전제곱식으로 인수분해되어야 한다.

[3] 인수분해공식을 이용한 수의 계산

1. 복잡한 수의 계산을 할 때 인수분해공식 $a^2 + 2ab + b^2 = (a+b)^2$, $a^2 - 2ab + b^2 = (a-b)^2$을 이용하면 편리하다.

(이해하기!)

1. 다음과 같은 식을 직접 계산하면 복잡하지만 인수분해 공식을 이용하면 편리하게 계산할 수 있다.

   (1) $19^2 + 2 \times 19 \times 1 + 1^2 = (19+1)^2 = 20^2 = 400$ ⇨ $a^2 + 2ab + b^2 = (a+b)^2$을 이용한 경우

   (2) $23^2 - 2 \times 23 \times 5 + 5^2 = (23-5)^2 = 324$ ⇨ $a^2 - 2ab + b^2 = (a-b)^2$을 이용한 경우

[4] 인수분해공식을 이용한 식의 값 계산

1. 문자의 값이 주어진 경우 주어진 식을 인수분해한 후, 문자의 값을 대입한다.

(이해하기!)

1. $x = 97$일 때, $x^2 + 6x + 9$의 값을 구할 경우 $x = 97$을 주어진 다항식에 바로 대입하기 보다는 다항식을 인수분해한 후 대입하여 $x^2 + 6x + 9 = (x+3)^2 = (97+3)^2 = 100^2 = 10000$ 과 같이 계산한다.

2. $x = 5 + \sqrt{3}$, $y = 5 - \sqrt{3}$일 때, $x^2 + 2xy + y^2$의 값을 구할 경우 주어진 다항식에 바로 x, y값을 대입하기 보다는 다항식을 인수분해 한 후 대입하여 $x^2 + 2xy + y^2 = (x+y)^2 = (5 + \sqrt{3} + 5 - \sqrt{3})^2 = 10^2 = 100$과 같이 계산한다.

2.7 $a^2 - b^2$ 의 인수분해

[1] $a^2 - b^2$의 인수분해 - 합차공식을 이용한 인수분해

1. $a^2 - b^2 = (a+b)(a-b)$

(이해하기!)

1. $a^2 - b^2$의 인수분해 증명하기

   (1) 기하학적 증명

[그림1]   [그림2]   [그림3]

⇨ [그림1]은 한 변의 길이가 a인 정사각형에서 가로, 세로 b만큼 잘라낸 도형이므로 잘라내고 남은 도형의 넓이는 $a^2 - b^2$이다. [그림3]은 [그림1]에서 잘라내고 남은 종이를 [그림2]와 같이 잘라 만든 직사각형으로 가로의 길이가 $a+b$, 세로의 길이가 $a-b$가 되므로 도형의 넓이는 $(a+b)(a-b)$이다. 따라서, $a^2 - b^2 = (a+b)(a-b)$임을 알 수 있다.

   (2) 대수적 증명

   ⇨ 곱셈 공식 $(a+b)(a-b) = a^2 - b^2$의 좌변과 우변을 서로 바꾸어 놓은 것과 같다.
   따라서, 다항식 $a^2 - b^2$을 $a^2 - b^2 = (a+b)(a-b)$와 같이 인수분해할 수 있다.

   (3) 공통인수를 이용한 증명

   ⇨ $a^2 - b^2 = a^2 + ab - ab - b^2$
   $\qquad\quad\; = a(a+b) - b(a+b)$
   $\qquad\quad\; = (a+b)(a-b)$

[2] 인수분해 공식을 이용한 소수 판별법

1. 인수분해 공식 $a^2 \pm 2ab + b^2 = (a \pm b)^2$, $a^2 - b^2 = (a+b)(a-b)$을 활용해 자연수의 약수 중 1과 자기자신을 제외한 다른 약수가 존재함을 보여 소수가 아님을 보일 수 있다.

(이해하기!)

1. 인수분해를 이용한 소수 판별을 다음과 같이 할 수 있다.

   (1) 529는 소수가 아니다.

   ⇨ $529 = 400 + 120 + 9 = 20^2 + 2 \times 20 \times 3 + 3^2 = (20+3)^2 = 23^2$ 이므로 529는 1과 자기 자신 이외의 약수 23을 가진다. 따라서, 529는 소수가 아니다.

(2) 361은 소수가 아니다.

⇨ $361 = 400 - 40 + 1 = 20^2 - 2 \times 20 \times 1 + 1^2 = (20-1)^2 = 19^2$ 이므로 361은 1과 자기 자신 이외의 약수 19를 가진다. 따라서, 361은 소수가 아니다.

(3) 9991은 소수가 아니다.

⇨ $9991 = 10000 - 9 = 100^2 - 3^2 = (100+3)(100-3) = 103 \times 97$ 이므로 9991은 1과 자기 자신 이외의 약수 97, 103을 가진다. 따라서, 9991은 소수가 아니다.

---

[3] 인수분해공식을 이용한 수의 계산

1. 복잡한 수의 계산을 할 때 인수분해공식 $a^2 - b^2 = (a+b)(a-b)$ 을 이용하면 편리하다.

(이해하기!)

1. 다음과 같은 식을 직접 계산하면 복잡하지만 인수분해 공식을 이용하면 편리하게 계산할 수 있다.

⇨ $99^2 - 1 = (99+1)(99-1) = 100 \times 98 = 9800$

---

[4] 인수분해공식을 이용한 식의 값 계산

1. 문자의 값이 주어진 경우 주어진 식을 인수분해 한 후 문자의 값을 대입한다.

(이해하기!)

1. $x = \sqrt{3} + \sqrt{2}$, $y = \sqrt{3} - \sqrt{2}$일 때, $x^2 - y^2$의 값을 구하는 경우 주어진 다항식에 바로 x, y값을 대입하기 보다는 다항식을 인수분해 한 후 대입하면 편리하게 계산할 수 있다.

$$x^2 - y^2 = (x+y)(x-y) = (\sqrt{3} + \sqrt{2} + \sqrt{3} - \sqrt{2})(\sqrt{3} + \sqrt{2} - \sqrt{3} + \sqrt{2})$$
$$= 2\sqrt{3} \times 2\sqrt{2}$$
$$= 4\sqrt{6}$$

2.8 $x^2 + (a+b)x + ab,\ acx^2 + (ad+bc)x + bd$ 의 인수분해

[1] x^2의 계수가 1인 이차식의 인수분해

1. $x^2 + (a+b)x + ab = (x+a)(x+b)$

(이해하기!)

1. x^2의 계수가 1인 이차식 $x^2 + (a+b)x + ab = (x+a)(x+b)$ 의 인수분해 증명하기
   (1) 기하학적 증명

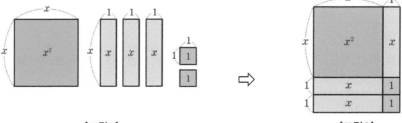

   [그림1]   [그림2]

   ⇨ [그림1]의 대수 타일 6개의 넓이는 각각 x^2, x, x, x, 1, 1이므로 그 넓이의 합은
   $x^2 + x + x + x + 1 + 1 = x^2 + 3x + 2$ 이다. 한편, 주어진 대수 타일을 모두 이용하여 [그림2]와
   같이 하나의 직사각형을 만들 수 있다. 이때, 만들어진 직사각형의 가로의 길이는 $x+1$, 세로의
   길이는 $x+2$이다. 따라서, 직사각형의 넓이는 $(x+1)(x+2)$ 이므로 $x^2 + 3x + 2 = (x+1)(x+2)$
   임을 알 수 있다.

   (2) 대수적 증명
   ⇨ 곱셈공식 $(x+a)(x+b) = x^2 + (a+b)x + ab$의 좌변과 우변을 서로 바꾸어 놓은 것과 같다. 따라
   서 다항식 $x^2 + (a+b)x + ab$를 $x^2 + (a+b)x + ab = (x+a)(x+b)$와 같이 인수분해할 수 있다.

   (3) 공통인수를 이용한 증명
   ⇨ $\begin{aligned} x^2 + (a+b)x + ab &= x^2 + ax + bx + ab \\ &= x(x+a) + b(x+a) \\ &= (x+a)(x+b) \end{aligned}$

2. x^2의 계수가 1인 이차식 $x^2 + (a+b)x + ab = (x+a)(x+b)$ 과 같이 인수분해 하기 위해서는 합해서
   x의 계수가 되고 곱해서 상수항이 되는 두 조건을 동시에 만족하는 두 상수 a, b를 구해야 하는데
   이때, 합하여 일차항의 계수가 나오는 두 정수 a, b를 찾는 것보다 곱하여 상수항이 나오는 두 정수
   a, b를 먼저 찾는 것이 경우의 수가 적기 때문에 편리하다. 그리고 그렇게 찾은 두 정수 a, b 중 더
   해서 x의 계수가 되는 a, b를 구한다.

3. 다항식 $x^2 + 5x + 6$을 인수분해 해보자.
   (1) 다항식 $x^2 + (a+b)x + ab$와 다항식 $x^2 + 5x + 6$을 비교하면 $a+b = 5$,
       $ab = 6$이다. 이때, 합이 5이고, 곱이 6인 두 정수 a, b를 찾으면
       $x^2 + 5x + 6 = (x+a)(x+b)$와 같이 인수분해할 수 있다. 오른쪽 표에서

곱이 6인 두 정수	두 정수의 합
$1, 6$	7
$2, 3$	5
$-1, -6$	-7
$-2, -3$	-5

곱이 6인 두 정수 중에서 그 합이 5인 수는 2와 3이므로
$x^2 + 5x + 6 = (x+2)(x+3)$ 이다.

$$x^2 + \overset{\downarrow}{(a+b)}x + \overset{\downarrow}{ab}$$
$$x^2 + \underset{\uparrow}{5x} + \underset{\uparrow}{6}$$

---

[2] x^2의 계수가 1이 아닌 이차식의 인수분해 – 이차식의 일반형의 인수분해

$$acx^2 + (ad+bc)x + bd = (ax+b)(cx+d)$$

(이해하기!)

1. x^2의 계수가 1이 아닌 이차식 $acx^2 + (ad+bc)x + bd = (ax+b)(cx+d)$ 의 인수분해 증명하기

(1) 기하학적 증명

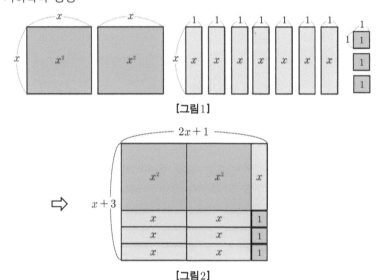

[그림1]

[그림2]

(1) 기하학적 증명

⇨ [그림1]의 대수 타일 12개의 넓이는 각각 x^2, x^2, x, x, x, x, x, x, x, 1, 1, 1 이므로 그 넓이의 합은 $x^2 + x^2 + x + x + x + x + x + x + x + 1 + 1 + 1 = 2x^2 + 7x + 3$ 이다. 한편, 주어진 대수 타일을 모두 이용하여 [그림2]와 같이 하나의 직사각형을 만들 수 있다. 이때, 만들어진 직사각형의 가로의 길이는 $2x+1$, 세로의 길이는 $x+3$이다. 따라서, 직사각형의 넓이는 $(2x+1)(x+3)$ 이므로 $2x^2 + 7x + 3 = (2x+1)(x+3)$ 임을 알 수 있다.

(2) 대수적 증명

⇨ 곱셈 공식 $(ax+b)(cx+d) = acx^2 + (ad+bc)x + bd$ 에서 좌변과 우변을 서로 바꾸어 놓으면
$acx^2 + (ad+bc)x + bd = (ax+b)(cx+d)$ 임을 알 수 있다.

(3) 공통인수를 활용한 증명

⇨ $acx^2 + (ad+bc)x + bd = acx^2 + adx + bcx + bd$
$\qquad = ax(cx+d) + b(cx+d)$
$\qquad = (ax+b)(cx+d)$

2. 이차식의 일반형의 인수분해는 곱해서 x^2의 계수가 되는 두 정수 a, c를 찾고 곱해서 상수항이 되는 두 정수 b, d를 찾은 후 $ad+bc$가 x항의 계수가 되도록 하는 네 정수 a, b, c, d를 구한다.

3. 다항식 $2x^2 - 7x + 3$을 인수분해 해보자.

⇨ 다항식 $acx^2 + (ad+bc)x + bd$와 다항식 $2x^2 - 7x + 3$을 비교하면 $ac = 2$, $ad+bc = -7$, $bd = 3$ 이다. 이때, 이 식을 만족시키는 네 정수 a, b, c, d를 찾으면 $2x^2 - 7x + 3 = (ax+b)(cx+d)$ 와 같이 인수분해 할 수 있다. $ac = 2$인 양의 정수 a, c와 $bd = 3$인 정수 b, d를 찾아 아래쪽과 같이 나열한 후에 $ad+bc = -7$가 되는 네 정수 a, b, c, d를 찾는다.

$$
\begin{array}{cc}
1 \diagdown 1 \to 2 \\
2 \diagup 3 \to 3 \\
\hline
5
\end{array}
\qquad
\begin{array}{cc}
1 \diagdown -1 \to -2 \\
2 \diagup -3 \to -3 \\
\hline
-5
\end{array}
\qquad
\begin{array}{cc}
1 \diagdown 3 \to 6 \\
2 \diagup 1 \to 1 \\
\hline
7
\end{array}
\qquad
\begin{array}{cc}
1 \diagdown -3 \to -6 \\
2 \diagup -1 \to -1 \\
\hline
-7
\end{array}
$$

위에서 4가지 경우 중 $a = 1$, $b = -3$, $c = 2$, $d = -1$일 때

$ad + bc = 1 \times (-1) + 2 \times (-3) = -7$ 이므로

$2x^2 - 7x + 3 = (x-3)(2x-1)$ 이다.

(1) 오른쪽과 같이 네 정수 a, b, c, d를 배열한 후 $\diagdown$ 방향으로 서로 곱한 결과의 합이 x항의 계수가 되어야 한다. 그리고 인수분해 결과는 $\longrightarrow$ 방향(일렬)으로 a, b, c, d를 작성한다고 생각하면 된다.

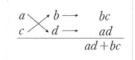

(2) 위 문제에서 $ac = 2$이면 a와 c가 모두 양수 또는 모두 음수이지만 a와 c가 모두 음수인 경우 각각 음수로 묶어내면 a와 c가 모두 양수인 경우와 같아지므로 모두 양수로 생각하고 문제를 푼다.

(깊이보기!)

1. 이전의 인수분해 공식은 모두 이차식의 일반형의 인수분해 공식의 특수한 경우이다. 모든 이차식은 위 인수분해공식으로 인수분해 할 수 있다. 그러나 a, b, c, d 네 정수를 찾는 것이 다소 어렵기 때문에 완전제곱식으로 인수분해 되거나 합차공식을 활용해 인수분해 되는 경우와 같은 특수한 경우 이차식의 일반형의 인수분해 공식보다는 앞선 인수분해 공식을 활용해 문제를 해결한다. 이것이 여러 인수분해 공식을 배우는 이유이다.

[3] 복잡한 식의 인수분해

1. **치환을 이용한 인수분해** : 공통부분이 있으면 공통부분을 한 문자로 놓는다.

2. **항이 4개인 식의 인수분해**
   (1) (2항)+(2항)으로 묶기 : 공통인수가 생기도록 묶는다.
   (2) (1항)+(3항) 또는 (3항)+(1항)으로 묶기 : 3개의 항이 완전제곱식이면 $A^2 - B^2$꼴이 생기도록 묶는다.

3. **항이 5개 이상이거나 문자가 2개 이상이 있는 식의 인수분해**
   (1) 다항식을 어떤 한 문자에 대하여 내림차순으로 정리한다.
   (2) 문자가 여러 개이고 차수가 다르면 차수가 가장 낮은 한 문자에 대하여 내림차순으로 정리한다.
   (3) 문자가 여러 개이고 차수가 같으면 어느 한 문자에 대하여 내림차순으로 정리한다.

(이해하기!)

1. 치환을 이용한 인수분해

⇨ 예를 들어 $(x+2)^2 - 3(x+2) + 2$를 인수분해 해보자. 공통부분 $x+2$를 한 문자로 놓는다.

① 공통부분 $x+2$를 한 문자로 놓는다. ⇨ $(x+2)^2 - 3(x+2) + 2 = A^2 - 3A + 2$

② A에 관한 이차식을 인수분해 한다. ⇨ $= (A-1)(A-2)$

③ 문자 A에 $x+2$를 대입한 후 동류항끼리 정리한다. ⇨ $= (x+2-1)(x+2-2)$

$\qquad = x(x+1)$

2. 항이 4개인 식의 인수분해

(1) (2항)+(2항)으로 묶기

⇨ $ab + a + b + 1$를 인수분해 해보자.

① (2항)+(2항)으로 묶는다. ⇨ $ab + a + b + 1 = (ab + a) + (b + 1)$

② 공통인수로 묶는다. ⇨ $= a(b+1) + (b+1) = (a+1)(b+1)$

(2) (1항)+(3항) 또는 (3항)+(1항)으로 묶기

⇨ $x^2 - y^2 - 2y - 1$를 인수분해 해보자.

① (1항)+(3항)으로 묶는다. ⇨ $x^2 - y^2 - 2y - 1 = x^2 - (y^2 + 2y + 1)$

② 3항을 완전제곱식으로 인수분해 한다. ⇨ $= x^2 - (y+1)^2$

③ $a^2 - b^2 = (a+b)(a-b)$로 인수분해 한다. ⇨ $= (x+y+1)(x-y-1)$

3. 항이 5개 이상이거나 문자가 2개 이상이 있는 식의 인수분해

(1) 문자가 여러 개이고 차수가 다르면 차수가 가장 낮은 한 문자에 대하여 내림차순으로 정리한다.

⇨ $x^2 + xy - 3x - 2y + 2$를 인수분해 해보자.

① 차수가 가장 낮은 y에 대하여 내림차순으로 정리한다. ⇨ $x^2 + xy - 3x - 2y + 2$

$\qquad = (x-2)y + (x^2 - 3x + 2)$

② 상수항에 해당하는 x에 대한 2차식을 인수분해 한다. ⇨ $= (x-2)y + (x-1)(x-2)$

③ 공통인수로 묶어 인수분해 한다. ⇨ $= (x-2)(y+x-1)$

(2) 문자가 여러 개이고 차수가 같으면 어느 한 문자에 대하여 내림차순으로 정리한다.

⇨ $x^2 + y^2 + 2xy + 5x + 5y + 6$를 인수분해 해보자.

① x에 대하여 내림차순으로 정리한 경우

⇨ $x^2 + y^2 + 2xy + 5x + 5y + 6 = x^2 + (2y+5)x + (y^2 + 5y + 6)$

$\qquad = x^2 + (2y+5)x + (y+2)(y+3)$

$\qquad = (x+y+2)(x+y+3)$

② y에 대하여 내림차순으로 정리한 경우

⇨ $x^2 + y^2 + 2xy + 5x + 5y + 6 = y^2 + (2x+5)y + (x^2 + 5x + 6)$

$\qquad = y^2 + (2x+5)y + (x+2)(x+3)$

$\qquad = (y+x+2)(y+x+3)$

$\qquad = (x+y+2)(x+y+3)$

(깊이보기!)

1. 내림차순 : 한 문자에 대하여 차수가 높은 항부터 낮은 항의 순서로 나열하는 것

2. 한 문자에 대하여 내림차순으로 정리한 경우 다른 문자는 상수로 생각해 문제를 해결한다.

(확인하기!)

1. $(x-1)(x-2)(x+3)(x+4)+4$을 인수분해하시오. (⇒ 치환을 이용한 인수분해)

(풀이) $(x-1)(x-2)(x+3)(x+4)+4 = \{(x-1)(x+3)\}\{(x-2)(x+4)\}+4$

$\qquad\qquad\qquad = (x^2+2x-3)(x^2+2x-8)+4 \qquad$ $x^2+2x=A$로 치환한다.

$\qquad\qquad\qquad = (A-3)(A-8)+4$

$\qquad\qquad\qquad = A^2-11A+28 \qquad\qquad\qquad$ A에 관한 이차식으로 정리하고 인수분해한다.

$\qquad\qquad\qquad = (A-4)(A-7)$

$\qquad\qquad\qquad = (x^2+2x-4)(x^2+2x-7) \qquad$ $A=x^2+2x$를 대입한다.

2. x^3+x^2-4x-4를 인수분해 하시오. (⇒ (2항) + (2항)으로 묶기)

(풀이) $x^3+x^2-4x-4 = x^2(x+1)-4(x+1)$

$\qquad\qquad\qquad = (x+1)(x^2-4)$

$\qquad\qquad\qquad = (x+1)(x+2)(x-2)$

3. x^2-y^2+6y-9를 인수분해 하시오. (⇒ (1항) + (3항)으로 묶기)

(풀이) $x^2-y^2+6y-9 = x^2-(y^2-6y+9)$

$\qquad\qquad\qquad = x^2-(y-3)^2$

$\qquad\qquad\qquad = (x+y-3)(x-y+3)$

4. $2x^2+xy-5x-3y^2+3$을 인수분해 하시오. (⇒ 한 문자에 대하여 내림차순으로 정리하기)

(풀이) $2x^2+xy-5x-3y^2+3$은 x, y의 차수가 같으므로 x, y 중 어느 한 문자에 대하여 내림차순으로 정리한다. 이때, 다른 한 문자는 상수처럼 생각한다. x에 대하여 내림차순으로 정리하자.

$2x^2+xy-5x-3y^2+3 = 2x^2+(y-5)x-3(y^2-1)$

$\qquad\qquad\qquad = 2x^2+(y-5)x-3(y+1)(y-1)$

$\qquad\qquad 1 \quad\qquad -(y+1)$

$\qquad\qquad 2 \quad\qquad 3(y-1)$

$\qquad\qquad\qquad = (x-y-1)(2x+3y-3)$

3.1 이차방정식과 그 해

[1] 방정식 학습 체계

1. **1학년** : 미지수가 1개인 일차방정식 ⇨ 1차
2. **2학년** : 미지수가 2개인 일차방정식, 연립일차방정식 ⇨ 1차
3. **3학년** : 미지수가 1개인 이차방정식 ⇨ 2차
4. **고교 1학년** : 미지수가 1개인 삼차, 사차, 고차방정식 ⇨ 3차 이상

(이해하기!)

1. 중학교 각 학년별 배우는 방정식의 예는 다음과 같다.
   (1) (1학년) 미지수가 1개인 일차방정식 ⇨ $3x + 1 = 5,\ 2(x+2) = 3x - 5,\ 2x = 3$
   (2) (2학년) 미지수가 2개인 일차방정식 ⇨ $y = 2x + 4,\ 2x + y = 3x - 2,\ x + y = 0$

   미지수가 2개인 연립일차방정식 ⇨ $\begin{cases} 3x + 2y = 1 \\ 4x - 5y = 2 \end{cases}$

   (3) (3학년) 미지수가 1개인 이차방정식 ⇨ $x^2 - 3x + 2 = 0,\ 2x^2 - 5x = 2,\ 3x^2 - 5 = 0$

2. 학년이 올라감에 따라 차수가 증가하거나 문자의 개수가 증가하면서 학습의 난이도가 올라가는 것을 알 수 있다. 그렇지만 기본적으로 해를 구하는 방정식의 풀이 원리는 동일하므로 각 학년의 학습 내용을 잘 이해한다면 고등학교 과정에서 배우는 내용까지 어렵지 않게 학습할 수 있다.

[2] 이차방정식의 뜻

1. 방정식의 모든 항을 좌변으로 이항하여 정리한 식이 (x에 관한 이차식)= 0의 꼴로 나타나는 방정식을 x에 관한 이차방정식이라고 한다.
2. **이차방정식의 기본형(일반형)** : $ax^2 + bx + c = 0$ (단, a, b, c는 상수, $a \neq 0$).

(이해하기!)

1. 예를 들어 $x^2 - 8 = 0,\ 2x^2 + 3x - 5 = 0,\ -\dfrac{1}{2}x^2 + 3x = 0$ 과 같은 방정식을 이차방정식이라고 한다.

   한편 $x^2 - 2x + 6 = x^2 + 3x$ 는 2차항이 있지만 우변의 항을 좌변으로 이항하면 2차항이 사라지므로 이차방정식이 아니다. $x + 5 = 0,\ x^2 - 2x + 3$ 과 같은 식도 이차방정식이 아니다. 주어진 방정식에 단순히 2차항이 있다고 이차방정식으로 판단하면 안됨을 주의하자.

   최고차항의 차수
2. 이차방정식의 기본형(일반형) $a\overset{2}{x} + bx + c = 0$ (단, a, b, c는 상수, $a \neq 0$) 은 최고차항의 차수가 2인 방정식이라고 생각하면 된다.

3. 이차방정식의 기본형(일반형)에서 $a \neq 0$는 조건은 $b = 0$ 또는 $c = 0$이어도 상관없음을 의미한다. 위 예에서 $x^2 - 8 = 0(b = 0$인 경우$),\ -\dfrac{1}{2}x^2 + 3x = 0(c = 0$인 경우$)$ 에 해당한다.

[3] 이차방정식의 해 또는 근

1. **이차방정식의 해 또는 근** : 이차방정식 $ax^2 + bx + c = 0$의 미지수 x에 대입하여 등식이 참이 되게 하는 값

2. **이차방정식을 푼다** : 이차방정식의 해를 모두 구하는 것

(이해하기!)

1. $x = p$가 이차방정식 $ax^2 + bx + c = 0$의 해

   $\Rightarrow x = p$를 $ax^2 + bx + c = 0$에 대입하면 등식이 성립한다. 즉, $ap^2 + bp + c = 0$이다.

2. 예를 들어 $x = 1, 2$일 때, 이차방정식 $x^2 - x - 2 = 0$의 해를 구해보자.

   (1) $x = 1$일 때, $1^2 - 1 - 2 \neq 0$ (거짓) 이므로 $x = 1$은 해가 아니다.

   (2) $x = 2$일 때, $2^2 - 2 - 2 = 0$ (참) 이므로 $x = 2$는 해이다.

3. x에 대한 이차방정식에서 미지수 x에 대한 특별한 조건이 없으면 x의 값의 범위는 실수 전체로 생각한다. 그 외의 특별한 경우 'x는 자연수일 때…' 와 같이 조건을 쓴다.

(깊이보기!)

1. 대수학의 기본정리('n차 방정식의 해의 개수는 n개다.') 에 의해 이차방정식의 해는 2개다.

2. **방정식의 목적은 해 구하기!**

   $\Rightarrow$ 방정식의 해는 주어진 방정식을 참이 되게 하는 미지수 값을 의미한다. 이때, 수 전체 범위에서 주어진 방정식을 참이 되게 하는 미지수 값은 매우 적다. 일차방정식의 경우 1개, 이차방정식의 경우 2개, 아무리 차수가 높은 n차 방정식의 경우에도 n개의 해를 가져 유한개만 존재할 뿐이다. 그 외 무수히 많은 값은 해가 될 수 없다. 이를 희소성에 비유하면 해를 구하는 것이 의미있는 활동임을 알 수 있다. 예를 들어, 같은 광물 중 돌과 다이아몬드를 비교해보자. 다이아몬드가 아름답고 값비싼 이유는 귀하고 희소한 가치 때문이다. 반면에 돌은 매우 흔하기 때문에 가치를 인정받지 못한다. 같은 이유로 참이 되는 값이 매우 희소하기 때문에 이런 값을 구하는 활동은 의미있는 활동이라고 생각할 수 있다. 물론 문제 해결을 위한 방법으로 해를 구할 필요성도 있음은 당연하다.

3. **방정식에서의 x, y와 함수에서의 x, y의 차이**

   $\Rightarrow$ 방정식에서의 문자 x, y는 미지수라 하고 함수에서의 x, y는 변수라고 한다. 미지수는 한자 의미를 그대로 풀면 '아직 알지 못하는 수' 이다. 즉, 아직 알지 못하는 수의 값을 구하는 것이 목적이다. 이 값이 바로 방정식의 해이다. 반면에 함수에서의 문자 x, y는 변수라고 한다. 변수는 한자 의미를 그대로 풀면 '변하는 수' 이다. 즉, x, y의 값을 구하는 것이 주된 목적이 아니라 변하는 수 x, y 사이의 관계를 구하는 것이 주된 목적이다. 같은 문자 x, y를 사용하지만 미지수와 변수라는 용어의 뜻을 기억해 비교해서 알아두는 것도 좋을 것이다.

3.2 인수분해를 이용한 이차방정식의 풀이

[1] 인수분해를 이용한 이차방정식의 풀이

1. 두 수(또는 두 식) A, B 에 대하여 $AB = 0 \Leftrightarrow A = 0$ 또는 $B = 0$

2. **인수분해를 이용한 이차방정식의 풀이**

   (1) 주어진 이차방정식을 $ax^2 + bx + c = 0$의 꼴로 정리하여 나타낸다.

   (2) 좌변을 인수분해한다.

   (3) $AB = 0 \Leftrightarrow A = 0$ 또는 $B = 0$ 임을 이용하여 해를 구한다.

3. $x = \alpha$**가 이차방정식** $ax^2 + bx + c = 0$**의 해이다**

   $\Leftrightarrow$ 이차식 $ax^2 + bx + c$가 일차식 $x - \alpha$를 인수로 갖는다.

   $\Leftrightarrow ax^2 + bx + c = a(x - \alpha)(x - \beta)$꼴로 인수분해 된다.

(이해하기!)

1. **'또는'** 의 의미

   (1) $A = 0$ 또는 $B = 0 \Leftrightarrow$ $\begin{cases} ① \ A = 0, \ B \neq 0 \\ ② \ A \neq 0, \ B = 0 \\ ③ \ A = 0, \ B = 0 \end{cases}$ 의 세 가지 중 어느 하나를 반드시 만족한다.

   (2) 예를 들어 $(x - 3)(x + 8) = 0 \Leftrightarrow x - 3 = 0$ 또는 $x + 8 = 0$

   $\Leftrightarrow x = 3$ 또는 $x = -8$

2. 인수분해를 이용한 이차방정식의 풀이

   (1) 이차방정식 $x^2 + 2x - 8 = 0$의 좌변을 인수분해하면 $(x + 4)(x - 2) = 0$이므로 $x + 4 = 0$ 또는 $x - 2 = 0$이다. 따라서 해는 $x = -4$ 또는 $x = 2$이다.

   (2) $ax^2 + bx + c = 0 \Leftrightarrow a(x - \alpha)(x - \beta) = 0$

   $\Leftrightarrow x - \alpha = 0$ 또는 $x - \beta = 0$

   $\Leftrightarrow x = \alpha$ 또는 $x = \beta$ ($\Rightarrow \alpha, \beta$는 **이차방정식** $ax^2 + bx + c = 0$의 해이다.)

(깊이보기!)

1. 인수분해를 이용한 이차방정식의 풀이법은 일차방정식의 풀이법을 활용하는 방법이다. 인수분해를 통해 이차식을 두 일차식의 곱으로 나타내어 실수의 성질을 이용하면 두 일차방정식 문제가 된다. 그리고 이 두 일차방정식을 풀어 2개의 해를 구한다. 주어진 방정식의 차수를 낮춰 해를 구하기 쉬운 방정식으로 고친 후 방정식의 해를 구하는 것이 인수분해를 이용한 풀이법이다.

[2] 이차방정식의 중근

1. 이차방정식의 두 근이 중복되어 서로 같을 때, 이 근을 중근 이라 한다.

2. **이차방정식이 중근을 가질 조건**

   : 이차방정식을 인수분해하면 (완전제곱식) = 0 꼴로 나타낼 때 이 이차방정식은 중근을 갖는다.

   $\Rightarrow$ 이차방정식 $ax^2 + bx + c = 0$ 을 인수분해 하면 $a(x - \alpha)^2 = 0$ 일 때, $x = \alpha$(중근)이다.

(이해하기!)

1. $(a+b)^2, 2(x-1)^2$과 같이 다항식을 제곱한 식 또는 이 식에 상수를 곱한 식을 **완전제곱식**이라고 한다.

2. $A^2 = 0 \Rightarrow A \times A = 0 \Rightarrow A = 0$ 또는 $A = 0 \Rightarrow A = 0$ 이므로 하나의 근을 갖는다. 사실 제곱해서 0이 되는 실수는 0 뿐이므로 $A = 0$ 이라고 생각해도 된다. 하나의 근을 갖지만 이 근은 두 개의 근이 중복되어 있는 것이라고 생각한다면 2개의 근을 갖는다고 생각할 수 있다.

3. 이차방정식이 중근을 가질 조건

(1) 이차방정식 $x^2 + bx + c = 0$이 중근을 가지려면 $c = (\frac{b}{2})^2$이어야 한다.

⇨ 완전제곱식으로 인수분해되는 이차식은 $a^2 \pm 2ab + b^2$과 같은 형태일 때이다. 여기서 $a = x$라고 생각하여 식을 나타내면 $x^2 \pm 2bx + b^2$이 되는데 상수항 b^2은 x의 계수 $2b$를 2로 나누어 제곱한 수이다. 따라서 위 이차방정식 $x^2 + bx + c = 0$의 상수항 c는 x의 계수 b를 2로 나누어 제곱한 수이므로 $c = (\frac{b}{2})^2$ 이다. 이때, $x^2 + bx + c = (x + \frac{b}{2})^2 = 0$ 으로 인수분해 되므로 중근 $x = -\frac{b}{2}$이다.

(2) 2차항의 계수가 1이 아닌 이차방정식 $ax^2 + bx + c = 0$이 중근을 가지려면 양변을 a로 나누어 2차항의 계수를 1로 나타내거나 $a(x^2 + \frac{b}{a}x + \frac{c}{a}) = 0$과 같이 정리해 (1)에서처럼 $\frac{c}{a} = \left(\frac{b}{2a}\right)^2$임을 이용한다.

(3) 다음 단원에서 배울 이차방정식의 근의 공식을 활용해 중근을 가질 조건을 구할 수도 있다. 이차방정식 $ax^2 + bx + c = 0$이 중근을 가지려면 판별식 $b^2 - 4ac = 0$ 또는 $b'^2 - ac = 0$ (단, $b' = \frac{b}{2}$) 이어야 하고 이때, 중근 $x = -\frac{b}{2a}$이다. 또한, 이것을 이차식의 인수분해 공식에 활용하면 완전제곱식으로 인수분해되기 위한 조건과 같다.

(4) 위 조건들은 암기하려 하지 말고 이해해서 문제풀이에 활용하는 것이 좋다.

(확인하기!)

1. 다음 이차방정식이 중근을 가질 때 양수 k의 값과 중근을 구하시오.

(1) $x^2 - 6x + k = 0$ (2) $4x^2 + 12x + k = 0$

(풀이) (1) $x^2 - 6x + k = 0$이 중근을 가지려면 $k = \left(\frac{-6}{2}\right)^2 = 9$이고 $x^2 - 6x + 9 = (x - 3)^2 = 0$ 이므로 이때, 중근 $x = 3$ 이다.

(2) $4x^2 + 12x + k = 0$이 중근을 가지려면 $4x^2 + 12x + k = 4\left(x^2 + 3x + \frac{k}{4}\right)$ 이고 $\frac{k}{4} = \left(\frac{3}{2}\right)^2$이므로 $k = 9$이다. 이때 $4x^2 + 12x + 9 = (2x + 3)^2 = 0$ 이므로 중근 $x = -\frac{3}{2}$이다.

한편, 판별식 $b^2 - 4ac = 0$을 이용하면 $12^2 - 4 \times 4 \times k = 144 - 16k = 0$ 이고 $16k = 144$이므로 $k = 9$ 와 같이 k값을 구할 수도 있다.

3.3 제곱근을 이용한 이차방정식의 풀이

[1] 제곱근을 이용한 이차방정식의 풀이

1. 일차항이 없는 이차방정식은 제곱근을 이용하여 푼다.

: 이차방정식 $x^2 = A\,(A \geq 0)$의 근 $\Rightarrow x = \pm \sqrt{A}$

$\Rightarrow x^2 = A$에서 $A < 0$일 때, 해가 존재하지 않는다. ($\because x$는 실수)

2. 이차방정식 $(x-p)^2 = q\,(q \geq 0)$의 근 $\Rightarrow x = p \pm \sqrt{q}$

(이해하기!)

1. 일차항이 없는 이차방정식 $3x^2 - 9 = 0$은 제곱근을 이용하여 다음과 같이 푼다.

　(1) -9를 우변으로 이항하면　　$\Rightarrow 3x^2 = 9$

　(2) 양변을 3으로 나누면　　　　$\Rightarrow x^2 = 3$

　(3) 제곱근을 이용하면　　　　　$\Rightarrow x = \pm \sqrt{3}$

2. 이차방정식 $2(x-1)^2 = 10$은 제곱근을 이용하여 다음과 같이 푼다.

　(1) 양변을 2로 나누면　　　　　$\Rightarrow (x-1)^2 = 5$

　(2) 제곱근을 이용하면　　　　　$\Rightarrow x - 1 = \pm \sqrt{5}$

　(3) -1을 우변으로 이항하면　　$\Rightarrow x = 1 \pm \sqrt{5}$

[2] 완전제곱식을 이용한 이차방정식의 풀이

1. 완전제곱식을 이용한 이차방정식의 풀이

: 이차방정식 $ax^2 + bx + c = 0$에서 좌변을 인수분해 할 수 없는 경우에는 상수항 c를 우변으로 이항하여 좌변을 완전제곱식으로 고친 후 '(완전제곱식)=(수)' 의 꼴로 나타낸다. 그리고 제곱근을 이용하여 방정식의 해를 구한다.

　(1) 상수항을 우변으로 이항한다. $\Rightarrow ax^2 + bx = -c$

　(2) x^2의 계수 a로 양변을 나누어 x^2의 계수를 1로 만든다. $\Rightarrow x^2 + \dfrac{b}{a}x = -\dfrac{c}{a}$

　(3) 양변에 $\left(\dfrac{b}{2a}\right)^2$을 더한다. $\Rightarrow x^2 + \dfrac{b}{a}x + \left(\dfrac{b}{2a}\right)^2 = -\dfrac{c}{a} + \left(\dfrac{b}{2a}\right)^2$

　(4) 좌변을 완전제곱식으로 바꾼다. $\Rightarrow \left(x + \dfrac{b}{2a}\right)^2 = \dfrac{b^2 - 4ac}{4a^2}$

　(5) 제곱근을 이용하여 해를 구한다. $\Rightarrow x = -\dfrac{b}{2a} \pm \sqrt{\dfrac{b^2 - 4ac}{4a^2}} = \dfrac{-b \pm \sqrt{b^2 - 4ac}}{2a}$

(이해하기!)

1. 이차방정식 $ax^2 + bx + c = 0$에서 좌변을 인수분해하기 쉽지 않을 때에는 좌변을 완전제곱식으로 만들어 이차방정식을 풀 수 있다. 그리고 제곱근의 성질을 활용해 방정식의 해를 구한다.

2. 이차방정식 $3x^2 - 12x - 9 = 0$을 완전제곱식을 이용해 풀이하면 다음과 같다.

    (1) -9를 우변으로 이항한다. $\Rightarrow$ $3x^2 - 12x = 9$

    (2) 양변을 3으로 나눈다. $\Rightarrow$ $x^2 - 4x = 3$

    (3) 양변에 $\left(\dfrac{-4}{2}\right)^2$을 더한다. $\Rightarrow$ $x^2 - 4x + 4 = 3 + 4$

    (4) 좌변을 인수분해한다. $\Rightarrow$ $(x - 2)^2 = 7$

    (5) 제곱근을 이용한다. $\Rightarrow$ $x - 2 = \pm\sqrt{7}$

    (6) -2를 우변으로 이항한다. $\Rightarrow$ $x = 2 \pm\sqrt{7}$

3. 완전제곱식을 이용한 이차방정식의 풀이 과정은 뒤에 나오는 근의 공식의 유도과정과 같다. 과정이 복잡할 뿐 아니라 근의 공식의 편리성 때문에 실제 완전제곱식을 이용한 풀이법은 그 효용성이 떨어진다. 따라서 x항이 없는 특별한 형태의 이차방정식을 제외하고는 인수분해가 안 될 경우 완전제곱식으로 인수분해 해 풀기보다는 근의 공식을 활용하는 것이 더 좋다.

(깊이보기!)

1. 중학교 교육과정에서 인수분해는 유리수 범위 내에서 다루기 때문에

    $x^2 = q \Rightarrow x^2 - q = 0 \Rightarrow x^2 - (\sqrt{q})^2 = 0 \Rightarrow (x + \sqrt{q})(x - \sqrt{q}) = 0$으로 인수분해하여 근을 구하지는 않는다.

3.4 근의 공식을 이용한 이차방정식의 풀이

[1] 이차방정식의 근의 공식

1. **이차방정식의** 근의 공식 : 이차방정식 $ax^2 + bx + c = 0 \ (a \neq 0)$의 근은

   $\Rightarrow x = \dfrac{-b \pm \sqrt{b^2 - 4ac}}{2a}$ (단, $b^2 - 4ac \geq 0$)

2. **이차방정식의** 근의 공식 (짝수공식) : 이차방정식 $ax^2 + 2b'x + c = 0 \ (a \neq 0)$의 근은

   $\Rightarrow x = \dfrac{-b' \pm \sqrt{b'^2 - ac}}{a}$ (단, $b' = \dfrac{b}{2}$, $b'^2 - ac \geq 0$)

(이해하기!)

1. 이차방정식 $ax^2 + bx + c = 0 \, (a \neq 0)$의 근을 구하는 근의 공식을 완전제곱식을 이용하여 구해보자.

   (1) 양변을 x^2의 계수 a로 나눈다.　　　　　　$\Rightarrow x^2 + \dfrac{b}{a}x + \dfrac{c}{a} = 0$

   (2) 좌변의 상수항을 우변으로 이항한다.　　　　$\Rightarrow x^2 + \dfrac{b}{a}x = -\dfrac{c}{a}$

   (3) x의 계수의 $\dfrac{1}{2}$을 제곱한 값 $\left(\dfrac{b}{2a}\right)^2$을 양변에　$\Rightarrow x^2 + \dfrac{b}{a}x + \left(\dfrac{b}{2a}\right)^2 = -\dfrac{c}{a} + \left(\dfrac{b}{2a}\right)^2$
   　　더한다.

   (4) 좌변을 완전제곱식으로 만들고 우변을 정리한다.　$\Rightarrow \left(x + \dfrac{b}{2a}\right)^2 = \dfrac{b^2 - 4ac}{4a^2}$

   (5) $b^2 - 4ac \geq 0$일 때, 제곱근을 구한다.　　　$\Rightarrow x + \dfrac{b}{2a} = \pm\sqrt{\dfrac{b^2 - 4ac}{4a^2}}$

   (6) 이차방정식의 근을 구한다.　　　　　　　　$\Rightarrow x = -\dfrac{b}{2a} \pm \dfrac{\sqrt{b^2 - 4ac}}{2a} = \dfrac{-b \pm \sqrt{b^2 - 4ac}}{2a}$

   $\Rightarrow$ 위의 결과에서 이차방정식 $ax^2 + bx + c = 0$의 근을 구하는 식을 세 상수 a, b, c를 이용하여 나타낼 수 있음을 알았다. 이 식을 이차방정식의 근의 공식이라고 한다.

2. 짝수공식을 근의 공식을 활용해 유도해보자.

   $\Rightarrow ax^2 + bx + c = ax^2 + 2b'x + c = 0 \left(a \neq 0, b' = \dfrac{b}{2}\right)$ 에서 근의 공식에 의해

   $x = \dfrac{-2b' \pm \sqrt{(2b')^2 - 4ac}}{2a} = \dfrac{-2b' \pm \sqrt{4b'^2 - 4ac}}{2a} = \dfrac{-2b' \pm \sqrt{4(b'^2 - ac)}}{2a}$

   $= \dfrac{-2b' \pm 2\sqrt{b'^2 - ac}}{2a} = \dfrac{-b' \pm \sqrt{b'^2 - ac}}{a}$

3. 짝수공식은 x의 계수 b가 짝수일 경우 사용한다. 짝수공식을 사용하는 이유는 공식에 사용되는 수가 일반 근의 공식보다 작아 계산이 편리하다. 그리고 거의 대부분의 경우 x의 계수 b가 짝수일때 근의 공식을 사용하면 답을 구한 후 약분을 해야 하는 결과가 나오는 데 이때, 짝수공식을 사용해 해를 구하면 약분을 하지 않아도 되어 약분을 하지 않는 실수를 줄일 수 있다.

4. 근의 공식을 활용해 이차방정식의 해를 구할 경우 가장 먼저 해야 할 일은 x의 계수 b가 홀수인지 짝수인지 확인하는 것이다. b가 홀수이면 근의 공식을 사용하고 b가 짝수이면 짝수 공식을 사용하여 해를 구하는 것이 편리하다.

5. 근의 공식을 활용해 이차방정식의 해를 구해보자.

(1) 이차방정식 $2x^2 - 5x - 1 = 0$에서 $a = 2$, $b = -5$, $c = -1$이므로 근의 공식에 대입하면

$$x = \frac{-(-5) \pm \sqrt{(-5)^2 - 4 \times 2 \times (-1)}}{2 \times 2} = \frac{5 \pm \sqrt{25 + 8}}{4} = \frac{5 \pm \sqrt{33}}{4} \text{ 이다.}$$

(2) 이차방정식 $x^2 + 6x - 2 = 0$에서 $a = 1$, $b = 6$, $c = -2$이고 b는 짝수이므로 짝수 공식에 대입하면

$$x = \frac{-3 \pm \sqrt{3^2 - 1 \times (-2)}}{1} = -3 \pm \sqrt{9 + 2} = -3 \pm \sqrt{11} \text{ 이다.}$$

(깊이보기!)

1. 이차방정식의 근의 공식을 다른 방법으로 유도해보자. 이차방정식 $ax^2 + bx + c = 0 \, (a \neq 0)$에서

(1) 양변에 $4a$를 곱하면 ⇨ $4a^2x^2 + 4abx + 4ac = 0$

(2) 상수항을 이항하면 ⇨ $4a^2x^2 + 4abx = -4ac$

(3) 양변에 b^2을 더하면 ⇨ $4a^2x^2 + 4abx + b^2 = -4ac + b^2$

(4) 좌변을 인수분해하면 ⇨ $(2ax + b)^2 = -4ac + b^2$

(5) 제곱근을 이용하면 ⇨ $2ax + b = \pm \sqrt{b^2 - 4ac}$

(6) b를 이항하고 양변을 $2a$로 나누면 ⇨ $x = \dfrac{-b \pm \sqrt{b^2 - 4ac}}{2a}$

---

[2] 판별식과 이차방정식의 근의 개수

1. 판별식(discriminant) : 이차방정식의 근의 개수를 판별하는 식 ⇨ $D = b^2 - 4ac$

2. 이차방정식의 근의 공식 $x = \dfrac{-b \pm \sqrt{b^2 - 4ac}}{2a}$에서 $\sqrt{}$ 안의 식을 판별식이라 한다.

3. 짝수공식 $x = \dfrac{-b' \pm \sqrt{b'^2 - ac}}{a}$에서 $\sqrt{}$ 안의 식 $b'^2 - ac$도 판별식이라고 하며 $\dfrac{D}{4} = b'^2 - ac$ 로 나타낸다.

4. 이차방정식의 근의 개수

(1) $D > 0$ 일 때 : 서로 다른 두 실근을 갖는다. (근이 2개)

$$\Rightarrow x = \frac{-b + \sqrt{b^2 - 4ac}}{a} \text{ 또는 } x = \frac{-b - \sqrt{b^2 - 4ac}}{a}$$

(2) $D = 0$ 일 때 : 중근을 갖는다. (근이 1개) ⇨ $x = -\dfrac{b}{2a}$

(3) $D < 0$ 일 때 : 근이 없다. (근이 0개)

(이해하기!)

1. 다음 각 이차방정식의 해의 개수를 구해 보자.

(1) $3x^2 + x - 1 = 0$ ⇨ $D = b^2 - 4ac = 1^2 - 4 \times 3 \times (-1) = 13 > 0$: 근이 2개

(2) $4x^2 + 4x + 1 = 0$ ⇨ $\dfrac{D}{4} = b'^2 - ac = 2^2 - 4 \times 1 = 0$: 근이 1개(중근)

(3) $x^2 - 5x + 7 = 0$ ⇨ $D = b^2 - 4ac = (-5)^2 - 4 \times 1 \times 7 = -3 < 0$: 근이 없다.

2. 근의 공식 $x = \dfrac{-b + \sqrt{b^2 - 4ac}}{a}$ 에서 근호 $\sqrt{}$ 안의 수는 0이상 이어야 하므로 $b^2 - 4ac < 0$이면 이차

방정식의 근은 없다. 따라서, 이차방정식 $ax^2 + bx + c = 0\,(a \neq 0)$의 근이 존재할 조건은 $b^2 - 4ac \geq 0$
이다. 단, 여기서 말하는 근은 실근으로 고교과정에서 수의 범위를 복소수까지 확장하면
$b^2 - 4ac < 0$인 경우 서로 다른 두 허근을 갖는다.

(깊이보기!)

1. 중근은 근이 같은 두 실근으로 중복된 근이고 근이 없는 경우는 실근이 없는 것이지 고교과정에서
수 범위를 복소수까지 확장하면 서로 다른 두 허근을 갖는다. 이렇게 하면 이차방정식은 어쨌든 2
개의 근을 갖는다고 볼 수 있다.

---

[3] 여러 가지 이차방정식의 풀이

1. **복잡한 이차방정식의 풀이**
 (1) **괄호가 있는 경우**
  : 분배법칙, 곱셈공식 등을 이용하여 괄호를 풀어 $ax^2 + bx + c = 0$의 꼴로 정리한 후 푼다.
 (2) **계수가 분수인 경우**
  : 양변에 분모의 최소공배수를 곱하여 분수를 정수로 고친 후 푼다.
 (3) **계수가 소수인 경우**
  : 양변에 10의 거듭제곱을 적당히 곱하여 소수를 정수로 고친 후 푼다.

2. **공통부분이 있는 이차방정식의 풀이**
 (1) **치환** : 식을 하나의 문자로 바꾸어 놓는 것
 (2) 공통부분을 한 문자로 치환하여 간단한 식으로 바꾼 후 푼다.

(이해하기!)

1. 복잡한 이차방정식 $\dfrac{x(x+2)}{3} - \dfrac{2x+1}{2} = 0.5x(x-2)$의 해를 구해보자.
 ⇨ 양변에 분모의 최소공배수 6을 곱하면 $2x(x+2) - 3(2x+1) = 3x(x-2)$ 이다. 분배법칙을 이용
 해 전개하면 $2x^2 + 4x - 6x - 3 = 3x^2 - 6x$ 이고 양변을 정리하면 $x^2 - 4x + 3 = 0$ 이다.
 좌변을 인수분해하면 $x^2 - 4x + 3 = (x-1)(x-3) = 0$ 이므로 $x = 1$ 또는 $x = 3$ 이다.

2. 공통부분이 있는 이차방정식 $(x+1)^2 - 5(x+1) + 6 = 0$의 해를 구하시오.
 ⇨ $x+1$을 A로 치환하면 $A^2 - 5A + 6 = 0$ 이고 좌변을 인수분해하면 $(A-2)(A-3) = 0$ 이므로
 $A = 2$ 또는 $A = 3$ 이다. 따라서 $x+1 = 2$ 또는 $x+1 = 3$ 이므로 $x = 1$ 또는 $x = 2$

(깊이보기!)

1. 모든 이차방정식 문제는 이차방정식의 근의 공식을 이용해 해를 구할 수 있다. 말 그대로 공식이기
때문이다. 근의 공식은 세 상수 a, b, c의 값을 공식에 대입해 해를 구할 수 있다는 장점이 있지만
계산이 번거롭고 복잡하다는 단점이 있다. 이러한 단점을 보완하기 위해 앞서 인수분해를 활용한
방법, 제곱근, 완전제곱식을 활용한 방법을 이용하는 것이다. 그러나 제곱근, 완전제곱식을 활용한
방법 역시 효율적이지 못하기 때문에 결국 이차방정식 문제는 인수분해를 활용한 방법으로 해결할
수 있는 경우 인수분해를 활용하여 해를 구하고 그 외 인수분해가 불가능한 경우에는 근의 공식을
활용해 해를 구한다고 생각하면 된다.

3.5 이차방정식 구하기

[1] 이차방정식의 근과 계수와의 관계

1. 두 근을 직접 구하지 않고도 계수를 이용하여 이차방정식의 두 근의 **합과 곱**을 구할 수 있다.
2. 이차방정식 $ax^2 + bx + c = 0$의 두 근을 α, β라 하면

   (1) 두 근의 합 : $\alpha + \beta = -\dfrac{b}{a}$

   (2) 두 근의 곱 : $\alpha\beta = \dfrac{c}{a}$

(이해하기!)

1. 이차방정식 $ax^2 + bx + c = 0$의 두 근을 α, β라 하면 근의 공식에 의해

   $\alpha = \dfrac{-b + \sqrt{b^2 - 4ac}}{2a}, \beta = \dfrac{-b - \sqrt{b^2 - 4ac}}{2a}$ 이다. 이때,

   (1) $\alpha + \beta = \dfrac{-b + \sqrt{b^2 - 4ac}}{2a} + \dfrac{-b - \sqrt{b^2 - 4ac}}{2a} = \dfrac{-2b}{2a} = -\dfrac{b}{a}$

   (2) $\alpha\beta = \dfrac{-b + \sqrt{b^2 - 4ac}}{2a} \times \dfrac{-b - \sqrt{b^2 - 4ac}}{2a} = \dfrac{b^2 - (b^2 - 4ac)}{4a^2} = \dfrac{4ac}{4a^2} = \dfrac{c}{a}$

(확인하기!)

1. 이차방정식 $x^2 + ax + b = 0$의 두 근이 -1, 2일 때, a, b의 **값을 구하시오.** (단, a, b는 상수)

   (풀이) 두 근의 합 $-1 + 2 = -\dfrac{a}{1}$ 이므로 $a = -1$ 이고 두 근의 곱 $-1 \times 2 = \dfrac{b}{1}$ 이므로 $b = -2$이다.

(깊이보기!)

1. 참고로 '삼차방정식의 근과 계수와의 관계(고교과정)' 는 다음과 같다.

   삼차방정식 $ax^3 + bx^2 + cx + d = 0$의 세 근을 α, β, γ라 하면

   (1) 세 근의 합 : $\alpha + \beta + \gamma = -\dfrac{b}{a}$

   (2) 두 근의 곱의 합 : $\alpha\beta + \beta\gamma + \gamma\alpha = \dfrac{c}{a}$

   (3) 세 근의 곱 : $\alpha\beta\gamma = -\dfrac{d}{a}$

[2] 이차방정식 구하기

1. 두 근이 α, β이고 x^2의 계수가 a인 이차방정식

   $\Rightarrow a(x - \alpha)(x - \beta) = 0$

   $\Rightarrow a\{x^2 - (\alpha + \beta)x + \alpha\beta\} = 0$

2. 중근이 α이고 x^2의 계수가 a인 이차방정식

   $\Rightarrow a(x - \alpha)^2 = 0$

(이해하기!)

1. 지금까지 이차방정식이 주어지면 해를 구하는 데 초점을 맞추었다면 이번에는 역으로 방정식의 해가 주어지면 주어진 해를 갖는 이차방정식을 구해보자. 인수분해를 활용해 이차방정식의 해를 구한 경우 두 근이 α, β이려면 이차방정식은 $(x-\alpha)(x-\beta)=0$인 꼴로 인수분해 되어야 하고 이때, 최고차항 x^2의 계수가 a가 되려면 $a(x-\alpha)(x-\beta)=0$이 되어야 한다. $a(x-\alpha)(x-\beta)=0$에서 $(x-\alpha)(x-\beta)$를 전개하면 $a\{x^2-(\alpha+\beta)x+\alpha\beta\}=0$이 된다. 즉, 이차방정식 $ax^2+bx+c=0$의 최고차항의 계수 a가 1인 경우 두 근의 합에 '−' 부호를 붙인 값이 x의 계수, 두 근의 곱이 상수항이 된다. $a \neq 1$인 경우 이 식에 a를 곱해주면 이차방정식을 구할 수 있다.

2. 정리하면 이차방정식의 두 근이 α, β일 때, 두 근의 합이 m, 곱이 n이고 x^2의 계수가 a인 이차방정식은 $a(x^2-mx+n)=0$ 이다.

(확인하기!)

1. 다음 이차방정식을 $ax^2+bx+c=0$ 꼴로 나타내시오.

   (1) $3, 4$를 두 근으로 하고 x^2의 계수가 2인 이차방정식

   (2) $\dfrac{1}{2}$를 중근으로 갖고 x^2의 계수가 -4인 이차방정식

   (풀이) (1) $2(x-3)(x-4)=0$ 이므로 $2x^2-14x+24=0$ 이다.

   　　　　[다른 풀이] 두 근의 합 $3+4=7$이고 두 근의 곱 $3 \times 4=12$ 이므로 $2(x^2-7x+12)=0$

   　　　　　　　　　 따라서, $2x^2-14x+24=0$ 이다.

   　　　(2) $-4\left(x-\dfrac{1}{2}\right)^2=0$ 이므로 $-4\left(x^2-x+\dfrac{1}{4}\right)=0$ 이다. 따라서, $-4x^2+4x-1=0$ 이다.

---

[3] 계수가 유리수인 이차방정식의 근

1. 계수가 유리수인 이차방정식의 한 근이 $p+q\sqrt{m}$이면 다른 한 근은 $p-q\sqrt{m}$이다.
   (단, p, q는 유리수, $\sqrt{m}$은 무리수)

(이해하기!)

1. a, b, c가 유리수인 이차방정식 $ax^2+bx+c=0$에서 두 근을 α, β라 하면 $\alpha+\beta=-\dfrac{b}{a}$, $\alpha\beta=\dfrac{c}{a}$ 이고 유리수는 사칙연산에 관해 닫혀있으므로 두 근의 합과 곱은 유리수이어야 한다. 따라서 한 근이 $p+q\sqrt{m}$이면 다른 한 근은 $p-q\sqrt{m}$이 되고 이때 두 근의 합과 곱이 유리수가 된다.

(확인하기!)

1. 이차방정식 $x^2+mx+n=0$의 한 근이 $5+2\sqrt{3}$일 때, 두 유리수 m, n에 대하여 $m+n$의 값을 구하시오.

   (풀이) 이차방정식 $x^2+mx+n=0$의 한 근이 $5+2\sqrt{3}$ 이므로 다른 한 근은 $5-2\sqrt{3}$이다. 두 근의 합은 $(5+2\sqrt{3})+(5-2\sqrt{3})=10$, 두 근의 곱은 $(5+2\sqrt{3})(5-2\sqrt{3})=25-12=13$이므로 x^2의 계수가 1인 이차방정식은 $x^2-10x+13=0$이다. 따라서, $m+n=3$ 이다.

3.6 이차방정식의 활용

[1] 이차방정식의 활용

1. 이차방정식의 활용 문제는 다음과 같은 순서로 푼다.
   (1) **미지수 x 정하기** : 문제의 뜻을 파악하고, 구하려는 것을 미지수 x로 놓는다.
   (2) **이차방정식 세우기** : 문제에서 주어진 조건에 맞게 방정식을 세운다.
   (3) **이차방정식 풀기** : 인수분해 또는 근의 공식을 이용해 방정식을 풀어 해를 구한다.
   (4) **확인하기** : 구한 해가 문제의 뜻에 맞는지 확인한다

(이해하기!)

1. 긴 글로 표현된 활용문제가 어려운 이유는 식을 세우는 것이 쉽지 않기 때문이다. 그러나 대부분의 활용문제는 몇 가지 유형이 정해져 있고 그 내용의 구성도 일정한 패턴이 있다. 이를 잘 확인하면 조금 더 쉽게 활용문제를 해결할 수 있다.

2. 구체적으로 모든 활용문제는 마지막에 '**구하시오**' 라는 단어로 끝이 나는 데 그 앞에 구해야 할 대상인 '**무엇**' 이 있다. 가장 먼저 이 '무엇'을 미지수 x로 정한다. 그리고 식을 세우려면 '**수**' 가 필요하듯이 활용문제 안에서 '수'를 찾아 그 '수'가 의미하는 것이 무엇인지 확인한다. 그리고 그에 따른 적절한 식을 세우면 된다. 예를 들어 아래 문제들의 경우를 보자.

[2] 자주 등장하는 이차방정식의 활용 문제 유형 (1) - 수에 대한 활용 문제

1. **수에 대한 활용 문제**
   (1) 연속하는 두 정수 : $x, x+1$ 또는 $x-1, x$
   (2) 연속하는 세 정수 : $x-1, x, x+1$ 또는 $x, x+1, x+2$ 또는 $x-2, x-1, x$
   (3) 연속하는 두 짝수 : $x, x+2$(x는 짝수) 또는 $2x, 2x+2$(x는 자연수)
   (4) 연속하는 두 홀수 : $x, x+2$(x는 홀수) 또는 $2x-1, 2x+1$(x는 자연수)

(이해하기!)

식을 세우기 위한 '수'

1. 연속하는 두 짝수의 곱이 120일 때, 두 짝수를 구하시오.

구하려는 '무엇'

   (1) **미지수 x 정하기** : 구하려는 두 짝수 중 하나를 x라 하면 다른 하나는 $x+2$이다.
   (2) **이차방정식 세우기** : 두 짝수의 곱이 120이므로 $x(x+2)=120$이다.
   (3) **이차방정식 풀기** : $x^2+2x-120=0$이므로 좌변을 인수분해하면 $(x+12)(x-10)=0$이다.
   $x+12=0$ 또는 $x-10=0$ 이므로 $x=-12$ 또는 $x=10$ 이다.
   $x>0$ 이므로 $x=10$이다. 따라서, 구하려는 두 짝수는 $10, 12$이다.
   (4) **확인하기** : $10 \times 12 = 120$이므로 문제의 뜻에 맞다.

2. 연속한 수에 관한 문제는 가운데 수를 미지수 x로 정하여 좌우 대칭의 형태로 나머지 수를 x에 관한 식으로 나타낸 후 식을 세운다. 단, 연속하는 네 홀수(짝수)의 경우 가운데 두 홀수(짝수)의 가운데 수를 미지수 x로 정하여 좌우 대칭의 형태로 나머지 수를 x에 관한 식으로 나타내는 것을 주의하자.

[3] 자주 등장하는 이차방정식의 활용 문제 유형 (2) - 도형에 대한 활용 문제

1. 도형에 대한 활용 문제

(1) (삼각형의 넓이) $= \frac{1}{2} \times$(밑변의 길이)×(높이)

(2) (직사각형의 넓이) = (가로의 길이)×(세로의 길이)

(3) (원의 넓이) $= \pi r^2$

(4) (n각형의 대각선의 총 개수) $= \frac{n(n-3)}{2}$

식을 세우기 위한 '수'

(이해하기!)

1. 어떤 정사각형의 가로의 길이는 3cm 늘이고, 세로의 길이는 2cm 줄였더니 넓이가 50cm²인 직사각형이 되었다. 처음 정사각형의 한 변의 길이를 구하시오.

구하려는 '무엇'

(1) 미지수 x 정하기 : 처음 정사각형의 한 변의 길이를 x라 하자.

(2) 이차방정식 세우기 : 직사각형의 가로의 길이는 $x+3$, 세로의 길이는 $x-2$ 이고 넓이가 50cm² 이므로 $(x+3)(x-2)=50$이다.

(3) 이차방정식 풀기 : 방정식을 전개해 정리하면 $x^2+x-56=0$이므로 좌변을 인수분해하면 $(x+8)(x-7)=0$이다. $x+8=0$ 또는 $x-7=0$ 이므로 $x=-8$ 또는 $x=7$ 이다. $x>0$ 이므로 $x=7$이다.

따라서, 처음 정사각형의 한 변의 길이는 7cm이다.

(4) 확인하기 : $(7+3)(7-2)=10 \times 5=50$이므로 문제의 뜻에 맞다.

식을 세우기 위한 '수'

2. 대각선의 개수가 27인 다각형은 몇 각형인지 구하시오.

구하려는 '무엇'

(1) 미지수 x 정하기 : 다각형의 변의 개수를 x라 하자. 즉, x각형이다.

(2) 이차방정식 세우기 : n각형의 대각선의 수$= \frac{n(n-3)}{2}$이므로 $\frac{x(x-3)}{2}=27$이다.

(3) 이차방정식 풀기 : 방정식을 전개해 정리하면 $x^2-3x-54=0$이므로 좌변을 인수분해하면 $(x+6)(x-9)=0$이다. $x+6=0$ 또는 $x-9=0$ 이므로 $x=-6$ 또는 $x=9$ 이다. $x>0$ 이므로 $x=9$이다.

따라서, 대각선의 개수가 27인 다각형은 구각형이다.

(4) 확인하기 : $\frac{9(9-3)}{2}=\frac{9 \times 6}{2}=27$이므로 문제의 뜻에 맞다.

---

[4] 자주 등장하는 이차방정식의 활용 문제 유형 (3) - 위로 던져 올린 물체에 대한 활용 문제

1. 위로 던져 올린 물체에 대한 활용 문제

(1) 위로 던져 올린 물체의 t초 후의 높이가 $at^2 + bt + c$와 같이 t에 관한 2차식으로 주어진 경우

(2) 위로 던져 올린 물체의 높이가 h m인 경우는 올라갈 때와 내려올 때 두 번이고, 높이가 최고 지점일 때는 한 번이다.

(3) 물체가 지면에 떨어질 때의 높이는 0m이다.

식을 세우기 위한 '수'

(이해하기!)

1. 지면에서 초속 25 m로 똑바로 위로 던진 공의 t초 후의 높이를 h m라고 하면 $h = 25t - 5t^2$인 관계가 있다고 한다. 공이 20 m 이상의 높이에서 머무는 것은 몇 초 동안인지 구하시오

구하려는 '무엇'

(1) **미지수 x 정하기** : 던진 공의 높이가 20 m일 때의 시간을 x초라 하자.

(2) **이차방정식 세우기** : 던진 공의 t초 후의 높이 $h = 25t - 5t^2$ 이므로 높이가 20m일 때의 시간을 x라 하면 $25x - 5x^2 = 20$이다.

(3) **이차방정식 풀기** : 항을 이항해 방정식을 정리하면 $5x^2 - 25x + 20 = 0$이므로 좌변을 인수분해하면 $5(x-1)(x-4) = 0$이다. $x - 1 = 0$ 또는 $x - 4 = 0$ 이므로 $x = 1$ 또는 $x = 4$ 이다. 따라서, 1초와 4초일 때 높이가 20m이므로 3초간 20m이상의 높이에서 머문다.

(4) **확인하기** : $25 \times 1 - 5 \times 1^2 = 20$, $25 \times 4 - 5 \times 4^2 = 20$이므로 문제의 뜻에 맞다.

4.1 이차함수의 뜻

4.1

이
차
함
수
의

뜻

---

[1] 이차함수의 뜻

1. 함수 $y = f(x)$에서 y가 x에 대한 이차식 $y = ax^2 + bx + c$ (a, b, c는 상수, $a \neq 0$)로 나타날 때, 이 함수를 x에 대한 이차함수라고 한다.

2. **함숫값** : $y = f(x)$에서 x의 값이 정해질 때, 그에 따라 정해지는 $f(x)$의 값

(이해하기!)

1. 이차함수 $y = ax^2 + bx + c$에서 $a = 0$이면 $ax^2 + bx + c$는 $bx + c$가 되어 이차식이 아니므로 이차함수가 아니다. 따라서 $a \neq 0$ 조건이 필요하다. 반면에 b, c는 0이어도 상관없다. 즉, 우변에 2차항만 있으면 된다.

   ⇨ $y = x^2 + 2x - 4$, $y = -2x^2 + 3$ ($b = 0$인 경우), $y = 3x^2 - 2x$ ($c = 0$인 경우), $y = \dfrac{1}{3}x^2$ (b, c 모두 0인 경우) 은 모두 이차함수이다.

2. 함수 $y = f(x)$에서 $f(x)$가 x에 대한 다항식일 때, $y = f(x)$를 다항함수라고 한다. 이때, x에 대한 다항식의 차수가 일차, 이차, 삼차일 때, 각각 일차함수, 이차함수, 삼차함수라고 한다. 특히, c가 상수일 때, $f(x) = c$를 상수함수라고 한다.

   (1) 일차함수 : $y = 2x, y = -3x + 1$

   (2) 이차함수 : $y = x^2, y = 3x^2 + x - 2$

   (3) 삼차함수 : $y = \dfrac{1}{2}x^3, y = x^3 + 4x^2 - 2$

   (4) 상수함수 : $y = 3, y = -5$

   ⇨ (주의) $y = \dfrac{1}{x^2}$과 같이 분모에 x에 대한 2차항이 있는 경우는 이차함수가 아니다.

3. 함수 $f(x) = 2x$에서 $x = 1, 2, 3$일때 함숫값은 x에 $1, 2, 3$을 각각 대입하여 계산한 결과 $2, 4, 6$이고 각각 $f(1) = 2, f(2) = 4, f(3) = 6$ 으로 나타낸다.

4. 이차함수의 그래프에서 x값의 범위에 대한 특별한 언급이 없으면 x값의 범위는 실수 전체이다.

(깊이보기!)

1. 학생들 중 $y = ax^2 + bx + c$와 $f(x) = ax^2 + bx + c$가 다르다고 생각하는 경우가 있다. 그러나 $y = f(x)$이므로 둘은 같은 표현이다. 일반적으로 이차함수의 형태는 $y = ax^2 + bx + c$의 형태로 나타낸다. 반면에 함숫값을 구하는 경우와 같이 x에 특정한 값을 대입하는 경우 $f(x) = ax^2 + bx + c$로 나타낸다.

[2] 이차함수의 그래프 그리기

1. 이차함수의 그래프는 아래와 같은 순서대로 학습한다.

$$y = ax^2 \text{ (기본형)}$$

(y축 방향으로 q만큼 평행이동)   (x축 방향으로 p만큼 평행이동)

⇩

$$y = ax^2 + q \qquad\qquad y = a(x-p)^2$$

(x축 방향으로 p만큼, y축 방향으로 q만큼 평행이동)

⇩

$$y = a(x-p)^2 + q \text{ (이차함수의 표준형)}$$

(전개)

⇩

$$y = ax^2 + bx + c \text{ (이차함수의 일반형)}$$

(이해하기!)

1. 이차함수 단원의 학습목표는 크게 두 가지 이다. 첫째, 이차함수의 그래프를 그릴 수 있다. 둘째, 이차함수의 그래프의 성질을 이해한다. 그러므로 이차함수의 일반형인 $y = ax^2 + bx + c$의 그래프를 그리고 성질을 이해하면 이번 단원의 학습목표를 달성하는 것이다. 그런데 처음부터 이차함수의 일반형인 $y = ax^2 + bx + c$의 그래프를 그리고 그래프의 성질을 이해하는 것이 쉽지 않다. 그래서 가장 쉬운 이차함수 $y = ax^2$을 통해 그래프를 그리는 방법과 그래프가 가지고 있는 성질을 이해하는 것부터 학습하는 것이다. 그리고 이를 통해 조금씩 확장해나가는 과정에서 평행이동의 개념과 평행이동을 활용한 그래프 그리기, 이차함수의 표준형을 활용한 꼭짓점의 좌표 구하기, 이차함수의 일반형을 활용한 x, y절편 구하기 등을 학습하고 이번 단원의 최종 목표인 이차함수의 일반형 $y = ax^2 + bx + c$의 그래프를 학습함으로써 모든 이차함수의 그래프를 그릴 수 있고 그래프의 성질을 이해하게 되는 것이다.

2. 이차함수의 그래프를 그리는 방법은 크게 두 가지가 있다. 첫째, x와 그에 대응하는 함숫값 y의 순서쌍 (x, y)를 구해 좌표평면에 점으로 나타내어 점을 포물선 모양으로 연결하여 그리는 방법이다. 이 방법은 가장 기본적인 방법으로 쉽다는 장점이 있지만 과정이 번거롭고 불편하며 경우에 따라 이차함수의 그래프인 포물선의 일부분만 그릴 수도 있는 단점이 있다. 둘째로는 이차함수의 그래프의 특징을 파악해 그리는 방법이다. 이 방법은 꼭짓점의 좌표, x, y절편, 평행이동, 축을 구해 그래프를 그리는 방법으로 그래프의 특징을 이해해야 하는 어려움이 있지만 보다 편리하게 그래프를 그릴 수 있다는 장점이 있다. 우리는 첫째 방법을 이해하고 점차 둘째 방법을 활용해 이차함수의 그래프를 그릴 것이다.

4.2 이차함수 $y = x^2$, $y = -x^2$의 그래프와 그 성질

[1] 이차함수 $y = x^2$의 그래프 그리기

1. 그래프 : 함수 $y = f(x)$를 만족하는 순서쌍 (x, y)를 좌표평면에 점으로 나타내어 그린 그림으로 점들의 모임이라고 생각할 수 있다.

   ⇨ **그래프를 그려라! = 점을 찍어라!**

2. 이차함수 $y = x^2$의 그래프 그리기

   ⇨ 표를 이용하여 이차함수 $y = x^2$을 만족시키는 순서쌍 (x, y)를 좌표평면에 점을 찍어 나타내면 아래와 같다. 이때, x값 사이의 간격을 점점 작게 하면 점과 점 사이에 또 다른 점들이 나타나 며 x값이 실수 전체가 되면 그래프는 매끄러운 곡선이 된다. 이 곡선을 **포물선**이라고 하며 이차 함수의 그래프라고 한다.

   (1) x : **정수일 때**

x	$\cdots$	-3	-2	-1	0	1	2	3	$\cdots$
y	$\cdots$	9	4	1	0	1	4	9	$\cdots$

   (2) x : **유리수일 때**

x	$\cdots$	-3	-2.5	-2	-1.5	-1	-0.5	0	0.5	1	1.5	2	2.5	3	$\cdots$
y	$\cdots$	9	6.25	4	2.25	1	0.25	0	0.25	1	2.25	4	6.25	9	$\cdots$

   (3) x : **실수일 때**

x	실수 전체
y	실수 전체

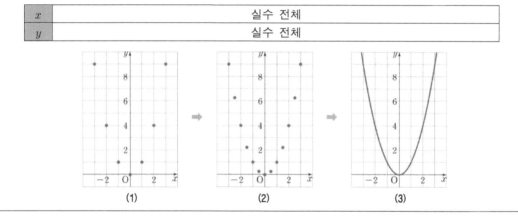

(1)   (2)   (3)

(이해하기!)

1. 이차함수 $y = x^2$에서 x의 값 사이의 간격을 점점 작게하여 실수 전체로 하면 그래프는 매끄러운 곡선 형태가 된다.

2. 그래프는 점들의 모임이라고 할 수 있다. 따라서 그래프를 그리라는 말은 사실 점을 찍으라는 말과 같다. 그러므로 (1), (2)의 경우도 $y = x^2$의 그래프이다. 보통 학생들은 그래프를 선이라고 생각해 (3)의 경우만 $y = x^2$의 그래프라고 생각하는데 이것은 x값의 범위가 실수 전체이기 때문에 무수히 많은 점을 찍어야 하는데 불가능하므로 선으로 그리는 것일 뿐이다. 즉, x값의 범위가 특별히 언급 되지 않는 경우 x값의 범위는 실수 전체이기 때문에 그래프를 선으로 그리고 그 외 x값의 범위가 특별히 언급되는 경우의 그래프는 점을 찍어 그려야 한다.

3. 일차함수의 그래프는 모양이 직선이므로 최소한 두 개의 점만으로 그래프를 그릴 수 있었지만 이차함수의 그래프는 모양이 포물선이므로 여러 개의 점을 찍어 매끄러운 곡선으로 연결해야 한다. 점은 많이 나타낼수록 정확하게 그래프를 그릴 수 있지만 너무 많은 점을 나타내는 것은 불편하므로 보통 5개 또는 7개 정도의 점을 나타내어 이차함수의 그래프를 그린다. 여기서 나타내는 점의 개수가 홀수인 이유는 이차함수의 그래프가 꼭짓점을 지나는 축을 기준으로 좌우 대칭이기 때문이다.

---

[2] 이차함수 $y = x^2$의 그래프의 성질

1. 원점을 지나며 **아래로 볼록**한 곡선이다.
2. y**축에 대칭**이다.
3. 증가, 감소
   (1) $x < 0$이면 x의 값이 증가할 때, y의 값은 감소한다.
   ($= x < 0$이면 x의 값이 감소할 때, y의 값은 증가한다.)
   (2) $x > 0$이면 x의 값이 증가할 때, y의 값도 증가한다.
   ($= x > 0$이면 x의 값이 감소할 때, y의 값도 감소한다.)
4. 원점을 제외한 모든 부분은 x**축보다 위쪽**에 있다.

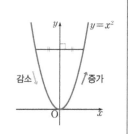

(이해하기!)

1. $y = x^2$에서 $x = 0$일 때 $y = 0$이 되므로 이차함수 $y = x^2$의 그래프는 원점 $(0, 0)$을 지난다. 또한 아래로 볼록한 곡선임은 그래프 그리기를 통해 확인할 수 있다.

2. $x^2 = (-x)^2$이므로 절댓값이 같고 부호가 다른 두 x값에 대한 y값이 같으므로 y축에 대칭이다.

3. $y = x^2$에서 $x^2 > 0$이므로 $y > 0$이다. 따라서 0을 제외한 모든 x값에 대해 y값은 양수이므로 이차함수 $y = x^2$을 만족하는 순서쌍 (x, y)를 좌표평면에 점으로 나타내면 x축 보다 위쪽에 그려진다. 따라서 $y = x^2$의 그래프는 원점을 제외한 모든 부분은 x축보다 위쪽에 있다.

(깊이보기!)

1. x값의 범위에 따라 x의 값이 증가(감소)할 때, y의 값이 증가(감소)하는지 여부 문제!

(1) 함수의 그래프에서 이 문제를 따지는 경우들이 많은데 각 경우마다 외워 문제를 해결하기 보다는 이해를 통해 간단히 해결할 수 있다. 좌표평면에서 점은 축에 평행하게 이동한다. 즉, 가로 또는 세로 방향으로 이동한다. 좌표평면에서 점이 대각선방향으로 이동하기 위해서는 가로방향으로 이동해 세로방향으로 연속해서 이동하는 경우이다. 흔히 좌표평면 그림을 보면 격자모양으로 각 축에 평행하게 선들이 그려져 있는데 이 선이 곧 점이 이동할 수 있는 길 이라고 생각하면 된다. 일단 그래프 위에 임의의 두 점을 잡는다. 그래서 한 점에서 다른 한 점으로 가로, 세로 방향으로 이동하면 된다. x축방향(가로방향)은 오른쪽으로 갈수록 값이 증가하고 왼쪽으로 갈수록 값이 감소한다. y축방향(세로방향)은 위로 갈수록 값이 증가하고 아래로 갈수록 값이 감소한다. 그러면 어떻게 이 문제를 해결하는지 오른쪽 그림을 통해 구체적으로 살펴보자.

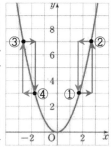

(2) $x > 0$인 경우 점①에서 점②로 이동하면 가로방향은 오른쪽으로 이동해 x값이 증가하고 세로방향은 위로 이동해 y값이 증가한다. 따라서 이 경우 x값이 증가할 때 y값이 증가한다고 한다.

그리고 이것은 y축을 기준으로 $x > 0$인 경우 모두 같다. 반대로 점②에서 점①로 이동하는 경우 가로방향은 왼쪽으로 이동하고 세로방향은 아래쪽으로 이동하므로 x값이 감소할 때, y값도 감소한다고 한다. 결국 위 두 가지는 같은 말이다.

(3) $x < 0$인 경우 마찬가지로 점③에서 점④로 이동하면 가로방향은 오른쪽으로 이동해 x값이 증가하고 세로방향은 아래로 이동해 y값이 감소한다. 따라서 이 경우 x값이 증가할 때 y값은 감소한다고 한다. 한편 점④에서 점③으로 이동하면 가로방향은 왼쪽으로 이동해 x값이 감소하고 세로방향은 위로 이동해 y값이 증가한다. 따라서 이 경우 x값이 감소할 때 y값이 증가한다고 한다. 역시 이 두 가지는 같은 말이다.

(4) 앞으로 나올 이차함수의 모든 그래프에서 이와 같이 문제를 해결할 수 있다. 이차함수의 그래프는 축을 기준으로 좌우 대칭인데 이 축을 기준으로 x값이 증가(감소)할 때 y값이 증가(감소)하는 지가 구분된다.

2. 일차함수의 경우 x의 값의 범위에 관계없이 일차함수 $y = ax + b$의 그래프는 $a > 0$일 때, x의 값이 증가하면 y의 값도 증가하고, $a < 0$일 때, x의 값이 증가하면 y의 값은 감소한다. 즉, 하나의 그래프에서 한 가지 형태의 증가, 감소 결과가 나타난다. 반면에 이차함수의 경우 축을 기준으로 좌우가 대칭이므로 그래프의 방향이 서로 다르다. 즉, 하나의 그래프에서 두 가지 형태의 증가, 감소 결과가 나타나고 이를 구분하는 기준이 축이 된다. 따라서 축을 기준으로 x값의 범위에 따라 x의 값이 증가할 때, y의 값이 증가 또는 감소하는지가 결정됨을 주의한다.

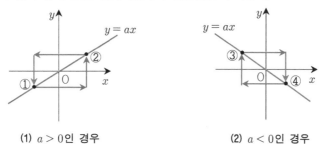

(1) $a > 0$인 경우   (2) $a < 0$인 경우

(1) x의 값이 증가할 때 y의 값도 증가한다. (= x의 값이 감소할 때 y의 값도 감소한다.)
(2) x의 값이 증가할 때 y의 값은 감소한다. (= x의 값이 감소할 때 y의 값은 증가한다.)

3. 일차함수의 그래프는 $a > 0$인 경우 x, y값이 같은 양상으로 움직인다. 즉, 함께 증가하고 함께 감소한다. 반면에 $a < 0$인 경우 x, y값이 반대 양상으로 움직인다. 즉, 하나의 값이 증가하면 다른 하나의 값은 감소한다. 이차함수의 그래프도 일차함수의 그래프 모양을 생각하면 이해하기 쉽다. 축을 기준으로 왼쪽 영역은 그래프가 오른쪽 아래로 향하므로 값이 반대 양상으로 움직이고 오른쪽 영역은 그래프가 오른쪽 위로 향하므로 값이 같은 양상으로 움직인다.

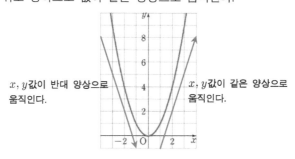

x, y값이 반대 양상으로 움직인다. x, y값이 같은 양상으로 움직인다.

[3] 이차함수 $y = -x^2$의 그래프 그리기

1. 순서쌍 (x, y)값 구하기 (방법1)

⇨ 이차함수 $y = -x^2$에서 정수 x의 값에 대응하는 y의 값을 각각 구하여 표로 나타내면 아래와 같고 (x, y) 순서쌍을 좌표평면에 점으로 나타내어 포물선 모양으로 연결하여 그린다.

x	⋯	-3	-2	-1	0	1	2	3	⋯
$y = -x^2$	⋯	-9	-4	-1	0	-1	-4	-9	⋯

2. 이차함수 $y = x^2$의 그래프 이용하기 (방법2)

(1) 두 이차함수 $y = x^2$과 $y = -x^2$에서 정수 x의 값에 대응하는 y의 값을 각각 구하여 표로 나타내면 다음과 같다.

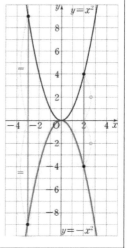

x	⋯	-3	-2	-1	0	1	2	3	⋯
$y = x^2$	⋯	9	4	1	0	1	4	9	⋯
$y = -x^2$	⋯	-9	-4	-1	0	-1	-4	-9	⋯

(2) 위의 표에서 같은 x의 값에 대하여 이차함수 $y = -x^2$의 함숫값은 $y = x^2$의 함숫값과 절댓값은 같고 부호는 반대임을 알 수 있다. 따라서, 이차함수 $y = -x^2$의 그래프는 오른쪽 그림과 같이 이차함수 $y = x^2$의 그래프의 각 점과 x축에 대칭인 점을 잡아서 그리면 된다.

(이해하기!)

1. 이차함수 $y = -x^2$의 그래프를 그리는 방법은 위와 같이 두 가지가 있다. (방법1)은 이차함수 $y = -x^2$을 만족하는 순서쌍 (x, y)를 좌표평면에 점으로 나타내어 포물선으로 연결하여 그리는 기본적인 방법이고 (방법2)는 이차함수 $y = -x^2$의 그래프가 $y = x^2$의 그래프와 x축에 대해 대칭이라는 성질을 활용한 방법이다. 이 경우 표를 완성해 순서쌍 (x, y)를 구하지 않고 x축에서 같은 거리만큼 떨어진 위치에 점을 나타내어 그래프를 그릴 수 있는 편리함이 있다.

[4] 이차함수 $y = -x^2$의 그래프의 성질

1. $y = x^2$의 그래프와 x축에 대칭인 곡선이다.
2. 원점을 지나고 **위로 볼록**하다.
3. y축에 대칭인 곡선이다.
4. $x < 0$일 때 x의 값이 증가하면 y의 값도 증가하고, $x > 0$일 때 x의 값이 증가하면 y의 값은 감소한다.
5. 원점을 제외한 모든 부분은 x축보다 아래쪽에 있다.

(이해하기!)

1. 이차함수 $y = -x^2$의 그래프가 $y = x^2$의 그래프와 x축에 대칭이 됨은 위와 같이 순서쌍 (x, y)를 좌표평면에 점으로 나타내어 그래프를 각각 그려보면 확인할 수 있다.

⇨ 그래프를 그려보지 않고 다음과 같이 이해할 수도 있다. 이차함수 $y = x^2$과 $y = -x^2$에서 $x^2 = \pm y$이므로 x값에 대한 y값은 각각 부호가 다르고 절댓값이 같은 값이다. 이는 같은 x값에 대하여

x축에서 같은 거리만큼 서로 반대방향으로 떨어져 있는 점으로 나타낼 수 있음을 의미한다. 따라서 이차함수 $y = x^2$과 $y = -x^2$을 만족하는 순서쌍 (x, y)를 좌표평면에 점으로 나타내어 각각 그래프를 그리면 두 이차함수의 그래프는 x축에 대칭임을 알 수 있다.

2. $y = -x^2$에서 $x = 0$일 때 $y = 0$이므로 이차함수 $y = -x^2$의 그래프는 원점 $(0, 0)$을 지난다. 또한 위로 볼록한 곡선임은 그래프 그리기를 통해 확인할 수 있다.

3. 이차함수 $y = -x^2$의 그래프도 이차함수 $y = x^2$의 그래프와 마찬가지로 x의 절댓값이 같고 부호가 반대일 때, 이에 대응하는 y의 값이 같으므로 y축에 대칭인 곡선이다.

4. $y = -x^2$에서 $-x^2 < 0$이므로 $y < 0$이다. 따라서 0을 제외한 모든 x값에 대해 y값은 항상 음수이므로 이차함수 $y = -x^2$의 그래프는 원점을 제외한 모든 부분에서 x축보다 아래쪽에 있다.

4.3 이차함수 $y = ax^2$의 그래프와 그 성질

[1] 이차함수 $y = ax^2 (a \neq 0)$의 그래프 그리기

1. 순서쌍 (x, y)값 구하기 (방법1)

⇨ 이차함수 $y = ax^2$에서 정수 x의 값에 대응하는 y의 값을 각각 구하여 표로 나타내어 (x, y) 순서쌍을 좌표평면에 나타내어 포물선 모양으로 연결하여 그린다.

2. $a > 0$일 때, 이차함수 $y = x^2$의 그래프 이용하기 (방법2)

(1) 두 이차함수 $y = x^2$과 $y = 2x^2$에서 정수 x의 값에 대응하는 y의 값을 각각 구하여 표로 나타내면 다음과 같다.

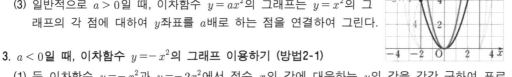

x	$\cdots$	-3	-2	-1	0	1	2	3	$\cdots$
$y = x^2$	$\cdots$	9	4	1	0	1	4	9	$\cdots$
$y = 2x^2$	$\cdots$	18	8	2	0	2	8	18	$\cdots$

(2) 위의 표에서 x의 값이 같을 때, 이차함수 $y = 2x^2$의 함숫값은 $y = x^2$의 함숫값의 2배임을 알 수 있다. 따라서, 이차함수 $y = 2x^2$의 그래프는 $y = x^2$의 그래프의 각 점에 대하여 y좌표를 2배로 하는 점을 연결하여 그린다.

(3) 일반적으로 $a > 0$일 때, 이차함수 $y = ax^2$의 그래프는 $y = x^2$의 그래프의 각 점에 대하여 y좌표를 a배로 하는 점을 연결하여 그린다.

3. $a < 0$일 때, 이차함수 $y = -x^2$의 그래프 이용하기 (방법2-1)

(1) 두 이차함수 $y = -x^2$과 $y = -2x^2$에서 정수 x의 값에 대응하는 y의 값을 각각 구하여 표로 나타내면 다음과 같다.

x	$\cdots$	-3	-2	-1	0	1	2	3	$\cdots$
$y = -x^2$	$\cdots$	-9	-4	-1	0	-1	-4	-9	$\cdots$
$y = -2x^2$	$\cdots$	-18	-8	-2	0	-2	-8	-18	$\cdots$

(2) 위의 표에서 x의 값이 같을 때, 이차함수 $y = -2x^2$의 함숫값은 $y = -x^2$의 함숫값의 2배임을 알 수 있다. 따라서, 이차함수 $y = -2x^2$의 그래프는 $y = -x^2$의 그래프의 각 점에 대하여 y좌표를 2배로 하는 점을 연결하여 그린다.

(3) 일반적으로 $a < 0$일 때, 이차함수 $y = ax^2$의 그래프는 $y = -x^2$의 그래프의 각 점에 대하여 y좌표를 $|a|$배로 하는 점을 연결하여 그린다.

(이해하기!)

1. 이차함수 $y = ax^2$의 그래프를 그리는 방법은 위와 같이 두 가지가 있다. (방법1)은 앞에서 언급한 것처럼 이차함수 $y = ax^2$을 만족하는 순서쌍 (x, y)를 좌표평면에 점으로 나타내어 포물선으로 연결하여 그리는 기본적인 방법이고 (방법2)는 이차함수 $y = x^2$이나 $y = -x^2$의 그래프를 활용해 그리는 방법이다.

[2] 이차함수의 $y = ax^2 (a \neq 0)$의 그래프

1. **포물선** : 이차함수 $y = ax^2$의 그래프와 같은 모양의 곡선
2. **축** : 포물선의 대칭축
3. **꼭짓점** : 포물선과 축의 교점

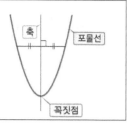

(이해하기!)

1. 포물선(抛物線)은 공과 같은 어떤 물체를 던질 때, 그 물체가 그리는 곡선이라는 뜻이다.

2. 포물선은 선대칭도형으로 대칭축을 기준으로 좌우를 접으면 포개어진다. 이때, 대칭축을 간단히 포물선의 축이라 한다.

[3] 이차함수 $y = ax^2 (a \neq 0)$의 그래프의 성질

1. **꼭짓점의 좌표** : 원점 $O(0,0)$
2. **그래프의 모양**
   (1) $a > 0 \Rightarrow$ 아래로 볼록한 곡선
   (2) $a < 0 \Rightarrow$ 위로 볼록한 곡선
3. **대칭성**
   (1) y축(직선 $x = 0$)에 대칭
   (2) $y = -ax^2$의 그래프와 x축에 서로 대칭
4. **그래프의 폭**
   (1) $|a|$의 값이 클수록 폭이 좁아진다.
   (2) $|a|$의 값이 작을수록 폭이 넓어진다.
5. **축의 방정식** : $x = 0$ (y축)
6. **y값의 범위**
   (1) $a > 0$이면 $y \geq 0$
   (2) $a < 0$이면 $y \leq 0$

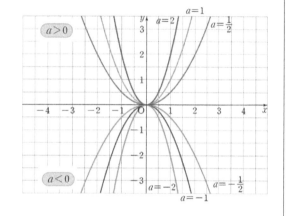

(이해하기!)

1. 이차함수 $y = ax^2$에서 $x = 0$일 때 a값에 상관없이 $y = 0$이 되므로 모든 $y = ax^2$ 꼴의 이차함수의 그래프는 꼭짓점으로 원점$(0,0)$을 지난다.

2. 이차함수 $y = ax^2$에서 a의 부호에 따라 그래프의 볼록한 방향이 결정된다.

3. $ax^2 = a(-x)^2$이므로 절댓값이 같고 부호가 반대인 두 x값에 대한 y값이 같으므로 이차함수 $y = ax^2$의 그래프는 y축에 대칭이다. 또한 $y = ax^2$과 $y = -ax^2$에서 $ax^2 = \pm y$이므로 x값에 대한 y값은 각각 부호가 반대이고 절댓값이 같은 값이 되므로 두 이차함수 $y = ax^2$과 $y = -ax^2$의 그래프는 x축에 대하여 서로 대칭이다.

4. 그림과 같이 그래프의 폭을 결정하는 요인은 $|a|$의 값이다.

5. 축의 방정식

　(1) y**축의 축의 방정식** : $x = 0$

　　⇨ y축은 $x = 0$일 때 모든 y의 값을 만족하는 순서쌍 $(0, y)$를 점으로 나타낸 직선이다. 이때, y
　　축도 직선이므로 직선의 방정식 $ax + by + c = 0$(단, a, b, c는 상수, $a \neq 0$ 또는 $b \neq 0$) 으로 나
　　타낼 수 있고 $x = 0$일 때 모든 y의 값을 만족하려면 $ax + 0y + 0 = 0$ $(a \neq 0)$ 꼴 이어야 한다.
　　그리고 이를 정리하면 $ax = 0$이고 양변을 a로 나누면 $x = 0$이 된다.

　(2) x**축의 축의 방정식** : $y = 0$

　　⇨ x축은 $y = 0$일 때 모든 x의 값을 만족하는 순서쌍 $(x, 0)$을 점으로 나타낸 직선이다. 이때, x
　　축도 직선이므로 직선의 방정식 $ax + by + c = 0$(단, a, b, c는 상수, $a \neq 0$ 또는 $b \neq 0$) 으로 나
　　타낼 수 있고 $y = 0$일 때 모든 x의 값을 만족하려면 $0x + by + 0 = 0$ $(b \neq 0)$ 꼴 이어야 한다.
　　그리고 이를 정리하면 $by = 0$이고 양변을 b로 나누면 $y = 0$이 된다.

　(3) 일반적으로 이차함수의 축은 y축과 평행하고 꼭짓점을 지나므로 축의 방정식은 ' $x = $(꼭짓점의
　　x좌표)' 라고 이해하면 된다.

6. 모든 x값에 대하여 $a > 0$이면 $ax^2 \geq 0$이므로 $y \geq 0$이다. 따라서, 이차함수 $y = ax^2$의 그래프는 x
축 위쪽에 그려진다. $a < 0$이면 $ax^2 \leq 0$이므로 $y \leq 0$이다. 따라서, 이차함수 $y = ax^2$의 그래프는 x
축 아래쪽에 그려진다.

4.4 이차함수 $y = ax^2 + q$의 그래프와 그 성질

---

[1] 이차함수 $y = ax^2 + q$의 그래프 그리기

1. 순서쌍 (x, y)값 구하기 (방법1)

⇨ 이차함수 $y = ax^2 + q$에서 정수 x의 값에 대응하는 y의 값을 각각 구하여 표로 나타내 (x, y) 순서쌍을 좌표평면에 나타내어 포물선 모양으로 연결하여 그린다.

2. 이차함수 $y = ax^2$의 그래프 이용하기 (방법2)

(1) 두 이차함수 $y = 2x^2$과 $y = 2x^2 + 3$에 대하여 정수 x의 값에 대응하는 y의 값을 각각 구하여 표로 나타내면 다음과 같다.

x	$\cdots$	-3	-2	-1	0	1	2	3	$\cdots$
$y = 2x^2$	$\cdots$	18	8	2	0	2	8	18	$\cdots$
$y = 2x^2 + 3$	$\cdots$	21	11	5	3	5	11	21	$\cdots$

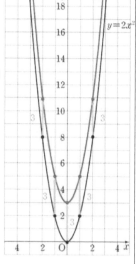

(2) 위의 표에서 같은 x의 값에 대응하는 $2x^2 + 3$의 값은 $2x^2$의 값보다 3만큼 더 크다는 것을 알 수 있다. 즉, 모든 x에 대하여 x의 값이 같을 때, 이차함수 $y = 2x^2 + 3$의 함숫값(y값)은 이차함수 $y = 2x^2$의 함숫값(y값)보다 3만큼 더 크다.

(3) 이차함수 $y = 2x^2 + 3$의 그래프는 오른쪽 그림과 같이 이차함수 $y = 2x^2$의 그래프의 각 점에 대하여 y좌표를 3만큼 이동해 점을 연결하여 그래프를 그린다. 그리고 이것을 y축 방향으로 3만큼 평행이동한다고 한다.

(4) 이때 이차함수 $y = 2x^2 + 3$의 그래프는 y축을 축으로 하고, 점 $(0, 3)$을 꼭짓점으로 하는 아래로 볼록한 포물선이다.

(이해하기!)

1. 이차함수 $y = ax^2 + q$의 그래프를 그리는 방법은 위와 같이 두 가지가 있다. (방법1)은 앞에서 언급한 것처럼 이차함수 $y = ax^2 + q$를 만족하는 순서쌍 (x, y)를 좌표평면에 점으로 나타내어 포물선으로 연결하여 그리는 기본적인 방법이고 (방법2)는 이차함수 $y = ax^2$의 그래프를 y축 방향으로 q만큼 평행이동하여 그리는 방법이다.

2. $q > 0$이면 위로 평행이동하고 $q < 0$이면 아래로 평행이동한다. 이때 평행이동이란 한 도형을 x축 또는 y축 방향으로 일정한 거리만큼 이동하는 것으로 모양은 바뀌지 않는다

[2] 이차함수 $y = ax^2 + q$의 그래프의 성질

1. 이차함수 $y = ax^2 + q$의 그래프는 이차함수 $y = ax^2$의 그래프를 y축 방향으로 q만큼 평행이동한 것이다.

2. **꼭짓점의 좌표** : $(0, q)$

3. **축의 방정식** : $x = 0(y$축$)$

4. 이차함수의 그래프를 y축 방향으로 평행이동해도 그래프의 모양과 폭은 변하지 않는다.

5. $y = ax^2 + q$ $(a > 0)$의 그래프에서
   (1) $x < 0$일 때, x값이 증가하면 y값은 감소한다.
   (2) $x > 0$일 때, x값이 증가하면 y값도 증가한다.

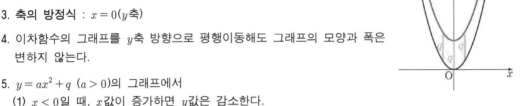

(이해하기!)

1. 일반적으로 모든 x에 대하여 x의 값이 같을 때, 이차함수 $y = ax^2 + q$의 함숫값(y값)은 이차함수 $y = ax^2$의 함숫값(y값)보다 q만큼 증가하므로 이차함수 $y = ax^2$의 그래프 위의 모든 점의 y좌표를 q만큼 이동해 점을 연결하여 그래프를 그린다. 그러면 그래프가 y축과 평행하게 세로 방향으로 이동한 것처럼 그려지는데 이것을 y축 방향으로 평행이동한다고 한다.

   ⇨ 예를 들어 이차함수 $y = \frac{2}{3}x^2 + 4$, $\frac{2}{3}x^2 - 5$는 $y = \frac{2}{3}x^2$의 그래프를 y축 방향으로 각각 4만큼, -5만큼 평행이동한 것이다.

2. 이차함수 $y = ax^2 + q$의 그래프는 이차함수 $y = ax^2$의 그래프를 y축 방향으로 q만큼 평행이동한 것이므로 축은 변하지 않는다. 즉 꼭짓점의 x좌표는 동일하게 0이고 y좌표만 q가 되므로 꼭지점의 좌표는 $(0, q)$이다. 그리고 축의 방정식은 $x = 0$ 이다.

3. 이차함수 $y = ax^2 + q$의 그래프는 이차함수 $y = ax^2$의 그래프와 x^2의 계수 a값이 같으므로 그래프의 모양과 폭은 변하지 않는다.

4. 증가, 감소 문제는 앞에서 설명한 내용을 이해하여 적용하고 절대 암기하지 않도록 한다.

4.5 이차함수 $y=a(x-p)^2$의 그래프와 그 성질

---

[1] 이차함수 $y=a(x-p)^2$의 그래프 그리기

1. 순서쌍 (x, y)값 구하기 (방법1)

⇨ 이차함수 $y=a(x-p)^2$에서 정수 x의 값에 대응하는 y의 값을 각각 구하여 표로 나타내 (x, y) 순서쌍을 좌표평면에 나타내어 포물선 모양으로 연결하여 그린다.

2. 이차함수 $y=ax^2$의 그래프 이용하기 (방법2)

(1) 두 이차함수 $y=x^2$과 $y=(x-2)^2$에 대하여 정수 x의 값에 대응하는 y의 값을 각각 구하여 표로 나타내면 다음과 같다.

x	$\cdots$	-3	-2	-1	0	1	2	3	4	5	$\cdots$
$y=x^2$	$\cdots$	9	4	1	0	1	4	9	16	25	$\cdots$
$y=(x-2)^2$	$\cdots$	25	16	9	4	1	0	1	4	9		$\cdots$

(2) 위의 표에서 x의 값이 $\cdots -3, -2, -1, 0, 1, 2, \cdots$일 때의 x^2의 값과 x의 값이 $-1, 0, 1, 2, 3, 4 \cdots$일 때의 $(x-2)^2$의 값은 각각 같음을 알 수 있다.

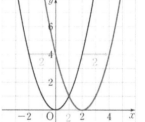

(3) 이차함수 $y=x^2$의 함숫값(y값)과 x값이 2만큼 더 클 때 이차함수 $y=(x-2)^2$의 함숫값(y값)이 같으므로 각 점에 대하여 x좌표를 2만큼 이동해 점을 연결하여 그래프를 그린다. 그리고 이것을 x축 방향으로 2만큼 평행이동한다고 한다.

(4) 이때, 이차함수 $y=(x-2)^2$의 그래프는 직선 $x=2$를 축으로 하고, 점 $(2, 0)$을 꼭짓점으로 하는 아래로 볼록한 포물선이다.

(이해하기!)

1. 이차함수 $y=a(x-p)^2$의 그래프를 그리는 방법은 위와 같이 두 가지가 있다. (방법1)은 앞에서 언급한 것처럼 이차함수 $y=a(x-p)^2$을 만족하는 순서쌍 (x, y)를 좌표평면에 점으로 나타내어 포물선으로 연결하여 그리는 기본적인 방법이고 (방법2)는 이차함수 $y=ax^2$의 그래프를 x축 방향으로 p만큼 평행이동하여 그리는 방법이다.

2. $p>0$이면 오른쪽으로 평행이동하고 $p<0$이면 왼쪽으로 평행이동한다.

3. y축 방향으로 평행이동 한 경우 평행이동 한 만큼 똑같은 부호로 이차함수 식이 표현되는데 반해 x축 방향으로 평행이동 한 경우 평행이동 한 것과 반대 부호로 이차함수 식이 표현됨을 주의해야 한다.

 (1) 이차함수 $y=a(x-p)^2$을 x축 방향으로 평행이동하는 문제의 경우 ( )안의 식을 0으로 만들어주는 x의 값만큼 평행이동한다고 생각하면 ( )안의 식의 연산기호와 상관없이 문제를 해결할 수 있어 좋다.

 (2) 예를 들어, 이차함수 $y=2(x+2)^2$의 그래프는 ( )안의 식 $x+2=0$을 만족하는 $x=-2$이므로 이차함수 $y=2x^2$의 그래프를 x축 방향으로 -2만큼 평행이동한 것이다.

(3) 마찬가지로, 이차함수 $y = 2(x-3)^2$의 그래프는 (　)안의 식 $x-3=0$을 만족하는 $x=3$이므로 이차함수 $y = 2x^2$의 그래프를 x축 방향으로 3만큼 평행이동한 것이다.

---

[2] 이차함수 $y = a(x-p)^2$의 그래프의 성질

1. 이차함수 $y = a(x-p)^2$의 그래프는 이차함수 $y = ax^2$의 그래프를 x**축 방향으로** p만큼 평행이동한 것이다.

2. **꼭짓점의 좌표** : $(p, 0)$

3. **축의 방정식** : $x = p$

4. 이차함수의 그래프를 x축 방향으로 평행이동해도 그래프의 모양과 폭은 변하지 않는다.

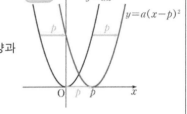

5. $y = a(x-p)^2$ $(a > 0)$의 그래프에서
   (1) $x < p$일 때, x값이 증가하면 y값은 감소한다.
   (2) $x > p$일 때, x값이 증가하면 y값은 증가한다.

(이해하기!)

1. 일반적으로 모든 x에 대하여 x의 값이 p만큼 증가했을 때, 이차함수 $y = a(x-p)^2$의 함숫값(y값)은 이차함수 $y = ax^2$의 함숫값(y값)과 같으므로 이차함수 $y = ax^2$의 그래프 위의 모든 점의 x좌표를 p만큼 이동해 점을 연결하여 그래프를 그린다. 그러면 그래프가 x축과 평행하게 가로 방향으로 이동한 것처럼 그려지는데 이것을 x축 방향으로 평행이동한다고 한다.

2. 이차함수 $y = a(x-p)^2$의 그래프는 이차함수 $y = ax^2$의 그래프를 x축 방향으로 p만큼 평행이동 한 것이므로 축도 x축 방향으로 p만큼 이동한다. 즉 꼭짓점의 x좌표는 p만큼 이동하고 y좌표는 동일하게 0이다. 따라서 꼭짓점의 좌표는 $(p, 0)$이다. 그리고 축의 방정식은 $x = p$이다.

3. 축은 x의 값이 p일 때 모든 y의 값을 만족하는 순서쌍 (p, y)를 점으로 나타낸 직선이다. 이때, 축도 직선이므로 직선의 방정식 $ax + by + c = 0$(단, a, b, c는 상수, $a \neq 0$ 또는 $b \neq 0$) 으로 나타낼 수 있고 x의 값이 p일 때 모든 y의 값을 만족하려면 $ax + 0y + c = 0$ $(a \neq 0)$ 꼴이어야 한다. 그리고 이를 정리하면 $ax + c = 0$이고 $x = -\dfrac{c}{a}$이 된다. 따라서 상수 $-\dfrac{c}{a}$를 간단히 p로 나타내면 $x = p$ 이다. 그러므로 꼭짓점 $(p, 0)$을 지나는 축의 방정식은 $x = p$이다.

4. 증가, 감소 문제는 앞에서 설명한 내용을 이해하여 적용하고 절대 암기하지 않도록 한다.

4.6 이차함수 $y = a(x-p)^2 + q$ (표준형) 의 그래프와 그 성질

[1] 이차함수 $y = a(x-p)^2 + q$ (표준형) 의 그래프 그리기

1. 순서쌍 (x, y)값 구하기 (방법1)

⇨ 이차함수 $y = a(x-p)^2 + q$에서 정수 x의 값에 대응하는 y의 값을 각각 구하여 표로 나타내 (x, y) 순서쌍을 좌표평면에 나타내어 포물선 모양으로 연결하여 그린다.

2. 이차함수 $y = ax^2$의 그래프 이용하기 (방법2)

(1) 이차함수 $y = 2(x-1)^2$의 그래프는 이차함수 $y = 2x^2$의 그래프를 x축의 방향으로 1만큼 평행 이동한 것이고, 이차함수 $y = 2(x-1)^2 + 3$의 그래프는 이차함수 $y = 2(x-1)^2$의 그래프를 y축 의 방향으로 3만큼 평행이동한 것이다. 따라서 이차함수 $y = 2(x-1)^2 + 3$의 그래프는 아래 그 림과 같이 이차함수 $y = 2x^2$의 그래프의 각 점을 x축의 방향으로 1만큼, y축의 방향으로 3만큼 이동해 점을 연결하여 그린다.

(2) 이때, 이차함수 $y = 2(x-1)^2 + 3$의 그래프는 직선 $x = 1$를 축으로 하고, 점 $(1, 3)$을 꼭짓점으로 하는 아래로 볼록한 포물선이다.

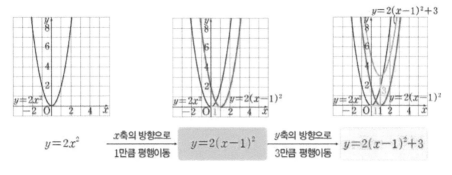

(이해하기!)

1. 이차함수 $y = a(x-p)^2 + q$의 그래프를 그리는 방법은 위와 같이 두 가지가 있다. (방법1)은 앞에서 언급한 것처럼 이차함수 $y = a(x-p)^2 + q$를 만족하는 순서쌍 (x, y)를 좌표평면에 점으로 나타내어 포물선으로 연결하여 그리는 기본적인 방법이고 (방법2)는 이차함수 $y = ax^2$의 그래프를 x축 방향 으로 p만큼, y축 방향으로 q만큼 평행이동하여 그리는 방법이다.

2. 일반적으로 이차함수 $y = a(x-p)^2 + q$의 그래프는 이차함수 $y = ax^2$의 그래프 위의 모든 점을 x축 방향으로 p만큼, y축 방향으로 q만큼 이동해 점을 연결하여 그래프를 그린다.

[2] 이차함수 $y = a(x-p)^2 + q$ (표준형) 의 그래프의 성질

1. 이차함수 $y = a(x-p)^2 + q$의 그래프는 이차함수 $y = ax^2$의 그래프를 x축 방향으로 p만큼, y축 방향으로 q만큼 평행이동한 것이다.

2. 꼭짓점의 좌표 : (p, q)

3. 축의 방정식 : $x = p$

4. 이차함수의 그래프를 평행이동해도 그래프의 모양과 폭은 변하지 않는다.

5. $y = a(x-p)^2 + q$ $(a > 0)$의 그래프에서
   (1) $x < p$일 때, x값이 증가하면 y값은 감소한다.
   (2) $x > p$일 때, x값이 증가하면 y값은 증가한다.

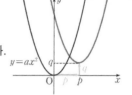

(이해하기!)

1. 이차함수 $y = a(x-p)^2 + q$의 꼭짓점의 좌표는 이차함수 $y = ax^2$의 꼭짓점의 좌표 $(0, 0)$을 x축 방향으로 p만큼, y축 방향으로 q만큼 이동하므로 $(0+p, 0+q) = (p, q)$이다. 또한, 축의 방정식은 $x = p$이다.

2. 증가, 감소 문제는 앞에서 설명한 내용을 이해하여 적용하고 절대 암기하지 않도록 한다.

[3] 이차함수 $y = a(x-p)^2 + q$ 그래프에서 a, p, q의 부호

1. a의 부호 ⇨ 그래프의 모양에 따라 결정
   (1) 아래로 볼록 : $a > 0$
   (2) 위로 볼록 : $a < 0$

2. p, q의 부호 ⇨ 꼭짓점의 위치에 따라 결정
   (1) 제 1사분면 : $p > 0, q > 0$
   (2) 제 2사분면 : $p < 0, q > 0$
   (3) 제 3사분면 : $p < 0, q < 0$
   (4) 제 4사분면 : $p > 0, q < 0$

(이해하기!)

1. 꼭짓점의 좌표는 (p, q)이므로 p, q의 부호에 따라 꼭짓점이 위치하는 사분면이 달라진다.

2. 예를 들어, 이차함수 $y = a(x-p)^2 + q$의 그래프가 오른쪽 그림과 같을 때, $a > 0, p > 0, q < 0$ 이다.

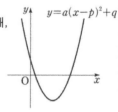

[4] 이차함수 그래프의 평행이동

1. 이차함수 $y = a(x-p)^2 + q$의 그래프를 x축 방향으로 m만큼 y축 방향으로 n만큼 평행이동하면
   ⇨ x대신에 $x - m$을, y대신에 $y - n$을 대입한다.
2. 꼭짓점의 좌표 : $(p, q) \rightarrow (p+m, q+n)$
3. 축의 방정식 : $x = p \rightarrow x = p+m$

(깊이보기!)

1. 이차함수 $y = a(x-p)^2 + q$의 그래프를 x축 방향으로 m만큼 y축 방향으로 n만큼 평행이동하면 x 대신에 $x-m$을, y대신에 $y-n$을 대입하는 이유!

(1) 이차함수 $y = a(x-p)^2 + q$의 그래프를 x축 방향으로 m만큼 y축 방향으로 n만큼 평행이동하면 모든 점의 좌표를 x축 방향으로 m만큼 y축 방향으로 n만큼 평행이동한다. 임의의 한 점 (x, y)를 x축 방향으로 m만큼 y축 방향으로 n만큼 평행이동하면 좌표는 $(x+m, y+n)$이 되고 이는 새로운 이차함수의 점이므로 또 다른 변수 x', y'을 사용해 (x', y') 라 할 수 있다. 즉 $x' = x+m, y' = y+n$ ⋯ ① 이다.

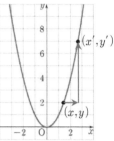

(2) 그런데 평행이동한 새로운 이차함수의 식을 구하려는 문제이므로 또 다른 변수 x', y'을 사용한 이차함수의 식 $y' = f(x')$은 아직 알 수 없다. 대신 이전 이차함수식은 알고 있기 때문에 ①식에서 m, n을 이항해 $x = x'-m, y = y'-n$을 기존 이차함수 식에 대입하여 계산하면 x', y' 변수를 사용한 새로운 이차함수 식이 만들어지고 편의상 $'$을 생략해 x, y에 관한 식으로 나타낸다. 따라서 x축 방향으로 m만큼, y축 방향으로 n만큼 평행이동하면 부호가 반대인 x대신에 $x-m$ 을, y대신에 $y-n$을 대입하는 것이다.

2. 예를 들어, 이차함수 $y = 3(x-2)^2 + 1$의 그래프를 x축 방향으로 -1만큼, y축 방향으로 2만큼 평행이동한 그래프의 식과 꼭짓점의 좌표, 축의 방정식을 구해보자.

　⇨ 이차함수 $y = 3(x-2)^2 + 1$의 그래프를 x축 방향으로 -1만큼, y축 방향으로 2만큼 평행이동한 그래프의 식은 x대신 $x+1$, y대신 $y-2$를 대입하면 $y-2 = 3(x+1-2)^2 + 1$ 이므로 $y = 3(x-1)^2 + 3$이다. 따라서, 꼭짓점의 좌표는 $(1, 3)$이고 축의 방정식은 $x = 1$이다.

---

[5] 이차함수 그래프의 대칭이동

1. x축에 대하여 대칭이동하면 y대신에 $-y$를 대입한다.
　⇨ $y = a(x-p)^2 + q \Rightarrow -y = a(x-p)^2 + q \Rightarrow y = -a(x-p)^2 - q$
2. y축에 대하여 대칭이동하면 x대신에 $-x$를 대입한다.
　⇨ $y = a(x-p)^2 + q \Rightarrow y = a(-x-p)^2 + q \Rightarrow y = a(x+p)^2 + q$

(이해하기!)

1. 이차함수 그래프의 축에 대하여 대칭이동

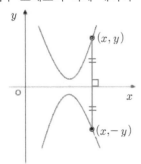

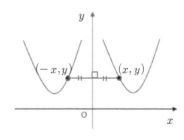

[x축에 대하여 대칭 이동 : $(x, y) \rightarrow (x, -y)$]　　　[$y$축에 대하여 대칭 이동 : $(x, y) \rightarrow (-x, y)$]

2. 그래프를 축에 대칭이동 한다는 것은 축을 나타내는 선을 기준으로 반을 접었을 때 만나는 위치에 점을 찍어 그래프를 그린다는 의미이다. 즉, 축에서 같은 거리만큼 떨어진 반대쪽에 점을 찍어 그래프를 그린다. 따라서 이차함수 $y = a(x-p)^2 + q$의 그래프를 그림과 같이 x축에 대하여 대칭이동하면 절댓값이 같고 부호가 반대인 y대신 $-y$를 대입하고 y축에 대하여 대칭이동하면 절댓값이 같고 부호가 반대인 x대신 $-x$를 대입한다.

3. 이차함수 $y = -\dfrac{1}{2}(x+\dfrac{3}{2})^2 - 1$의 그래프를 x축, y축에 대하여 대칭이동한 그래프의 식을 구해보자.

   (1) x축에 대칭이동 : $-y = -\dfrac{1}{2}(x+\dfrac{3}{2})^2 - 1 \Rightarrow y = \dfrac{1}{2}(x+\dfrac{3}{2})^2 + 1$

   (2) y축에 대칭이동 : $y = -\dfrac{1}{2}(-x+\dfrac{3}{2})^2 - 1 \Rightarrow y = -\dfrac{1}{2}(x-\dfrac{3}{2})^2 - 1$

4.7 이차함수 $y = ax^2 + bx + c$ (일반형)의 그래프와 그 성질

---

[1] 이차함수 $y = ax^2 + bx + c$의 그래프 그리기

1. 순서쌍 (x, y)의 값 구하기 (방법1)

⇨ 이차함수 $y = ax^2 + bx + c$에서 정수 x의 값에 대응하는 y의 값을 각각 구하여 표로 나타내어 (x, y) 순서쌍을 좌표평면에 나타내어 포물선 모양으로 연결하여 그린다.

2. 이차함수 $y = ax^2 + bx + c$를 $y = a(x - p)^2 + q$꼴로 바꾸어 그래프를 그린다. (방법2)

⇨ (방법1)과 같이 이차함수 $y = ax^2 + bx + c$의 그래프를 그리면 그래프를 그릴 수는 있지만 효율적이지 않고 불편하다. 따라서 이제 그래프의 모양을 결정하고 중요한 몇 개의 점(꼭짓점, y절편, x절편)의 좌표를 나타내어 편리하게 그래프를 그리도록 한다.

(이해하기!)

1. 이차함수 $y = ax^2 + bx + c$의 그래프를 그리는 방법은 위와 같이 두 가지가 있다. (방법1)은 앞에서 언급한 것처럼 주어진 이차함수 $y = ax^2 + bx + c$를 만족하는 순서쌍 (x, y)를 좌표평면에 점으로 나타내어 포물선으로 연결하여 그리는 기본적인 방법이고 (방법2)는 이차함수 $y = a(x - p)^2 + q$ (표준형) 꼴로 바꾸어 꼭짓점을 구하고 더불어 x절편, y절편을 활용해 그래프를 개략적이지만 중요한 특징을 나타내 그리는 효율적인 방법이다.

2. 우리는 이번 단원에서 최종적으로 (방법2)와 같이 이차함수 $y = ax^2 + bx + c$를 $y = a(x - p)^2 + q$꼴로 바꾸어 그래프를 그리려고 한다. 그 이유는 모든 이차함수를 나타내는 일반형 $y = ax^2 + bx + c$의 그래프를 그릴 때 (방법1)과 같이 순서쌍 몇 개를 구해 좌표평면에 나타내어 그래프를 그릴 경우 구하는 과정이 번거로워 효율성이 떨어진다. 게다가 그래프의 일부를 그릴 때 포물선 모양으로 그려지지 않아 이차함수 그래프의 특징을 잘 보여주지 못하는 경우들이 있다. 예를 들어 이차함수 $y = \dfrac{1}{2}x^2 - 2x + 3$의 그래프를 만족하는 순서쌍 (x, y)를 아래 표와 같이 구해 오른쪽 좌표평면에 나타내 그래프를 그려보자.

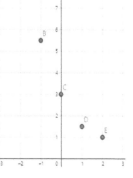

x	...	-2	-1	0	1	2	...
y	...	9	$\dfrac{11}{2}$	3	$\dfrac{3}{2}$	1	...

오른쪽 좌표평면에 나타낸 점들을 연결하면 포물선 모양이 될 것이라고 생각이 드는가? 그렇지 않을 것이다. 우리는 효율적이면서 이차함수의 그래프의 특징을 잘 보여줄 수 있도록 그래프를 그리려고 한다. 그러기 위해 꼭짓점, y절편, x절편(존재하는 경우), 볼록한 방향을 찾아 그래프를 그릴 것이다.

3. 그래프의 모양을 결정하는 중요한 요소 중 꼭짓점과 y절편은 반드시 존재하지만 x절편의 경우 그래프의 모양에 따라 그래프가 x축과 만날 수도 있고 그렇지 않을 수도 있기 때문에 x절편은 반드시 존재하지는 않는다. 중학교 교육과정에서는 x절편이 존재해도 좌표평면에 구체적으로 나타내지 않도록 하기 때문에 x절편을 구하지 않지만 x절편도 그래프를 그리는데 중요한 요소임을 기억하자.

4. 이차함수 $y = ax^2 + bx + c$ 를 완전제곱식을 이용하여 $y = a(x-p)^2 + q$ 꼴로 바꾸면 꼭짓점의 좌표 (p, q)를 구할 수 있다. y절편은 $x = 0$일 때 y의 값이므로 $y = ax^2 + bx + c$에 $x = 0$을 대입하면 $y = c$이다. 즉, 일반형꼴에서 상수항이 y절편이다. 여기에 더해 x절편이 있는 경우 $y = ax^2 + bx + c$ 에 $y = 0$을 대입하여 이차방정식 $ax^2 + bx + c = 0$의 해를 구하면 된다. 볼록한 방향은 x^2의 계수 a 의 부호를 통해 알 수 있다. 이와 같은 방법을 활용하면 쉽고 효율적이면서도 이차함수의 그래프의 특징을 모두 보여줄 수 있는 그래프를 그릴 수 있다.

5. 이차함수 $y = ax^2 + bx + c$ (일반형)의 그래프를 $y = a(x-p)^2 + q$ (표준형) 꼴로 바꾸는 방법

$\Rightarrow \ y = ax^2 + bx + c$

$\displaystyle = a\left(x^2 + \frac{b}{a}x\right) + c$ $\Rightarrow$ x^2항과 x항을 x^2항의 계수 a로 묶어준다.

$\displaystyle = a\left\{x^2 + \frac{b}{a}x + \left(\frac{b}{2a}\right)^2 - \left(\frac{b}{2a}\right)^2\right\} + c$ $\Rightarrow$ x항의 계수를 2로 나누어 제곱해준 값을 더하고 빼준다.

$\displaystyle = a\left\{x^2 + \frac{b}{a}x + \left(\frac{b}{2a}\right)^2\right\} - \frac{b^2}{4a} + c$ $\Rightarrow$ $-\left(\dfrac{b}{2a}\right)^2$항을 a와 곱해 { }밖으로 꺼내어준다.

$\displaystyle = a\left(x + \frac{b}{2a}\right)^2 - \frac{b^2 - 4ac}{4a}$ $\Rightarrow$ 완전제곱식으로 인수분해 하고 식을 정리해준다.

6. 이차함수 $y = -x^2 + 6x - 7$의 그래프를 그려보자.

(1) 이차함수 $y = -x^2 + 6x - 7$을 $y = a(x-p)^2 + q$ 꼴로 바꿔 꼭짓점을 구한다.

$\Rightarrow \ y = -x^2 + 6x - 7 = -(x^2 - 6x) - 7$

$\qquad\qquad\qquad\quad = -(x^2 - 6x + 9 - 9) - 7$

$\qquad\qquad\qquad\quad = -(x^2 - 6x + 9) + 9 - 7$

$\qquad\qquad\qquad\quad = -(x-3)^2 + 2$

$\therefore$ 꼭짓점의 좌표$= (3, 2)$

(2) 이차함수 $y = -x^2 + 6x - 7$에서 상수항은 -7이므로 y절편은 -7이다.

(3) 이차함수 $y = -x^2 + 6x - 7$에서 $y = 0$을 대입해 x절편을 구한다.

$\Rightarrow$ 이차방정식 $-x^2 + 6x - 7 = 0$에서 정리하면 $x^2 - 6x + 7 = 0$이고 근의 공식(짝수 공식)에 의해

$x = -(-3) \pm \sqrt{(-3)^2 - 1 \times 7} = 3 \pm \sqrt{2}$ 이므로 x절편은 $3 + \sqrt{2}$, $3 - \sqrt{2}$이다.

(4) 꼭짓점, y절편에 x절편까지 구해서 아래와 같이 그래프를 조금 더 자세하게 그릴 수 있다.

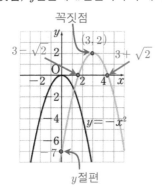

---

[2] 이차함수 $y = ax^2 + bx + c$의 그래프의 성질

1. **그래프의 모양** : $a > 0$이면 아래로 볼록, $a < 0$이면 위로 볼록

2. **꼭짓점의 좌표** : $\left(-\dfrac{b}{2a}, \ -\dfrac{b^2 - 4ac}{4a} \right)$

3. **축의 방정식** : $x = -\dfrac{b}{2a}$

4. **y축과의 교점의 좌표** : $(0, c)$ ⇨ y절편 : c

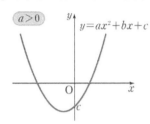
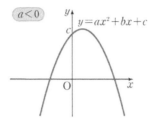

(이해하기!)

1. 꼭짓점의 좌표는 공식처럼 외우지 말고 위에서 언급한 이차함수 $y = ax^2 + bx + c$ (일반형)의 그래프를 $y = a(x - p)^2 + q$ (표준형) 꼴로 바꾸는 방법을 이해해 구한다. 일반형을 표준형으로 바꾸면

$y = ax^2 + bx + c = a\left(x + \dfrac{b}{2a} \right)^2 - \dfrac{b^2 - 4ac}{4a}$ 이므로 꼭짓점의 좌표는 $\left(-\dfrac{b}{2a}, \ -\dfrac{b^2 - 4ac}{4a} \right)$이다.

2. y절편은 x값이 0일 때 y값이므로 이차함수 $y = ax^2 + bx + c$에 $x = 0$을 대입하면 $y = c$이다. 따라서, 이차함수의 일반형 $y = ax^2 + bx + c$에서 상수항 c가 y절편값이다.

3. 이차함수 $y = ax^2 + bx + c$을 일반형이라 함은 모든 이차함수의 일반적인 형태라는 의미이다. 이차함수 $y = a(x - p)^2 + q$을 표준형이라 함은 이차함수의 특징, 그래프의 정보가 가장 잘 나타나있는 표준적인 형태라는 의미이다.

---

[3] 이차함수 $y = ax^2 + bx + c$의 그래프에서 a, b, c의 부호 구하기

1. **a의 부호** : 그래프의 모양에 따라 결정된다.
   (1) 아래로 볼록 ⇨ $a > 0$
   (2) 위로 볼록 ⇨ $a < 0$

2. **b의 부호** : 축의 위치에 따라 결정된다.
   (1) 축이 y축의 왼쪽에 위치 ⇨ a, b는 같은 부호
   (2) 축이 y축의 오른쪽에 위치 ⇨ a, b는 다른 부호
   (3) 축이 y축과 일치 ⇨ $b = 0$

3. **c의 부호** : y축과의 교점의 위치에 따라 결정된다.
   (1) y축과의 교점이 x축의 위쪽에 위치 ⇨ $c > 0$
   (2) y축과의 교점이 x축의 아래쪽에 위치 ⇨ $c < 0$
   (3) y축과의 교점이 원점과 일치 ⇨ $c = 0$

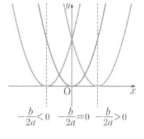

(이해하기!)

1. 이차함수 $y = ax^2 + bx + c$의 그래프에서 a, b, c의 부호 중 a와 c의 부호는 쉽게 알 수 있다. 중요한 것은 b의 부호이다. b의 부호는 축이 y축의 왼쪽에 위치하느냐 오른쪽에 위치하느냐와 a의 부호에 따라 결정된다. b의 부호를 단순히 외우려 하지 말고 다음의 경우를 이해하자.

   이차함수 $y = ax^2 + bx + c$의 그래프의 축의 방정식은 $x = -\dfrac{b}{2a}$이므로

   (1) 축이 y축의 왼쪽에 위치하면 $-\dfrac{b}{2a} < 0$ 이므로 $\dfrac{b}{2a} > 0$이고 $\dfrac{b}{a} > 0$ 이다. ⇨ a, b 같은 부호

   (2) 축이 y축의 오른쪽에 위치하면 $-\dfrac{b}{2a} > 0$ 이므로 $\dfrac{b}{2a} < 0$ 이고 $\dfrac{b}{a} < 0$ 이다. ⇨ a, b 다른 부호

   (3) 축이 y축과 일치할 경우 $-\dfrac{b}{2a} = 0$ $(a \neq 0)$ 이므로 $b = 0$ 이다.

---

[4] 이차함수의 식 구하기

1. **꼭짓점의 좌표 (p, q)와 그래프 위의 다른 한 점을 알 때**
   (1) 이차함수의 식을 $y = a(x-p)^2 + q$로 놓는다
   (2) 한 점의 좌표를 대입하여 a의 값을 구한다.

2. **축의 방정식 $x = p$와 그래프 위의 서로 다른 두 점을 알 때**
   (1) 이차함수의 식을 $y = a(x-p)^2 + q$로 놓는다.
   (2) 두 점의 좌표를 각각 대입하여 a, q의 값을 구한다.

3. **그래프 위의 서로 다른 세 점을 알 때**
   (1) 이차함수의 식을 $y = ax^2 + bx + c$로 놓는다.
   (2) 세 점의 좌표를 각각 대입하여 a, b, c의 값을 구한다.

4. **x축과의 교점의 좌표 $(\alpha, 0), (\beta, 0)$과 그래프 위의 다른 한 점을 알 때**
   (1) 이차함수의 식을 $y = a(x-\alpha)(x-\beta)$로 놓는다.
   (2) 다른 한 점의 좌표를 대입하여 a의 값을 구한다.

5. **그래프가 지나는 세 점 중 한 점이 y축과의 교점 $(0, \alpha)$인 경우**
   (1) 이차함수의 식을 $y = ax^2 + bx + \alpha$로 놓는다.
   (2) 두 점의 좌표를 대입하여 a, b의 값을 구한다.

(이해하기!)

1. 지금까지는 이차함수 식이 주어졌을 때 주어진 식을 나타내는 그래프를 그려보고 그래프가 가지는 성질에 대해 살펴봤다면 이제 반대로 그래프가 가지고 있는 성질이 주어졌을 때 주어진 성질을 만족하는 이차함수 식을 구해보자. 다음의 각 경우를 구분해서 이해하자.

2. **꼭짓점의 좌표 (p, q)와 그래프 위의 다른 한 점을 알 때**
   (1) 꼭짓점의 좌표가 $(1, 2)$이고 점 $(3, 10)$을 지나는 포물선을 그래프로 하는 이차함수의 식을 구해 보자.
   ⇨ $y = a(x-1)^2 + 2$로 놓고 $x = 3, y = 10$을 대입하면 $10 = a(3-1)^2 + 2$, $4a = 8$, $a = 2$이다. 따라서 $y = 2(x-1)^2 + 2 = 2x^2 - 4x + 4$ 이다.

3. 축의 방정식 $x = p$와 그래프 위의 서로 다른 두 점을 알 때

(1) 축의 방정식이 $x = -2$이고 두 점 $(-1, 4), (-4, 7)$을 지나는 포물선을 그래프로 하는 이차함수의 식을 구해보자.

$\Rightarrow$ $y = a(x+2)^2 + q$로 놓고 $x = -1, y = 4$를 대입하면 $4 = a + q$ $\cdots$ ①

$\qquad\qquad\qquad\qquad x = -4, y = 7$를 대입하면 $7 = 4a + q$ $\cdots$ ②

①, ②를 연립하여 풀면 $a = 1, q = 3$이므로 $y = (x+2)^2 + 3 = x^2 + 4x + 7$ 이다.

4. 그래프 위의 서로 다른 세 점을 알 때

(1) 세 점 $(0, -3), (1, 3), (-1, -1)$을 지나는 포물선을 그래프로 하는 이차함수의 식을 구해보자.

$\Rightarrow$ $y = ax^2 + bx + c$로 놓고

$x = 0, y = -3$을 대입하면 $-3 = c$ $\qquad\cdots$ ①

$x = 1, y = 3$를 대입하면 $3 = a + b + c$ $\qquad\cdots$ ②

$x = -1, y = -1$를 대입하면 $-1 = a - b + c$ $\cdots$ ③

①을 ②, ③에 대입한 후, 연립하여 풀면 $a = 4, b = 2$ 이므로 $y = 4x^2 + 2x - 3$ 이다.

5. x축과의 교점의 좌표 $(\alpha, 0), (\beta, 0)$과 그래프 위의 다른 한 점을 알 때

(1) x축과의 교점의 좌표가 $(-2, 0), (3, 0)$이고 점 $(0, 6)$을 지나는 포물선을 그래프로 하는 이차함수의 식을 구해보자.

$\Rightarrow$ $y = a(x+2)(x-3)$으로 놓고 $x = 0, y = 6$을 대입하면 $a = -1$ 이므로

$y = -(x+2)(x-3) = -x^2 + x + 6$ 이다.

6. 그래프가 지나는 세 점 중 한 점이 y축과의 교점 $(0, \alpha)$인 경우

(1) 세 점 $(-1, 0), (1, 6), (0, 2)$를 지나는 포물선을 그래프로 하는 이차함수의 식을 구해보자.

$\Rightarrow$ $(0, 2)$를 지나므로 y절편은 2이다. 즉, 이차함수의 식을 $y = ax^2 + bx + 2$로 놓는다.

$x = -1, y = 0$을 대입하면 $0 = a - b + 2$ $\cdots$ ①

$x = 1, y = 6$를 대입하면 $6 = a + b + 2$ $\quad\cdots$ ②

①, ②을 연립하여 풀면 $a = 1, b = 3$이므로 $y = x^2 + 3x + 2$ 이다.

(확인하기!)

1. 꼭짓점의 좌표가 $(3, 4)$이고 점 $(5, 0)$을 지나는 포물선을 그래프로 하는 이차함수의 식을 구하시오.

(풀이) $y = a(x-3)^2 + 4$로 놓고 $x = 5, y = 0$을 대입하면 $a = -1$이므로

$\therefore y = -(x-3)^2 + 4 = -x^2 + 6x - 5$

2. 축의 방정식이 $x = 3$이고 두 점 $(2, 5), (5, 8)$를 지나는 포물선을 그래프로 하는 이차함수의 식을 구하시오.

(풀이) $y = a(x-3)^2 + q$로 놓고 $x = 2, y = 5$를 대입하면 $5 = a + q$ $\cdots$ ①

$\qquad\qquad\qquad\qquad x = 5, y = 8$를 대입하면 $8 = 4a + q$ $\cdots$ ②

①, ②를 연립하여 풀면 $a = 1, q = 4$이므로

$\therefore y = (x-3)^2 + 4 = x^2 - 6x + 13$

3. 세 점 $(0, 1), (1, -1), (2, 1)$을 지나는 포물선을 그래프로 하는 이차함수의 식을 구하시오.

(풀이) $y = ax^2 + bx + c$로 놓고
$x = 0, y = 1$을 대입하면 $1 = c$ ⋯ ①
$x = 1, y = -1$를 대입하면 $-1 = a + b + c$ ⋯ ②
$x = 2, y = 1$를 대입하면 $1 = 4a + 2b + c$ ⋯ ③
①을 ②, ③에 대입한 후, 연립하여 풀면 $a = 2, b = -4$ 이므로
∴ $y = 2x^2 - 4x + 1$

4. x축과의 교점의 좌표가 $(-2, 0), (1, 0)$이고 점 $(-1, 4)$를 지나는 포물선을 그래프로 하는 이차함수의 식을 구하시오.

(풀이) $y = a(x + 2)(x - 1)$으로 놓고 $x = -1, y = 4$을 대입하면 $a = -2$ 이므로
∴ $y = -2(x + 2)(x - 1) = -2(x^2 + x - 2) = -2x^2 - 2x + 4$

5. 세 점 $(1, 3), (-1, -3), (0, -2)$를 지나는 포물선을 그래프로 하는 이차함수의 식을 구하시오.

(풀이) $(0, -2)$를 지나므로 y절편은 -2이다. 즉, 이차함수의 식을 $y = ax^2 + bx - 2$로 놓는다.
$x = 1, y = 3$을 대입하면 $3 = a + b - 2$ ⋯ ①
$x = -1, y = -3$를 대입하면 $-3 = a - b - 2$ ⋯ ②
①, ②을 연립하여 풀면 $a = 2, b = 3$이므로
∴ $y = 2x^2 + 3x - 2$

5.1 삼각비

[1] 삼각비의 뜻

1. **삼각비** : 직각삼각형에서 직각이 아닌 한 내각의 크기가 정해졌을 때, 두 변의 길이의 비

⇨ $\angle C = 90°$인 직각삼각형 ABC에서 $\angle A$, $\angle B$, $\angle C$의 대변의 길이를 각각 a, b, c라고 할 때,

(1) $\sin A = \dfrac{(높이)}{(빗변의 길이)} = \dfrac{a}{c}$

(2) $\cos A = \dfrac{(밑변의 길이)}{(빗변의 길이)} = \dfrac{b}{c}$

(3) $\tan A = \dfrac{(높이)}{(밑변의 길이)} = \dfrac{a}{b}$

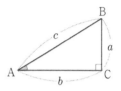

이때, $\sin A$, $\cos A$, $\tan A$를 통틀어 $\angle A$의 **삼각비**라 한다.

(이해하기!)

1. 오른쪽 그림에서 삼각형 ABC, AB_1C_1, AB_2C_2는 각각 $\angle C = \angle C_1 = \angle C_2 = 90°$인 직각삼각형이고, $\angle A$를 공통으로 가지므로 $\triangle ABC \backsim \triangle AB_1C_1 \backsim \triangle AB_2C_2$ (AA닮음) 이다. 따라서 닮은 도형의 성질에 의해 대응변의 길이의 비는 각각 같다. 즉,

(1) $\dfrac{\overline{BC}}{\overline{AB}} = \dfrac{\overline{B_1C_1}}{\overline{AB_1}} = \dfrac{\overline{B_2C_2}}{\overline{AB_2}} = \cdots = \dfrac{(높이)}{(빗변의 길이)}$

(2) $\dfrac{\overline{AC}}{\overline{AB}} = \dfrac{\overline{AC_1}}{\overline{AB_1}} = \dfrac{\overline{AC_2}}{\overline{AB_2}} = \cdots = \dfrac{(밑변의 길이)}{(빗변의 길이)}$

(3) $\dfrac{\overline{BC}}{\overline{AC}} = \dfrac{\overline{B_1C_1}}{\overline{AC_1}} = \dfrac{\overline{B_2C_2}}{\overline{AC_2}} = \cdots = \dfrac{(높이)}{(밑변의 길이)}$

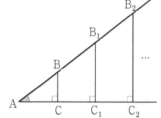

이다. 이와 같이 $\angle C = 90°$인 직각삼각형 ABC에서 $\angle A$의 크기가 정해지면 직각삼각형의 크기와 관계없이 변의 길이의 비는 각각 일정하다. 이때,

$\dfrac{\overline{BC}}{\overline{AB}}$ 를 $\angle A$의 **사인**(sine)이라 하고, 기호로 $\sin A$

$\dfrac{\overline{AC}}{\overline{AB}}$ 를 $\angle A$의 **코사인**(cosine)이라 하고, 기호로 $\cos A$

$\dfrac{\overline{BC}}{\overline{AC}}$ 를 $\angle A$의 **탄젠트**(tangent)라 하고, 기호로 $\tan A$ 로 나타낸다.

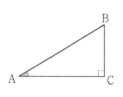

2. $\sin$, $\cos$, $\tan$는 각각 **sine**, **cosine**, **tangent**를 줄여서 쓴 것이다.

3. 삼각비 $\sin A$, $\cos A$, $\tan A$에서 A는 $\angle A$의 크기를 나타낸 것이다. 예를 들어 $\angle A = 30°$일 때, $\sin A = \sin 30°$이다.

4. 한 직각삼각형에서도 삼각비를 구하고자 하는 기준각에 따라 높이와 밑변이 달라진다. 이때, 기준각의 대변이 높이가 됨을 기억하자.

5. 삼각비를 각각 어느 두 변 사이의 길이의 비인지를 쉽게 알기 위한 방법으로 아래 그림과 같이 각 삼각비의 이니셜의 필기체를 활용하면 좋다.

(1) $\sin A$에서 **s**, $\cos A$에서 **c**, $\tan A$에서 **t**를 필기체로 삼각형에 그려보자.

이때, $\dfrac{(\text{그리기 끝나는 변})}{(\text{그리기 시작하는 변})}$ 과 같이 값을 구한다. 예를 들면 아래와 같이 $\sin$의 **s**를 $\triangle ABC$에 그리려면 $\overline{AB}$에서 시작해 $\overline{BC}$에서 끝나므로 $\sin A = \dfrac{\overline{BC}}{\overline{AB}}$, $\cos$의 **c**를 $\triangle ABC$에 그리려면 $\overline{AB}$에서 시작해 $\overline{AC}$에서 끝나므로 $\cos A = \dfrac{\overline{AC}}{\overline{AB}}$, $\tan$의 **t**를 $\triangle ABC$에 그리려면 $\overline{AC}$에서 시작해 $\overline{BC}$에서 끝나므로 $\tan A = \dfrac{\overline{BC}}{\overline{AC}}$ 이다.

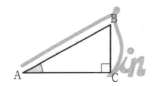 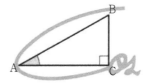 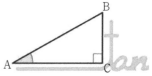

(2) 단, 위 방법을 사용하기 위해서는 구하려는 삼각비의 기준각은 왼쪽 아래, 직각은 오른쪽 아래에 위치한 상태에서 구해야 함을 주의하자.

6. 오른쪽 그림의 직각삼각형 ABC에서 $\angle A$와 $\angle B$의 삼각비의 값을 구해보자.

(1) 그림에서 $\angle A$는 왼쪽 아래, 직각은 오른쪽 아래에 위치한 상태이므로 $\angle A$의 삼각비는 각 삼각비의 알파벳 이니셜의 필기체를 그리는 방법을 활용하면
$$\sin A = \frac{4}{5}, \ \cos A = \frac{3}{5}, \ \tan A = \frac{4}{3} \text{ 이다.}$$

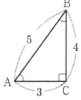

(2) $\angle B$의 삼각비를 구하기 위해서 $\angle B$를 왼쪽 아래, 직각을 오른쪽 아래에 위치하도록 도형의 위치를 바꾸어 그린 후 같은 방법으로 구하면
$$\sin B = \frac{3}{5}, \ \cos B = \frac{4}{5}, \ \tan B = \frac{3}{4} \text{ 이다.}$$

(깊이보기)

1. 삼각비의 뜻이 직각삼각형에서 두 변 사이의 길이의 비라는 점에 주목해보자. 삼각형에서 변의 개수는 3개다. 이 3개의 변 중 2개의 변을 택해 길이의 비를 나타낼 수 있는 경우의 수를 구하면 아래와 같이 분모에 3가지, 분자에 2가지를 쓸 수 있으므로 모두 6가지이다. 그런데 중학교 교육과정에서는 3가지만 배울 뿐이다. 나머지 3가지는 중학교 교육과정에서 배우는 세 변의 길이의 비의 역수로 고등학교 교육과정에서 배운다. 따라서 $\angle A$의 삼각비라 하면 모두 6가지이고 우리는 그 중 3가지만 먼저 배우는 것이다. 나머지 3가지 삼각비는 아래와 같다.

$$\csc A = \frac{(\text{빗변의 길이})}{(\text{높이})} = \frac{\overline{AB}}{\overline{BC}} = \frac{1}{\sin A}$$

$$\sec A = \frac{(\text{빗변의 길이})}{(\text{밑변의 길이})} = \frac{\overline{AB}}{\overline{AC}} = \frac{1}{\cos A}$$

$$\cot A = \frac{(\text{밑변의 길이})}{(\text{높이})} = \frac{\overline{AC}}{\overline{BC}} = \frac{1}{\tan A}$$

$\triangle$	$\Rightarrow$ 2가지	$3 \times 2 = 6$가지
$\square$	$\Rightarrow$ 3가지	

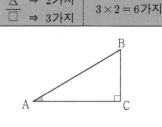

2. 삼각비 사이의 관계

⇨ $\angle C = 90°$인 직각삼각형 ABC에서

(1) $\tan A = \dfrac{a}{b} = \dfrac{\frac{a}{c}}{\frac{b}{c}} = \dfrac{\sin A}{\cos A}$

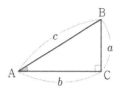

(2) $\sin^2 A + \cos^2 A = \left(\dfrac{a}{c}\right)^2 + \left(\dfrac{b}{c}\right)^2 = \dfrac{a^2 + b^2}{c^2} = \dfrac{c^2}{c^2} = 1$

⇨ 식에서 $\sin^2 A,\ \cos^2 A,\ \tan^2 A$는 $(\sin A)^2,\ (\cos A)^2,\ (\tan A)^2$을 나타낸다.

(3) $\tan A = \dfrac{\sin A}{\cos A}$, $\sin^2 A + \cos^2 A = 1$은 고교과정의 삼각함수에서 자주 사용되는 중요한 공식으로 암기해두는 것이 좋다.

---

[2] 두 변의 길이가 주어진 경우 삼각비의 값 구하기

1. 직각삼각형에서 두 변의 길이가 주어진 경우 피타고라스 정리를 이용하여 나머지 한 변의 길이를 구해 삼각비를 구할 수 있다.

(이해하기!)

1. 오른쪽 그림의 직각삼각형 ABC에서 $\angle A$와 $\angle B$의 삼각비의 값을 각각 구해보자.

⇨ 피타고라스 정리에 의해 $\overline{AB}^2 = 6^2 + 8^2 = 100$ 이고 $\overline{AB} > 0$이므로 $\overline{AB} = 10$이다.

따라서, $\angle A$와 $\angle B$의 삼각비의 값은 각각 다음과 같다.

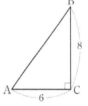

(1) $\sin A = \dfrac{8}{10} = \dfrac{4}{5}$, $\cos A = \dfrac{6}{10} = \dfrac{3}{5}$, $\tan A = \dfrac{8}{6} = \dfrac{4}{3}$

(2) $\sin B = \dfrac{6}{10} = \dfrac{3}{5}$, $\cos B = \dfrac{8}{10} = \dfrac{4}{5}$, $\tan B = \dfrac{6}{8} = \dfrac{3}{4}$

---

[3] 한 변의 길이와 한 삼각비의 값이 주어진 경우 삼각비의 값 구하기

1. 직각삼각형에서 한 변의 길이와 한 삼각비의 값이 주어진 경우 다음과 같은 순서로 나머지 두 변과 다른 삼각비의 값을 구할 수 있다.
   (1) 삼각비의 값을 이용하여 한 변의 길이를 구한다.
   (2) 피타고라스 정리를 이용하여 나머지 한 변의 길이를 구한다.

(이해하기!)

1. 오른쪽 그림과 같이 $\angle C = 90°$인 직각삼각형 ABC에서 $\overline{AB} = 6$이고 $\sin A = \dfrac{2}{3}$일 때, $\cos A$와 $\tan A$의 값을 각각 구해보자.

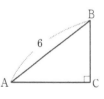

⇨ $\sin A = \dfrac{\overline{BC}}{6} = \dfrac{2}{3}$이므로 $\overline{BC} = 4$이다. 따라서, $\overline{AC} = \sqrt{6^2 - 4^2} = \sqrt{20} = 2\sqrt{5}$

이므로 $\cos A = \dfrac{2\sqrt{5}}{6} = \dfrac{\sqrt{5}}{3}$, $\tan A = \dfrac{4}{2\sqrt{5}} = \dfrac{2\sqrt{5}}{5}$이다.

[4] 한 삼각비의 값이 주어진 경우 다른 삼각비의 값 구하기

1. 한 삼각비의 값이 주어진 경우 다음과 같은 순서로 다른 삼각비의 값을 구할 수 있다.
   (1) 주어진 삼각비의 값을 갖는 직각삼각형을 그린다.
   (2) 피타고라스 정리를 이용하여 나머지 한 변의 길이를 구한다.
   (3) 다른 삼각비의 값을 구한다.

(이해하기!)

1. $\angle C = 90°$인 직각삼각형 ABC에서 $\tan A = \dfrac{2}{3}$일 때, $\sin A$와 $\cos A$의 값을 각각 구해보자.

   ⇨ 오른쪽 그림과 같은 직각삼각형 ABC에서 $\tan A = \dfrac{2}{3}$ 이므로 $\overline{AC} = 3a$, $\overline{BC} = 2a\,(a > 0)$이다.

   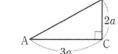

   피타고라스 정리에 의해 $\overline{AB} = \sqrt{(2a)^2 + (3a)^2} = \sqrt{13a^2} = \sqrt{13}\,a$

   따라서, $\sin A = \dfrac{2a}{\sqrt{13}\,a} = \dfrac{2\sqrt{13}}{13}$, $\cos A = \dfrac{3a}{\sqrt{13}\,a} = \dfrac{3\sqrt{13}}{13}$ 이다.

[5] 직각삼각형의 닮음을 활용한 삼각비의 값 구하기

1. 직각삼각형의 닮음을 이용하여 다음과 같은 순서로 삼각비의 값을 구한다.
   (1) 닮음인 두 직각삼각형에서 크기가 같은 대응각을 찾는다
   (2) 대응변의 길이의 비로 삼각비의 값을 구한다.

(이해하기!)

1. 오른쪽 그림과 같이 $\angle B = 90°$인 직각삼각형 ABC에서 $\overline{BC} = 12$, $\overline{AB} = 5$이다. 변 BC 위의 점 D에서 변 AC에 내린 수선의 발을 E라고 할 때, $\tan x$의 값을 구해보자.

   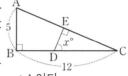

   ⇨ △ABC와 △DEC에서 $\angle ABC = \angle DEC = 90°$이고 $\angle C$는 공통이므로 △ABC∽△DEC (AA닮음) 이다. 이때, 대응각의 크기는 같으므로 $\angle x = \angle A$이다.

   따라서, $\tan x = \tan A = \dfrac{\overline{BC}}{\overline{AB}} = \dfrac{12}{5}$이다.

2. 오른쪽 그림과 같이 $\angle A = 90°$인 직각삼각형 ABC에서 $\overline{AD} \perp \overline{BC}$이고 $\overline{AB} = 15$, $\overline{AC} = 8$이다. $\angle BAD = x$, $\angle CAD = y$라 할 때, $\sin x$와 $\cos y$의 값을 각각 구해보자.

   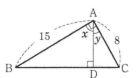

   ⇨ △ABC∽△DBA∽△DAC (AA닮음)이므로 $\angle C = \angle BAD = x$, $\angle B = \angle CAD = y$이다. △ABC에서 $\overline{BC} = \sqrt{8^2 + 15^2} = \sqrt{289} = 17$이므로

   $\sin x = \sin C = \dfrac{15}{17}$, $\cos y = \cos B = \dfrac{15}{17}$이다.

5.2 $30°$, $45°$, $60°$의 삼각비의 값

[1] $30°$, $45°$, $60°$의 삼각비의 값

1. $30°$, $45°$, $60°$의 삼각비의 값은 다음 표와 같다.

삼각비 \ A	$30°$	$45°$	$60°$
$\sin A$	$\dfrac{1}{2}$	$\dfrac{\sqrt{2}}{2}\left(=\dfrac{1}{\sqrt{2}}\right)$	$\dfrac{\sqrt{3}}{2}$
$\cos A$	$\dfrac{\sqrt{3}}{2}$	$\dfrac{\sqrt{2}}{2}\left(=\dfrac{1}{\sqrt{2}}\right)$	$\dfrac{1}{2}$
$\tan A$	$\dfrac{\sqrt{3}}{3}\left(=\dfrac{1}{\sqrt{3}}\right)$	1	$\sqrt{3}$

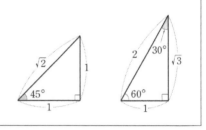

(이해하기!)

1. 오른쪽 그림과 같이 한 변의 길이가 1인 정사각형에서 대각선 AB를 그리면 $\triangle ABC$는 $\angle B = 45°$인
직각이등변삼각형이다. 이때, 피타고라스 정리에 의해 $\overline{AB} = \sqrt{1^2 + 1^2} = \sqrt{2}$ 이다.
따라서 $45°$의 삼각비의 값은 다음과 같다.

$$\sin 45° = \frac{\overline{AC}}{\overline{AB}} = \frac{1}{\sqrt{2}} = \frac{\sqrt{2}}{2}$$

$$\cos 45° = \frac{\overline{BC}}{\overline{AB}} = \frac{1}{\sqrt{2}} = \frac{\sqrt{2}}{2}$$

$$\tan 45° = \frac{\overline{AC}}{\overline{BC}} = \frac{1}{1} = 1$$

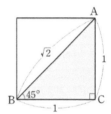

2. 오른쪽 그림과 같이 한 변의 길이가 2인 정삼각형 ABC의 꼭짓점 A에서 변 BC에 내린 수선의 발을
D라고 하면 $\angle BAD = 30°$, $\angle ABD = 60°$인 직각삼각형 ABD를 얻는다. 이때, 점 D는 변 BC의 중점
이므로 $\overline{BD} = 1$이다. 피타고라스 정리에 의해 $\overline{AD} = \sqrt{2^2 - 1^2} = \sqrt{3}$이다.

(1) $60°$의 삼각비의 값은 다음과 같다.

$$\sin 60° = \frac{\overline{AD}}{\overline{AB}} = \frac{\sqrt{3}}{2}$$

$$\cos 60° = \frac{\overline{BD}}{\overline{AB}} = \frac{1}{2}$$

$$\tan 60° = \frac{\overline{AD}}{\overline{BD}} = \frac{\sqrt{3}}{1} = \sqrt{3}$$

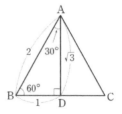

(2) $30°$의 삼각비의 값은 다음과 같다.

$$\sin 30° = \frac{\overline{BD}}{\overline{AB}} = \frac{1}{2}$$

$$\cos 30° = \frac{\overline{AD}}{\overline{AB}} = \frac{\sqrt{3}}{2}$$

$$\tan 30° = \frac{\overline{BD}}{\overline{AD}} = \frac{1}{\sqrt{3}} = \frac{\sqrt{3}}{3}$$

3. 30°, 45°, 60°의 삼각비의 값을 나타내는 표의 성질

(1) 30°, 45°, 60°의 삼각비의 sin값은 증가, cos값은 감소, tan값은 증가한다.

(2) 표에서 sin값과 cos값은 화살표와 같이 서로 같은 값을 갖고 tan값은 역수 관계가 있다.

(3) 표에서 sin값은 분모가 2로 일정하고 분자는 $\sqrt{1}$, $\sqrt{2}$, $\sqrt{3}$으로 $\sqrt{}$ 안의 값이 1씩 증가하고 cos값은 분모가 2로 일정하고 분자는 $\sqrt{3}$, $\sqrt{2}$, $\sqrt{1}$로 $\sqrt{}$ 안의 값이 1씩 감소한다.

A 삼각비	30°	45°	60°
$\sin A$	$\dfrac{1}{2}$	$\dfrac{\sqrt{2}}{2}\left(=\dfrac{1}{\sqrt{2}}\right)$	$\dfrac{\sqrt{3}}{2}$
$\cos A$	$\dfrac{\sqrt{3}}{2}$	$\dfrac{\sqrt{2}}{2}\left(=\dfrac{1}{\sqrt{2}}\right)$	$\dfrac{1}{2}$
$\tan A$	$\dfrac{\sqrt{3}}{3}\left(=\dfrac{1}{\sqrt{3}}\right)$	1	$\sqrt{3}$

역수

4. 30°, 45°, 60°의 삼각비의 값을 무조건 유리화 한 값으로 기억하는 것이 반드시 좋은 것은 아니다. 곱셈, 나눗셈 계산을 하는 경우 오히려 유리화하지 않은 분수형태로 계산하면 서로 약분되어 계산을 편리하게 하는 경우들이 있다. 따라서 유리화하지 않은 값도 함께 기억하면 좋다.

5. 한 내각의 크기가 45°인 직각삼각형과 한 내각의 크기가 30° 또는 60°인 직각삼각형은 모두 닮은 도형이므로 대응변의 길이의 비는 일정하다. 이때, 세 변의 길이의 비는 가장 짧은 변부터 각각 $1:1:\sqrt{2}$와 $1:\sqrt{3}:2$이다. 이 세 변의 길이의 비는 자주 사용되므로 기억해두는 것이 좋다.

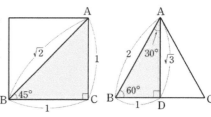

---

[2] 30°, 45°, 60°의 삼각비의 값의 활용

1. 직각삼각형의 한 예각의 크기가 30°, 45°, 60°일 때, 한 변의 길이가 주어지면 삼각비의 값을 활용해 나머지 두 변의 길이를 구할 수 있다.

(이해하기!)

1. 삼각비는 직각삼각형의 두 변의 길이의 비이다. 그러므로 삼각비의 값을 구해야 하는 경우 두 변의 길이가 주어져야 하지만 30°, 45°, 60°와 같이 특수한 각을 가진 직각삼각형의 경우 한 변의 길이만 주어져도 표와 같은 삼각비의 값을 이용하여 나머지 두 변의 길이를 구할 수 있다. 한편, $1:1:\sqrt{2}$와 $1:\sqrt{3}:2$와 같은 세 변의 길이의 비를 활용해 변의 길이를 구할 수도 있다.

2. 오른쪽 그림의 직각삼각형 ABC에서 $\overline{AB}=6$일 때, $\overline{AC}$, $\overline{BC}$의 길이를 각각 구해보자

(1) $\cos 60° = \dfrac{\overline{AC}}{\overline{AB}} = \dfrac{\overline{AC}}{6}$ 이므로 $\overline{AC} = 6 \times \cos 60° = 6 \times \dfrac{1}{2} = 3$이다.

$\sin 60° = \dfrac{\overline{BC}}{\overline{AB}} = \dfrac{\overline{BC}}{6}$ 이므로 $\overline{BC} = 6 \times \sin 60° = 6 \times \dfrac{\sqrt{3}}{2} = 3\sqrt{3}$이다.

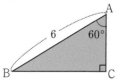

(2) 세 변의 길이의 비를 이용해 풀 수도 있다. 한 내각의 크기가 60°인 직각삼각형 이므로 세 변의 길이의 비 $\overline{AC}:\overline{BC}:\overline{AB} = 1:\sqrt{3}:2$이다. 따라서 $\overline{AC}:6 = 1:2$이므로 $\overline{AC} = 3$이고 $\overline{BC}:6 = \sqrt{3}:2$이므로 $\overline{BC} = 3\sqrt{3}$이다.

5.3 예각의 삼각비의 값

[1] 예각의 삼각비의 값

1. 좌표평면 위의 원점 O를 중심으로 하고 반지름의 길이가 1인 사분원에서 임의의 예각 x에 대하여

   (1) $\sin x = \dfrac{\overline{AB}}{\overline{OA}} = \dfrac{\overline{AB}}{1} = \overline{AB}$ (사분원 안쪽 직각삼각형의 '높이')

   (2) $\cos x = \dfrac{\overline{OB}}{\overline{OA}} = \dfrac{\overline{OB}}{1} = \overline{OB}$ (사분원 안쪽 직각삼각형의 '밑변')

   (3) $\tan x = \dfrac{\overline{CD}}{\overline{OD}} = \dfrac{\overline{CD}}{1} = \overline{CD}$ (사분원 바깥쪽 직각삼각형의 '높이')

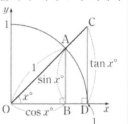

(이해하기!)

1. 반지름의 길이가 1인 사분원을 활용하는 이유는 삼각비의 값을 구할 때 분모를 1이 되게 만들어 계산을 편리하게 하기 위함이다.

2. 임의의 예각에 대한 삼각비의 값은 반지름의 길이가 1인 사분원에 위치한 직각삼각형의 변의 길이를 측정해 구할 수 있다.

3. 오른쪽 그림과 같이 모눈종이 위에 점 O를 중심으로 하고 반지름의 길이가 1인 사분원을 그리고, 그 위에 각도기를 이용하여 ∠AOB = ∠COD = 50°가 되도록 두 직각삼각형 AOB, COD를 그린다. 두 직각삼각형에서 $\overline{OA} = \overline{OD} = 1$이므로 50° 삼각비의 값을 구하면 다음과 같다.

   (1) $\sin 50° = \overline{AB} = 0.77$

   (2) $\cos 50° = \overline{OB} = 0.64$

   (3) $\tan 50° = \overline{CD} = 1.19$

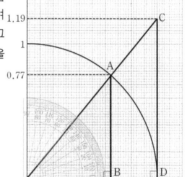

[2] 0°, 90°의 삼각비의 값

1. $\sin 0° = 0$, $\cos 0° = 1$, $\tan 0° = 0$
2. $\sin 90° = 1$, $\cos 90° = 0$

(이해하기!)

1. [그림1]과 같은 직각삼각형 OAB에서 ∠AOB의 크기가 0°에 가까워지면 $\overline{AB}$의 길이는 점점 줄어들어 0에 가까워지고, $\overline{OB}$의 길이는 점점 늘어나 1에 가까워진다. 따라서 $\sin 0° = 0$, $\cos 0° = 1$이다.

2. [그림2]와 같은 직각삼각형 OAB에서 ∠AOB의 크기가 90°에 가까워지면 $\overline{AB}$의 길이는 점점 늘어나 1에 가까워지고, $\overline{OB}$의 길이는 점점 줄어들어 0에 가까워진다. $\sin 90° = 1$, $\cos 90° = 0$ 이다.

3. [그림3]과 같은 직각삼각형 COD에서 ∠COD의 크기가 0°에 가까워지면 $\overline{CD}$의 길이가 점점 줄어들어 0에 가까워진다. 한편 90°에 가까워지면 $\overline{CD}$의 길이는 한없이 커지고 결국 ∠COD의 크기가 90°가 된다고 가정하면 y축과 평행한 직선이 되므로 tan 90°의 값은 정할 수 없다.

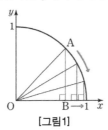
[그림1]

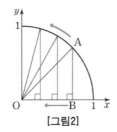
[그림2]

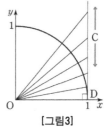
[그림3]

4. $0° \leq x \leq 90°$ 일 때, x의 크기가 커질수록
   (1) sin$x$의 값은 0부터 1까지 증가한다.
   (2) cos$x$의 값은 1부터 0까지 감소한다.
   (3) tan$x$의 값은 0부터 무한히 커진다. (단, $x \neq 90°$)

5. 반지름의 길이가 1인 원을 이용해 삼각비를 구하면 일반적인 모든 각에 대한 삼각비의 값을 구할 수 있으나 중학교 과정에서는 $0° \leq x \leq 90°$인 범위까지만 다룬다.

---

[3] 삼각비의 표

1. 0°에서 90°까지 1°씩 커지면서 삼각비의 값을 소수점 아래 다섯째 자리에서 반올림하여 소수점 아래 넷째 자리까지 나타낸 표

2. **삼각비의 표 보는 방법**
   : 삼각비의 표에서 가로줄과 세로줄이 만나는 곳에 있는 수가 삼각비의 값이다.

각도	사인(sin)	코사인(cos)	탄젠트(tan)
⋮	⋮	⋮	⋮
34°	0.5592	0.8290	0.6745
35°	0.5736	0.8192	0.7002
36°	0.5878	0.8090	0.7265
⋮	⋮	⋮	⋮

(이해하기!)

1. 위 삼각비의 표를 통해 sin35° = 0.5736 임을 알 수 있다.

2. 삼각비의 표에 있는 값은 반올림한 근사값 이지만 편의상 삼각비의 값을 나타낼 때는 등호(=)를 사용한다.

(깊이보기!) - 삼각비의 표 특징

각도	사인(sin)	코사인(cos)	탄젠트(tan)	각도	사인(sin)	코사인(cos)	탄젠트(tan)
0°	0.0000	1.0000	0.0000	45°	0.7071	0.7071	1.0000
1°	0.0175	0.9998	0.0175	46°	0.7193	0.6947	1.0355
2°	0.0349	0.9994	0.0349	47°	0.7314	0.6820	1.0724
3°	0.0523	0.9986	0.0524	48°	0.7431	0.6691	1.1106
4°	0.0698	0.9976	0.0699	49°	0.7547	0.6561	1.1504
5°	0.0872	0.9962	0.0875	50°	0.7660	0.6428	1.1918
6°	0.1045	0.9945	0.1051	51°	0.7771	0.6293	1.2349
7°	0.1219	0.9925	0.1228	52°	0.7880	0.6157	1.2799
8°	0.1392	0.9903	0.1405	53°	0.7986	0.6018	1.3270
9°	0.1564	0.9877	0.1584	54°	0.8090	0.5878	1.3764
10°	0.1736	0.9848	0.1763	55°	0.8192	0.5736	1.4281
11°	0.1908	0.9816	0.1944	56°	0.8290	0.5592	1.4826
12°	0.2079	0.9781	0.2126	57°	0.8387	0.5446	1.5399
13°	0.2250	0.9744	0.2309	58°	0.8480	0.5299	1.6003
14°	0.2419	0.9703	0.2493	59°	0.8572	0.5150	1.6643
15°	0.2588	0.9659	0.2679	60°	0.8660	0.5000	1.7321
16°	0.2756	0.9613	0.2867	61°	0.8746	0.4848	1.8040
17°	0.2924	0.9563	0.3057	62°	0.8829	0.4695	1.8807
18°	0.3090	0.9511	0.3249	63°	0.8910	0.4540	1.9626
19°	0.3256	0.9455	0.3443	64°	0.8988	0.4384	2.0503
20°	0.3420	0.9397	0.3640	65°	0.9063	0.4226	2.1445
21°	0.3584	0.9336	0.3839	66°	0.9135	0.4067	2.2460
22°	0.3746	0.9272	0.4040	67°	0.9205	0.3907	2.3559
23°	0.3907	0.9205	0.4245	68°	0.9272	0.3746	2.4751
24°	0.4067	0.9135	0.4452	69°	0.9336	0.3584	2.6051
25°	0.4226	0.9063	0.4663	70°	0.9397	0.3420	2.7475
26°	0.4384	0.8988	0.4877	71°	0.9455	0.3256	2.9042
27°	0.4540	0.8910	0.5095	72°	0.9511	0.3090	3.0777
28°	0.4695	0.8829	0.5317	73°	0.9563	0.2924	3.2709
29°	0.4848	0.8746	0.5543	74°	0.9613	0.2756	3.4874
30°	0.5000	0.8660	0.5774	75°	0.9659	0.2588	3.7321
31°	0.5150	0.8572	0.6009	76°	0.9703	0.2419	4.0108
32°	0.5299	0.8480	0.6249	77°	0.9744	0.2250	4.3315
33°	0.5446	0.8387	0.6494	78°	0.9781	0.2079	4.7046
34°	0.5592	0.8290	0.6745	79°	0.9816	0.1908	5.1446
35°	0.5736	0.8192	0.7002	80°	0.9848	0.1736	5.6713
36°	0.5878	0.8090	0.7265	81°	0.9877	0.1564	6.3138
37°	0.6018	0.7986	0.7536	82°	0.9903	0.1392	7.1154
38°	0.6157	0.7880	0.7813	83°	0.9925	0.1219	8.1443
39°	0.6293	0.7771	0.8098	84°	0.9945	0.1045	9.5144
40°	0.6428	0.7660	0.8391	85°	0.9962	0.0872	11.4301
41°	0.6561	0.7547	0.8693	86°	0.9976	0.0698	14.3007
42°	0.6691	0.7431	0.9004	87°	0.9986	0.0523	19.0811
43°	0.6820	0.7314	0.9325	88°	0.9994	0.0349	28.6363
44°	0.6947	0.7193	0.9657	89°	0.9998	0.0175	57.2900
45°	0.7071	0.7071	1.0000	90°	1.0000	0.0000	

1. 0°에서 90°사이에서 sin값은 증가한다. 특히, 처음에는 증가량이 크다가 점차 증가량이 작아진다.
   ⇨ 이는 소수 첫째자리 숫자가 나타나는 빈도를 확인해보면 알 수 있다.

2. 0°에서 90°사이에서 cos값은 감소한다. 특히, 처음에는 감소량이 작다가 점차 감소량이 커진다.
   ⇨ 이는 소수 첫째자리 숫자가 나타나는 빈도를 확인해보면 알 수 있다.

3. 45°에서 sin값과 cos값은 같다. 45°보다 작은 각에서는 cos값이 sin값보다 크지만 45°보다 큰 각에서는 sin값이 cos값보다 크다는 것을 알 수 있다.

4. tan값은 지속적으로 증가한다. 처음에는 증가량이 작다가 각이 커질수록 값이 증가하는 양이 커진다. 특히, 각이 90°에 가까워질수록 급격히 증가함을 알 수 있다. tan90°값이 없는 이유는 tan값이 무한대로 커져 값을 정할 수 없기 때문이다.

5. 삼각비의 표를 통해 본 sin, cos, tan값의 변화량의 특징은 고교과정에서 삼각함수의 그래프 모양을 통해서도 확인할 수 있다.

5.4 삼각비의 활용

[1] 직각삼각형의 변의 길이 구하기

1. 직각삼각형에서 한 예각의 크기와 한 변의 길이를 알면 삼각비를 이용하여 나머지 두 변의 길이를 구할 수 있다.

∠C = 90°인 직각삼각형 ABC에서

(1) ∠A의 크기와 빗변 AB의 길이 c를 알 때 ⇨ $\overline{AC} = c\cos A$, $\overline{BC} = c\sin A$

(2) ∠A의 크기와 변 AC의 길이 b를 알 때 ⇨ $\overline{AB} = \dfrac{b}{\cos A}$, $\overline{BC} = b\tan A$

(3) ∠A의 크기와 변 BC의 길이 a를 알 때 ⇨ $\overline{AB} = \dfrac{a}{\sin A}$, $\overline{AC} = \dfrac{a}{\tan A}$

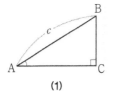 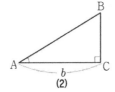 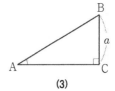

(1)　　　　　　(2)　　　　　　(3)

(이해하기!)

1. ∠C = 90°인 직각삼각형 ABC에서 한 예각의 크기와 한 변의 길이를 알 때,

(1) $\cos A = \dfrac{\overline{AC}}{\overline{AB}} = \dfrac{\overline{AC}}{c}$ 이므로 $\overline{AC} = c\cos A$, $\sin A = \dfrac{\overline{BC}}{\overline{AB}} = \dfrac{\overline{BC}}{c}$ 이므로 $\overline{BC} = c\sin A$

(2) $\cos A = \dfrac{\overline{AC}}{\overline{AB}} = \dfrac{b}{\overline{AB}}$ 이므로 $\overline{AB} = \dfrac{b}{\cos A}$, $\tan A = \dfrac{\overline{BC}}{\overline{AC}} = \dfrac{\overline{BC}}{b}$ 이므로 $\overline{BC} = b\tan A$

(3) $\sin A = \dfrac{\overline{BC}}{\overline{AB}} = \dfrac{a}{\overline{AB}}$ 이므로 $\overline{AB} = \dfrac{a}{\sin A}$, $\tan A = \dfrac{\overline{BC}}{\overline{AC}} = \dfrac{a}{\overline{AC}}$ 이므로 $\overline{AC} = \dfrac{a}{\tan A}$

2. 위 내용을 공식으로 외우려 하지 말고 그 원리를 이해해 나머지 두 변의 길이를 구하도록 한다. 다음과 같은 방법으로 생각하면 쉽게 나머지 두 변의 길이를 알 수 있다. 삼각비의 값을 구하는 방법을 다리와 같이 중간에 거치는 과정이라고 생각하자. 그러면 알고 있는 한 변에서 출발해 삼각비의 값을 구하는 방법을 곱해 도착하는 변의 길이를 구할 수 있다. 구체적으로 예를 들어보자.

(1) 밑변 $\overline{AC}$의 길이를 구할 경우 빗변 c에서 출발해 밑변에 도착하려면 cos을 이용해야 하므로 c에 $\cos A$를 곱하면 $\overline{AC}$의 길이가 된다. 따라서, $\overline{AC} = c\cos A$이다. 또한, 높이 $\overline{BC}$의 길이를 구할 경우 c에서 출발해 높이에 도착하려면 sin을 이용해야 하므로 c에 $\sin A$를 곱하면 $\overline{BC}$가 된다. 따라서, $\overline{BC} = c\sin A$이다.

(2) 빗변 $\overline{AB}$의 길이를 구할 경우 빗변 $\overline{AB}$에서 출발해 밑변에 도착하려면 cos을 이용해야 하므로 $\overline{AB}$에 $\cos A$를 곱하면 밑변 b가 된다. 따라서 $\overline{AB}\cos A = b$이고 양변을 $\cos A$로 나누면 $\overline{AB} = \dfrac{b}{\cos A}$이다. 또한, 높이 $\overline{BC}$의 길이를 구할 경우 밑변 b에서 출발해 높이에 도착하려면 tan를 이용해야 하므로 b에 $\tan A$를 곱하면 높이 $\overline{BC}$가 된다. 따라서 $\overline{BC} = b\tan A$이다.

(3) 빗변 $\overline{AB}$의 길이를 구할 경우 빗변 $\overline{AB}$에서 출발해 높이에 도착하려면 $\sin$을 이용해야 하므로 $\overline{AB}$에 $\sin A$를 곱하면 높이 a가 된다. 따라서 $\overline{AB}\sin A = a$이고 양변을 $\sin A$로 나누면 $\overline{AB} = \dfrac{a}{\sin A}$이다. 또한, 밑변 $\overline{AC}$의 길이를 구할 경우 밑변 $\overline{AC}$에서 출발해 높이에 도착하려면 $\tan$를 이용해야 하므로 $\overline{AC}$에 $\tan A$를 곱하면 높이 a가 된다. 따라서 $\overline{AC}\tan A = a$이고 양변을 $\tan A$로 나누면 $\overline{AC} = \dfrac{a}{\tan A}$이다. 이런 방법을 활용하면 위와 같은 공식을 암기하지 않아도 된다.

3. 오른쪽 그림과 같은 직각삼각형 ABC에 대하여 x, y의 값을 각각 구해보자.

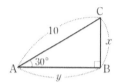

(1) $x = 10\sin 30° = 10 \times \dfrac{1}{2} = 5$

(2) $y = 10\cos 30° = 10 \times \dfrac{\sqrt{3}}{2} = 5\sqrt{3}$

---

[2] 일반삼각형의 변의 길이 구하기

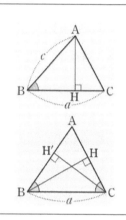

1. △ABC에서 두 변의 길이 a, c와 그 끼인각 ∠B의 크기를 알 때
   : 꼭짓점 A에서 $\overline{BC}$에 내린 수선의 발을 H라 하면
   $\overline{AH} = c\sin B$, $\overline{BH} = c\cos B$ 이므로 $\overline{CH} = a - c\cos B$ 이다.
   $\Rightarrow \overline{AC} = \sqrt{\overline{AH}^2 + \overline{CH}^2} = \sqrt{(c\sin B)^2 + (a - c\cos B)^2}$

2. △ABC에서 한 변의 길이 a와 그 양 끝 각 ∠B, ∠C의 크기를 알 때
   : 꼭짓점 B, C에서 대변에 내린 수선의 발을 각각 H, H′ 라 하면
   $\overline{CH'} = \overline{AC}\sin A = a\sin B$, $\overline{BH} = \overline{AB}\sin A = a\sin C$
   $\Rightarrow \overline{AC} = \dfrac{a\sin B}{\sin A}$, $\overline{AB} = \dfrac{a\sin C}{\sin A}$

(이해하기!)

1. 위 공식을 암기하려고 하지 말자. 단지 이런 방법으로 구한다는 정도만 알고 이해하여 문제 풀이에 적용하자. 새로 만들어지는 직각삼각형의 예각의 크기를 알 수 있도록 주어진 삼각형의 한 꼭짓점에서 그 대변에 수선의 발을 내려 직각삼각형을 만든 후 삼각비를 이용해 변의 길이를 구한다. 일반 삼각형의 변의 길이 구하기 문제는 대부분 한 내각의 크기가 30°, 45°, 60°인 경우들이므로 특수한 각의 삼각비를 이용할 수 있도록 수선을 그어 직각삼각형을 만들어준다.

2. 예를 들어, 오른쪽 그림과 같이 삼각형 모양의 조명 레일을 설치하려고 한다. 두 지점 A와 B 사이의 거리는 $4\,\text{m}$이고 ∠A $= 60°$, ∠B $= 75°$일 때, 지점 A 에서 지점 C를 잇는 조명 레일의 길이를 구해보자.

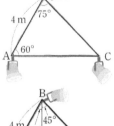

$\Rightarrow$ 오른쪽 그림과 같이 △ABC의 꼭짓점 B에서 변 AC에 내린 수선의 발을 H라고 할 때, 두 변 AH, BH의 길이를 구해보자. 직각삼각형 BAH에서

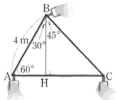

$\cos 60° = \dfrac{\overline{AH}}{4}$ 이므로 $\overline{AH} = 4 \times \cos 60° = 4 \times \dfrac{1}{2} = 2\,(\text{m})$이다.

또, $\sin 60° = \dfrac{\overline{BH}}{4}$ 이므로 $\overline{BH} = 4 \times \sin 60° = 4 \times \dfrac{\sqrt{3}}{2} = 2\sqrt{3}\,(\text{m})$이다.

직각삼각형 BCH에서 ∠C $= 45°$이므로 $\overline{CH} = \overline{BH} = 2\sqrt{3}\,(\text{m})$이다.

따라서 $\overline{AC} = \overline{AH} + \overline{CH} = 2 + 2\sqrt{3}\,(\text{m})$이다.

[3] 삼각형의 높이 구하기

1. △ABC에서 한 변의 길이 a와 그 양 끝 각 ∠B, ∠C의 크기를 알 때 삼각형의 높이를 구할 수 있다.

   (1) 예각삼각형인 경우

   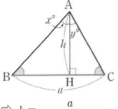

   ⇨ $h = \dfrac{a}{\tan x + \tan y}$

   (2) 둔각삼각형인 경우

   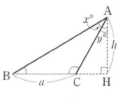

   ⇨ $h = \dfrac{a}{\tan x - \tan y}$

(이해하기!)

1. 삼각형의 높이를 구하는 공식은 공식을 암기하기 보다는 위와 같은 방법으로 구한다는 것을 이해하고 문제에 적용해 해결하는 것이 좋다.

   (1) 예각삼각형인 경우 $a = \overline{\text{BH}} + \overline{\text{CH}} = h \tan x + h \tan y = h(\tan x + \tan y)$이므로 $h = \dfrac{a}{\tan x + \tan y}$ 이다.

   (2) 둔각삼각형인 경우 $a = \overline{\text{BH}} - \overline{\text{CH}} = h \tan x - h \tan y = h(\tan x - \tan y)$이므로 $h = \dfrac{a}{\tan x - \tan y}$ 이다.

[4] 삼각형의 넓이 구하기

1. △ABC에서 두 변의 길이 b, c와 그 끼인각 ∠A의 크기를 알 때, 삼각형의 넓이를 구할 수 있다.

   (1) ∠A가 예각인 경우

   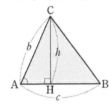

   ⇨ $S = \dfrac{1}{2} bc \sin A$

   (2) ∠A가 둔각인 경우

   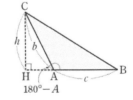

   ⇨ $S = \dfrac{1}{2} bc \sin(180° - A)$

(이해하기!)

1. 위 공식은 삼각형의 넓이 구하는 공식인 $\dfrac{1}{2} \times$(밑변)$\times$(높이)에 의해 당연하다. 밑변을 $\overline{\text{AB}}$로 두고 높이를 $\overline{\text{CH}}$라 할 때, 삼각비에 의해 $\overline{\text{CH}}$의 값을 각각 $b \sin A$, $b \sin(180° - A)$로 구해 삼각형의 넓이를 구할 수 있다. 두 변 사이에 끼인각 ∠A의 크기가 예각인 경우와 둔각인 경우를 구분해서 이해하자.

   (1) ∠A가 예각인 경우

   ⇨ 그림의 △ABC의 꼭짓점 C에서 밑변 AB에 내린 수선의 발 H에 대하여 $\overline{\text{CH}} = h$라고 하면

   $\sin A = \dfrac{h}{b}$, $h = b \sin A$ 이므로 △ABC의 넓이 $S = \dfrac{1}{2} ch = \dfrac{1}{2} bc \sin A$이다.

(2) ∠A가 둔각인 경우

⇨ 그림의 △ABC의 꼭짓점 C에서 밑변 AB의 연장선 위에 내린 수선의 발 H에 대하여 $\overline{CH} = h$라고 하면 $\angle CAH = 180° - A$이고, $\sin(180° - A) = \dfrac{h}{b}$, $h = b \sin(180° - A)$ 이므로 △ABC의 넓이 $S = \dfrac{1}{2}ch = \dfrac{1}{2}bc\sin(180° - A)$이다.

2. 다음 삼각형의 넓이를 구해보자.

(1)

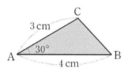

(2)

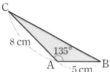

⇨ (1) △ABC의 넓이를 S라고 하면 ∠A는 예각이므로

$$S = \frac{1}{2} \times 3 \times 4 \times \sin 30° = 6 \times \frac{1}{2} = 3 \,(\text{cm}^2)\text{이다.}$$

(2) △ABC의 넓이를 S라고 하면 ∠A는 둔각이므로

$$S = \frac{1}{2} \times 5 \times 8 \times \sin(180° - 135°) = 20 \times \sin 45° = 20 \times \frac{\sqrt{2}}{2} = 10\sqrt{2}\,(\text{cm}^2) \text{ 이다.}$$

3. 두 변 사이의 끼인각 ∠A = 90°인 경우 △ABC의 넓이를 S라고 하면 삼각형의 넓이 구하는 공식에 의해 $S = \dfrac{1}{2}bc\sin 90° = \dfrac{1}{2}bc$임을 알 수 있다. ∠A = 90°인 경우 b가 높이가 되므로 이는 $\dfrac{1}{2} \times$ (밑변) × (높이)임을 알 수 있다.

(깊이보기!)

1. 삼각형의 넓이 구하는 공식을 활용하면 한 변의 길이가 a인 정삼각형의 넓이 구하는 공식 $S = \dfrac{\sqrt{3}}{4}a^2$을 유도할 수 있다.

⇨ $S = \dfrac{1}{2}a^2 \sin B = \dfrac{1}{2}a^2 \sin 60° = \dfrac{1}{2}a^2 \times \dfrac{\sqrt{3}}{2} = \dfrac{\sqrt{3}}{4}a^2$

   $\therefore S = \dfrac{\sqrt{3}}{4}a^2$

---

[5] 사각형의 넓이 구하기

1. 평행사변형의 넓이 구하기

: 평행사변형 ABCD의 이웃하는 두 변의 길이가 a, b이고 그 끼인각 x가 예각일 때

⇨ $S = ab\sin x°$

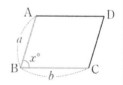

2. 사각형의 넓이 구하기

: □ABCD의 두 대각선의 길이가 a, b이고 두 대각선이 이루는 각 x가 예각일 때

⇨ $S = \dfrac{1}{2}ab\sin x°$

(이해하기!)

1. 평행사변형의 넓이 구하기

   (1) 오른쪽 그림과 같이 평행사변형 ABCD에서 대각선 $\overline{\mathrm{AC}}$를 그으면

   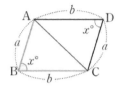

   $$\square \mathrm{ABCD} = 2\triangle \mathrm{ABC} = 2\times \frac{1}{2}\,ab\sin x° = ab\sin x°\text{이다.}$$

   따라서, $S = ab\sin x°$이다.

   (2) 일반적인 다각형의 경우도 이와 같은 방법으로 대각선을 그어 여러개의 삼각형의 넓이의 합으로 구할 수 있다.

   (3) 한편, x가 둔각일 때 $S = ab\sin(180° - x°)$이다. 이는 평행사변형의 이웃하는 두 내각의 합이 180°이기 때문이다.

2. 사각형의 넓이 구하기

   (1) 오른쪽 그림과 같은 $\square \mathrm{ABCD}$에서 $\overline{\mathrm{AC}}$와 평행하며 두 점 B, D를 각각 지나는 선을 긋고, $\overline{\mathrm{BD}}$와 평행하며 두 점 A, C를 각각 지나는 선을 그어 그 교점을 각각 E, F, G, H라고 하자.

   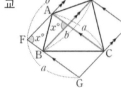

   이때, $\square \mathrm{EFGH}$는 $\overline{\mathrm{FG}}=a$, $\overline{\mathrm{EF}}=b$, $\angle \mathrm{F} = \angle x$인 평행사변형이고, 그 넓이는 $\square \mathrm{ABCD}$의 2배이므로

   $$\square \mathrm{ABCD} = \frac{1}{2}\times \square \mathrm{EFGH} = \frac{1}{2}ab\sin x \text{ 이다.}$$

   (2) 한편, x가 둔각일 때 $S = \frac{1}{2}ab\sin(180° - x°)$ 이다.

3. 오른쪽 평행사변형의 사각형의 넓이를 구해보자.

   ⇨ $\square \mathrm{ABCD}$의 넓이를 S라고 하면

   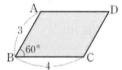

   $$S = 3\times 4\times \sin 60° = 12\times \frac{\sqrt{3}}{2} = 6\sqrt{3}\,(\mathrm{cm}^2)\text{이다.}$$

4. 오른쪽 사각형의 넓이를 구해보자.

   ⇨ $\square \mathrm{ABCD}$의 넓이를 S라고 하면

   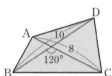

   $$S = \frac{1}{2}\times 8\times 10\times \sin(180° - 120°) = 40\times \sin 60° = 40\times \frac{\sqrt{3}}{2} = 20\sqrt{3}\,(\mathrm{cm}^2)$$

   이다.

6.1 원과 현

[1] 원의 중심과 현의 수직이등분선

1. 원의 중심에서 현에 내린 수선은 그 현을 이등분한다.
   ⇨ $\overline{AB} \perp \overline{OM}$ 이면 $\overline{AM} = \overline{BM}$ 이다.

2. 현의 수직이등분선은 원의 중심을 지난다.

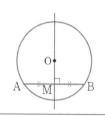

(참고!) 이 책 p.196~197의 '수학의 정의, 정리, 증명' 내용을 다시 한 번 확인한 후 앞으로 배울 내용들을 학습할 것을 추천한다.

(이해하기!)

1. 원의 중심에서 현에 내린 수선은 그 현을 이등분한다.

   (가정) 원의 중심에서 현에 수선을 그린다. ⇨ $\overline{AB} \perp \overline{OM}$

   (결론) 현을 이등분한다. ⇨ $\overline{AM} = \overline{BM}$

   (증명) 오른쪽 그림과 같이 원 O의 중심에서 현 AB에 내린 수선의 발을 M이라
   하면 △OAM과 △OBM에서

   $\overline{OA} = \overline{OB}$ (반지름)   … ①

   $\overline{OM}$ 은 공통인 변   … ②

   ∠OMA = ∠OMB = 90° (∵ 가정) … ③ 이다.

   ①, ②, ③에 의하여 직각삼각형의 합동 조건에 따라 △OAM ≡ △OBM(RHS합동) 이다.

   따라서, $\overline{AM} = \overline{BM}$ 이다.

2. 현의 수직이등분선은 원의 중심을 지난다.

   (가정) 현의 수직이등분선을 그린다. ⇨ $\overline{AM} = \overline{BM}$

   (결론) 원의 중심을 지난다. ⇨ $\overline{AB} \perp \overline{OM}$

   (증명) 오른쪽 그림의 원 O에서 현 AB의 중점을 M이라고 하면

   △OAM과 △OBM에서

   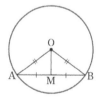

   $\overline{OA} = \overline{OB}$ (반지름) … ①

   $\overline{OM}$ 은 공통인 변   … ②

   $\overline{AM} = \overline{BM}$ (∵ 가정) … ③ 이다.

   ①, ②, ③에 의하여 △OAM ≡ △OBM (SSS합동)이다.

   따라서, ∠OMA = ∠OMB = 90° 이므로 $\overline{OM} \perp \overline{AB}$ 이다.

   즉, 현 AB의 수직이등분선은 원의 중심 O를 지난다.

(다른증명1) 오른쪽 그림과 같이 $\overline{AB}$의 양 끝 점으로부터 같은 거리에 있는 점은
$\overline{AB}$의 수직이등분선 위에 있다. 그런데 원의 중심 O는 현 AB의 양
끝 점으로부터 같은 거리에 있으므로(∵ 원의 반지름) 현 AB의 수직
이등분선 위에 있다. 따라서, 현 AB의 수직이등분선은 원의 중심 O
를 지난다.

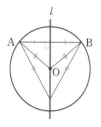

(다른증명2) 오른쪽 그림의 원 O에서 현 AB를 긋고 이 원 위에 점 C를 잡으면
원 O는 △ABC의 외접원이므로 점 O는 △ABC의 외심이다.

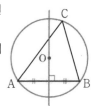

따라서, 점 O는 △ABC의 세 변의 수직이등분선의 교점이므로 $\overline{AB}$의
수직이등분선은 원의 중심 O를 지난다.

즉, 원에서 현의 수직이등분선은 그 원의 중심을 지난다.

3. 예를 들어, 오른쪽 그림과 같은 원 O에서 $\overline{AB} \perp \overline{OM}$이므로 $\overline{OM}$은 $\overline{AB}$를 이등분하

므로 $x = \dfrac{1}{2} \times 14 = 7$이다.

(깊이보기!)

1. '현의 수직이등분선은 원의 중심을 지난다.' 는 정리의 (다른 증명1)에서 '$\overline{AB}$의 수직이등분선 위
의 점 O에서 두 점 A,B에 이르는 거리는 서로 같다.' 의 이유를 살펴보자.

⇨ △AMO와 △BMO에서

$\overline{AM} = \overline{BM}$ ··· ①

$\angle OMA = \angle OMB = 90°$ ··· ②

$\overline{OM}$ 는 공통변   ··· ③ 이다.

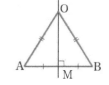

①, ②, ③에 의하여 △AMO ≡ △BMO(SAS합동) 이다.

따라서, $\overline{AO} = \overline{BO}$이므로 선분의 수직이등분선 위의 임의의 한 점에서 선분의 양 끝점에 이르는
거리는 서로 같다.

---

[2] 원의 중심과 현의 길이

1. 한 원에서 중심으로부터 같은 거리에 있는 두 현의 길이는 같다.

⇨ $\overline{OM} = \overline{ON}$ 이면 $\overline{AB} = \overline{CD}$ 이다.

2. 한 원에서 길이가 같은 두 현은 원의 중심으로부터 같은 거리에 있다.

⇨ $\overline{AB} = \overline{CD}$ 이면 $\overline{OM} = \overline{ON}$ 이다.

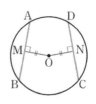

(이해하기!)

1. 한 원에서 중심으로부터 같은 거리에 있는 두 현의 길이는 같다.

(가정) 한 원에서 두 현이 중심으로부터 같은 거리에 있다. ⇨ $\overline{OM} = \overline{ON}$

(결론) 두 현의 길이는 같다. ⇨ $\overline{AB} = \overline{CD}$

(증명) 오른쪽 그림과 같이 원 O의 중심에서 두 현 AB, CD에 내린 수선의 발을
각각 M,N이라 하고 $\overline{OM} = \overline{ON}$이라고 하면 △OAM과 △OCN에서

$\overline{OM} = \overline{ON}$ (∵ 가정)   ··· ①

$\overline{OA} = \overline{OC}$ (반지름)   ··· ②

$\angle OMA = \angle ONC = 90°$ (∵ 가정) ··· ③ 이다.

①, ②, ③에 의하여 △OAM ≡ △OCN(RHS합동) 이다.

따라서 $\overline{AM} = \overline{CN}$이다. 그런데 $2\overline{AM} = \overline{AB}$, $2\overline{CN} = \overline{CD}$이므로 $\overline{AB} = \overline{CD}$이다.

2. 한 원에서 길이가 같은 두 현은 원의 중심으로부터 같은 거리에 있다.

   (가정) 한 원에서 두 현의 길이가 같다. ⇨ $\overline{AB} = \overline{CD}$

   (결론) 두 현은 원의 중심으로부터 같은 거리에 있다. ⇨ $\overline{OM} = \overline{ON}$

   (증명) 오른쪽 그림과 같이 원의 중심에서 현에 내린 수선은 그 현을 이등분하므로

   $\overline{AM} = \overline{BM}, \overline{CN} = \overline{DN}$ 이다.

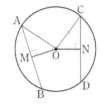

   이때, $\overline{AB} = \overline{CD}$ 이므로 $\overline{AM} = \dfrac{1}{2}\overline{AB} = \dfrac{1}{2}\overline{CD} = \overline{CN}$ ··· ①

   △OAM과 △OCN에서 $\overline{OA} = \overline{OC}$ (반지름)   ··· ②

   $\angle OMA = \angle ONC = 90°$ (∵ 가정)   ··· ③ 이다.

   ①, ②, ③에 의하여 △OAM ≡ △OCN (RHS합동)이다.

   따라서 $\overline{OM} = \overline{ON}$ 이다.

3. 예를 들어, 아래 그림과 같은 원 O에서 [그림1]의 경우 $\overline{OM} = \overline{ON} = 4$이므로 $\overline{AB} = \overline{CD} = 10$이다. 따라서 $x = 10$이다. [그림2]의 경우 $\overline{AB} = \overline{CD} = 13$이므로 $\overline{OM} = \overline{ON} = 9$이다. 따라서 $x = 9$이다.

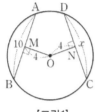

[그림1]

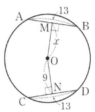

[그림2]

(깊이보기!)

1. 수학에서 '거리' = '가장 짧은 길이'라고 생각하면 된다. 예를 들어, 두 점 사이의 거리는 두 점을 연결한 수많은 선들 중 길이가 가장 짧은 선인 선분의 길이이다. 그리고 점과 직선사이의 거리는 점에서 직선에 그을 수 있는 수많은 선들 중 길이가 가장 짧은 경우인 수선을 그어 내린 수선의 발까지의 선분의 길이이다. 오른쪽 그림에서 $\overline{PH} < \overline{PB} < \overline{PA}$, $\overline{PH} < \overline{PC} < \overline{PD}$ 이므로 점 P와 직선 l사이의 거리는 $\overline{PH}$의 길이이다. 따라서, 거리는 곧 가장 짧은 길이이다.

6.2 원과 접선

[1] 원의 접선의 길이

1. 접선의 길이(정의)
   : 원 밖의 한 점 P에서 그 원에 그은 두 접선의 접점을 각각 A, B라
   할 때, $\overline{PA}, \overline{PB}$의 길이를 점 P에서 원 O에 그은 '접선의 길이'라고
   한다.

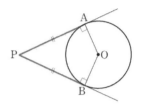

2. 원 밖의 한 점에서 그 원에 그은 두 접선의 길이는 서로 같다.
   ⇨ $\overline{PA} = \overline{PB}$

(이해하기!)

1. 원 밖의 한 점에서 그 원에 그은 두 접선의 길이는 서로 같다.

   (가정) 원 밖의 한 점에서 그 원의 두 접선을 그리자. ⇨ $\overline{PA} \perp \overline{AO}$, $\overline{PB} \perp \overline{BO}$

   (결론) 두 접선의 길이는 서로 같다. ⇨ $\overline{PA} = \overline{PB}$

   (증명) 오른쪽 그림과 같이 원O 밖의 한 점 P에서 원 O에 그을 수 있는 접선은 2개다. 이때, 두 접선
   의 접점을 각각 A, B라고 하면 △POA와 △POB에서

   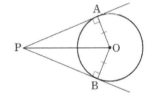

   $\angle PAO = \angle PBO = 90°$ ··· ①

   $\overline{OA} = \overline{OB}$(반지름) ··· ②

   $\overline{OP}$는 공통인 변 ··· ③ 이다.

   ①, ②, ③에 의하여 △POA ≡ △POB (RHS합동) 이다.

   따라서, $\overline{PA} = \overline{PB}$

   (다른증명) 두 직각삼각형 POA, POB에서 피타고라스 정리에 의해

   $$\overline{PA}^2 = \overline{PO}^2 - \overline{OA}^2 = \overline{PO}^2 - \overline{OB}^2 = \overline{PB}^2$$

   이때, $\overline{PA} > 0, \overline{PB} > 0$ 이므로 $\overline{PA} = \overline{PB}$ 이다.

2. □APBO에서 $\angle A = \angle B = 90°$이므로 $\angle APB + \angle AOB = 180°$이다.

3. 오른쪽 그림에서 원 밖의 한 점 P에서 그은 두 접선의 길이는 같으므로
   $\overline{PA} = \overline{PB} = 8$이다. 그리고 $\angle APB + \angle AOB = 180°$이므로
   $\angle APB = 180° - 130° = 50°$이다.

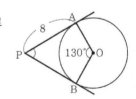

(깊이보기!)

1. 원의 접선은 그 접점을 지나는 원의 반지름과 서로 수직이다. 왜냐하면, 직선 l이
   원 O와 점 T에서 접할 때, 원 O와 직선 l 위의 한 점을 잇는 선분 중 가장 짧은
   것은 $\overline{OT}$이다. 이때, 점과 직선사이의 거리는 점에서 직선에 내린 수선의 발 까지
   의 선분의 길이로 가장 짧은 길이를 의미함을 생각하면 $\overline{OT}$가 점과 직선사이의
   거리이고 따라서 $\overline{OT}$는 직선 l의 수선이다.

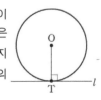

[2] 원의 접선의 활용 (1)

1. $\overrightarrow{AE}$, $\overrightarrow{AF}$, $\overrightarrow{BC}$가 원 O의 접선이고 세 점 D, E, F가 접점일 때
   ⇨ △ABC의 둘레의 길이 : $\overline{AE} + \overline{AF} = 2\overline{AE}$

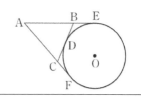

(이해하기!)

1. 원 밖의 한 점에서 그 원에 그은 두 접선의 길이는 서로 같으므로 $\overline{AE} = \overline{AF}$, $\overline{BD} = \overline{BE}$, $\overline{CD} = \overline{CF}$
   이다. 따라서, △ABC의 둘레의 길이

$$\begin{aligned} &= \overline{AB} + \overline{BC} + \overline{CA} \\ &= \overline{AB} + (\overline{BD} + \overline{CD}) + \overline{CA} \\ &= (\overline{AB} + \overline{BD}) + (\overline{CD} + \overline{CA}) \\ &= (\overline{AB} + \overline{BE}) + (\overline{CF} + \overline{CA}) \\ &= \overline{AE} + \overline{AF} \\ &= 2\overline{AE} \end{aligned}$$

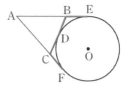

(확인하기!)

1. 오른쪽 그림에서 직선 PA, AB, PB가 원 O의 접선이고, 점 C, D, E는 접점
   일 때, △PAB의 둘레의 길이를 구하시오.

   (풀이) (둘레의 길이) $= \overline{PA} + \overline{AB} + \overline{PB}$
   $$\begin{aligned} &= \overline{PA} + (\overline{AD} + \overline{DB}) + \overline{PB} \\ &= (\overline{PA} + \overline{AC}) + (\overline{BE} + \overline{PB}) \\ &= \overline{PC} + \overline{PE} = 2\overline{PC} = 14\text{(cm)} \end{aligned}$$

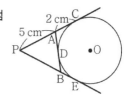

[3] 원의 접선의 활용 (2)

1. $\overline{AD}$, $\overline{BC}$, $\overline{CD}$가 반원 O의 접선이고 세 점 A, B, E가 접점일 때, 반원의 지름 구하기
   (1) $\overline{DC} = \overline{DE} + \overline{EC} = \overline{AD} + \overline{BC}$
   (2) 점 D에서 $\overline{BC}$에 내린 수선의 발을 H라 하면 $\overline{AB} = \overline{DH} = \sqrt{\overline{DC}^2 - \overline{CH}^2}$

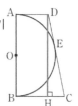

(이해하기!)

1. 원 밖의 한 점에서 그 원에 그은 두 접선의 길이는 서로 같으므로 (1)은 당연하다. 점 D에서 수선
   을 그려 직각삼각형 DHC를 만들면 피타고라스 정리에 의해 (2)를 유도할 수 있다. 위 내용의 공식
   을 암기하려 하지 말고 과정을 이해해 문제 해결에 적용하자.

(확인하기!)

1. 오른쪽 그림에서 $\overline{AC}$, $\overline{BD}$, $\overline{CD}$는 반원 O의 접선이고, 점 A, B, T는 그
   접점이다. $\overline{AC} = 10$ cm, $\overline{BD} = 6$ cm일 때, 지름 AB의 길이를 구하시오.

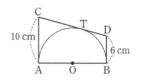

(풀이) 원 밖의 한 점에서 그은 두 접선의 길이는 같으므로

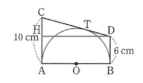

$\overline{CT} = \overline{AC} = 10\,(\text{cm})$, $\overline{DT} = \overline{BD} = (6\,\text{cm})$

$\therefore \overline{CD} = \overline{CT} + \overline{DT} = 10 + 6 = 16\,(\text{cm})$

점 D에서 $\overline{AC}$에 내린 수선의 발을 H라 하면 △CHD는

직각삼각형이고, $\overline{CH} = 10 - 6 = 4\,(\text{cm})$ 이므로 피타고라스 정리에 의해

$\overline{DH} = \sqrt{16^2 - 4^2} = \sqrt{240} = 4\sqrt{15}\,(\text{cm})$

$\therefore \overline{AB} = \overline{DH} = 4\sqrt{15}\,(\text{cm})$

---

[4] 삼각형의 내접원

1. 원 O는 △ABC의 내접원이고 세 점 D, E, F가 접점일 때, 내접원의
   반지름의 길이를 r이라고 하면
   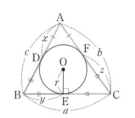
   (1) $\overline{AD} = \overline{AF}$, $\overline{BD} = \overline{BE}$, $\overline{CE} = \overline{CF}$
   (2) △ABC의 둘레의 길이 $= a + b + c = 2(x + y + z)$
   (3) △ABC의 넓이 $= \dfrac{1}{2}r(a+b+c)$

(이해하기!)

1. 원 밖의 한 점에서 그은 두 접선의 길이는 같으므로 (1), (2)는 당연하다.

2. $\triangle ABC = \triangle AOB + \triangle BOC + \triangle COA$
   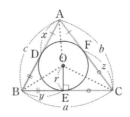
   $= \dfrac{1}{2}cr + \dfrac{1}{2}ar + \dfrac{1}{2}br$

   $= \dfrac{1}{2}r(a+b+c)$

(확인하기!)

1. **오른쪽 그림과 같이** $\overline{AB} = 17\text{cm}$, $\overline{BC} = 15\text{cm}$, $\overline{CA} = 8\text{cm}$인 **직각삼각형** ABC
   에서 내접원의 반지름의 길이를 구하시오.

   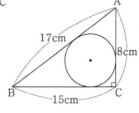

   (풀이)

   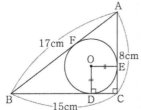

   위의 그림과 같이 접점을 D, E, F로 놓으면 □ODCE는 한 변이 반지름과 같은 정사각형이
   된다. $\overline{AF} = x\text{cm}$라고 하면 $\overline{AE} = \overline{AF} = x\text{cm}$, $\overline{BD} = \overline{BF} = (17-x)\text{cm}$, $\overline{CD} = \overline{EC} = (8-x)\text{cm}$ 이다.
   $\overline{BD} + \overline{CD} = \overline{BC}$에서 $(17-x) + (8-x) = 15$이고 $25 - 2x = 15$, $x = 5$이다.
   $\therefore \overline{CD} = 8 - 5 = 3\,(\text{cm})$

(다른풀이) 세 변의 길이가 a, b, c인 삼각형의 내접원의 반지름의 길이가 r일 때 그 넓이는 $\frac{1}{2}r(a+b+c)$임을 이용한다. $\triangle ABC$의 넓이를 S라고 하면

$$S = \frac{1}{2} \times 15 \times 8 = \frac{1}{2}r(17+8+15)$$에서 $120 = 40r$ 이다.

$$\therefore \ r = 3(\text{cm})$$

---

[5] 원에 외접하는 사각형

1. 원에 외접하는 사각형의 두 쌍의 대변의 길이의 합은 서로 같다.

   ⇨ $\overline{AB} + \overline{CD} = \overline{AD} + \overline{BC}$

2. 두 쌍의 대변의 길이의 합이 같은 사각형은 원에 외접한다.

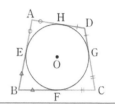

(이해하기!)

1. 그림과 같이 원과 이 원에 외접하는 사각형의 네 접점을 각각 E, F, G, H라 하면 원 밖의 한 점에서 그 원에 그은 두 접선의 길이는 서로 같으므로 $\overline{AE} = \overline{AH}$, $\overline{BE} = \overline{BF}$, $\overline{CF} = \overline{CG}$, $\overline{DG} = \overline{DH}$ 이다.

   따라서, $\overline{AB} + \overline{CD} = (\overline{AE} + \overline{BE}) + (\overline{CG} + \overline{DG})$

   $$= (\overline{AH} + \overline{BF}) + (\overline{CF} + \overline{DH})$$

   $$= (\overline{AH} + \overline{DH}) + (\overline{BF} + \overline{CF})$$

   $$= \overline{AD} + \overline{BC} \ \text{이다.}$$

(깊이보기!)

1. 원에 외접하는 다각형 : 한 다각형의 모든 변이 원에 접할 때, 다각형은 원에 외접한다고 하고 원은 다각형에 내접한다고 한다.

2. 원에 내접하는 다각형 : 한 다각형의 모든 꼭짓점이 한 원 위에 있을 때, 다각형은 원에 내접한다고 하고 원은 다각형에 외접한다고 한다.

(확인하기!)

1. 오른쪽 그림과 같이 원 O가 직사각형 ABCD의 세 변에 접하고 $\overline{DE}$는 원 O의 접선이다. $\overline{CD} = 12\text{cm}$, $\overline{DE} = 13\text{cm}$일 때, 사각형 ABED의 둘레의 길이를 구하시오.

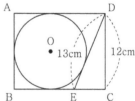

   (풀이) 피타고라스 정리에 의해 $\overline{CE} = \sqrt{13^2 - 12^2} = 5(\text{cm})$

   $\overline{BE} = x(\text{cm})$라 하면 $\overline{AD} = x + 5(\text{cm})$

   □ABED가 원 O에 외접하므로 두 쌍의 대변의 길이의 합은 서로 같다.

   즉, $12 + 13 = (x+5) + x$이고 $2x = 20$이다.

   $\therefore \ x = 10(\text{cm})$

   그러므로, □ABED의 둘레는 $12 + 10 + 13 + 15 = 50(\text{cm})$이다.

6.2
원
과
접
선

6.3 원주각

[1] 원주각과 중심각

1. 원주각

: 오른쪽 그림과 같이 원 O에서 호 AB 위에 있지 않은 원 위의 한 점을 P라고
할 때, ∠APB를 호 AB에 대한 원주각이라고 한다.
이때, 호 AB를 원주각 ∠APB에 대한 **호**라고 한다.

2. 원주각의 개수

: 원 O에서 호 AB가 정해지면 호 AB에 대한 중심각 ∠AOB는 하나로 정해
지지만, 호 AB에 대한 원주각 ∠APB는 점 P의 위치에 따라 무수히 **많다**.

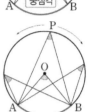

(이해하기!)

1. 한 원에서 원 위의 두 점 A, B와 원의 중심 O로 이루어진 각인 ∠AOB를 호 AB에 대한 중심각이라고
한다. 간단히 원의 중심에 있어 중심각, 원주 위에 있어 원주각 이라고 생각하면 이해하기 쉽다.

[2] 원주각과 중심각의 크기

1. 한 호에 대한 원주각의 크기는 그 호에 대한 중심각의 크기의 $\frac{1}{2}$과 같다.

⇨ $\angle APB = \frac{1}{2} \angle AOB$

2. 한 호에 대한 원주각의 크기는 모두 같다.

⇨ $\angle APB = \angle AQB$

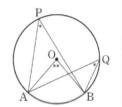

(이해하기!)

1. 한 호에 대한 원주각의 크기는 그 호에 대한 중심각의 크기의 $\frac{1}{2}$과 같다.

(가정) ∠APB와 ∠AOB는 각각 호 AB의 원주각과 중심각이다.

(결론) $\angle APB = \frac{1}{2} \angle AOB$이다.

(증명) 원 O에서 호 AB에 대한 원주각 ∠APB와 원의 중심 O의 위치 관계는 점 O의 위치에 따라
다음과 같이 세 가지 경우로 나눌 수 있다.

(1) 중심 O가 ∠APB의 한 변 위에 있는 경우

⇨ 오른쪽 그림에서 △OPA는 $\overline{OP} = \overline{OA}$인 이등변삼각형이므로
∠APO = ∠PAO이다. 그런데 ∠AOB는 △OPA의 한 외각이므로
삼각형의 두 내각의 크기의 합은 다른 한 내각의 이웃하는 외각의 크기
와 같아 ∠AOB = ∠APO + ∠PAO = 2∠APB이다.

따라서 $\angle APB = \frac{1}{2} \angle AOB$이다.

(2) 중심 O가 ∠APB의 내부에 있는 경우

⇨ 오른쪽 그림과 같이 지름 PQ를 그으면 (1)에 의하여

$\angle APQ = \dfrac{1}{2} \angle AOQ$, $\angle BPQ = \dfrac{1}{2} \angle BOQ$ 이므로

$\angle APB = \angle APQ + \angle BPQ$

$\qquad = \dfrac{1}{2}(\angle AOQ + \angle BOQ)$

$\qquad = \dfrac{1}{2} \angle AOB$

따라서 $\angle APB = \dfrac{1}{2} \angle AOB$이다.

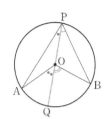

(3) 중심 O가 ∠APB의 외부에 있는 경우

⇨ 오른쪽 그림과 같이 지름 PQ를 그으면 (1)에 의하여

$\angle QPB = \dfrac{1}{2} \angle QOB$, $\angle QPA = \dfrac{1}{2} \angle QOA$ 이므로

$\angle APB = \angle QPB - \angle QPA$

$\qquad = \dfrac{1}{2}(\angle QOB - \angle QOA)$

$\qquad = \dfrac{1}{2} \angle AOB$

따라서 $\angle APB = \dfrac{1}{2} \angle AOB$이다.

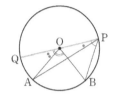

2. 한 호에 대한 원주각의 크기는 모두 같다.

⇨ 한 호에 대한 중심각은 하나고 원주각의 크기는 중심각의 크기의 $\dfrac{1}{2}$ 배 이므로 한 호에 대한 원주각
의 크기는 모두 같다.

3. 예를 들어, 아래 그림과 같은 원 O에서 한 호에 대한 원주각의 크기는 그 호에 대한 중심각의 크기의
$\dfrac{1}{2}$과 같으므로 [그림1]의 경우 $\angle x = \dfrac{1}{2} \times \angle AOB = \dfrac{1}{2} \times 130° = 65°$이다.

[그림2]의 경우 $\angle x = 2 \times \angle APB = 2 \times 50° = 100°$이다.

[그림1]

[그림2]

4. 반원에 대한 원주각의 크기는 90°이다.

(1) $\overline{AB}$가 원 O의 지름이면 호 AB에 대한 중심각의 크기는 180°이다. 호 AB에
대한 원주각의 크기는 호 AB에 대한 중심각의 크기의 $\dfrac{1}{2}$이고 한 호에 대한
원주각의 크기는 모두 같으므로

$\angle APB = \angle AQB = \dfrac{1}{2} \angle AOB = \dfrac{1}{2} \times 180° = 90°$이다.

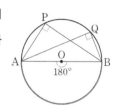

(2) 다른 방법으로 다음과 같이 증명할 수도 있다.

⇨ 오른쪽 그림에서 △OPA와 △OPB는 이등변삼각형이므로 ∠OPA = ∠OAP, ∠OPB = ∠OBP
이다. 또, △PAB에서 내각의 크기의 합은 180°이므로
∠OPA + ∠OAP + ∠OPB + ∠OBP = 180°이다.

즉, ∠OPA + ∠OPB = $\frac{1}{2} \times 180° = 90°$이므로

∠APB = ∠OPA + ∠OPB = 90°이다.

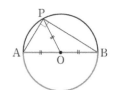

(3) 원에 내접하는 직각삼각형의 빗변은 원의 지름이다.

---

[3] 원주각과 삼각비의 값

1. $\sin A = \sin A' = \dfrac{\overline{BC}}{\overline{A'B}}$

2. $\cos A = \cos A' = \dfrac{\overline{A'C}}{\overline{A'B}}$

3. $\tan A = \tan A' = \dfrac{\overline{BC}}{\overline{A'C}}$

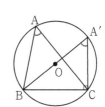

(이해하기!)

1. 직각삼각형이 아닌 원에 내접하는 삼각형의 한 내각에 대한 삼각비의 값을 구히는 경우 한 호에
대한 원주각의 크기가 같은 성질과 반원에 대한 원주각의 크기는 90°인 성질을 이용해 직각삼각형
을 만들어 삼각비의 값을 구할 수 있다.

(확인하기!)

1. 오른쪽 그림에서 $\overline{BC} = 4\sqrt{3}$, ∠BAC = 60°일 때, △ABC의 외접원 O의
반지름의 길이를 구하시오.

(풀이) $\overline{OB}$의 연장선이 원 O와 만나는 점을 A′이라 하자.
한 호 BC에 대한 원주각의 크기는 같으므로
∠BA′C = 60°이고 △A′BC는 직각삼각형이다.
△A′BC에서 원 O의 반지름의 길이를 x라 하면

$\sin 60° = \dfrac{\overline{BC}}{\overline{BA'}} = \dfrac{4\sqrt{3}}{2x} = \dfrac{2\sqrt{3}}{x} = \dfrac{\sqrt{3}}{2}$이다.

∴ $x = 4$

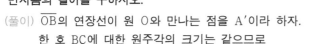
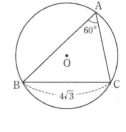

2. $\overline{BC} = 3$인 예각삼각형 ABC에 외접하는 원 O의 반지름의 길이가 2일 때,
$\tan A$의 값을 구하시오.

(풀이) $\overline{OB}$의 연장선이 원 O와 만나는 점을 D라 하면 △BCD는
직각삼각형이다.
∠BAC = ∠BDC (∵ 호 BC의 원주각) 이므로
△BCD에서 $\overline{CD} = \sqrt{4^2 - 3^2} = \sqrt{7}$

∴ $\tan A = \tan D = \dfrac{\overline{BC}}{\overline{CD}} = \dfrac{3}{\sqrt{7}} = \dfrac{3\sqrt{7}}{7}$

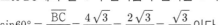
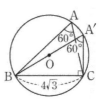
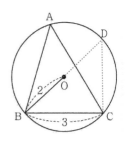

[4] 원주각의 크기와 호의 길이

1. 한 원에서 같은 길이의 호에 대한 원주각의 크기는 서로 같다.

   ⇨ $\overparen{AB} = \overparen{CD}$ 이면 $\angle APB = \angle CQD$

2. 한 원에서 같은 크기의 원주각에 대한 호의 길이는 서로 같다.

   ⇨ $\angle APB = \angle CQD$ 이면 $\overparen{AB} = \overparen{CD}$

3. 호의 길이는 그 호에 대한 원주각의 크기에 정비례한다.

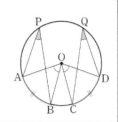

(이해하기!)

1. 한 원에서 같은 길이의 호에 대한 원주각의 크기는 서로 같다.

   (가정) 한 원에서 호의 길이가 서로 같다. ⇨ $\overparen{AB} = \overparen{CD}$

   (결론) 호에 대한 원주각의 크기는 서로 같다. ⇨ $\angle APB = \angle CQD$

   (증명) 오른쪽 그림과 같이 원 O에서 호 AB와 호 CD의 길이가 같으면 길이가 같은 두 호에 대한 중심각의 크기가 같으므로 $\angle AOB = \angle COD$ 이다.

   또, 원주각의 크기는 중심각의 크기의 $\frac{1}{2}$이므로

   $\angle APB = \frac{1}{2}\angle AOB$, $\angle CQD = \frac{1}{2}\angle COD$이다.

   따라서, $\angle APB = \frac{1}{2}\angle AOB = \frac{1}{2}\angle COD = \angle CQD$이다.

2. 한 원에서 같은 크기의 원주각에 대한 호의 길이는 서로 같다.

   (가정) 한 원에서 원주각의 크기가 서로 같다. ⇨ $\angle APB = \angle CQD$

   (결론) 원주각에 대한 호의 길이는 서로 같다. ⇨ $\overparen{AB} = \overparen{CD}$

   (증명) 한 호에 대한 원주각의 크기는 그 호에 대한 중심각의 크기의 $\frac{1}{2}$이므로

   $\angle AOB = 2\angle APB$ 이고, $\angle COD = 2\angle CQD$이다. 이때, $\angle APB = \angle CQD$ 이므로 $\angle AOB = \angle COD$이다. 따라서, 중심각의 크기가 같은 두 부채꼴 의 호의 길이는 서로 같으므로 $\overparen{AB} = \overparen{CD}$이다.

3. 호의 길이는 그 호에 대한 원주각의 크기에 정비례한다.

   (1) 호의 길이는 중심각의 크기에 정비례하고 중심각의 크기는 원주각의 크기에 정비례하므로 호의 길이는 원주각의 크기에 정비례한다.

   (2) 두 변수 x, y가 정비례관계일 때, 정비례관계식은 $y = ax$(단, a는 상수)이다. 이를 활용하면

   호의 길이 $l = 2\pi r \times \dfrac{x}{360}$(단, x는 중심각)이고 이는 $l = \left(\dfrac{2\pi r}{360}\right) \times x$ 이므로 l과 x는 정비례관계이다. 따라서, 호의 길이와 중심각은 정비례 한다. 한편, (중심각) $= 2 \times$(원주각) 이므로 (중심각)과 (원 주각)은 정비례 한다.

4. 중심각의 크기와 현의 길이는 정비례하지 않으므로 원주각의 크기와 현의 길이는 정비례하지 않는다.

5. 예를 들어, 오른쪽 그림과 같은 원 O에서 $\overparen{AB} = \overparen{CD}$이므로 $\overparen{AB}$에 대한 원주각과 $\overparen{CD}$에 대한 원주각의 크기는 서로 같다. $\angle x$는 $\overparen{AB}$에 대한 중심각이므로 $\angle x = 2 \times 30° = 60°$이다.

6.4 원주각의 활용

[1] 접선과 현이 이루는 각

1. 원의 접선과 그 접점을 지나는 현이 이루는 각의 크기는 그 각의 내부에 있는
   호에 대한 원주각의 크기와 같다.
   ⇨ $\angle BAT = \angle BCA$

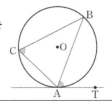

(이해하기!)

1. 원의 접선과 그 접점을 지나는 현이 이루는 각의 크기는 그 각의 내부에 있는 호에 대한 원주각의
   크기와 같다.

   (가정) 원의 접선과 그 접점을 지나는 현을 그린다.

   (결론) $\angle BAT = \angle BCA$ 이다.

   (증명) 이와 같은 성질이 항상 성립하는지 알아보기 위하여 원 O위의 세 점 A, B, C에 대하여 점
   A에서 원 O에 접하는 직선 AT와 현 AB가 이루는 $\angle BAT$의 크기가 직각, 예각, 둔각인
   세 가지 경우로 나누어 생각해 볼 수 있다.

   (1) ∠BAT가 직각인 경우
   ⇨ 오른쪽 그림과 같이 $\angle BAT = 90°$일 때, 현 AB는 원 O의 지름이므로
   $\angle BCA = 90°$이다.
   따라서, $\angle BAT = \angle BCA = 90°$이다.

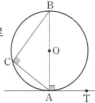

   (2) ∠BAT가 예각인 경우
   ⇨ 오른쪽 그림과 같이 지름 AD와 현 CD를 그으면 (1)에 의하여
   $\angle DAT = \angle DCA = 90°$ 이다.
   또, $\angle DAB$와 $\angle DCB$는 $\overset{\frown}{DB}$에 대한 원주각이므로
   $\angle DAB = \angle DCB$이다.
   따라서, $\angle BAT = \angle DAT - \angle DAB = \angle DCA - \angle DCB = \angle BCA$이다.

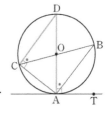

   (3) ∠BAT가 둔각인 경우
   ⇨ 오른쪽 그림과 같이 지름 AD와 현 CD를 그으면 (1)에 의하여
   $\angle DAT = \angle DCA = 90°$ 이다.
   또, $\angle BAD$와 $\angle BCD$는 $\overset{\frown}{BD}$에 대한 원주각이므로
   $\angle BAD = \angle BCD$이다.
   따라서, $\angle BAT = \angle DAT + \angle BAD = \angle DCA + \angle BCD = \angle BCA$이다.

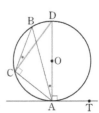

2. 예를 들어, 오른쪽 그림과 같은 원 O에서 원의 접선과 그 접점을 지나는 현이
   이루는 각의 크기는 그 각의 내부에 있는 호에 대한 원주각의 크기와 같으므로
   $\angle x = 80°$, $\angle y = 50°$이다.

[2] 네 점이 한 원 위에 있을 조건

1. 두 점 C, D가 직선 AB에 대하여 같은 쪽에 있을 때, $\angle ACB = \angle ADB$ 이면 네 점 A, B, C, D는 한 원 위에 있다.

2. 네 점 A, B, C, D가 한 원 위에 있으면 $\angle ACB = \angle ADB$ 이다.

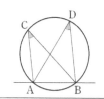

(이해하기!)

1. 두 점 C, D가 직선 AB에 대하여 같은 쪽에 있을 때, $\angle ACB = \angle ADB$ 이면 네 점 A, B, C, D는 한 원 위에 있다.

 (가정) 두 점 C, D가 직선 AB에 대하여 같은 쪽에 있을 때, $\angle ACB = \angle ADB$이다.

 (결론) 네 점 A, B, C, D는 한 원 위에 있다.

 (증명) 오른쪽 그림과 같이 세 점 A, B, C를 지나는 원 O에서 점 D가 직선 AB에 대하여 점 C와 같은 쪽에 있으면 점 D는 원 O 위에 있거나 원 O의 내부 또는 외부에 있게 된다. 이 3가지 경우에 대하여 $\angle ACB$와 $\angle ADB$의 크기를 비교하여 보자.

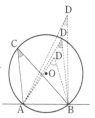

 (1) 점 D가 원 O 위에 있는 경우

 ⇨ 오른쪽 그림에서 $\angle ACB$와 $\angle ADB$는 모두 호 AB에 대한 원주각이므로 $\angle ACB = \angle ADB$ 이다.

 (2) 점 D가 원 O의 내부에 있는 경우

 ⇨ 오른쪽 그림과 같이 $\overline{AD}$의 연장선이 원 O와 만나는 점을 E라고 하면 $\angle ADB$는 $\triangle DBE$의 한 외각이므로

 $\angle ADB = \angle AEB + \angle DBE > \angle AEB$이다.

 또, $\angle AEB$와 $\angle ACB$는 모두 호 AB에 대한 원주각이므로

 $\angle AEB = \angle ACB$ 이다.

 따라서, $\angle ACB < \angle ADB$이다.

 (3) 점 D가 원 O의 외부에 있는 경우

 ⇨ 오른쪽 그림과 같이 $\overline{AD}$와 원 O가 만나는 점을 F라고 하면 $\angle AFB$는 $\triangle FBD$의 한 외각이므로

 $\angle AFB = \angle ADB + \angle FBD > \angle ADB$이다.

 또, $\angle AFB$와 $\angle ACB$는 모두 호 AB에 대한 원주각이므로

 $\angle AFB = \angle ACB$이다.

 따라서 $\angle ACB > \angle ADB$이다.

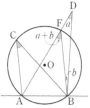

2. 네 점 A, B, C, D가 한 원 위에 있으면 $\angle ACB = \angle ADB$ 이다.

 ⇨ 위 정리와 같은 방법으로 당연하다.

3. 예를 들어, 오른쪽 [그림1]에서 두 점 A, B가 직선 CD에 대하여 같은 쪽에 있고 $\triangle DBC$에서 $\angle DBC = 180° - (70° + 80°) = 30°$이므로 $\angle DAC = \angle DBC$이다. 따라서 네 점 A, B, C, D는 한 원 위에 있다.

[그림1]

한편, 오른쪽 [그림2]에서 두 점 A,D가 직선 BC에 대하여 같은 쪽에 있고 $\angle BAC \neq \angle BDC$이므로 네 점 A,B,C,D는 한 원 위에 있지 않다.

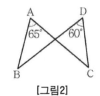

[그림2]

(깊이보기!)

1. 한 직선위에 있지 않은 서로 다른 세 점을 지나는 원은 반드시 존재한다. 왜냐하면 세 점을 연결하면 삼각형이 만들어지고 이 삼각형의 세 변의 수직이등분선의 교점이 외심이 되며 외접원을 그릴 수 있기 때문이다. 따라서 세 점이 한 원 위에 있을 조건은 의미가 없다. 반면에 한 직선 위에 있지 않은 서로 다른 네 점을 지나는 원은 존재할 수도 있고 아닐 수도 있다. 왜냐하면 세 점을 지나는 원을 그리고 나머지 한 점이 원 주 위에 있으면 네 점이 한 원 위에 있고 그렇지 않으면 네 점은 한 원 위에 있지 않게 된다. 따라서 어떤 경우에 네 점이 한 원 위에 있는지가 관심사가 된다.

---

[3] 원에 내접하는 사각형의 성질

1. 원에 내접하는 사각형에서 한 쌍의 대각의 크기의 합은 $180°$이다.
   ⇨ $\angle A + \angle C = \angle B + \angle D = 180°$

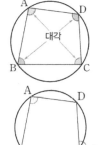

2. 원에 내접하는 사각형에서 한 외각의 크기는 그와 이웃하는 내각의 대각의 크기와 같다.
   ⇨ $\angle DCE = \angle A$

(이해하기!)

1. 원에 내접하는 사각형에서 한 쌍의 대각의 크기의 합은 $180°$이다.

   (1) 오른쪽 그림과 같이 원 O에 내접하는 사각형 ABCD에서 호 BCD, 호 BAD 에 대한 중심각을 각각 $\angle a, \angle c$라고 하면 원주각과 중심각 사이의 관계에 의하여 $\angle A = \dfrac{1}{2}\angle a$, $\angle C = \dfrac{1}{2}\angle c$이다. 이때 $\angle a + \angle c = 360°$이므로

   $$\angle A + \angle C = \frac{1}{2}(\angle a + \angle c) = \frac{1}{2} \times 360° = 180°\text{이다.}$$

   마찬가지 방법으로 $\angle B + \angle D = 180°$이다.

   (2) 위 정리는 그 역도 성립한다. 즉, 한 쌍의 대각의 크기의 합이 $180°$인 사각형은 원에 내접한다.

   (3) 다른 방법으로 다음과 같이 증명할 수도 있다.
   ⇨ $\widehat{BC}$에 대한 원주각으로 $\angle BAC = \angle BDC = a$
   $\widehat{CD}$에 대한 원주각으로 $\angle CAD = \angle CBD = b$
   $\widehat{AD}$에 대한 원주각으로 $\angle ABD = \angle ACD = c$
   $\widehat{AB}$에 대한 원주각으로 $\angle ADB = \angle ACB = d$ 이므로
   $\angle A + \angle C = a+b+c+d = \angle B + \angle D = 180°$이다.

2. 원에 내접하는 사각형에서 한 외각의 크기는 그와 이웃하는 내각의 대각의 크기와 같다.

(1) 원에 내접하는 사각형에서 한 쌍의 대각의 크기의 합은 $180°$이므로 $\angle A + \angle C = 180°$이다. 한편, $\angle DCE + \angle C = 180°$이므로 $\angle DCE = \angle A$이다.

(2) 위 정리는 그 역도 성립한다. 즉, 한 외각의 크기가 그와 이웃하는 내각의 대각의 크기와 같은 사각형은 원에 내접한다.

3. 예를 들어 오른쪽 그림에서 □ABCD는 원에 내접하므로 한 쌍의 대각의 크기의 합은 $180°$이고 한 외각의 크기는 그와 이웃하는 내각의 대각의 크기와 같다. 따라서 $y + 105° = 180°$이므로 $y = 75°$이고 $x = 115°$이다.

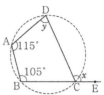

---

[4] 사각형이 원에 내접하기 위한 조건

1. 한 쌍의 대각의 크기의 합이 $180°$인 사각형은 원에 내접한다.
   ⇨ $\angle A + \angle C = \angle B + \angle D = 180°$이면 □ABCD는 원에 내접한다.

2. 한 외각의 크기가 그와 이웃하는 내각의 대각의 크기와 같은 사각형은 원에 내접한다.
   ⇨ $\angle A = \angle DCE$이면 □ABCD는 원에 내접한다.

3. □ABCD에서 두 대각선 AC, BD를 그을 때, $\angle BAC = \angle BDC$이면 □ABCD는 원에 내접한다.

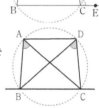

(이해하기!)

1. 위 3가지 정리들은 앞에서 나온 네 점이 한 원 위에 있을 조건, 원에 내접하는 사각형의 성질의 역으로 당연하다.

2. 정사각형, 직사각형, 등변사다리꼴은 한 쌍의 대각의 크기의 합이 $180°$이므로 항상 원에 내접한다.

---

[5] 두 원에서 접선과 현이 이루는 각

1. $\overleftrightarrow{PQ}$가 두 원 O, O'의 공통인 접선이고 점 T가 그 접점일 때, 다음 경우 $\overline{AB} /\!/ \overline{CD}$이다.

(1)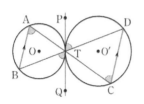

(2)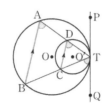

(이해하기!)

1. $\overleftrightarrow{PQ}$가 두 원 O, O′의 공통인 접선이고 점 T가 그 접점일 때 원의 접선과 그 접점을 지나는 현이 이루는 각의 크기는 그 각의 내부에 있는 호에 대한 원주각의 크기와 같다.

   (1) ∠BAT = ∠BTQ = ∠DTP = ∠DCT이다. 따라서, 엇각의 크기가 같으므로 $\overline{AB} \,\|\, \overline{CD}$이다.

   (2) ∠BAT = ∠BTQ = ∠CDT이다. 따라서, 동위각의 크기가 같으므로 $\overline{AB} \,\|\, \overline{CD}$이다.

(확인하기!)

1. 오른쪽 그림에서 직선 PQ가 두 원 O, O′의 접선일 때, 다음 물음에 답하시오.

   (1) ∠BTQ의 크기를 구하시오.

   (2) ∠PTD의 크기를 구하시오.

   (3) ∠DCT의 크기를 구하시오.

   (4) $\overline{AB}$와 평행한 선분을 구하시오.

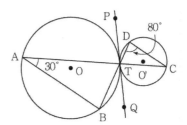

   (풀이) (1) 직선 PQ는 접선이므로 원의 접선과 그 접점을 지나는 현이 이루는 각의 크기는 그 각의 내부에 있는 호에 대한 원주각의 크기와 같다.

   ∴ ∠BTQ = ∠BAT = 30°

   (2) ∠PTD는 ∠BTQ의 맞꼭지각이므로 ∠PTD = ∠BTQ = 30°이다.

   (3) 직선 PQ는 접선이므로 원의 접선과 그 접점을 지나는 현이 이루는 각의 크기와 그 각의 내부에 있는 호에 대한 원주각의 크기와 같으므로 ∠PTD = ∠DCT이다. 따라서 ∠DCT = 30°이다.

   (3) ∠BAT = ∠DCT = 30°이므로 엇각의 크기가 같다. 따라서 $\overline{AB} \,\|\, \overline{CD}$이다.

2. 다음 그림에서 $\overleftrightarrow{TT'}$은 두 원의 공통접선이고, 접점 P를 지나는 두 직선이 두 원과 A, B, C, D에서 만날 때, 다음 물음에 답하시오.

   (1) ∠x, ∠y의 크기를 구하시오.

   (2) $\overline{AB}$에 대해 평행한 선분을 구하시오.

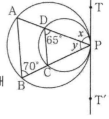

   (풀이) (1) 원의 접선과 그 접점을 지나는 현이 이루는 각의 크기는 그 각의 내부에 있는 호에 대한 원주각의 크기와 같으므로

   ∠x = ∠ABP = ∠DCP = 70°이다.

   ∠y = 180° − (65° + 70°) = 45°

   (2) ∠ABP = ∠DCP = 70°이므로 동위각의 크기가 같다. 따라서 $\overline{AB} \,\|\, \overline{CD}$이다.

7.1 대푯값

[1] 대푯값

1. 대푯값 : 자료 전체의 중심적인 경향이나 특징을 대표적인 하나의 수로 나타낸 값
⇨ 대푯값에는 여러 가지가 있으나 평균을 가장 많이 사용한다.

2. 대푯값의 종류

(1) 평균 : 전체 변량의 총합을 변량의 개수로 나눈 값

⇨ (평균) = $\dfrac{(\text{변량의 총합})}{(\text{변량의 개수})}$

(2) 중앙값 : 자료의 변량을 작은 값(큰 값)부터 크기 순으로 나열하였을 때, 한 가운데 있는 값

① 변량의 개수 n이 **홀수인 경우**

: 한 가운데 위치한 값 ⇨ $\dfrac{n+1}{2}$

② 변량의 개수 n이 **짝수인 경우**

: 가운데 위치한 두 값의 평균 ⇨ $\dfrac{n}{2}$번째 변량과 $(\dfrac{n}{2}+1)$번째 변량의 평균

(3) 최빈값 : 자료의 변량 중에서 가장 많이 나타난 값

(이해하기!)

1. 평균은 대푯값으로 가장 많이 사용하지만 변량 중에서 매우 크거나 매우 작은 값, 즉 **극단적인 값**
(이상값, outlier)이 있는 경우 대푯값으로 부적절하다.

(1) $3, 4, 7, 9, 11, 14$의 평균 $= \dfrac{3+4+7+9+11+14}{6} = \dfrac{48}{6} = 8$

⇨ 변량 중 극단적인 값이 없는 경우 평균이 대푯값으로서 적절하다.

(2) $3, 4, 4, 5, 7, 73$의 평균 $= \dfrac{3+4+4+5+7+73}{6} = \dfrac{96}{6} = 16$

⇨ 이 경우 대다수의 변량이 7이하의 수인데 극단적인값 73으로 인해 평균이 16이 된다. 이 값
은 대다수의 변량과 동떨어진 값으로 변량들을 대표하는 대푯값으로서 부적절하다.

2. 중앙값은 변량 중에서 매우 크거나 매우 작은 값, 즉 극단적인 값이 있는 경우 중앙값이 평균보다
그 자료의 특징을 더 잘 나타낼 수 있으므로 대푯값으로 평균보다 적절하다.

(1) 변량의 개수가 홀수인 경우 : $1, 3, 6, 8, 9, 13, 17$의 중앙값은 $4\left(\Rightarrow \dfrac{7+1}{2}\right)$번째 변량의 값 8이다.

(2) 변량의 개수가 짝수인 경우 : $2, 3, 3, 6, 8, 9, 10, 13$의 중앙값은 4번째 변량과 5번째 변량의 평균
값 $\dfrac{6+8}{2} = 7$이다.

(3) 위에서 극단적인 값이 있는 예의 변량 $3, 4, 4, 5, 7, 73$에서 중앙값인 $\dfrac{4+5}{2} = 4.5$가 평균 16보다
자료의 특징을 더 잘 나타내어 변량의 대푯값으로 적절하다.

(4) 중앙값을 구할 경우 반드시 변량을 작은 값(큰 값)부터 크기 순으로 나열한 후 구해야 함을 주
의하자.

7.1
대
푯
값

3. 최빈값은 일반적으로 자료의 수가 많고, 자료에 같은 값이 많은 경우에 대푯값으로 주로 사용한다.

   (1) 변량이 3, 4, 5, 5, 5, 6, 6, 7인 경우 최빈값은 5이다.

   (2) 최빈값은 다른 대푯값과 다르게 자료에 따라서 두 개 이상일 수도 있다.

   ⇨ 변량이 3, 3, 4, 5, 6, 6, 7인 경우 최빈값은 3과 6으로 두 개다.

   (3) 자료의 도수가 모두 같으면 최빈값은 없다.

   ⇨ 변량이 1, 1, 2, 2, 3, 3, 4, 4인 경우 최빈값은 없다.

   (4) 숫자로 나타나지 않는 자료의 대푯값은 크기가 없으므로 평균이나 중앙값은 구할 수 없다. 이 경우 대푯값으로 최빈값을 이용한다.

   ⇨ 6명의 학생이 가장 좋아하는 동물이 '강아지, 고양이, 강아지, 사자, 토끼, 강아지'일 경우 최빈값은 '강아지'이다.

[2] 평균, 중앙값, 최빈값의 비교

대푯값의 종류	장점	단점
평균(Mean)	■ 평균값은 유일하다. ■ 자료의 모든 변량을 이용해 구하기 때문에 대푯값으로 적절하다.	■ 변량이 매우 크거나 작은 극단적인 자료의 값이 존재할 때 대푯값으로 적절하지 않다.
중앙값(Median)	■ 중앙값은 유일하다. ■ 변량이 매우 크거나 작은 값의 영향을 받지 않으므로 극단적인 자료의 값이 존재할 때 자료의 특징을 대표하는 값으로 평균보다 적절하다. ■ 변량 중 크기가 중간인 것을 찾으면 되므로 평균보다 계산이 편리하다.	■ 자료의 값을 모두 사용하지는 않으므로 평균보다 대푯값으로 적절하지 않다.
최빈값(Mode)	■ 자료의 개수가 많을 때 또는 가장 많이 나타나는 값을 구할 때 유용하다. ■ 변량이 수로 주어지지 않은 경우의 자료일 때 대푯값을 구할 수 있다. ■ 변량이 매우 크거나 작은 값의 영향을 받지 않는다.	■ 최빈값은 2개 이상일 수도 있고 없을 수도 있다.

(이해하기!)

1. 대푯값 중 가장 많이 사용되는 값은 평균이다. 그러나 평균은 극단적인 값이 있는 경우 그 외 변량들의 값을 올바르게 반영할 수 없다. 이러한 단점을 보완해 줄 수 있는 대푯값이 중앙값이다. 반면에 중앙값은 변량을 크기순으로 배열한 후 구할 수 있는데 이 경우 변량이 크기를 나타낼 수 없는 경우(예를 들어 '좋아하는 동물' 같은 경우)에는 구할 수 없다는 단점이 있다. 이러한 단점을 보완해 줄 수 있는 대푯값이 최빈값이다. 그러나, 최빈값 역시 변량에 따라서 2개 이상이 존재할 수도 있고 아예 최빈값이 없을 수도 있기 때문에 대푯값으로 적절치 않은 경우들이 있는 단점이 있다. 따라서, 각각의 대푯값이 가지고 있는 장, 단점이 있기 때문에 모두 알고 있어야 하며 문제 상황에 따라 적절한 대푯값을 구해서 사용한다.

2. 각각 평균, 중앙값, 최빈값을 의미하는 단어 Mean, Median, Mode는 고교과정에서 사용하므로 알아 두는 것이 좋다.

7.2 분산과 표준편차

[1] 산포도와 편차

1. **산포도** : 자료 전체가 대푯값을 중심으로 흩어져 있는 정도를 하나의 수로 나타낸 값

2. **산포도의 종류** : 분산, 표준편차 등

3. **편차**
   (1) (편차)=(변량)−(평균)
   (2) 편차의 합은 항상 0 이다.

(이해하기!)

1. 평균과 같은 대푯값만으로는 자료의 분포 상태를 충분히 나타낼 수 없다. 다음 A, B 두 자료 $[A : 5, 10, 9, 3, 8, 10, 4]$, $[B : 7, 8, 7, 8, 6, 6, 7]$은 모두 평균이 7로 같지만 자료가 흩어져 있는 정도는 서로 다르다. A의 경우 자료들이 평균 7을 중심으로 넓게 흩어져 있지만 B의 경우 평균 7을 기준으로 가까이 모여 있다. 이와 같이 두 자료의 평균은 같아도 자료가 흩어져 있는 정도는 서로 다를 수 있으므로 대푯값 대신 자료가 흩어져 있는 정도를 하나의 수로 나타낸 값이 필요하다. 이 값이 **산포도**이다. 산포도로 보통 분산, 표준편차 등이 사용된다.

2. 산포도가 크다 ⇨ 자료들이 대푯값(평균)으로부터 넓게 흩어져 있다. ⇨ 변량간의 격차가 크다.
   산포도가 작다 ⇨ 자료들이 대푯값(평균)을 중심으로 모여 있다. ⇨ 변량간의 격차가 작다.

3. 편차가 양수이면 평균보다 큰 변량, 편차가 음수이면 평균보다 작은 변량이다.

4. 편차의 절댓값이 크다 ⇨ 그 자료는 평균에서 멀리 떨어져 있다.
   편차의 절댓값이 작다 ⇨ 그 자료는 평균에서 가까이 있다.

(깊이보기!)

1. **편차의 합은 항상 0 이다.**

   ⇨ n개의 변량 $x_1, x_2, \cdots, x_n$의 평균을 m이라 하면 $\dfrac{x_1 + x_2 + \cdots + x_n}{n} = m$ 이다.

   편차는 (변량)−(평균)이므로 편차의 합 $= (x_1 - m) + (x_2 - m) + \cdots + (x_n - m)$
   $$= (x_1 + x_2 + \cdots + x_n) - mn$$
   $$= mn - mn = 0 \text{ 이다.}$$

2. 편차 공식을 외울 때 (변량)−(평균)을 순서를 바꿔 (평균)−(변량)으로 혼동하여 실수하는 경우가 있다. 편차 공식을 한글 자음 순서로 기억하면 좋다. 즉, 변량의 'ㅂ' 이 평균의 'ㅍ' 보다 먼저이므로 (변량)−(평균)이다.

---

[2] 분산과 표준편차

1. 분산(variance) : 각 변량의 편차의 제곱의 총합을 전체 변량의 개수로 나눈 값
   (1) (분산) = 편차의 제곱의 평균

   (2) (분산) $= \dfrac{\{(편차)^2의\ 총합\}}{(변량의\ 개수)}$

   (3) (분산) $= \{(변량)^2의\ 평균\} - (평균)^2$

2. 분산 구하기 : 평균 구하기 ⇨ 편차 구하기 ⇨ (편차)^{2}의 총합 구하기 ⇨ 분산 구하기

3. 표준편차 : 분산의 양의 제곱근
   ⇨ (표준편차) $= \sqrt{(분산)}$

(이해하기!)

1. 모든 편차의 합은 항상 0이므로 편차의 합으로는 변량이 평균을 중심으로 흩어져 있는 정도를 알 수 없다. 따라서, 각 편차의 제곱의 총합을 전체 변량의 개수로 나눈 값을 산포도로 이용한다. 이 값을 **분산**이라 하고 분산의 양의 제곱근을 **표준편차**라고 한다.

2. 분산은 '평균 구하기 ⇨ 편차 구하기 ⇨ (편차)^{2}의 총합 구하기 ⇨ 분산 구하기' 순서로 구한다.

3. 분산을 보통 '편차의 제곱의 평균'으로 구하지만 '(분산) $=\{(변량)^2의\ 평균\} - (평균)^2$' 식으로 구할 수도 있다.

   ⇨ n개의 변량 $x_1, x_2, \cdots, x_n$의 평균을 m, 분산을 V라 하면 $m = \dfrac{x_1 + x_2 + \cdots + x_n}{n}$,

$$V = \frac{(x_1 - m)^2 + (x_2 - m)^2 + \cdots + (x_n - m)^2}{n}$$

$$= \frac{(x_1^2 - 2mx_1 + m^2) + (x_2^2 - 2mx_2 + m^2) + \cdots + (x_n^2 - 2mx_n + m^2)}{n}$$

$$= \frac{(x_1^2 + x_2^2 + \cdots + x_n^2) - 2m(x_1 + x_2 + \cdots + x_n) + (m^2 + m^2 + \cdots + m^2)}{n}$$

$$= \frac{(x_1^2 + x_2^2 + \cdots + x_n^2)}{n} - \frac{2m(x_1 + x_2 + \cdots + x_n)}{n} + \frac{nm^2}{n}$$

$$= \frac{(x_1^2 + x_2^2 + \cdots + x_n^2)}{n} - 2m^2 + m^2$$

$$= \frac{(x_1^2 + x_2^2 + \cdots + x_n^2)}{n} - m^2$$

   따라서, **(분산) $= \{(변량)^2의\ 평균\} - (평균)^2$** 이다.

4. 표준편차는 분산에 $\sqrt{}$ 기호만 사용해 나타낸다.

5. (1) 분산과 표준편차가 작다 ⇨ 자료의 분포 상태가 고르다.
   　　　　　　　　　　　 ⇨ 자료의 값들이 평균을 중심으로 가까이 모여 있다.
   (2) 분산과 표준편차가 크다 ⇨ 자료의 분포 상태가 고르지 않다.
   　　　　　　　　　　　 ⇨ 자료의 값들이 평균을 중심으로 넓게 흩어져 있다.

---

6. 앞의 분산을 구하는 방법 3가지는 모두 알고 있어야 한다. 다만 공식을 외우기 보다는 분산의 의미를 이해하고 공식을 유도할 수 있어야 한다.

(깊이보기!)

1. 분산의 음이 아닌 제곱근(표준편차)을 생각하는 이유는 분산이 편차를 제곱한 값의 평균이므로 원래의 자료와 측정 단위를 같게 하기 위해서이다.

2. 표준편차는 주어진 자료(변량)와 같은 단위를 쓰지만 분산은 단위를 쓰지 않는다. (표준편차를 사용하는 이유)

3. 보통 분산을 'variance'의 알파벳 첫 대문자 V로, 표준편차를 'standard deviation'의 알파벳 첫 소문자 s 또는 σ로 나타낸다.

(확인하기!)

1. n개의 변량 $x_1, x_2, \cdots, x_n$의 평균이 10이고 표준편차가 5일 때, $x_1^2, x_2^2, \cdots, x_n^2$의 평균을 구하시오.

(풀이) n개의 변량 $x_1, x_2, \cdots, x_n$의 평균을 m, 분산을 V라 할 때,

위에서 '(분산)={(변량)^{2}의 평균}$-$(평균)^2' 으로 $V = \dfrac{(x_1^2 + x_2^2 + \cdots + x_n^2)}{n} - m^2$임을 설명했다.

즉, $5^2 = \dfrac{(x_1^2 + x_2^2 + \cdots + x_n^2)}{n} - 10^2$ 이므로 $\dfrac{x_1^2 + x_2^2 + \cdots + x_n^2}{n} = 125$이다.

따라서, $x_1^2, x_2^2, \cdots, x_n^2$의 평균은 125이다.

---

[3] 변화된 변량의 평균과 분산, 표준편차

1. n개의 변량 $x_1, x_2, \cdots, x_n$의 평균을 m, 분산을 V, 표준편차를 σ라 할 때
   n개의 변량 $x_1 + b, x_2 + b, \cdots, x_n + b$ (b는 상수) 에 대하여
   (1) (평균) $= m + b$
   (2) (분산) $= V$
   (3) (표준편차) $= \sigma$

2. n개의 변량 $x_1, x_2, \cdots, x_n$의 평균을 m, 분산을 V, 표준편차를 σ라 할 때
   n개의 변량 $ax_1 + b, ax_2 + b, \cdots, ax_n + b$ (a, b는 상수) 에 대하여
   (1) (평균) $= am + b$
   (2) (분산) $= a^2 V$
   (3) (표준편차) $= |a|\sigma$

(이해하기!)

1. n개의 변량 $x_1, x_2, \cdots, x_n$의 평균을 m, 분산을 V 라 하면,

$$m = \frac{x_1 + x_2 + \cdots + x_n}{n}, \quad V = \frac{(x_1 - m)^2 + (x_2 - m)^2 + \cdots + (x_n - m)^2}{n}$$ 이다.

이때, n개의 변량 $x_1 + b, x_2 + b, \cdots, x_n + b$ (b는 상수) 에 대하여

7.2

분산과 표준편차

(1) (평균) $= \dfrac{(x_1+b)+(x_2+b)+\cdots+(x_n+b)}{n} = \dfrac{(x_1+x_2+\cdots+x_n)+nb}{n}$

$\qquad\qquad = \dfrac{x_1+x_2+\cdots+x_n}{n} + \dfrac{nb}{n} = m+b$

(2) (분산) $= \dfrac{\{(x_1+b)-(m+b)\}^2+\{(x_2+b)-(m+b)\}^2+\cdots+\{(x_n+b)-(m+b)\}^2}{n}$

$\qquad\qquad = \dfrac{(x_1-m)^2+(x_2-m)^2+\cdots+(x_n-m)^2}{n} = V$

(3) (표준편차) $= \sigma$

2. n개의 변량 $x_1, x_2, \cdots, x_n$의 평균을 m, 분산을 V 라 하면,

$\qquad m = \dfrac{x_1+x_2+\cdots+x_n}{n}$, $V = \dfrac{(x_1-m)^2+(x_2-m)^2+\cdots+(x_n-m)^2}{n}$ 이다.

이때, n개의 변량 $ax_1+b, ax_2+b, \cdots, ax_n+b$ $(a, b$는 상수$)$ 에 대하여

(1) (평균) $= \dfrac{(ax_1+b)+(ax_2+b)+\cdots+(ax_n+b)}{n} = \dfrac{a(x_1+x_2+\cdots+x_n)+nb}{n}$

$\qquad\qquad = \dfrac{a(x_1+x_2+\cdots+x_n)}{n} + \dfrac{nb}{n} = am+b$

(2) (분산) $= \dfrac{\{(ax_1+b)-(am+b)\}^2+\{(ax_2+b)-(am+b)\}^2+\cdots+\{(ax_n+b)-(am+b)\}^2}{n}$

$\qquad\qquad = \dfrac{\{a(x_1-m)\}^2+\{a(x_2-m)\}^2+\cdots+\{a(x_n-m)\}^2}{n}$

$\qquad\qquad = \dfrac{a^2\{(x_1-m)^2+(x_2-m)^2+\cdots+(x_n-m)^2\}}{n} = a^2 V$

(3) (표준편차) $= \sqrt{a^2 V} = |a|\sqrt{V} = |a|\sigma$

3. 위 공식은 외우려하지 말고 유도하는 과정을 이해해 문제풀이 과정에 적용하는 것이 좋다.

(확인하기!)

1. 5개의 변량 $1, 2, 3, 4, 5$의 평균은 3, 표준편차는 $\sqrt{2}$ 이다. 이때 변량 $6, 7, 8, 9, 10$의 평균과 표준편차를 구하시오.

　(풀이) 5개의 변량 $1, 2, 3, 4, 5$ 각 변량에 일정한 수 5를 더한 것이 변량 $6, 7, 8, 9, 10$이다.
　　　　각 변량에 일정한 수를 더한 경우 평균은 더한 수만큼 변하고 표준편차는 변하지 않는다.
　　　　따라서, $6, 7, 8, 9, 10$ 의 평균은 $3+5=8$, 표준편차는 $\sqrt{2}$ 이다.

2. 네 수 a, b, c, d 의 평균이 16이고 분산이 9일 때, 네 수 $2a+3$, $2b+3$, $2c+3$, $2d+3$의 평균과 표준편차를 각각 구하시오.

　(풀이) 네 수 a, b, c, d 의 평균이 16이고 분산이 9이므로
　　　　$\dfrac{a+b+c+d}{4} = 16$, $\dfrac{(a-16)^2+(b-16)^2+(c-16)^2+(d-16)^2}{4} = 9$ 이다.
　　　　네 수 $2a+3$, $2b+3$, $2c+3$, $2d+3$의 평균과 표준편차를 각각 구하면

$$(\text{평균}) = \frac{(2a+3)+(2b+3)+(2c+3)+(2d+3)}{4} = \frac{2(a+b+c+d)+12}{4} = 2 \times 16 + 3 = 35$$

$$(\text{분산}) = \frac{(2a+3-35)^2+(2b+3-35)^2+(2c+3-35)^2+(2d+3-35)^2}{4}$$

$$= \frac{\{2(a-16)\}^2+\{2(b-16)\}^2+\{2(c-16)\}^2+\{2(d-16)\}^2}{4}$$

$$= \frac{4\{(a-16)^2+(b-16)^2+(c-16)^2+(d-16)^2\}}{4} = 4 \times 9 = 36$$

$$\therefore (\text{표준편차}) = \sqrt{36} = 6$$

(공식을 이용한 풀이) 네 수 a, b, c, d 의 평균이 16이고 분산이 9이므로

네 수 $2a+3$, $2b+3$, $2c+3$, $2d+3$의 평균은 $2 \times 16 + 3 = 35$,

분산은 $2^2 \times 9 = 36$, 표준편차는 $\sqrt{36} = 6$ 이다.

[4] 평균이 같은 두 집단의 전체 분산과 표준편차 구하기

1. 평균이 같은 A, B 두 집단의 분산을 각각 V_1, V_2이고 변량의 개수가 각각 m, n일 때,

V	A	B
V	V_1	V_2
변량의 수	m	n

$$\Rightarrow V = \frac{mV_1+nV_2}{m+n} \ , \ \sigma = \sqrt{\frac{mV_1+nV_2}{m+n}}$$

(이해하기!)

1. A집단의 m개의 변량을 $x_1, x_2, \cdots x_m$, B집단의 n개의 변량을 $x_1, x_2, \cdots x_n$ 이고 각각의 평균을 M 이라고 하자. 그러면

$$V_1 = \frac{(x_1-M)^2+(x_2-M)^2+\cdots+(x_m-M)^2}{m} \text{ 이므로}$$

$(x_1-M)^2+(x_2-M)^2+\cdots+(x_m-M)^2 = mV_1$ 이다.

$$V_2 = \frac{(y_1-M)^2+(y_2-M)^2+\cdots+(y_n-M)^2}{n} \text{ 이므로}$$

$(y_1-M)^2+(y_2-M)^2+\cdots+(y_n-M)^2 = nV_2$이다.

따라서, $V = \dfrac{(x_1-M)^2+(x_2-M)^2+\cdots+(x_m-M)^2+(y_1-M)^2+(y_2-M)^2+\cdots+(y_n-M)^2}{m+n}$

$$= \frac{mV_1+nV_2}{m+n}$$

$$\sigma = \sqrt{\frac{mV_1+nV_2}{m+n}}$$

2. 위 공식은 두 집단의 평균이 같을 경우 사용할 수 있는 공식임을 주의하자. 위 공식 역시 암기하려 하지 말고 유도하는 과정을 이해해 문제풀이 과정에 적용하는 것이 좋다.

(확인하기!)

1. A, B 두 반의 성적이 다음 표와 같을 때, 두 반의 학생 30명에 대한 성적의 표준편차를 구하시오.

	A반	B반
학생 수(명)	20	10
평균(점)	70	70
표준편차(점)	2	$\sqrt{7}$

(풀이) A반의 분산이 $2^2 = 4$이므로 A반 학생 20명의 (편차)^{2}의 합은 $2^2 \times 20 = 80$ ⋯ ①

B반의 분산이 $(\sqrt{7})^2 = 7$이므로 B반 학생 10명의 (편차)^{2}의 합은 $(\sqrt{7})^2 \times 10 = 70$ ⋯ ②

A반과 B반의 평균이 70점으로 같으므로 전체 학생 30명의 평균도 70점이다.

따라서, 전체 학생 30명의 성적의 분산은 $\dfrac{80+70}{20+10} = \dfrac{150}{30} = 5$ 이다.

∴ (표준편차)$= \sqrt{5}$

7.3 산점도와 상관관계

[1] 산점도

1. 산점도 : 두 변량 x, y의 순서쌍 (x, y)를 좌표로 하는 점을 좌표평면 위에 나타낸 그림
2. **산점도에서 두 자료의 비교**
   ⇨ 산점도에서 두 자료를 비교할 때, 오른쪽 그림과 같이 기준이 되는 보조선을
      그어 비교한다.

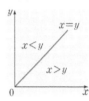

(이해하기!)

1. 오른쪽 그림은 학생 7명의 국어 성적과 영어 성적을 조사하여 나타낸 왼쪽 표를 이용하여 그린 산
   점도이다. 7명의 학생에 대한 국어 성적을 x점, 영어 성적을 y점으로 하고 순서쌍 (x, y)를 좌표평
   면 위에 나타낸 것이다.

학생	A	B	C	D	E	F	G
국어(점)	60	80	100	70	90	80	90
영어(점)	70	90	90	70	90	80	100

 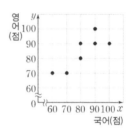

[2] 상관관계

1. 상관관계 : 두 변량 중 한쪽이 증가할 때, 다른 한쪽이 증가 또는 감소하는 경향을 나타내는 두
            변량 사이의 관계

2. 상관관계의 종류 : 두 변량 x, y에 대하여
   (1) **양의 상관관계** : x의 값이 커짐에 따라 y의 값도 대체로 커지는 관계
      ⇨ 왼쪽 아래에서 오른쪽 위로(↗) 향하는 대각선 방향으로 자료가 분포한다.

   (2) **음의 상관관계** : x의 값이 커짐에 따라 y의 값은 대체로 작아지는 관계
      ⇨ 왼쪽 위에서 오른쪽 아래로(↘) 향하는 대각선 방향으로 자료가 분포한다.

   (3) **상관관계가 없다** : x의 값이 커짐에 따라 y의 값이 커지는지 작아지는지 그 관계가 분명하지
                        않은 경우
      ⇨ 산점도에서 점들이 한 직선 주위에 있다고 말하기 어려울 정도로 흩어져 있거나 점들이 x, y
         축에 평행한 직선 주위에 분포하는 경우

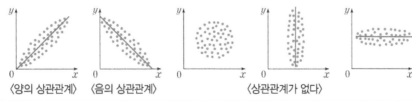

〈양의 상관관계〉 〈음의 상관관계〉   〈상관관계가 없다〉

(이해하기!)

1. 양의 상관관계 : 키와 몸무게, 여름철 기온과 아이스크림 판매량, 택시 운행 거리와 요금
   ⇨ 그래프의 기울기가 양의 방향으로 분포한다.

2. 음의 상관관계 : 상품의 가격과 판매량, 지면으로부터의 높이와 대기의 온도, 게임 시간과 공부 시간
   ⇨ 그래프의 기울기가 음의 방향으로 분포한다.

3. 상관관계가 없다 : 지능 지수와 머리 둘레, 눈동자 색과 시력 등 관련성이 없는 두 변량

4. 산점도를 이용하면 두 변량 사이에 어떤 관계가 있는지 각각의 표로 나타내는 것보다 시각적으로 쉽게 알 수 있다.

(깊이보기!)

1. 산점도에서 점들이 기울기가 양 또는 음인 직선 주위에 가까이 모여 있을수록 상관관계가 강하다고 한다. 즉, 경향이 뚜렷하다. 반대로 점들이 직선 주위에서 멀리 흩어져 있을수록 상관관계가 약하다고 한다.

2. 산점도를 나타낼 때, 순서쌍 중에서 겹치는 경우에는 그 점의 크기를 더 굵게 표시하여 점들이 분포된 상태를 직관적으로 나타낸다.

한권으로 정리한 중학수학 개념노트

초판 1쇄 발행 2024년 05월 08일

저　자　유보형
펴낸이　김동명
펴낸곳　도서출판 창조와 지식
인쇄처　(주)북모아
출판등록번호　제2018-000027호
주　소　서울특별시 강북구 덕릉로 144
전　화　1644-1814
팩　스　02-2275-8577

ISBN　979-11-6003-735-7(53410)

정　가　24,000원

지식의 가치를 창조하는 도서출판 창조와 지식
www.mybookmake.com